培养注意力的心理学

帅澜 / 著

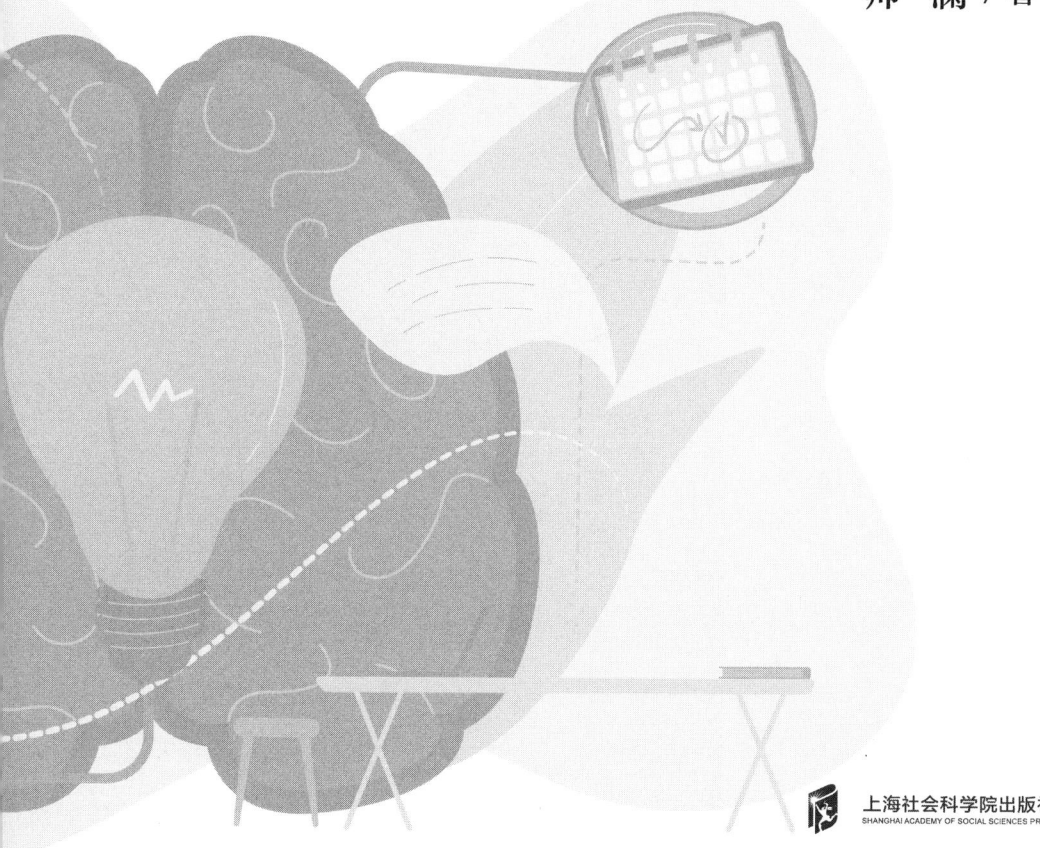

上海社会科学院出版社
SHANGHAI ACADEMY OF SOCIAL SCIENCES PRESS

序

注意缺陷多动障碍（attention deficit hyperactivity disorder，ADHD）是儿童期最常见的神经发育障碍之一。流行病学研究显示患病率在全球范围内是相似的。学龄儿童 ADHD 患病率为 5.3% 左右。其中 70%～80% 可延续至青春期，30%～50% 可持续终生。估计在我国 ADHD 患者有 4 229 万～4 747 万人，业界公认为 ADHD 是重要公共卫生问题。

帅澜博士是较早从事 ADHD 医疗、教学和研究的众多有才华的年轻学者之一。她于 2004 年获得北京大学医疗系学士学位，因品学兼优被学校保送继续攻读博士学位。完成博士学位论文"注意缺陷多动障碍儿童的执行功能缺陷及矫正研究"后，又在上海交通大学医学院完成了临床医师规范化培训；使其具备了坚实的科学研究能力和较丰富的处理临床问题的经验。此后一直在上海交通大学医学院附属新华医院张劲松主任搭建的优秀的儿童心理专业平台，继续从事 ADHD 相关的医疗、教学和研究工作。尤其可贵的是，她多年来坚持了从学前至学龄乃至成人 ADHD 执行功能评估与训练稳定的方向，并结合临床需要向纵深发展着。作为一名繁忙的临床医务工作者，她每天会碰上许多临床的常见问题与复杂问题，包括 ADHD 患儿诸多功能损害等。ADHD 儿童的注意缺陷障碍、多动冲动障碍、执行功能的损害、组织管理技能、情绪调控不良等问题，也均干扰了 ADHD 患儿及家庭的日常学习、生活与人际关系。亲子冲突也是其常见主题。那些大家关注的焦点，那些小患者和家长一起讨论对该问题评估时与解决，均使大家感到很困难与棘手，干预效果也不那么令人满意的问题。针对这些社会需求，帅澜博士满怀激情地撰写了此书。这本书有一些突出特点：它既具有专业科学的严谨性，又通俗易懂。既对 ADHD 常见及复杂问题有一目了然的描述，也对每一个家长与 ADHD 儿童的所思所想进行了真实而细腻的刻画；并提出有循证基础的解决对策。同时还提供了可操作性强、易掌握、可学习的具体解决办法。本书蕴藏着重要的价值与意义。

非常可喜与重要的是本书通俗易懂、可读性与可操作性很强。

我很乐意向心理治疗师、康复治疗师、儿童精神科医生、中小学或幼儿教师、ADHD患儿家长，及青少年朋友推荐这本书，期望它在我国儿童心理和儿童精神卫生事业中发挥应有的作用。

北京大学第六医院暨精神卫生研究所　王玉凤

2020年3月

目　　录

序 ·· 1
前言 ·· 1

第一章　知己知彼　百战百胜 ···································· 1
　第一节　哪种专注是真正的专注 ································ 2
　第二节　注意力为什么如此重要 ································ 5
　第三节　如何判断注意力的好坏 ································ 6

第二章　千方百计　改善注意 ···································· 10
　第一节　饮食：吃对食物,也能专注 ···························· 10
　第二节　运动：健身健脑,一箭双雕 ···························· 20
　第三节　艺术：音乐美术,颐养情操 ···························· 26
　第四节　绿色：多点绿植,提升注意 ···························· 30
　第五节　宠物：家有萌宠,练习技能 ···························· 32
　第六节　家务：简单家务,锻炼能力 ···························· 35
　第七节　黑镜：电子屏幕,重视管理 ···························· 40
　第八节　防骗：虚假方法,注意避坑 ···························· 47

第三章　有效方法　塑造行为 ···································· 53
　第一节　为什么要做规矩？ ···································· 53
　第二节　最关键的技巧：夸奖 ·································· 61
　第三节　启动的第一步：目标 ·································· 71
　第四节　最重要的动力：奖励 ·································· 77

第五节　被忽视的方法：忽视 …………………………………… 85
  第六节　最合适的惩罚：扣除 …………………………………… 92
  第七节　大功即将告成：合约 …………………………………… 102
  第八节　最挑战的应用：外面 …………………………………… 108
  第九节　行为管理失误全解析 …………………………………… 112

第四章　调节心情　保持平静 …………………………………… 118
  第一节　处理哭闹的黄金对策：暂时隔离 ……………………… 119
  第二节　保持平静黄金方法：深呼吸和放松 …………………… 129
  第三节　情绪管理四步骤：保持一个好心情 …………………… 135
  第四节　问题解决五步骤：放之四海而皆准 …………………… 148
  第五节　如何教导儿童社交沟通技巧 …………………………… 157
  第六节　如何帮助孩子应对负性情绪 …………………………… 165

第五章　执行功能　影响终生 …………………………………… 175
  第一节　定义 ……………………………………………………… 175
  第二节　评估 ……………………………………………………… 180
  第三节　促进 ……………………………………………………… 185
  第四节　分心 ……………………………………………………… 216
  第五节　活动 ……………………………………………………… 221
  第六节　效果 ……………………………………………………… 236

第六章　注意缺陷　多动障碍 …………………………………… 246
  第一节　关于多动症你需要知道什么？ ………………………… 246
  第二节　家长可以做什么来帮助孩子？ ………………………… 260
  第三节　不要抗拒，药物治疗 …………………………………… 267
  第四节　如何选择，非药治疗 …………………………………… 282
  第五节　ADHD孩子长大之后会怎样 …………………………… 291
  第六节　如何与孩子沟通ADHD问题 …………………………… 299

第七章　改善学业　老师助力 ……………………………………… 303
　　第一节　开学前准备,好状态迎接新学期 ………………………… 303
　　第二节　作业攻坚战,各个难题一一击破 ………………………… 313
　　第三节　不喜欢学习,激发孩子学习动机 ………………………… 326
　　第四节　记忆攻坚战,让背书默写不再难 ………………………… 332
　　第五节　写作攻坚战,作文轻松顺利搞定 ………………………… 335
　　第六节　考试前冲刺,好状态考出好成绩 ………………………… 341
　　第七节　与老师合作,改善孩子在校表现 ………………………… 347

第八章　亲子关系　决定成败 ……………………………………… 367
　　第一节　故意不听话,需警惕对立违抗 …………………………… 367
　　第二节　孩子不听话,大人要先说对话 …………………………… 372
　　第三节　亲子关系僵,想办法扭转僵局 …………………………… 382
　　第四节　可教导时刻,最高质量的相处 …………………………… 391
　　第五节　孩子行为出现偏差,说谎偷窃 …………………………… 394
　　第六节　进食睡觉同胞问题,一网打尽 …………………………… 398
　　第七节　家长孩子心情不好,先照顾谁 …………………………… 407
　　第八节　家长示范正面行为,以身作则 …………………………… 415
　　第九节　隔代抚养避开陷阱,成功教育 …………………………… 426

第九章　总结日记　有益资源 ……………………………………… 433

后记　来自一位家长的话 …………………………………………… 436

前　言

掰着指头算算，自从 2004 年师从国内儿童心理学第一人王玉凤教授，开始进入儿童精神心理学，主要是儿童注意力方面，尤其是执行功能方面的临床和科研工作，已经近 16 个年头了。陪伴上千名儿童和家长一路走过来，内心的感慨，一时之间，难以用几行文字来形容。

从理论到应用，从大脑影像的科研，到与儿童面对面的测试，将神经心理测试的评估结果，用以指导培训干预方案，大量研读欧美儿童心理领域的顶尖指导教案，结合中国儿童的现实情况，借着导师丰富的国内外师资力量，在多位专家包括罗素·巴克利(Rusell Barkley)、约瑟夫·塞尔根特(Joseph Sergeant)、托马斯·布朗(Tomas Brown)、戴维·戴利(David Daley)的点拨指导下，逐渐形成了一套针对国内儿童专注力/自控力的训练体系，我将其命名为 Focalm 专静训练方案。

Focalm 专静是单词 Focus(专注)和 Calm(平静)的结合体，说明这套训练方案旨在以提升儿童少年专注与平静为己任。

作为一名繁忙的临床医务工作者，以及地域限制，似乎很难将这些方法以亲授的方式传递给更多的家庭。我为此感到遗憾："我知道该怎么做，可是我怎么才能有效地将这些科学的、靠谱的、有用的信息，传递给家长，从而帮助到孩子们呢？"

感谢朋友王周烨的引荐和唐迎寅的打造，他们非常信任我以及 Focalm 专静方案，在他们的鼎力相助下，《北大 Dr. 澜——让孩子更专注的心理学》登录喜马拉雅，其受欢迎的程度超乎想象，曾在付费新品榜位居第 4，总榜位居前 50。可见家长们对孩子专注力/自控力之重视，对相关信息的渴望。

据我所知，有的家长会一边听音频课程，一边做笔记，将我说的话，一字一句记录下来，以供反复温习，便于掌握使用。感动之余，我就萌发了写这本书的念头。将更丰富更全面，视觉化更容易呈现的信息资料尽数传递给家长们。

这本书适合家长们，也适合老师们，以及适合希望对注意力有所了解的工作者们。全文都是在科学研究的理论基础上提供的科学、靠谱的信息，然后转化为现实生活中可实际操作的方法和策略，通过家长与孩子相处的过程中，去帮助孩子们提高专注力，改善对行为和情绪的自控能力。

本书不仅适合有注意力问题的孩子，也适合所有的孩子，可以帮助其提高专注力和自控力。如果针对有注意力或好动问题的孩子有不一样的注意事项，书中会额外给出说明。

完成此书，特此感谢：

感谢上海交通大学医学院附属新华医院临床心理科，在张劲松主任带领下搭建了国内首屈一指的儿童心理平台；感谢同事王周烨、邱美慧、王姗姗、孔艳婷、谭歆、李晓萌、路腾飞、张慧凤、李伟的通力合作，从而让 Focalm 方案有更多的机会传递给家长和孩子们。

感谢 Rusell Barkley 教授的亲子成长八步法，这是我学习亲子关系和行为塑造的入门教材。感谢 David Daley 作为我在英国留学时的导师，指导我掌握和学习了"新森林"和"难以置信的岁月"亲子教养方法。最重要的是，感谢我的恩师王玉凤教授领我入门，教导我具备了学习掌握新知识及创新开发新内容的能力。

感谢敬爱的父母帅安心和李姣春，亲爱的家人白佩佩和华生，你们给我的支持，是我完成这项工作的基础，从而能够将这份关爱和帮助传递给更多的家庭和孩子。

上海交通大学医学院附属新华医院临床心理科

北京大学医学部博士　帅　澜

2018 年 11 月

阅读技巧

请耐下心,为了孩子,至少仔细阅读完这一本适合中国家长的、全面解析如何帮助孩子改善注意力和自控力的书籍。

如果家长在完成阅读方面存在一定难处,以下一些小技巧也许能帮助您更好地完成阅读:

— 建立规律的固定的阅读时间,不轻易打破这个设定。避免设想"我会利用碎片时间阅读",而是专门固定出一段雷打不动的时间段,如每天10~15分钟,留给阅读。

— 设定每天的阅读任务,例如完成阅读10页。避免设置每周任务,或者1个月内读完这样的长期目标。因为不落实到每一天去完成,就很有可能拖延不去完成。

— 如果整本书看上去文字太多太厚,缺乏耐心去读,不心疼的话可以将书拆开,每次只拿出10页来读。

— 做笔记,至少用荧光笔画出你觉得对自己影响最大的句子。最好用个专门的本子,将这些话写下来,以便时不时重温,提醒自己。

— 找一个喜欢的书签,促进自己阅读的动力。

— 给自己设定奖赏,完成当天的阅读任务后,可以做点自己喜欢的事情,例如犒劳一块喜欢的零食,喝一杯喜欢的饮料,看一集喜欢的电视剧等。

— 写简短的读书笔记,分享在家长群里。或者发给我,我会以你接受的方式,分享在平台上。这本书的读书笔记,交给你们来完成。

— 约上几个准备阅读此书的家长,建立微信群,打卡阅读,相互督促,促进完成阅读。

第一章
知己知彼　百战百胜

"知己知彼"方能"百战百胜",这句话相信大多数人是非常同意的。因此,希望各位在急于去寻找改善注意力的方法之前,能够稍微留点时间和耐心,先好好了解一下我们感兴趣的话题:注意力。毕竟还有一句俗话嘛,磨刀不误砍柴工。

在开始之前,想先明确几个基本概念(毕竟我希望这是一本专业的科普书),如果对心理学概念不感兴趣,可以跳过下方内容,直接进入第一节阅读。

> **心理学概念**
>
> 注意(Attention):在心理学概念中,注意是指心理活动对一定对象的指向和集中,伴随着感知觉、记忆、思维、想象等心理过程。注意有两个基本特征,一个是指向性,指心理活动有选择地指向反映一些对象而离开其余对象;另一个是集中性,指心理活动停留在被选择对象上的强度。注意分为被动注意和主动注意,这个会在第一节里进一步阐述。
>
> 注意力:顾名思义,注意力是指能够集中注意于某种事物的能力。注意力是很多认知能力的基础,在各种认知活动中起着主导的作用,因此十分重要。注意力的集中稳定性,是指能够抵抗外界刺激的干扰,保持注意力集中在当前任务所需要、所应该集中的事物上。这个指标常用来衡量注意力好坏。
>
> 专注力(Focus):这个词语并非严格的心理学概念,在口语中相当于(集中)注意力,或者,可以理解为集中度良好的注意力。在本书中,除非特别指出,否则我们将这专注力和注意力两个词默认等同。
>
> 自控力(Self-control):这个词语也并非严格的心理学概念,在口语中代表着"执行功能"中一些自我管理的核心成分,与抑制(Inhibition)的相似度最高。抑制可以帮助我们抵抗外界干扰从而专注于所需的事情上,即达到更好的专注

> 表现。这就是为什么在讨论注意力/专注力的时候,自控力会经常浮出水面。大家可以理解为,自控力是发挥出良好注意力的更核心、更基础的认知能力,在执行功能那一章中会继续有详细阐述。

第一节 哪种专注是真正的专注

这个问题实在是太重要了,哪种是好的注意力,哪种是真正的专注力,如果判断失误的话,那么所有的努力都将是白费,甚至,当方向是错误的,越努力还有可能走得越远。所以我们一定要先弄清楚这个问题,保证我们努力的方向是正确的。

众所周知,随着年龄增长,孩子的注意力会越来越好,在同一个时期,孩子做不同的事情时候注意力也是不一样的。因此,很多家长就头痛了,究竟如何判断孩子的注意力够不够好呢?

我经常碰到以下两种情况:

第一种是,孩子虽然上课、写作业注意力不是很集中,但是家长观察到孩子做自己喜欢的、感兴趣的事情时,能坚持专心很久,因此就笃定认为,孩子学习时的专注度不够,只和学习兴趣或学习态度有关系,不用特别去训练专注力,假以时日,等孩子意识到学习的重要性了,也许就好了。然而,结果很可能是,等得望眼欲穿了,无论家长怎么强调学习很重要,无论怎么拿着鞭子督促管理,无论孩子在其他所谓感兴趣方面的事情如何专注,孩子在学习上的注意力始终没有改善,甚至每况愈下。

第二种是,孩子总是坐不定,三心二意,左顾右盼,小动作多,家长,尤其是老一辈的家长,用过来人的经验判断说,孩子嘛,尤其男孩子,小时候都皮,没什么大不了的,长大了就好了。诚然,随着孩子慢慢长大,确实会比小时候稍微坐得住了,也不那么调皮好动了,但思想仍容易开小差,总是神游太虚,仍容易被不重要的事吸引走注意力,难以坚持专注在学习上。

通常,上面两种情况的家长们,等待了数年后,发现孩子成长的状况和自己当年假设的情况不一样,此时再来找我寻求帮助,他们孩子的注意力与同龄孩子相比,往往已经相差很大一截了。

家长会忧心忡忡地问:"这时候再干预是不是晚了?"

我会回答:"什么时候开始干预都不为晚。"

因为无论什么时候,当我们开始注意训练孩子的注意力,都能帮助孩子的注意力在自身的基础上进一步发展。但与此同时,不可否认的一个情况是,孩子的专注力和自控力飞速发展的黄金时间,确实是学龄前到学龄期这段时间。并且,这段时间的专注力和自控力的情况决定了后续各种高级的、复杂的认知能力的进一步发展。换言之,专注力和自控力相当于地基,如果地基没打好,后面添砖加瓦盖高楼大厦,都会受到明显的影响,如取得学业事业成就等。

很多时候,大家以为的专注,并非真正的专注。比如,看电视、玩手机时很专心,不等于注意力能够集中;看自己感兴趣的书很专心,或者按照自己的想法坚持专心搭积木很久,也不一定说明注意力能够集中;甚至,就算作业能按时完成,学习成绩也不错,也并非一定代表孩子的专注力没问题。

那么,究竟什么是真正的专注力?不是每个骑着白马的都是王子,不是每个时刻的专心都是真正的专注力。那么,究竟什么时候的专注,什么程度的专注,才算数?

我们就拿之前举的例子来挨个分析一下。

看电视、玩手机时的注意力,我们叫被动注意,也就是说不太需要付出主动的努力,只是因为被吸引了而导致看上去很专注而已。其实这个时候的注意力,没有什么建设性。尤其是玩电脑以及现在玩手机游戏,主要是被丰富的颜色图案刺激吸引了注意力而已,实际上大脑并没有被调动起来。尽管也许看上去操作复杂,反应迅速,眼手协调,但大部分的电子游戏,研究表明,大脑的高级功能皮层,并没有被激活。

真正有效的注意力,应该是在面对不太感兴趣的,甚至有些枯燥的,但深知是自己应该完成的任务时,能够靠自己的努力维持注意力,专心在手头的事情上,而不去神游太虚,或者三心二意。对于一个儿童来说,这类事情最常见的,就是上课学习和完成作业的情况。

还有一些情况是介于上面两者之间的,比如看书、拼图、画画、搭建乐高、组装模型等,这些情况下,孩子的注意力,算不算数呢?

这种情况需要谨慎甄别,其实原则还是一样的,就是看孩子是被动的、被吸引了注意力,还是主动的、自己努力维持注意力。用看书举例子,如果是孩子特别喜欢的漫画书,主要就是些彩页,内容很简单,打打闹闹的,孩子随便翻着哈哈乐着,看完也没什么概念,问他故事内容也说不出个所以然来,那么就算能翻看再久的漫画书,也不算真正的专注;如果孩子是阅读一些有内容的课外书籍,也许不算很感兴趣,但是是他这段时间应该阅读的一类书籍了,坚持看了一段时间,理解并记住了书中的一些相关信息,那么这时候的专注,可以说是真正的专注。

同理,像画画、拼图、乐高等活动,如果孩子是非常随性的涂涂画画,按照自己意愿随便拼插,最后并没有什么建设性的作品出来,那么这个过程对于孩子而言并没有投入太多注意力,仍是一种被动的吸引玩耍而已。相反,如果孩子是有动脑设计,或者按照图纸的指示要求一步步执行,最后完成了一幅作品,那么考虑孩子在这个过程中是付出了主动注意力的。

接下去还有一类情况,也不少见,如孩子听语文课注意力挺好的,数学课注意力却很不好。这里有两种可能性。

第一种可能性是,孩子自身的兴趣和态度问题。也就是说,孩子有能力集中注意力,但如果他本人不愿意去集中注意力听,他非要走神,那就无能为力了。用大人开会举例子,你能专心听领导发言,但你嫌无聊不想听,于是你就开始玩手机,这并不能说明你注意力不好,只能说明你主观上不愿意专心而已。

第二种可能性是,孩子也许不能胜任当前的任务要求。比如数学课比较难,听不懂,老师说话跟天书似的,看到题目完全没有思路,那么就算注意力没问题,也没办法不神游。举个例子,如果这时候把家长你拽去听北大物理系相对论的课程(如果你恰好是物理专业的,那么就假想把你拽去听医学院的生物化学课程),当老师嘴里讲出来的句子完全不知所云,弄不懂是什么意思的情况下,不出 5 分钟,你也会走神的。

总结一下,如果孩子愿意集中注意力,且在能力胜任的情况下,这个时候如果能集中注意力,就没问题,如果不能集中注意力,就需要督促训练。如何督促训练从而帮助孩子提高注意力?这就是本书希望能够帮助家长达成的目标。

如果孩子主观上不愿意集中注意力,那么就需要培养孩子的学习兴趣和动力。如果孩子是因为能力不够所以难以专心,那么家长要调整要求和预期,以及多加辅导,提高孩子的学习能力。这两个问题在本书的完胜学业章节中会有相应的建议和方法。

注意力能够保持集中,是完成学业任务的基础,除此之外,还需要孩子有兴趣学习,且有能力学习,才能最终攻克学业任务。

在解释完专注力之后,这里还想附上关于好动和冲动的一些信息。因为注意力不集中和好动冲动,似乎是一对难兄难弟,经常同时出现。诚然,孩子年龄越大,肯定越能坐得住,越少好动,毕竟我们很少见到一个青春期的孩子在板凳上忸怩不安,蠕动不停。但,这并不意味着小年龄时的好动就一定是正常的调皮现象。

有两种比较方法可以帮助判断是正常调皮还是过分好动:

第一种是和同龄孩子相比,观察孩子好动及冲动的表现是否更加明显、更突出。有些家庭可能只有一个孩子,无从比较,那么就可以观察孩子在幼儿园或班级里的表现,或者请老师帮忙和同龄孩子比较;

第二种是观察孩子在不同场合的表现,如果孩子知道区分场合,在该保持安静的地方(如图书馆、教室、地铁等)能保持安静,在可以闹腾点的地方(如小区花园、超市、动物园等)就调皮撒欢,这没事儿。但如果在该保持安静、坐得住的场合,很难坐定,这就是个问题了。

第二节 注意力为什么如此重要

为什么我们需要如此重视注意力?很多家长觉得,这只是因为现在对学习非常重视,所以才关注注意力。由此衍生的一种想法就是,只要注意力勉强够学习用了,就可以了。或者熬过了学习阶段,比如放假的时候,就不用管孩子的注意力情况了。甚至盼着,等孩子读书告一段落了,终于不用再学习的时候,就无须再为孩子的注意力操心了。但实际上,人生各个阶段,各件事情,远不仅仅是学习,其实都与注意力密切相关。其相关程度,可能超乎你的想象。

俄罗斯教育家乌申斯基曾精辟地指出:注意是心灵的唯一门户,意识中的一切,必然都要经过它才能进来。

注意力是发展其他高级认知功能的基础条件,它相当于大树的根,而其他能力诸如记忆、观察、逻辑、想象,以及进一步的时间规划、组织条理、情绪调控、反省认知等,都是大树繁茂的枝叶。根深方能叶茂!欲发展其他能力,必先发展专注力。

既然明白了注意力的重要性,接下来的问题就是,是不是注意力没有太大的问题,就可以不用训练提高了?答案

当然是否定的。

比如饮食。我们随便吃点垃圾食品,饱了,并没有什么不对,但如果我们膳食结构更合理、更有营养,我们的身体就更健康。

比如运动。我们不运动,也没什么不对,但如果规律运动锻炼,会让我们更有活力。

比如爱好。我们不培养任何兴趣爱好,并无不妥,但如果我们有那么一技之长,会开启更多技能点,使我们生活更富有乐趣。

同样,注意力如果够用,不去训练也不会有什么大碍,但若是可以提升专注力,则能开发更多潜能,迎来更多收获。因此,无论孩子的注意力在何种水平,他们都有必要得到进一步的提高和改善,从而受益一生。

那么注意力如何可以提高和改善呢?一般的督促管用么?比如常见的陪读、催促提醒之类?实际上,而且纯靠外力推进,并不等于孩子自身能力的发展,管得住人,管不住心思。有时候,提醒督促方式不恰当还会引发更多的学业压力,反而让孩子丧失学习兴趣,甚至造成亲子冲突。

实际上,通过前文,家长也了解到,影响孩子专注力的因素林林总总。因此,针对不同的因素,需要建立不同的对策,从而促进孩子专注力的全面提升。而这,恰恰就是本书希望陪伴家长所达成的目标。

第三节　如何判断注意力的好坏

在即将开启改善注意力的内容之前,还剩下最后一部分"知己知彼"的内容,也是很多家长可能比较疑惑的,如何判断孩子的注意力好坏呢?虽然通过前文,大家已经学会了甄别哪些是真正的专注力,但可能仍然缺乏一个切实可行的方式,帮助判断孩子当前的注意力水平。

在讲判断方法之前,我想先解释下注意力是由什么来决定的,这样讲到后面的判断方法,大家才能更好地理解和接纳。

我们能够专心致志、心无旁骛地完成某项任务,如两耳不闻窗外事,一心只读圣贤书;我们能够自我控制,自我约束,如三思而后行,做事不鲁莽。要做到这些,大脑功不可没。所谓的专注、不分心、自控力好,这些都是大脑功能。不同的大脑功能状态是不一样的,因此,每个人的专注力、自控力水平也千差万别。

了解这一点后,我们应该就明白,注意力的情况没有办法通过血液或一般的身体检查判断,注意力不集中也并非因为营养不足或者血里缺乏什么元素而导致的(至少不是根本的主要原因)。这一点非常恳切地希望能够传达给老师,因为不少老师在观察到孩子注意力欠佳后,并非建议家长去评估和改善注意力,而是一味建议家长去查微量元素和补锌。从某种程度上来说,延误了孩子改善注意力的黄金时期。

虽然注意力植根于大脑,但是一般的大脑检查很难看出来,诸如头颅CT或磁共振这些检查只能看到大脑的结构,而看不到功能。举个例子,现在有一间工厂,外观建设得非常高端大气上档次,但是里面招的工人都不太理想,有不少人好逸恶劳,因此工厂的业绩非常差。这个工厂就相当于大脑结构,工人的工作能力、工作效率、工作业绩就相当于大脑功能。头颅CT和磁共振,只能看到工厂的结构,看不到工厂的业绩。

随着科学技术的飞速发展,目前确实有检查可以探测到孩子大脑的功能状态,如功能磁共振(fMRI),但这种检查不仅对设备要求很高,还要求孩子头部保持静止不动,且检查时间很长。目前尚未用于一般临床工作中,大多用于对注意力深入探讨研究的科学研究中。除了fMRI,还有功能性近红外光谱成像技术(fNRIS),既可以探测大脑功能状态,又相对操作便捷,目前已有一些临床科室正在使用。但,再先进的仪器和设备,也需要有专业人士的测试和分析,才能得出有效的结论。

目前来说,常规临床上评价一个儿童的注意力,是需要结合很多种方式的。最重要的是,需要一个有经验、有资质、经过专业训练的医生,通过询问家长很多关于孩子平时表现的问题,观察孩子的行为表现,然后结合一些相关检查,如问卷评估、注意力测试、智能发育测试等,综合得出结论,判断孩子的注意力情况如何,是否存在注意缺陷多动障碍(ADHD,俗称多动症)。关于ADHD,在本书第六章会专门用一章来详解。

判断注意力的方法,看上去很复杂,也确实很复杂,毕竟,作为人类大脑功能的一种,怎么可能不复杂。如果作为家长,暂时不想去找专业机构,有没有可以切实操作的方法,能够大概判断孩子的注意力呢?当然有。

下面会列出一些描述,家长请拿支笔,如果你觉得接下来的描述,孩子经常或总是出现的话,就画一个问号。所谓经常或总是出现,意味着一周中大概有3~4天以上的日子会出现。注意,家长们回忆孩子的表现时,学龄期孩子主要是学习、做作业、拼图积木、阅读时的表现,学龄前的孩子主要是画图填色、拼图积木、学习知识、刷牙穿衣时的表现。

以下 9 个描述中,孩子如果经常出现,就画一个问号。

1. 很难保持注意力集中,注意力集中时间,7 岁以下儿童不足 15 分钟,7～10 岁不足 20 分钟,10～14 岁不足 25 分钟,14 岁以上不足 30 分钟。
2. 很容易因为外界的噪声或刺激而分心,容易走神,做作业、做事很拖沓。
3. 做作业、做事时不注意细节,比较粗心大意、潦草马虎。
4. 回避需要思考的或者比较枯燥的任务,比如作业。
5. 跟他说话时似听非听的,左耳朵进右耳朵出。
6. 前说后忘,需要反复提醒,教的知识或背诵的内容很容易忘记。
7. 做事情经常虎头蛇尾,容易放弃,半途而废。
8. 东西乱放,书包房间很难主动收拾好。
9. 丢三落四,带去学校的文具经常弄丢。

数数看孩子在这 9 种情况中,有几个问号。

如果有 4～5 个或以上的问号,那么建议提高警惕,最好是能给孩子完善进一步的注意力的相关评估,更精确地判断孩子注意力的情况。

如果有 2～3 个问号,那么仔细阅读这本书,跟随书里面介绍的策略技巧,密切练习,然后每隔 1～3 个月,重新回到这一页,再次判断孩子的注意力情况,以考察你的努力是否奏效。

如果有 1～2 个问号,那么说明孩子的注意力还可以,我们再接再厉。

接下来还有 9 种情况,我们继续判断下,孩子如果经常或总是出现,就画一个问号。

1. 坐立不安,手脚小动作多或身体扭来扭去。
2. 上课、就餐未结束、作业未完成时随意离座或找借口离开座位。
3. 在不该乱跑的场合下乱跑乱窜,不分时宜地追逐打闹。
4. 很难安静,总要发出点声响。
5. 精力充沛,总是忙忙碌碌,动个不停。

6. 说话过多,有时打不断。
7. 抢着回答,有时会打断你的话。
8. 缺乏耐心,难以慢慢等候。
9. 打扰别人,在别人谈话或活动时插入进去。

和上面一样,如果有 4~5 个或以上的问号,需要提高警惕,建议寻求专业人士帮助,获得进一步评估。如果有 2~3 个问号,那么可以参考本书密切练习。

1. 孩子画画比较富有创造性,自己随心所欲画画时能专注 2~3 个小时去创作一幅作品,但是在正式的美术辅导班上,根据布置的任务学习构图等美术技巧时,就缺乏耐心,难以完成了。这说明_____。
   A. 孩子专注力没问题
   B. 孩子可能专注力不太理想

2. 注意力为什么很重要?
   A. 因为影响学习
   B. 因为影响儿童一生发展所需的很多种高级认知能力发展

3. 可以通过什么方法来判断注意力?(多选)
   A. 抽血查微量元素(血锌、血铅等)
   B. 做脑电图,头颅 CT,头颅磁共振
   C. 回答医生的问题,填写问卷
   D. 让孩子完成一些与注意力有关的任务测试

参考答案:
1. B;2. B;3. CD。

第二章
千方百计　改善注意

在提到要改善注意力时,我相信大多数家长的反应都是,我们带孩子做些什么,能促进他更加专注?我希望大家先意识到这一点:在提高孩子专注力这件事情上,人们总是潜意识地认为,既然是孩子要提升注意力,自然应该是孩子去做些什么。就像玩游戏一样,总得是主人公去打怪开宝箱积累经验值,才能不断成长。话虽然没错,但是,大家想想看,游戏中的小人是谁在操作呢?对了,是玩家在帮助指导游戏小人。因此,玩家决策得越好,游戏中的小人就表现越佳。

所以,孩子注意力的提升,不仅是孩子的事情,它跟家长的行为举止,更是密切相关。大家先有一个印象就行,这一章,我们先就之前的思路,为大家呈现各种改善儿童注意力的千方百计。

第一节　饮食：吃对食物,也能专注

有句谚语是人如其食。确实在某种程度上,你吃什么,你的身体和精神状态就是怎样的。这一点无论对儿童,还是大人,都是同样适用的。

不同食物,因为其热量、对身体血糖、新陈代谢、激素分泌的影响不同,久而久之,对胃口偏好,身体健康状况,以及大脑的功能状况,造成的影响也不同。

长期饮食不当,对大脑是有负面影响的。换言之,吃错了食物,真的会变傻。长期饮食恰当,可以促进注意力、记忆力和情绪稳定的状态,因此,这种饮食方案,我称之为"大脑健康饮食方案"。

举个例子。有位爸爸带他的孩子前来咨询注意力和好动的问题,他的孩子是典型的课上一条虫,课下一条龙。尤其上午较为重要的课程中,孩子显得无精打采,疲乏无力,经常趴在桌子上,神游太虚。然而下课铃声一响,孩子就摇身一变,精力充沛,追逐奔跑,嬉笑打闹。

由于这个孩子符合注意缺陷多动障碍的诊断,当时跟家长谈到使用药物的建议,家长谈药色变,尤其当谈及药物可能使孩子身高比预期矮1.25厘米时,家长毅然拒绝。

我问:"可能矮的1.25厘米,与一个聪明的大脑相比,你觉得身高更重要?"

家长站起来说:"您看我身高,1米68,我这辈子饱受了一个男人个矮的痛苦,因此对我来说,哪怕只是可能的1.25厘米,我都觉得这比一个聪明的脑子更重要。当然,我希望您能指点我一些不用药的方法,所有的,只要是正确的方法,我都愿意努力去尝试。"

当时特别理解体恤这位父亲的决定,于是将所有可行的不用药的方法,也就是本章涉及的内容,都教给了他,包括饮食调整。

先看看这个孩子的早餐。每天早上起床后,上学前准备工作就是紧锣密鼓,跟打仗一样需要争分夺秒,根本无暇好好吃顿早饭。孩子如果任性,早上就是一瓶可乐,配一个甜甜圈。这是典型的碳酸饮料加高糖食物,并且富含反式脂肪酸。已经存在研究发现,经常进食碳酸饮料和高糖食物的孩子,容易出现更多的兴奋冲动和暴力行为。并且,进食高糖后容易出现疲乏感。何况甜甜圈含有反式脂肪酸,这种坏脂肪会明显影响大脑的专注和学习能力。可想而知,长期这样的进食习惯,对于孩子上课犯困,下课兴奋的表现,只会雪上加霜。

周末休息在家,时间相对充裕,孩子有时会配合家长要求吃早饭。家里一般就是国民早餐,稀饭加包子。一般这种早餐孩子吃不了多少,家长就盯着孩子进食的饭量干着急,觉得孩子吃得少,营养跟不上。但实际上,稀饭和包子基本都是主食,即碳水化合物,就算吃得再多,饮食仍旧很单一,营养照样跟不上啊。

我对这个孩子的早餐做了两加两减:增加蛋白质,增加优质脂肪,减少糖分,减少坏脂肪。也就是说,早上杜绝高糖高脂的饮料和点心,在主食的基础上,还需要吃鸡蛋,喝纯牛奶(不是加了过多糖分的牛奶风味饮料),以及瘦肉,和欧米伽-3脂肪酸。

一开始孩子不习惯早餐突然吃得这么华丽丽的,毕竟刚起床时间紧张,胃口也不开,有时吃不下这么多蛋白质,我便建议将不含糖的蛋白粉冲入牛奶中喝下去。总之想办法提升早餐中蛋白质和欧米伽-3脂肪酸的含量。

这样坚持了大概两个多月后,孩子父亲某天反馈说,孩子近来在上午重要的课程中更定得下心来,表现得聚精会神,之前那些左顾右盼,坐立不安,以及课后兴奋打闹的表现明显减少了许多。

我们并不能因为这个孩子的例子,或者一些获益于大脑健康饮食方案的孩子,而得出结论说,纯粹靠饮食调整就能完全改善注意力问题,这种可能性是微乎其微的。不仅是饮食,本章节中列举的所有的干预方法,只能保证是研究证明,是对注意力有所辅助帮助的正确方法。因此适用于注意力问题不明显的孩子,如果是存在明显注意力和好动问题的孩子,那么建议包括饮食调整在内的所有方法,不是不去做,更要尽力去做到,但不要作为帮助孩子的核心方案。核心是什么?我会在第六章中专门讨论。

说回饮食。目前已有针对不同饮食方案的研究探讨出,尽量进食高质量的好食品,这才能促使身体和大脑更加有效地工作。我将这些研究结论整理在一起,形成了"大脑健康饮食方案",接下来就逐一解析各个要点,以及日常饮食中应该采取什么行动策略。

要点1:吃什么比吃多少更重要

食物的质量比数量更重要。在国内,尤其要跟各位家长强调,米饭的数量并不重要。米饭属于碳水化合物,主要为孩子提供能量,在促进大脑健康方面,营养价值并不如蛋白质和健康脂肪来得重要。因此不要盯着孩子进食米饭的数量。

面临挑战	行动策略
孩子就是不爱吃米饭	五谷杂粮(红薯、紫薯、玉米、芸豆等),还有土豆、藕、南瓜、山药其实都相当于米饭的作用,选择孩子喜欢吃的主食类型
孩子饭量特别小,一顿饭主食吃不下多少	两顿饭间加餐时选择碳水化合物含量偏高的点心,如少糖少添加物的谷物棒、燕麦棒、小面包、小蛋糕等

要点2:提升蛋白质水平

把蛋白质视为天然的营养补剂。蛋白质是促进注意力,保持专注的重要成分之一。一日三餐,尽量提高饮食中优质蛋白质的水平。

什么是优质蛋白质呢?包括不含皮的瘦肉,鱼、蛋、豆类,未过度加工的坚果。尤其是早餐要注意提升蛋白质水平。请注意,稀饭馒头不是好早餐,面包饮料不是好早餐,好的早餐需要富含优质蛋白质,这样可以很有效地帮助孩子在上午重要的课程中更聚精会神,更全神贯注,减少左顾右盼、坐立不安的表现。

面临挑战	行动策略
孩子就是不爱吃肉类	一个是改变烹饪方式,与孩子喜欢的食材混在一起,逐渐提升蛋白质水平。另一个是可以尝试蛋白粉,注意选择少糖少添加物的
孩子不喜欢喝蛋白粉	可以融化在孩子喜欢口味的牛奶或者鲜榨果汁中,一起喝下去
孩子胃口小,一顿饭荤菜吃不下多少	尝试选择蛋白棒作为加餐,方便携带,口感不错,请注意选择不含酪蛋白、少糖少添加物的蛋白棒

要点3：欧米伽-3脂肪酸很重要

如果你只考虑在日常饮食中多添加一种成分的话，那么首先应该考虑加入欧米伽-3脂肪酸。欧米伽-3是一种对大脑功能有益的重要脂肪酸，可以促进合成多巴胺，而多巴胺是促进愉悦情绪、提高注意力、发挥大脑功能的重要神经递质之一。长期日常补充欧米伽-3，能够改善大脑功能，促进认知功能发展。欧米伽-3脂肪酸主要有EPA和DHA两种形式。

富含欧米伽-3脂肪酸的食物主要是深海鱼类，如沙丁鱼、金枪鱼、三文鱼。但是如果经常大量进食深海鱼，可能又面临重金属（汞）超标的风险。因此建议每周食用深海鱼类1~2次即可，其余的时候可以补充鱼油胶囊。

关于鱼油、欧米伽-3脂肪酸、DHA和EPA

鱼油（Fish Oil）：注意，是鱼油，不是鱼肝油！鱼油主要是指深海鱼类提取的油脂，富含优质脂肪酸，如欧米伽-3脂肪酸。深海鱼主要包括鲭鱼、金枪鱼、三文鱼、鲟鱼、凤尾鱼、沙丁鱼、鳕鱼、鳟鱼等。

欧米伽-3脂肪酸（Omega-3s）：主要存在于深海鱼内的一种优质脂肪，对改善心脑血管功能，改善大脑注意力，存在一定效果。除了深海鱼之外，亚麻籽和坚果也富含欧米伽-3脂肪酸。

DHA和EPA：欧米伽-3脂肪酸的两种主要形式，其中DHA主要针对于注意力的改善，而EPA对于稳定情绪有一定帮助。

综上，一般来说，我们在一般表达中提到鱼油、欧米伽-3脂肪酸或DHA，概念基本相当。

一部分ADHD营养领域的研究者提出的观点是，DHA需要使用到一定剂量，才可能对注意力有一定的改善作用。如他们推荐的补充剂量，学前儿童要达到1 000毫克（mg），学龄儿童甚至可能需要用到2 000毫克（mg）。这个剂量是远远超出了常规补充剂量的，据我所知，也确实有一部分营养学专家支持这样的做法。

需要强调的是，"纯天然"不代表"绝对安全"，尽管DHA来源于食物，但是大剂量补充时也有可能会导致恶心、腹泻或其他消化道等不适症状。因此，如果你考虑为孩子大剂量补充DHA的话，建议还是在专业人士的指导和监测下进行。

至于我个人的观点，一直以来的建议还是将DHA作为补剂，尽量不超剂量使用。

近期,磷脂酰丝氨酸(PS)在改善注意力、提高记忆力、稳定情绪方面的应用呈现出越来越受关注的趋势,尤其不少人将 PS 和 DHA 联合使用,用以改善大脑功能。

优质好脂肪需要在饮食中添加进去,同样,坏脂肪需要从饮食中剔除出去。什么是坏脂肪?主要是反式脂肪酸,即在比萨、冰激凌、汉堡包、油炸食品中包含的脂肪。坏脂肪会扰乱激素水平,从而影响大脑发挥良好的专注、学习和判断的功能。现在大多数食品的成分表里也会标注反式脂肪酸的含量。

面临挑战	行动策略
孩子喜欢吃肉不喜欢吃鱼	一周尽量进食 1~2 餐深海鱼,可以调味(孜然、胡椒、番茄酱等)增加适口感,平时饮食中适当增加亚麻籽或坚果,有规律补充正规厂家的鱼油胶囊
孩子喜欢吃油炸食品	选择空气炸锅自制油炸口感的食物
孩子喜欢吃比萨和汉堡	尝试自制,可以制作三文鱼比萨,或者鳕鱼汉堡

要点 4:水是生命之源

大脑 80% 的成分是水,因此任何导致脱水的习惯,如进食过多高热量食物,都会损害大脑的认知功能和判断能力。要保证每天饮用足够的水。

注意将碳酸饮料和高糖饮料汁从饮水计划中剔除出去,包括可乐、雪碧、奶茶、热巧克力等,同时也要注意标榜着健康旗号的风味牛奶或酸奶饮品,很可能也是高糖陷阱。

不要迷信广告,学会翻看食物的标签,"白砂糖"这个成分越靠前说明含量越高,那么无论这瓶饮料叫多么好听的名字,广告宣传多么美好,代言明星多么帅气漂亮,都请放下,转而去选择简单的纯牛奶或者纯酸奶。

要点 5:糖是大敌

要把糖分作为势不两立的敌人看待。糖会引发身体的炎症反应,也会引发大脑的炎症反应,从而导致大脑细胞的不稳定放电活动。

糖容易让人上瘾,即便很少量的糖分,也会让你想去吃更多的含糖食物,并且,越吃越感觉疲乏。糖与冲动攻击行为直接相关。近期一项研究发现,每天都摄入糖的儿童,在成长后,出现暴力行为的风险要高得多。

因此,糖尝起来是甜的,却会让人生变成苦的。

记住,吃糖越少,人生越好。

面临挑战	行 动 策 略
孩子只爱吃甜的东西,连喝粥都要加勺糖,不甜的东西就不吃	可以适量使用蔓越莓、红枣、葡萄干等来增加甜味,注意适量,一次吃太多同样含糖量太高
孩子喜欢吃水果,不爱吃蔬菜	水果中的糖不用太担心,但同样需要把握好量;水果不能代替蔬菜,仍然需要鼓励进食蔬菜

要点6:扔掉坏食物

虽然说不应该浪费食物,但如果家里有太多坏食物,吃下去的话,无论对大人还是孩子来说,都会给保持专注、活力、良好心情、记忆力和体型方面带来诸多麻烦。因此,扔掉家里储藏柜或冰箱里的坏食物,避免自己进食,是启动健康饮食方案的第一步。有研究发现,经常进食坏食物的儿童,长大后出现攻击行为和情绪问题的风险明显更高。

什么是坏食物呢?判断标准是:过度加工,即含各种人工添加剂,如防腐剂、人造色素、人造奶油等,以及高糖食物。这就意味着购买食物时,不要只看食物名称,不要看广告宣传,不要道听途说,而一定要留心看食物标签。

面临挑战	行 动 策 略
孩子喜欢吃五颜六色的好看的食物	颜色丰富的食物容易引发食欲,这是可以理解的。可以采用天然色素,如蓝莓、石榴、南瓜、紫薯、菠菜、米苋等,这也能增加食物营养的多元性
孩子喜欢吃好看包装袋的各种小零食	用燕麦棒或蛋白棒来代替零食,或者自制健康的零食,在很多烘焙店里提供有漂亮的包装袋,自制后用这些包装袋包装起来,引发孩子兴趣,也可以让孩子参与到制作包装的过程中来

要点7:维生素和微量元素

锌和铁都与机体合成多巴胺有关,而多巴胺是保证注意力,促进认知功能发展的重要物质。严重缺锌或缺铁会使儿童出现注意力不集中,影响认知功能的发展。充足的镁也是促进大脑保持平静状态的基础条件。

富含锌的日常食物	瘦肉、枸杞、西兰花、坚果
富含铁的日常食物	动物肝脏、瘦肉、蛋黄、豆类
富含镁的日常食物	绿叶蔬菜、粗粮、坚果

在缺乏B族维生素的孩子中,更容易出现攻击挑衅和违反规则的行为表现,补充B族维生素后,能改善这种情况。维生素C和维生素B6与大脑细胞内多巴胺水

平密切相关,而多巴胺是保证注意力的重要神经递质。

富含维生素B的日常食物	瘦肉、坚果、动物内脏、绿叶蔬菜、薯类
富含维生素C的日常食物	蔬菜：西兰花、青椒、红椒、甘蓝、番茄、绿叶菜 水果：猕猴桃、鲜枣、柚子、沙棘、桂圆、草莓、橘子

通常来说,一般日常饮食中即可摄入足够的维生素和微量元素。但如果孩子比较挑食的话,则可能有必要日常补充复合维生素/微量元素制剂,注意选择那些无糖或低糖,不含人工色素的产品。

总结：大脑健康饮食方案

改变饮食方案不是一件容易的事情,但是,这也是我们日常生活中,最有能力掌控的一件事,而且,坚持一段时间之后,渐渐就会形成习惯。

好的健康的食物是天然的大脑保健品。正确的饮食,对于儿童和成人的注意稳定及持久性、情绪稳定及调控力,都有着不可小觑的作用。

总结一下,大脑健康饮食方案的要领如下。

亲密好友	日常尽量较多进食	各种颜色的蔬菜、低糖水果、优质蛋白质、低脂低糖的乳制品,部分米饭替换为杂粮五谷
高冷好友	虽食物中不常见但建议常规补充	欧米伽-3脂肪酸和磷脂酰丝氨酸：每周进食1~2次深海鱼类,其余时间常规补充鱼油或PS胶囊,平时可适当进食亚麻籽和坚果
普通朋友	如果缺乏则按需补充	复合维生素(维生素B、维生素C),微量元素(锌、铁、镁)
一般敌人	能少吃就少吃,实在馋了吃吃也无妨	过度加工的、含较多防腐剂、人工色素的食品
如临大敌	糖	尽量避免摄入纯粹的糖！

1. 大脑健康饮食方案,下面哪一项是错误的：
   A. 如果孩子饮食不均衡,或者检查明确提示缺乏微量元素或维生素的话,需要补充
   B. 富含人工色素等添加剂的甜品,即使制作精美、价格昂贵、垂涎三尺,也要忍痛扔掉

C. 纯粹的高糖零食是最需要说"不"的,水果中所谓的糖不需要太战战兢兢
D. 保证充分的饮水,不要等觉得非常渴了才喝水
E. 补充欧米伽-3脂肪酸,如深海鱼、亚麻籽、坚果,以及鱼油胶囊
F. 保证一日三餐,特别是早餐,记得提升蛋白质的含量(鸡蛋、牛奶、瘦肉等)
G. 饭量一定要够,每天没吃够一大碗米饭,身体肯定长不好

2. 孩子学会吃五颜六色甜甜的零食,下列哪项不合适?
    A. 孩子难得喜欢当然给他吃,这样才会有个快乐的童年
    B. 寻找天然带颜色的甜味食材,例如紫薯、蔓越莓、红枣等
    C. 寻找更健康的零食作为替代选项
    D. 只有孩子在呈现某个特定的良好行为后,将少量的甜点零食作为奖赏物

3. 购买食物时,应该根据什么来选择?
    A. 喜欢的偶像做广告的食物
    B. 瓶子上写了"健康""无添加""纯天然"这类字样的
    C. 邻居网友多方打听推荐的
    D. 食品包装盒上的成分表,留心"白砂糖"及各种人造添加剂的名称是否靠前,留心"反式脂肪酸"的含量是否为0

参考答案:
1. G;2. A;3. D。

人见人爱健脑食谱

菜:

平静心灵芦笋汤

准备好食材,鲜虾、蛤蜊(提供蛋白质,如果海鲜过敏换成瘦肉也可以)、豆腐、芦笋、蘑菇,按各自口味加入相应调料,温火煨熟。

营养大脑龙利鱼
龙利鱼解冻后擦干水，切成小方块，加入适量橄榄油、黑胡椒、姜丝腌制15分钟，开水焯熟；番茄切块中火翻炒出汁，加入少许水，水开后放入龙利鱼块，煮2分钟左右。

主食：
全面营养燕麦比萨
1个鸡蛋打散，加入100克牛奶，少量盐和酱油，再加入25克燕麦片，拌匀。将此混合物一半倒入烤盘内，开始发挥创意地铺各种喜欢的蔬菜，如切成扁平块状的胡萝卜、莴笋、芦笋、洋葱等，最上面铺虾仁、鸡肉丝或牛肉片。将最开始的混合物剩下的一半淋上去。放入180℃烤箱内烤15～20分钟，待液体凝固了即可出炉。

全面营养鳄梨卷
用现成的墨西哥饼皮，或者杂粮煎饼皮(低GI碳水)，放入煎鸡蛋、鸡胸肉丝(蛋白质)、牛油果泥(健康脂肪)、生菜、黄瓜片、番茄片，裹成卷。

甜点：
生机勃勃南瓜球
将南瓜蒸熟，捣成泥状，然后在一个大碗中，加入即食麦片(可以是那种添加了果干的，这样味道更好些)、碾碎的核桃、亚麻籽、蛋白粉，混合拌匀。揉成一个个的小球球，可以直接吃，也可以冷藏半小时再吃。

饮料：
专注能量奶昔
香蕉和牛奶放入料理机，打至顺滑状态即可。香蕉和牛奶的搭配几乎可以说是在味道、能量、营养上都是佼佼者，当然在此基础上还可以各种变化，例如加入牛油果，也可以加入奇异果、蓝莓，或者加入燕麦。

提高专注快手早餐

鸡蛋配酸奶

起床之后将两个鸡蛋扔进锅里开始煮,等你忙得差不多了,鸡蛋差不多也就熟了。配合水果酸奶一起吃,增加纤维素、蛋白质和益生菌的摄入。关于酸奶,家长记得要看食品标签,尽量挑选那种只含生牛乳和益生菌的。很多酸奶,尤其一些风味酸奶饮料,里面添加了大量的糖和其他添加剂,要注意避开。

牛油果面包片

牛油果因为其比较浓郁的味道和黏稠的口感,完全可以作为奶油的替代品。因此如果孩子平时喜欢吃奶油面包一类食物的话,考虑这款牛油果吐司。将牛油果切成两半,果肉挖出来,碾碎,撒上少量的盐、胡椒粉,或者加点儿柠檬汁,拌匀后铺在吐司片上,一款富含健康脂肪、高纤维的早餐就搞定了。

金枪鱼三明治

金枪鱼是深海鱼类,富含欧米伽-3脂肪酸。用一块面包片,先铺上生菜叶子、黄瓜片、番茄片,然后打开金枪鱼罐头,铺上金枪鱼,之后叠上一个煎鸡蛋或者水煮鸡蛋薄片,撒一点点盐和黑胡椒,最后再铺上一层生菜叶子,盖上另外一个面包片,轻轻按压一下,对切成三角形,这样两个三明治就搞定了。

早餐卷饼

如果觉得早餐没时间坐在桌边慢慢吃,习惯了在路上边走边吃的话,那么早餐卷饼就是个完美的选项。请注意,不是快餐店的鸡肉卷,但形式差不多。卷饼可以买现成的,事先将胡萝卜、青椒、蘑菇等蔬菜切丁,和瘦肉丁混合在一起炒熟,放入卷饼,卷起来,搞定!

燕麦粥

燕麦是全谷物,非常好的碳水化合物。燕麦只需要几分钟就能煮熟,熟了之后是黏糊糊的状态,颜值不高,但口感不错,而且百搭。可以用牛奶+打散的鸡蛋一起煮燕麦,这样就增加了蛋白质含量。如果喜欢吃甜的口味,可以加入水果粒和酸奶;如果喜欢吃咸的口味,可以加入蔬菜碎和肉末。百变燕麦粥是非常受欢迎的。

> **水果/坚果蛋白棒**
> 如果你还是坚持说时间不够完成上面的任何一款早餐,那么麦片营养棒也许可以考虑一下。尽量挑富含蛋白质,少含糖分,适当添加水果干、坚果的麦片营养棒。这类食物多半味道偏甜,好吃,而且又达到了热量、蛋白、纤维的需求,同时非常快捷。左手一盒鲜牛奶,右手一支蛋白麦片棒,边走边吃,营养早餐全搞定!

第二节 运动:健身健脑,一箭双雕

首先需要说明的是,运动是件好事情,无论对于孩子还是大人,无论对于身体还是大脑,都是大有裨益的。

众所周知,飞鱼菲尔普斯,他在小时候被诊断为注意缺陷多动障碍,因此菲尔普斯在上学期间一直非常纠结,因为很难专注在学习上,后来妈妈意外地发现,菲尔普斯在泳池里能专心地游很久,于是就鼓励他练习游泳,就这么游啊游,一路游到 2008 年一举夺得 8 块金牌。那段时间,几乎掀起了一股家长把自家孩子扔进泳池学游泳的浪潮。

对于菲尔普斯的事情,我们应该这么看:任何一个儿童,只要找到了其擅长、有兴趣的领域,照样可以充分发挥其潜力,取得好成就。但在某一个特长的兴趣方面做得好,不代表可以对专注力/自控力不足的现象视而不见,因为这会影响生活的各个层面。菲尔普斯童年期并没有接受特别规范的注意力干预,成年后其擅长的游泳方面成绩斐然,但是其生活方面仍然出现了酒后驾驶、物质滥用等因自控力不足所导致的麻烦。

另外,每个儿童都是不一样的,可能这个孩子擅长游泳,那个孩子擅长画画,而且运动分很多种,不一定只有游泳对孩子的注意力最有帮助。但是,总的来说,一些恰当的体育活动,对于儿童,是存在一定的促进专注、调整情绪、提升自尊的帮助作用的。近期一项研究显示,运动可以促进孩子的专注程度及情绪管理能力。

为什么运动对注意力有所帮助呢?因为恰当的运动也能促进大脑里多巴胺的分泌,之前我们已经介绍过多巴胺,它是促进愉悦情绪、提高注意力的重要物质。

针对不同的目的,不同类型的运动会各有利弊。如果想改善专注力,提升自控力,可能以下运动的益处更明显一些。

游泳

儿童,特别是注意力欠佳的儿童,尤其适合一些具备结构化规则和指导的活动,游泳恰好就具备这样的特点。儿童如果参加游泳学习班的话,那么是有学习同伴的,这样的话,孩子能够享受社交互动的过程。但实际上,孩子具体学习游泳技能时,最好是由教练一对一指导,这样孩子无须和其他人竞争,自己游自己的,只需专心练习自己的游泳技能。

武术

中华武术,或者跆拳道、截拳道、柔术,其理念中都强调自我控制、纪律规则和相互尊重。孩子在学习武术的过程中,需要根据指导,一步步掌握不同的姿势动作和技巧,因此很少有分心的余地。武术类运动另一个意想不到的好处就是能够促进孩子学习接受常规。比如对练之前需要向对手抱拳或者鞠躬示意,对这些规则的默认遵守,会帮助孩子在生活中其他方面也养成类似的习惯,即对于一些生活常规,家庭学校基本规则能默认遵守,而不至于一直视而不见或者故意挑衅。

网球

网球运动不需要团队合作,也不需要超强的注意力,因此对于注意力欠佳的儿童来说是个不错的运动选择。除此之外,网球需要很用力地拍打,这可以帮助孩子释放他被禁锢了一天的能量,对于孩子面临一天的学习挑战积累下来的愤怒或挫败的不良情绪,也有促进舒缓的作用。

体操

研究发现,那些促进对于肢体运动感受性的活动,比如体操,对孩子的注意力及学习情况是有所帮助的。其实体操的一些活动要求,如走平衡木、蹦跳、控球等,和专业的感统训练内容有着异曲同工之妙。因此,体操运动可以促进感觉统合能力发展,还可以增强核心力量、平衡感、以及肌肉感知力。

拳击

如果你的孩子经常容易感到愤怒,或者经常不合时宜地发脾气,那么拳击似乎是一种既安全又有趣的方式,帮助孩子将愤怒的不良情绪引导为一种正性的宣泄途径。毕竟,拳击台是一个你可以有正当理由使用武力将对方撂倒的场合。

足球

身处一个运动团队的话,有助于孩子发展社交技能。你会发现,坚持参加足球运动也是一项促进短期集中注意力的理想选择。

骑马

马是一种很神奇的动物，它能反射出骑者的情绪和态度。动物疗法的心理治疗师们，就会对孤独症、多动症等存在行为问题的儿童，使用马来进行治疗，重塑行为。当你带孩子去练习骑马时，孩子在这个过程中通过与马互动，学习观察马的反应，从而调整自己的行为，以便获得更好的骑术，这样，在生活中也就不至于一味坚持自己的行为模式，哪怕给自己或他人带来麻烦了也置若罔闻。

跑步

其他的运动项目，孩子经常需要等待一段时间，才能迎来自己的活动机会。众所周知，等待对于孩子，尤其缺乏耐心的孩子来说是非常枯燥、异常煎熬的，因此，孩子很容易在等待的时候，不耐烦地惹出很多麻烦来。而跑步几乎不需任何等待，直接就开跑。并且跑步教会孩子遵守路线，调整呼吸，注意速度节奏等。如果你带孩子参加一些诸如越野赛等跑步项目的话，既充满乐趣，又增加社交机会。

箭术

射箭本是一项古老传统的运动项目，但自从迪斯尼的勇敢传说播出后，一大群女孩子因为梅莉达喜欢上了射箭运动；而自从漫威的复仇者联盟上映后，一大群男孩子又因为鹰眼迷上了射箭运动。如果孩子有兴趣的话，这是完全值得鼓励的。因为射箭可以锻炼孩子的专注力、观察力、耐心程度以及自信心，这些对于存在注意力或学习问题的孩子而言，都太重要了。但请家长注意，一定严密督促指导，避免发生危险。

以上便是有益于注意力的运动项目，真正在实施的时候，家长还可能遇到或这样或那样的问题，下面就来挨个梳理一下。

1. 每天运动多久比较合适？

每天尽量能够安排至少20分钟，最好能达到40分钟的运动。因为研究发现，有氧运动40分钟，相比20分钟，对注意力和记忆力的改善效果更明显。

2. 找不到运动时间怎么办？

运动可以和日常生活安排在一起，见缝插针地进行。虽然是鼓励每天运动40分钟，但未必非得是连续进行的，可以拆成4个10分钟，不管怎样，都比不运动要好。

上学前运动可以很好地促进大脑进入专注学习的状态，缓解不良情绪。因此早上让孩子带着狗遛一圈，或者骑自行车去学校，都是不错的选择。有些学校会安排老师带领孩子做早操，或者瑜伽、武术等活动，这对孩子启动一天的学习是非常有帮助的。放学后，如果孩子不愿立即坐下来写作业，那么可以进行20~40分钟的运动锻炼,这样既没有逼迫孩子在一天的学习之后继续学习,也避免了孩子一头扎进电视和电脑里的情况。放学后参加游泳训练班、足球队训练、跆拳道课程都是不错的选择,即便只是让孩子在公园里绕着草坪跑几圈都能有所帮助。

如果天气比较差,不方便出门的话,可以跳绳、爬楼梯。

3. 除了带孩子去运动,家长还应该做些什么?

家长应该尽量做到最大的支持和帮助,比如不要迟到,准时参加运动活动;家里专门辟出一个空间用来存放与孩子运动有关的服装、器材;出发前带领孩子一起核查一遍相关运动装备是否准备齐全。

有一点很重要,就是你要根据自家孩子的心智水平来帮他挑选运动团队。比如注意缺陷多动障碍的孩子,通常其心智成熟程度通常比真实年龄晚 2~3 年左右。所以如果你有个 10 岁的孩子,虽然上学需要就读 4 年级,但是参加运动项目的话,可以选择让孩子参加一个 7~8 岁年龄组的团队,这样他的行为表现可能和队员更相符一些。

有一点要记住,你带孩子参加运动,是为了帮助他释放能量、释放压力,而不是为了增加他的压力或不良情绪。因此避免因为孩子在运动项目中表现欠佳就给予斥责和打击。只要孩子努力参与了,就应该给予鼓励。

如果孩子容易半途而废,那么需要鼓励孩子坚持。注意缺陷多动障碍孩子通常兴趣点容易转移,当他们觉得不好玩,或者太难了的时候,他们多半就不愿继续,转而去寻找其他新鲜的刺激事物。坚持不懈是一个很重要的能力,不仅对于运动,对于孩子一生都很重要。因此,鼓励、带领孩子,至少坚持一个学期练习一项运动。

4. 孩子不爱运动怎么办?

虽说运动好处多多,但有家长发愁的是,孩子就是不爱运动怎么办?每天就喜欢宅在家里看书,或者看电视玩电脑。如果这样的话,那么家长可以尝试下以下办法,争取让孩子动起来。

全家总动员:别只让孩子一个人运动,全家人一起运动。大家一起散步、跑圈、骑车。当运动变成一种家庭活动时,孩子会更愿意参与一些。当孩子看到大人汗流浃背时,他也就不甘落后了。有研究发现,在家长(尤其父亲)陪同下的有氧运动,对孩子注意力和自控力的改善最明显。

报名参加兴趣班:鼓励孩子报名参加一些运动训练班,如游泳、足球、武术等,正式的形式会让孩子更重视,而且会有一群伙伴陪着他一起练习。

家庭联谊会:如果你自己的同事或者朋友也有年龄相仿的孩子的话,那么你们两个家庭可以约着一起出来活动。

留意附近的可运动设施:如离家近的公园,以及一些跑道、骑行车道、游泳馆等。

时常聊聊孩子的运动活动：在学校或者在校外训练班学习了什么运动项目，或者练习了什么新技能，鼓励他们练习或展示这些技能。

5. 怎么与教练沟通从而更好地帮助孩子？

无论孩子选择哪项运动，他都可能会遇到一位教练，这位教练对待孩子的方式决定了孩子对该运动的兴趣持续多久，学习掌握运动技能的程度如何，以及在运动中关于注意力和自控力的获益多少。

教练一般都是好教练，他们的出发点是好的，他们教授运动的技能知识是正确的，但他们对于注意力方面的知识知之甚少，因此如果家长带孩子运动的目的之一是改善注意力或好动的话，那么提前与教练沟通好这些情况，就至关重要了。

比如，孩子在练习中没有很专注地认真做，教练就罚他跑15圈，这对于分心的孩子毫无帮助，反而使他们感觉羞愧，从而失去了继续运动的兴趣和信心。

建议家长找个单独的机会与教练事先沟通一下，只需要告知自家孩子的特点，以及分享给教练一些合适的管理和督促方法就可以了。记住是以分享的角度，将适合自己孩子的管理方式传达给教练，而不是居高临下地指示或者指挥，否则对方可能很难愉悦地接受你的建议。

还有一点格外重要的是，分享给教练的技巧，其实和平时家长管理儿童的技巧，是如出一辙的。在本书的后面章节中会详细教给家长这些技巧，包括目光接触、简短指令等。因此建议家长先自行学习领悟，反复练习掌握熟练后，通过总结哪些技巧对自己孩子最适用，再去和教练分享。要知道，如果你能够引导出一个适合自己孩子的好教练，那么对孩子的帮助便能更"锦上添花"。

与教练沟通要点

运动中尽量减少孩子枯燥等待的时间，如果非得等待的话，可以交代给孩子一些打杂的活儿，让他忙起来，如收拾器材、帮忙记录等。

可以的话，略微频繁点地改变孩子的练习任务或踢球位置，避免孩子感到枯燥乏味。

"单线程"，即在某段时间内只练习一种技能点，避免同时进行多项任务要求。

对孩子做出指导的时候，如果孩子心不在焉，那么可以走到孩子面前，建立目光接触后，再给予指示，有必要的话可以让孩子重复一遍"我刚才对你的要求是什么"。

给孩子的指示尽量简短，最好是单步骤即可完成的。

如果讲解要求很难让孩子明白要领，可以示范，或者让其他小朋友示范。

尽量告诉孩子"去做什么",比阻止孩子"不要做什么",效果好。

让孩子有与其他几位伙伴合作的机会,如果是一群人数较多的儿童的话,建议让孩子待在教练身边,以便观察孩子的兴奋程度,及时介入。

1. 运动多久比较合适?
   A. 10～15 分钟
   B. 20～40 分钟
   C. 至少 1 小时

2. 孩子自己选择打排球,后来训练越来越辛苦,表示要放弃,下列哪种做法是最合适的?
   A. 讲道理,人生贵在坚持,遇到点困难就放弃,难成大事
   B. 给惩罚,如果不好好打排球,就惩罚不许玩电脑
   C. 询问孩子困难所在,帮助解决,鼓励尽量坚持(半年),询问孩子最近学了什么,对其的进步进行肯定和赞赏
   D. 尊重孩子的选择,本来就是业余爱好,并不是职业,无须强求

3. 孩子不听从教练的管理和指导,怎么处理是最合适的?
   A. 教练做法不适合我家孩子,换教练,换运动项目
   B. 向教练解释孩子的情况,希望教练宽容和接纳
   C. 与教练沟通处理方法,分享自己学到的对孩子有效的管理技巧
   D. 孩子不能不服从大人的指令,惩罚他不许看电视

参考答案:
1. B; 2. C; 3. C。
第1题保证做对就可以了。
后两题难度略大,涉及了一些亲子管理技巧的内容,比如惩罚、遵守指令、赞赏等,在后面的章节才会详细阐述。

第三节 艺术：音乐美术，颐养情操

和运动一样，无论孩子擅长或者喜欢哪种艺术活动，在从事的过程中，对于大脑功能的促进，都是存在一定裨益的。米开朗基罗有句名言"艺术家用脑，而不是用手去画"。其实反过来想，在绘画的过程中，不仅锻炼到了眼手，其实也锻炼到了大脑。

在这部分章节的内容里，强调的不是如何精进绘画技术，或者激发艺术灵感，而是从改善注意力的角度，看看如何设置绘画要求。因此，本节的绘画建议和任务，很可能与绘画老师的要求不一样，毕竟我们的出发点不一样。如果万一出现了冲突和矛盾，家长可以按自己情况斟酌。我个人建议是，改善注意力的千方百计，不差这一种形式。如果家长确实希望孩子在绘画方面有所建树的话，还是先保证孩子的创作灵感，以及绘画技巧的练习。

年龄较小的孩子，如学前幼儿，先尝试填色任务，重点练习是填色不出格。可以让孩子选择喜欢的颜色，选择喜欢的空白图案，将其涂满，不能留白，不能出格。如果孩子缺乏耐心，或者很难稳定地涂好，家长可以教孩子一些技巧。我们一般会教孩子，先沿着图案的周围画一圈，这叫"防护圈"，然后在"防护圈"里面一道挨着一道填满。这种画法比较有计划条理性，在 Focalm 专静学前儿童训练方案中，就有这个元素，给大家看一下，训练前后儿童填色的对比效果。

稍微大一些的孩子，如小学低年级孩子，可以尝试更复杂的填色任务，色块更小，除了要求不出格之外，还可以叠加记忆任务，如观察原始图形后，再画出来。

训练前　　　　　　训练后

高年级的小学生，可以在填色的视觉任务中，叠加言语记忆任务，如"当你用过蓝色彩笔后，必须接着使用红色彩笔"或者"红颜色的彩笔一共只允许使用三次"等，这种要求设置还叠加了对计划能力的训练。

初中生，可以尝试秘密花园这种复杂程度的填色了，它需要更精细的眼手协调能力、更多的耐心、更长的专注，如果家长发现，图案的难度让孩子有受挫感时，可以陪同一起完成，如一人完成图案的一半。

高中生，可以尝试数字油画。这个对耐心和精细程度都是极高的挑战，而且通常很难在短期内完成，需要连续几天才能完成一幅作品，正好也锻炼了大孩子的长期目标感。另外，最终完成了一幅数字油画后，还是颇有成就感的。

再次强调，这一节里提到的对绘画任务的设置，主要目的是为了锻炼专注力、眼手协调性和精细运动，并非旨在激发美术灵感或者培养绘画技能。

艺术，除了美术之外，还有音乐。

莎士比亚有句名言是，音乐是爱的美食。现在，科学家们相信，音乐是大脑健康的美食。

越来越多的研究提示，音乐可以影响我们机体的功能状态。目前，针对很多疾病，如帕金森病、抽动症、孤独症、抑郁症等，都有相应的一些音乐治疗方案。同样，音乐对于注意力缺陷也存在一定的帮助。

音乐有明确的开头、中间和结尾，从而帮助保持有序的线性结构。有研究提示，聆听喜欢的音乐时能促进大脑多巴胺的释放，而多巴胺这种物质，众所周知是调控注意力、记忆力等的重要物质，而注意缺陷多动障碍人们的大脑里正是缺乏多巴胺。音乐激活的大脑通道，与其他很多认知加工过程是交织的。这也就不难理解，为什么很多神经精神心理方面的问题，音乐疗法会有一定效果。

这一节收集了一些相关领域研究者的推荐，总结了以下的音乐清单，可能能够促进专注的程度，增加学习/工作效率。

贝多芬（Beethoven）第五钢琴协奏曲"皇帝"（Concerto for Piano No. 5 "Emperor"）

聆听这支复杂而优美的音乐，你大概就会理解，为什么说古典乐就像是哥特建筑艺术一般。节奏、细节、模式、数学结构，就好比贝多芬在调动大脑的每一个细胞，随着音乐自然而然地搭建起更优化的语言、视知觉运动等能力。

莫扎特（Mozart）G小调第四十交响曲（Symphony No. 40 in G Minor）

莫扎特的音乐经常用于音乐治疗中，这支古典交响乐可以很好地刺激内耳系统，从而增强听觉和运动能力，继而有助于孩子的学习和交流功能。

巴赫(Bach)勃兰登堡协奏曲(Brandenburg Concertos)

聆听巴赫的这支协奏曲能改变脑波的频率，增强α波的比例，当大脑处于α波主导状态时，会更加专注，聚精会神，从而学习效果更好。

汉德尔(Handel)水上音乐(Water Music)

汉德尔的音乐能将大脑状态调整到α模式，一般来说，至少需要20分钟才能起到作用，而这支曲子长达一个小时，因此你可以在孩子做作业之前20分钟左右就开始播放音乐，然后在整个作业期间都不用操心去更换音乐了。

勃拉姆斯(Brahms)D大调小提琴协奏曲(Concerto for Violin, D Major)

勃拉姆斯的这支乐曲风格非常生动活泼，同样能帮助孩子的大脑调整到α模式，在放松躯体的同时保证大脑的警醒，从而将孩子的能量有效地专注在需要完成的任务中，而不至于被手脚不停的小动作分散掉。

维瓦尔第(Vivaldi)四季(The Four Seasons)

这支乐曲最早出现在一个孕期母亲胎教的研究中，该研究发现孕期妈妈每天聆听20分钟的古典音乐，孩子的记忆力、言语能力、逻辑思维能力似乎都发展得更理想。

柴可夫斯基(Tchaikovsky)第一钢琴协奏曲(Concerto for Piano No. 1)

柴可夫斯基的这支乐曲经常在音乐治疗中扮演很重要的角色，尤其是对于ADHD或学习障碍的孩子，聆听这首曲子可以帮助他们改善专注力、记忆力、空间推理能力，冲动控制和阅读理解能力。

帕赫贝尔(Pachelbel)D大调卡农(Canon in D)

如果孩子夜间入睡经常出现困难的话，那么这支古典音乐可以有所帮助。这首乐曲非常容易让人冥想，从而帮助舒缓一天下来焦躁的状态。

在这里需要特别说明的是，这些提到的音乐，大多是既往有一些研究者发现对注意力有所改善的，但是注意力不集中的孩子通常伴有情绪不稳，容易负性情绪爆棚，表现为闹别扭、发脾气、不高兴。在情绪不稳的时候，是建议孩子聆听舒缓的音乐，同时进行深呼吸，从而帮助自己情绪平稳下来(这部分内容会在第四章里阐述)。那些舒缓的有助于深呼吸及冥想练习的音乐，和这一节提到的促进注意力集中的音乐，其目的是不一样的。

本节的音乐可能更适合那些容易发呆、神游太虚的孩子，表现得比较安静，但是注意力比较涣散，很难专注在自己的事情上。如果孩子很容易烦躁不安，那么家长尝试观察一下孩子对音乐的反应，有帮助则可继续，没帮助甚至起了反作用，那么就放弃这段音乐。

总而言之,上面列举的音乐,虽然在一些研究中,提示能够帮助更加集中注意力,但是,没有任何事情是针对百分百的人,百分百有效的,你仍然需要去尝试,去观察,去发现那些也许能帮助你的孩子的音乐。

假如你的孩子在聆听摇滚音乐时,完成作业效率更高,正确率更高,那么即使你自己再喜欢巴赫,也不能代表孩子的选择是错误的。毕竟,我们每个人的大脑结构和功能状态是千差万别的,因此,可能某一类特定的乐曲会对这些人有帮助,而对另一些人没帮助。因此,不要太在意孩子耳边听到的音乐是什么,只要这个音乐对于他的注意力是存在有益影响的,哪怕放的是贾斯·汀比伯的歌,也无所谓。

这里再介绍一个玩转音乐的小策略,可以尝试将音乐和生活常规糅合在一起。比如,与其早晨起床后一直催促提醒孩子"去洗脸刷牙""快过来换校服""去坐好吃早饭""把书包背好""过来门口穿鞋"……不如试着将一些孩子喜欢的歌曲,和某个任务建立起联系,通过反复练习,让孩子在音乐的帮助下,自然而然地去完成这首歌对应的任务。

比如,当播放《嘻唰唰》时,孩子应该在刷牙洗脸,当这首歌唱完了,孩子就知道去衣柜前去换校服,一边听着小精灵一边换好衣服,当大鱼的音乐响起时,孩子明白用餐时间到,赶紧坐在餐桌边吃早饭,而当 Immortal(《超能陆战队》主题曲)出现时,孩子就得赶紧背上书包穿上鞋,进入上学的"作战"状态。

不同的音乐对于人们的状态有着微弱但明确的影响。不同节奏的音乐会促使孩子的心理或动作节奏越发火急火燎,或者逐渐平复下来。因此你可以在不同的时候,根据不同的需求,播放对你孩子有不同作用的音乐。

比如,孩子若是一听贾斯汀·比伯的音乐就各种嗨,那么可以在放学后路过公园的时候给他放一段,让他蹦蹦跳跳释放一下学习了一天的压力,以及燃烧掉多余的能量,这样待会完成家庭作业时能更安静一些。

又比如,孩子若是一听《湫兮如风》(《大鱼海棠》片尾曲)就各种犯困,那么就可以在晚上准备入睡前调暗灯光,播放这些让孩子觉得安静放松的音乐,帮助孩子更好地进入睡眠状态。

最后,如果孩子既喜欢音乐又喜欢绘画的话,家长可以试着与孩子玩这样的游戏。给孩子播放不同的音乐,让孩子听音乐的时候,想到什么就画什么,或者随便涂鸦也行。这样的活动既促进了手部的运动技能,也促进了大脑的发展,同时培养了艺术情操,而你只需要准备一个混编的歌单、几张白纸、一套彩笔而已,何乐而不为？试试看，也许你会被孩子丰富的创造性思维惊艳到。

1. 当想通过绘画任务训练孩子注意力时，你最需要强调什么要求？
   A. 填色避免出格出框
   B. 打线条的手法要正确
   C. 透视的立体感要合理
   D. 充分发挥想象力去创作

2. 孩子听贝多芬的曲子很抵触，不愿意继续听，就要听魔力红（maroon5）的歌，哪种做法最合适？
   A. 顺应孩子的要求，让他听他喜欢的音乐就好
   B. 观察孩子在不同音乐下的表现，选择继续听能够更好帮助孩子更平和更专注完成任务的音乐
   C. 明知贝多芬的曲子更有帮助，坚持要求其听贝多芬的
   D. 无法达成统一，保持环境安静，不听音乐了

3. 你观察到孩子在听那首音乐时，注意力表现相对更佳？
   （   ）

参考答案：
1. A；2. B；3. 略。
欢迎将第三题答案通过"Focalm 专静时代"公众号反馈给我。

第四节 绿色：多点绿植，提升注意

众所周知，绿色是护眼神器，相信如果我建议在环境中多加入绿色，家长们都不会拒绝。实际上，生活环境中的绿色，不仅有益于视力，还有益于专注力。

关于绿色环境与注意力之间关系的研究，最早是从成人开始的。已经有好几

项研究发现,注意力集中困难的成人如果经常暴露在自然环境中,如公园、花园等这类绿色环境,他们的注意力是有所提升的。包括他们自身感觉的注意力状况,重新回到工作的专注程度及组织条理性,以及客观的注意力测试成绩,都有所提升。与绿色自然环境接触越多,注意力改善越明显。对于儿童相关的研究数量不算多,但少数几项研究结果也同样指向了这个结论。

那么,到底为什么,绿色自然环境能帮助改善注意力呢？众所周知,当我们需要集中注意力完成任务的时候,我们是需要大脑细胞突触间隙内的神经递质来发挥作用的。而我们很难集中注意力的时候,说明这些神经递质已经耗竭不够用了。如果这个时候我们一直持续挣扎想继续专注做事,那么此时类似于一种注意力过度使用至于"死机"的状态。从某种程度上来说,我们需要大脑系统重新启动一下,补充回这些神经递质,而身处绿色自然环境中似乎就能帮助这一点。

当然,人的大脑是非常复杂精妙的,真正的机制远不止如此,但说到底我们关心的是,绿色自然环境的帮助到底有多大,是否值得我们重视？我想提一个比较有趣的研究。

这个研究包括了500个5~18岁的孩子,让他们在放学后以及周末的时间里完成相同的游戏活动,唯一的不同是活动地点。研究结果发现参加室外活动的孩子注意力比室内好,而在室外活动的孩子中,绿色环境接触多的孩子(公园)注意力改善比绿色环境少的孩子(学校操场)更加明显。

无独有偶,一项调查研究询问家长们自己孩子以前通常玩耍的地点在哪里,是密闭的室内,有窗户可以看见外景的室内,室外的马路,还是植物茂盛的地方。结论是一样的,孩子接触绿色环境越多,孩子的注意力状况越好,出现注意力问题的可能性更小。

除了注意力之外,研究结果发现,无论对于孩子还是对于大人,越多接触绿色自然环境,其冲动控制能力相对越好。

由此看来,家长应该鼓励孩子多进行户外活动,尤其是在绿色环境丰富的地方进行活动。当然家长也无须刻意去为这件事费神。比如,带孩子放学回家,走路的时候,挑选树木茂盛的林荫小道走；家里如果有院子的话,让孩子帮助你一起种些花花草草；周末外出玩耍时,选择有大草坪的地方,吃点儿健康点心,玩耍个20来分钟。

多接触自然绿色环境,没有任何危险和副作用,又对注意力、好动冲动的表现有着有益的改善作用,何乐而不为？

但很多家长都会抱怨，写作业的时间都没有，哪有时间去户外活动？其实如果可以尝试一下的话，家长可以试试在让孩子做作业之前，在小区植被丰富的地方转个 10 来分钟，再开始做作业。或者，想办法让孩子做作业的房间里有窗户可以看到户外植物的，这比完全密闭的房间要好。其实，一般的绿色风景对于儿童而言并没有太多的干扰作用，相反，每当完成一部分作业，让孩子休息一下，在窗前看看绿色环境，对他完成下一段作业的专注程度也许就会有所帮助。

无论如何，这个"绿色环境"方法至少值得尝试一下，对吧？

第五节　宠物：家有萌宠，练习技能

动物对于儿童心理发展的帮助，其实是由来已久的。尤其在孤独症领域，有的治疗师会用马来进行治疗。然而在注意力方面，我要实事求是地交代，并没有系统的严谨的科学研究证实，饲养哪种动物能够促进儿童的注意力。但毋庸置疑的是，宠物是儿童的好伙伴，如果引导得当，我们是可以在孩子与宠物的互动过程中，植入运用一些促进自控力发展的技巧策略的。

我曾遇到过一个孩子小谢，他很外向开朗，热衷于和小朋友们打交道，但却总是被拒之门外。老师说，小谢和同学打交道的方式过于"袭击"，是的，老师用了"袭击"这个词。小谢一旦碰到喜欢的小朋友，不由分说就上去抱着对方。玩游戏的过程中，开心也好，生气也罢，就用力推别人一下，拍别人一掌。虽然小谢本身并无恶意，甚至可能出于好意，但他表达的方式，太突如其来，太不知轻重，以至于在同学们眼里看来，就跟"袭击"一般，难以容忍。

老师和家长都尝试跟小谢说道理，反复叮嘱他不要出现袭击行为。他自己也明白，每天早上出门时都反复保证不会再袭击小伙伴，但是就是做不到。现在，班里的同学们都躲着他了，这让小谢感到很委屈很郁闷。

我一开始的建议是让家长和孩子进行角色扮演，让小谢逐渐掌握与人互动的分寸，包括出手的速度、下手的轻重。然而家长觉得角色扮演时，自己也很尴尬。并且，小谢在与家长互动时，可能因为对大人不感兴趣，或者因为大人体格比他大，他很少会出现袭击的表现。

后来情况出现转机，是小谢妈妈的一位朋友把她的猫寄养过来开始的，那是一只肥肥的大橘猫，叫黄烟烟。小谢很喜欢黄烟烟，就如同他喜欢小伙伴一样，因此但凡他看见烟烟，无论烟烟在睡觉，还是在窗前发呆，他都会一把抱起烟烟，搂在怀里,揉啊蹭啊,捏啊亲啊。

如果烟烟能说话的话,也许它也会跟其他人一样,责怪小谢太过"袭击"了。小谢并无伤害烟烟的意思,但确实时不时地,他会弄得烟烟不舒服,那时候,烟烟会挣扎,会反抗。但烟烟从来不会跑开太远,如果过一阵子小谢再去抱他,他也不会拒绝。于是小谢就不会有太强烈的挫败感。

当妈妈跟我描述这件事时,我就抓住这个机会,让家长借大橘猫黄烟烟,来教导小谢与之互动的恰当方式。比如,每一次烟烟挣扎咆哮时,让小谢明白,对方不高兴了,不愿意接受自己的力度,这时候要把自己的动作力度放轻柔一点,或者放开烟烟,保持一段距离,等观察到烟烟放松了,靠近自己了,再去抱它抚摸它。

通过这个过程,让小谢练习掌握表达他爱意的合适的度,效果出乎意料地好。于是后来,妈妈专门收养了一只挪威森林猫,名叫花茶,原因是考虑挪威森林猫都比较皮实,经得住折腾。很快,小谢就学会了该如何爱抚花茶,而不让花茶感到抗拒,与此同时,当小谢将这种互动模式带到和其他小朋友之间时,之前那种冲动的"袭击"行为也日趋减少。

实际上,确实有不少研究发现,经常抚摸猫的人,罹患高血压、冠心病等与紧张、压力、应激反应有关的疾病概率要低一些,研究者认为抚摸猫能够降低焦虑的情绪,缓解压力,促进情绪平稳,减少烦躁冲动。从这点来看,似乎宠物不仅对于孩子有益,对于家长同样有益。换言之,家里应该人手一只专用猫,亲子互动中出现了冲突的话,与其相互喊叫,不如各抱各猫,找个角落里待着,一边撸猫,一边深呼吸,分分钟缓解坏情绪。

无独有偶,我还遇到过一个15岁的大姑娘敏敏,她在小学期间就很难集中注意力,但那时候家长并未带其就诊,于是她在生活和学习上困难重重,遭受了很多打击,因此感到脆弱、自卑、容易受伤、害怕失败。进入青春期后,上述情况越发明显,于是家长带她来找我。

当时我布置的第一个任务是,找到一件自己觉得能相对专心的,能相对胜任的事情。敏敏跟我说,家里有一条金毛,她每天的任务是负责带金毛出去散步一次,这么多年,只有这件事她无论遇到什么困难都贯穿始终地坚持了下来,让她觉得有点自我成就感。

于是我就提议,敏敏是大孩子了,可以尝试将照顾金毛的大部分任务交给敏敏。家长可以帮忙制作一个清单,哪些是每天的必需任务,哪些是突发需要应对的任务,重要的是,让敏敏知道,金毛是她的责任,而且她能有序地、专心地、排除万难地完成好。比如,每天按时给金毛的碗里倒满狗粮,按时带金毛出去散步,按时收拾被金毛弄乱的玩具零食等。

当敏敏可以胜任照顾好自家的金毛后,由于观察到她对于动物的热爱,我引导她可以利用课余时间去流浪动物收养站做志愿者。而当敏敏尝试这件事后,变化就此出现。

敏敏觉得自己通过救助流浪动物,贡献了自己力所能及的力量,而通过完成这些事情,感受到了热情,感受到了价值,当年困扰阻碍她的注意力缺陷问题,就似乎逐渐不再是那么大的问题了。

有一次,敏敏意外地发现自己在观摩宠物手术的过程中丝毫没有厌烦感,可以长达数个小时站在那里专注地观摩兽医解除动物的疾患,既充满了情感上的共鸣,也充满了好学的渴望。于是现在,敏敏的目标是:成为一名兽医。

这两个特别的案例并不能说明,萌宠就一定能帮助孩子提高注意力。我并不希望家长抱着这个目的,去饲养一只宠物。但是,如果你家恰好有一只萌宠的话,可以尝试做出一些引导,帮助孩子在和萌宠相处的过程中,习得一些技能。

教会孩子观察宠物是否喜欢自己与其相处行为的表现,如咆哮闪躲代表不喜欢,表现放松并发出愉悦的声音表示喜欢。

教会孩子在宠物闪躲的时候,与其保持距离,避免强宠所难,强行与其玩耍。学会耐心等待,等待何时的机会再与其互动。如果对方实在拒绝,那么自己可以做些什么自娱自乐,避免一直强行要求与对方互动。

给孩子布置一些照顾宠物的任务,从 1～2 个小任务尝试起,如定时喂粮食、给水碗里添水、梳毛、擦脚掌等,慢慢地可以增加到复杂的大任务,如带狗散步、给猫洗澡等。孩子需要记住这些任务并且有时间规划地去完成,这样在提高注意力的同时,也培养了责任感。

1. 以下哪种环境,相对来说,对孩子注意力改善最有帮助?
   A. 堆满玩具和电子产品的室内
   B. 迪斯尼乐园
   C. 森林公园

2. 孩子特别喜欢猫,但家长不喜欢,下列哪个做法相对比较合适?
   A. 为了孩子的爱好,硬着头皮勉为其难去养一只
   B. 假装答应孩子养一只,一直拖着找借口不养
   C. 给孩子买个其他的玩具转移注意力就可以了
   D. 可以带孩子去宠物店或宠物咖啡馆,让其有机会接触喜欢的宠物

参考答案:
1. C;2. D。
第2题超纲了。

第六节　家务:简单家务,锻炼能力

哈佛曾经有一项调查显示,爱干家务的孩子和不爱干家务的孩子,成年之后就业率为15∶1,犯罪率是1∶10。爱干家务的孩子,离婚率低,心理疾病患病率也低。实际上,孩子在完成家务的过程中,其具体的动作技能,关键是大脑的认知能力,都得到了很好的锻炼和发展,还能培养孩子的责任感,提升孩子的自我价值感,此外,还帮家长分担了部分家务。一箭几雕?数都数不过来,何乐而不为?

但是,很多家长经常会说这样两句话:"孩子做作业的时间都没有,哪有时间做家务?""我不需要孩子做什么其他的事情,他只要把作业能做好就行了。"

问题是,想让孩子有把作业做好的能力,就应该培养他会做家务的能力,因为这些能力是相通的。但如果你总逼着孩子写作业,孩子因为反感抵触,反而没机会培养这些能力。但如果让他们做家务,完成家务后给予表扬和奖赏,孩子会很开心,感觉到自我价值,在这个过程中,学习相关的能力也潜移默化地得到了发展。

很多家长也许不相信,家务中的能力和学习中的能力明明相去甚远嘛,但我只能说,如果相信我作为一个认知心理学研究者的知识背景的话,我向大家保证,这两者所需要的认知能力(其实就是已经提过多遍的"执行功能")真的是相通的,真的!真的是这样的。

如果家长相信这一点的话,那么就应该考虑,如何给孩子安排家务才能对孩子

最有益。

1. 力所能及

要让孩子去做力所能及的，或者在家长稍微地辅助下能够完成的事，这样孩子才会有成就感，而且也才是真正的帮忙，而不是为你添麻烦。因此不能完全由着孩子的兴趣和意愿来，比如有的孩子对下厨感兴趣，但如果让一个七八岁的孩子去炒菜，那估计只能是一场灾难，且事后你去收拾一团乱麻的厨房，也会让你增加很多工作量，孩子做家务就反而是帮倒忙了。

我们应该做的是，在孩子感兴趣的家务活动中，挑选出孩子力所能及范围内的具体任务，帮助引导孩子来完成。比如对下厨感兴趣的孩子，你可以教孩子煎个鸡蛋，或者协助你洗碗收拾厨具，或者辅助你烘焙的某个过程，在孩子确实能够帮上忙做点事的过程中，他们才能享受家务活动，并且感受到自我价值。

2. 自觉自愿

不要让孩子感觉到是被强迫去完成家务，毕竟说到底，家务并非学习任务，作业已经让不少孩子有被强迫的不情愿感了，家务就应该是让孩子在放松的活动中，锻炼学习能力的事情。希望家长不要因为读到此处，发现家务有好处，就赶紧威逼强迫孩子去做家务。

家长可以尝试提供一定的选项，让孩子在其中选择他感兴趣的家务活动。"使用选择"是一个很讨巧的策略。当孩子具备选择权时，通常会更愿意配合一些，也更心甘情愿一些。比如，你可以给予孩子选择："我们今天要打扫地面，你是更愿意试试扫地呢？还是更愿意试试拖地？"

3. 尽早开始

孩子其实从很小开始，就会产生帮助大人的强烈愿望，比如帮大人传递个东西等，都会让孩子觉得自己帮上了忙，从而感到开心和自我肯定。不要总是想着，等学习完全完成后再去尝试做家务。要知道，学习任务在整个儿童青少年阶段，是没有完全完成的时候的。过度学习，反而增加孩子的疲劳感，有时会影响其学习、社交、解决问题等能力的发展。

尽早接触到家务活动，学习如何进行家务劳作是很重要的，从小可以培养孩子良好的工作习惯，树立尊重劳动、自立自强的价值观，这些都是难能可贵的品质培养，是单纯书本知识难以给予的。

4. 给予肯定

在孩子完成家务时，要对他的帮助和贡献给予肯定，要让他觉得你需要他，觉得他的付出重要。要知道，孩子毕竟是孩子，尤其当他尝试去完成家务时，肯定都不是擅长或熟悉的,他也是在家务中摸爬滚打去积累经验值,从而在将来用在其他的任务中。因此,孩子的家务完成得不尽善尽美是理所当然的。家长千万别像要求家政一样要求孩子完成家务的效果,孩子做的家务,有时还可能是需要家长再返工一遍的,甚至有可能比家长直接自己做还要花费更多的精力善后,但只要孩子付出了他的努力,就应该先给予赞扬和肯定。

当然,如果孩子特别缺乏完成家务的动力或意愿,也可以给予适当的奖励,比如自己独自把玩具全部收拾好了,可以奖励 5 分钟看电视的时间。也可以建立长期奖赏,比如晚饭后去厨房帮忙收拾,坚持一个月就可以买条新的裙子。

实际上,我们在给孩子制定奖赏时,最佳的奖励并非电子时间或物质奖励,这点家长需要铭记在心。最好的奖赏就是对孩子的肯定和称赞,一个微笑、一个拥抱、一声谢谢,告诉孩子或者当着孩子面告诉其他大人,你对孩子的表现是多么自豪。事实上,孩子慢慢感受到,自己能够完成胜任一件事,这种自我肯定的正反馈,才是真正意义上最大的奖赏。

5. 示范步骤

在最初尝试某样新的家务工作时,尽量细致地、一步一步地带领孩子去完成,必要时在开始阶段全程陪同,做出恰当的指示和讲解,甚至示范。一方面是避免孩子不知道该如何完成家务,而产生挫败感。退一万步说,如果一开始孩子完成得不够好,也要避免批评和斥责。要知道,孩子愿意尝试完成家务,本身就是值得赞扬的一件事。另一方面,带领孩子去体会一个任务中,如何一步一步分解步骤,按照顺序,有条不紊,依次完成,本来就训练了计划、条理、自我反省等高级功能。

用烘焙这件事举例,尤其现在城市里有很多亲子烘焙坊,无须自己准备烦琐的道具和材料,也无须担心弄脏了家里的厨房。在整个烘焙的过程中,孩子需要遵守规定的步骤,先加什么后放什么,有条理有顺序地一步步按照要求操作,而且有严格的数字概念,多少克原材料,醒发多长时间,多少度烘烤多少时间等,如果涉及揉面擀面的话,则加入了手部力度的动作,如果涉及压模造型的话,则加入了手部精细动作训练。因此,一个烘焙家务,引导恰当的话,可以锻炼孩子的条理性、步骤感、有序性、数字概念、手部力度和精细动作等多项认知能力。

6. 以身作则

为孩子树立好榜样,家长自己也应该觉得家务是件有价值的事情,家务是为家庭做贡献的活动,是乐意进行的、充满积极意义的事情。如果家长自己成天都抱怨家务,然后以一种万不得已的状态去勉强做家务,这就给孩子传达了家务可怕的信息,那么当你尝试让孩子尝试家务时,可想而知孩子会是什么态度?

其实孩子就是家长的一面镜子,当家长厌恶拒绝家务时,孩子是很难喜欢尝试家务的。请家长和孩子一起,尝试把家务变成家庭活动吧!

7. 循序渐进

观察你的孩子可以完成的家务工作,当他能够熟练完成一些任务后,你就应该教他尝试新的,或者更复杂的一些工作,从而帮助孩子不断发展新的能力。给孩子的新任务要有挑战性,但也必须能为他带来成就感,如果新任务让他做得沮丧泄气,也许他以后便不会再尝试了。

我记得原来看过一张搞笑的对比图,讲述中国和美国孩子从小到大主要从事的任务。中国的孩子从小到大,家长培养的重点就是早教、特长,各种围绕着学习展开,美国的孩子从小到大,家长的重点在于要求循序渐进会做越来越多的家务活动。

既然提到了随着年龄增长,循序渐进地尝试完成越来越多的家务,那么,不同年龄的孩子推荐可以尝试哪些家务呢?我根据国外儿童的清单,结合接触到的国内儿童的特点,尝试整理出下方的家务清单,家长们可以借鉴一下。但最终是根据自己孩子可以胜任的家务内容来决定,如果相应年龄段的任务完成得比较步履维艰,那么就降低一个年龄段的任务;如果完成得得心应手,那么可以尝试提高一个年龄段的任务。

实际上,做家务好处诸多的道理,大家都懂。毕竟爱做家务意味着孩子不会成长为一个好吃懒做、不爱劳动的人,会做家务意味着孩子具备更好的独立自理能力,能够吃苦耐劳,这样将来工作生活才能适应得更好。

越是望子成龙、望女成凤,越不应该心疼地包办代替,相反,越应该创造环境和条件,让孩子尽早接触家务活动。在家务中,孩子得到的认知能力锻炼,以及得到的自我肯定感和自我价值感,实际上可以秒杀很多所谓的兴趣特长班。因此,我才经常说,促进孩子能力发展最简单易行的方法,就在我们身边,那就是家务。

家务清单

2~3岁:按照家长的指示帮忙递东西、在家长的指示下把垃圾扔进垃圾箱、整理自己的玩具、自己独立刷牙、尝试自己使用马桶。

3~4岁:收拾自己的玩具、帮助收拾衣服(把脏衣服扔进盆子里,把叠好的干净衣服放进衣柜里)、帮助浇花、喂宠物、能独立使用马桶、认真地刷牙洗手。

4~5岁:准备餐桌(从摆放筷子开始,到摆放碗盘)、饭后帮忙把碗筷送回厨房水池里、自己准备第二天要穿的衣服、去门口取信和报纸。

5~6岁:擦拭餐桌、自己准备次日要去幼儿园的衣服和背包、自己叠薄的衣服、收拾房间(将乱放的东西放回原位)。

6~7岁：独立打扫房间、简单收拾房间(整理书桌、在帮助下整理床铺)、在帮助下可以清洗碗筷及收拾厨房。

7~12岁：做简单的饭菜(安全使用微波炉和天然气灶)、独立打扫和整理好自己的房间(扫地拖地或者使用吸尘器、独立整理床铺)、使用洗衣机、打扫卫生间、把垃圾扔到小区的垃圾站内、帮助一起打扫小区的树叶或落雪。

13岁及以上：擦玻璃、更换灯泡、打扫厨房(包括洗碗和放回橱柜)、做自己喜欢的饭菜、根据购物清单在附近超市正确购物及结账、独立洗衣服(包括用洗衣机或手洗、晾干、收衣服、叠衣服、放进衣柜的全过程)、照顾家里的花草和宠物。

1. 当鼓励孩子做家务时,孩子一口拒绝,哪种做法是不恰当的?
   A. 告诉孩子必须做家务,无论如何都得去做
   B. 以身作则显示出对家务活动的兴趣,鼓励孩子加入
   C. 给予孩子不同家务活动的选择,让孩子选自己感兴趣的
   D. 尝试在家务完成后给予一定的奖励,激励孩子完成家务

2. 七岁的孩子想尝试烤个戚风蛋糕,哪种做法更恰当?
   A. 孩子有兴趣就很重要,让他根据自己兴趣去做想做的事情
   B. 选择厨房里孩子力所能及能完成的任务让其参与
   C. 作业还没写完,去厨房玩什么,赶紧写作业去

3. 十岁的孩子在尝试炒鱼香肉丝时,以失败告终,哪种做法更恰当?
   A. 为了肯定孩子的付出,硬着头皮说非常好吃,让孩子认为自己做得不错
   B. 肯定孩子的努力,陪伴孩子一起制作,困难的步骤予以帮助
   C. 实话实说指出孩子厨艺不好,以后都不要下厨了,反而惹出更多麻烦

参考答案：
1. A；2. B；3. B。

第七节　黑镜：电子屏幕，重视管理

这节的标题可能乍一看有点摸不着头脑，黑镜是个什么鬼？这个名字源于一部讽刺高科技生活为人类生活带来失控影响的英剧《Black Mirror》，所有的电子产品在息屏的时候就是一面黑色的可以反光的镜面，因此黑镜可以代指电子产品。

前面几节的内容，都是希望做点啥，来帮助改善注意力，这一节，是尽量避免做点啥，从而避免注意力被损害。避免什么呢？当然是标题所指的电子产品，包括手机、电视、平板、电脑等一系列电子数码产品。

当提及注意力这个话题的时候，很多家长可能都会存在这个疑惑："我孩子虽然听课做作业注意力不集中，但他做自己感兴趣的事情时，注意力很集中的啊。"这个时候我通常会追问一句："孩子感兴趣的究竟是什么事情？"大部分家长都会回答："看电视或者玩手机。"其实在本书开篇我就提到过，使用电子产品时的注意力是被动注意，和真正的主动注意，有着本质的区别。

孩子对于电子产品的沉迷程度，不是一蹴而就的。冰冻三尺非一日之寒，通常都是从无伤大雅的小事开始，小时候不给手机就哭哭闹闹，只有给了手机才能安静下来；长大后就经常说，不给看电视就觉得人生了无生趣，或者不给看电视就拒绝写作业，家长为了哄孩子开心或者配合学习，只能让其随意看电视；然后事与愿违，随着时间推移，孩子使用手机电脑的时间与日俱增，心情并未变好，学习也并未主动，一旦脱离了电子产品其吵闹的歇斯底里程度只会与日俱增，此时也许家长才开始惶惶不安，想尝试管理起来，却发现星星之火难以融化三尺冰冻。

我始终记得遇到的第一例，那天一位妈妈腿上打着石膏，拄着拐杖，带孩子一起来门诊。家长说，孩子自从进入初中后，对网络游戏迷恋日趋加深，为了玩游戏可以茶饭不思，通宵达旦，甚至早上从家里出发后不去学校，直接去网吧玩游戏。回到家作业也不写，除非玩游戏，否则说什么话都会激怒到他。某天家长实在忍无可忍，一气之下将家里电闸拉了，孩子游戏被迫中断，勃然大怒，直接将家长从楼梯上推了下去，于是家长摔骨折了。但孩子还不依不饶，冲上前掐住了家长的脖子，最后是报警才平息了这场风波。

家长百思不得其解，一边是亲生父母，一边是电子游戏，怎么会为了游戏而对父母大打出手，孩子怎么会变成这个样子。

我其实不是第一次见这个孩子，早在他小学的时候，就被老师建议带来评估注意力的情况。家长当时觉得，孩子看电视时很专心啊，可能只是对学习不感兴趣而已，不会是注意力的问题，就没有重视。并且对孩子看电视的时间也没有加以管理和限制，随着孩子慢慢长大，接触到手机、电脑，也任由孩子一步步深陷进去，等到意识到问题严重性的时候，再开始努力为时已晚，难免感到非常无能为力。

类似的例子，临床上屡见不鲜。电子产品使用过于泛滥，现如今，不仅是孩子，也是整个社会令人担忧的现象。

现在电视电脑、智能手机、平板电脑普及率极高，有不少家长可能把这类电子屏幕产品当作孩子保姆的功能。因为家长可能发现，电子屏幕有着神奇的作用，好动的孩子一旦看电视就一动不动了，分心的孩子一旦玩电脑就专心致志了，学习时百思不得其解的孩子一玩手机就貌似反应"敏捷"思路"灵活"了，不用教就知道怎么按键怎么玩了。

然而随着孩子慢慢长大，你会发现，怎么一旦离开了电视电脑，脱离了手机平板，孩子做其他的任何事，都显得那么心不在焉，或者烦躁不安呢？孩子越喜欢看电视手机这些电子产品，就越不喜欢甚至越抗拒去完成学业任务。电子屏幕产品那些华丽的颜色、变动的色块对孩子注意力的吸引，只是造成了一种"专心"的假象，事实上，却是不断吞噬损害儿童的有效注意。

为什么呢？因为电视电脑上的节目为了吸引人们观看，更多强调快速、简单、碎片化的认知特点。为了吸引眼球，必须想尽一切办法抓住人们的注意力，于是乎，孩子被吸引得目不转睛，根本无暇去思考、反省他所看到的东西。长此以往，就形成了一种不利于专心静心的认知模式。孩子会期望他周围的世界都像电视电脑带来的刺激一样，新鲜花哨、绚烂夺目，可以很好地吸引他的注意力。现实世界怎么可能做到这一点！于是在孩子看来，就觉得枯燥乏味，很难坚持注意力。在日常生活中已是如此，更别提需要付诸努力的学习中。

可是，现在电子屏幕的使用实在太泛滥了，稍不留神的话，1岁左右的孩子可能就会看动画片，有些家长描述"只要醒着的时候就在看电视""家里的电视几乎白天不间断地都在放动画片"。到了3~5岁的时候，很多孩子都是想看电视就自己开电视，想看怎么节目就自己拿遥控器按，不少家长还颇为自豪地描述说"孩子可能干了，自己会开电视""孩子可聪明了，手机玩得比我还溜"。等到了学龄期的时候，不少孩子会因为电子产品的事情和家长陷入拉锯战，比如不给看电视就不做作业，不给玩电脑就大发脾气，不给用手机就开窗户说要跳楼。目前，国内尚无确切的数字统计，但一些调查显示，青春期的孩子，几乎80%以上都有自己的手机，60%左右的孩子自己卧室里有电视。

以上这些现状，和儿童心理学界对于电子屏幕限制的建议相去甚远。我们参考下美国儿科学会对于电子屏幕，包括电视/电脑/手机/平板使用时间的建议：2岁以下的孩子，尽量限制屏幕时间；稍微大些的孩子，屏幕时间每天不能超过1个小时；学龄期以后的孩子，屏幕时间每天最多不能超过2小时。

为什么要限制电子屏幕时间？因为电子屏幕对于大脑功能的发展是起反作用的。家长经常害怕做这个检查或者服那个药物是否会影响孩子大脑，实际上，家里面那块五颜六色、喧哗吵闹的电子屏幕一直给孩子看着的话，才是分分钟在损害孩子大脑的功能发展。从临床经验上来看，很多医生都发现，小时候电子屏幕接触越多的孩子，长大后其注意力、言语表达能力、认知功能的发展都相对受限。

根据目前的一些研究理论，电视及电脑游戏对于年幼儿童大脑的前额叶发展，存在拖累作用。而前额叶是负责人类高级认知功能，即执行功能的重要脑区，包括时间管理、组织计划、优化排序、自我控制等重要功能。实际上，早在2004年，西雅图儿童医院就进行了一项研究，发现1~3岁期间看电视过多的孩子，到7岁时发展为注意困难儿童的概率就明显增高。更确切的说法是，相对于从不看电视的孩子来说，如果每天多看1小时电视，那么发展为注意问题的可能性就会增加10个百分点。

因此希望家长们要警惕，无论儿童的哪个年龄阶段，看电视对孩子的注意力弊大于利，需要给予监管和限制。基于此，家长们该做些什么？答案是，需要设定合适的界限。

对于2岁以内的幼儿，应尽量避免电子屏幕接触。要知道，这个年龄段的孩子，与真人之间进行主动的、言语的、社交的互动非常重要，而看电视只是被动地吸引注意力而已。尽量多花点时间与孩子一起，可以进行阅读、唱歌、玩游戏等活动。如果孩子是交给祖父母照顾，那么需要交代老人，不要为了照看方便而长时间开着电视。对于稍微大些的孩子，电子屏幕接触的时间并没有确切的建议，但大家都心知肚明，鉴于电子屏幕产品实在太容易导致分心了，因此儿童，尤其ADHD儿童如果经常看电视玩电脑的话，只会弊大于利。

如果你的孩子已经比较大了，或者之前习惯过长时间的屏幕接触时间，那么建议家长尝试逐渐地减少控制电子屏幕时间。最终的目标是，每天不要超过1个小时。特殊时间如假期等，每天尽量不要超过2个小时。

可能在建议管理限制孩子电子产品使用时，有的家长会有一些顾虑。比如"不是说对青少年要逐渐放手，不要管得太细吗？为了培养孩子的自我管理习惯，我决定先尊重他信任他,看他是否能管理好自己电子产品的使用。"俗话说,由俭入奢易,由奢入俭难,不要等到已经沉迷电子产品难以自拔了,再表示"你不值得信任,我必须插手管理",这时候其实更伤害孩子的自主性,也更难管理好。电子产品经常用"成瘾"来形容,说明非常容易失控,更何况是自控力尚未完全成熟的孩子。因此,一开始就设置清楚管理原则,这并非不信任孩子,这只是恰当的抚养管理。

还有的家长是比较为难:"孩子一旦被管控电子产品使用就大发雷霆,我没办法管理。"所以才强调,从决定让孩子接触电子产品开始,就要设置好使用说明。如果孩子已经开始过分依赖电子产品了怎么办?在不至于引发孩子太大情绪反应,如可能会出现危险行为的前提下,尝试一点点收回放纵的电子产品使用权限。避免因为困难而一再姑息迁就,此时不管,更待何时?孩子只会越来越沉迷其中。

也有的家长是心疼孩子,尤其当孩子说"只有电子产品让他开心,不给用就生不如死",觉得这种情况下还限制他使用电子产品,对孩子太残忍了。但反过来想想,如果孩子的世界里,真的只剩下电子产品才能获得开心,这样的现状,不是更残忍吗?不要向孩子灌输电子产品等于快乐放松的概念,我们限制的是电子产品使用,我们并不限制获得快乐放松的有益途径,运动、艺术、学习、社交、手工等活动,都可以使人快乐放松。

为了防微杜渐,避免孩子对电子产品沉迷到病入膏肓的程度再去试图挽救,不如从一开始就建立起健康自律的电子产品使用习惯。建议在决定给孩子一个电子产品时,或者家庭里引入公用的电子产品时,都尽量提前做好"使用说明"。这份使用说明包括人物、时间、地点、内容、条件5个方面。

1. **人物**:哪些人可以使用这个电子产品?

告诉孩子电子产品的持有者是谁,这个概念一定要明确。如手机、电玩、电视的持有者是家长,孩子只是在特定时间获得特定内容的使用权限,这个权限是家长给予的。并非家长霸道或强势,只是因为家长是持有者。

在第一次让孩子接触电子产品时就要告诉他这一点,否则就很难建立这个意识。很多家长埋怨"孩子总是随便更改我手机的设置"以及"只要我手机不给他就会生气",如果孩子能有手机是家长持有物的概念,那么这类情况就能很大程度上避免了。

当然,这并非意味着你在管理孩子电子产品使用时,可以简单粗暴地仅仅用"因为手机是我(买)的"这样的理由。尤其对于稍微大点的孩子,可以温和而坚定地描述理由,如"晚上准备入睡前我们都关掉手机,因为实际上手机的使用会影响睡眠质量,而良好的睡眠质量对我们的身体健康和心情愉悦都很重要",或者"在我们家吃饭的时候,我们更希望一家人面对面看着对方交流,这样更温馨,显得更相互关心,因此等吃完饭后再各自使用手机"。这样的解释,也有利于帮助孩子理解基于怎样的价值做出取舍决定。

2. 时间:哪些时间可以使用这个电子产品？

设置好电子产品的使用时间和使用时段。如在用餐期间不使用任何电子产品,例如使用任何电子游戏的时间不超过1个小时;如手机在晚上11点后都处于关机状态;等等。每个家庭可以根据自家的风格和观念来进行设置,并且大家要一致同意,统一执行,避免孩子觉得自己是被针对的那个人。

要坚持执行关于电子屏幕接触时间的规定,不能因任何原因而松懈。可以采用定时器,避免引起纷争,或者出现"说话不算数"现象。也可以使用电子产品开关时间表,记录每一个家庭成员使用某个电子产品的时间。

建议以下两个时间段禁止电子产品的使用:孩子作业期间和准备入睡期间。很多孩子会以"先看会电视休息一下,心情好了再写作业"或者"写作业写累了,玩会游戏纾解一下"以及"听音乐有助于我入睡"等理由,违反上述规则。大多数同意了的家长们都会发现自己陷入了一个很尴尬的境地,就是发现,等孩子拿到电子产品之后,做出的实际行为和说出的理由根本背道而驰。有几个孩子是看会儿电视玩会儿游戏就能快速认真写作业了？睡前听音乐有助睡眠？还是睡前玩手机影响睡眠？

事实就摆在那里,点破了家长也心知肚明,为什么当时就天真无邪地信了这个理呢？

同样,在这两个时间段禁用电子产品时,家长也要尽量配合做到。如果孩子写作业期间,家长在刷电视剧、玩电子游戏,噼里啪啦热闹非凡,让孩子如何专心致志？如果准备入睡期间,家长也是捧着手机刷朋友圈刷微博购物网聊,又如何以身作则要求孩子呢？

3. 地点:在哪些场合可以使用这个电子产品？

很多学校不允许孩子带手机,那么家长从一开始就要和孩子一起,尊重遵守学校规则。

有的家庭会重视家庭交流时间,那么就约定好相互有话要交流时,放下手机,除非是大家一起观看某个视频片段或分享某个转帖。最起码的是,在面对面交流时,避免塞着耳塞枉顾他人的交流,虽然这是很多年轻人的常态,但并不代表这是合适的做法,至少对于维持家庭成员关系并非有益。

不要在孩子的房间里摆放电视、电脑,手机在睡觉时间不允许带入卧室。通过这样的设置,你才能更好地监管电子产品的使用情况。

在公共场合,需要等待的时候,也许可以使用电子产品帮助打发时间。但是当等待时间结束,需要起身走路、进入电梯、上下楼梯、进门出门、上车下车、过马路等时候,需要放下电子产品。

4. **内容:可以使用这个电子产品进行哪些操作?**

不仅对于孩子电子屏幕使用的时间要做出计划,对于他们的使用内容最好也要做出规划。

关于电视,要先说明孩子可以观看的频道或节目有哪些。看什么电视,与看多久电视一样重要。首先一定要摒除暴力攻击的不良内容,然后就是尽量多看一些有科学、教育意义的节目,最后就算看一个娱乐的动画片,你陪着一起观看,看完后与孩子讨论互动一下动画片的内容,孩子的感受,这都会让孩子进入更多主动的思考过程。

关于电脑,提前规划好使用电脑做什么事情,避免漫无目的地上网,或者玩电子游戏。关于平板,孩子可以使用操作的 App 有哪些。当孩子使用电脑或平板的时候,家长需要监督,确保内容如同规划的一样。很多家长会抱怨"孩子跟我说用平板查询作业资料,实际上在玩游戏",这恰好说明了,孩子需要大人的监管。

即便青春期的孩子,有自己的手机了,手机上可以装哪些 App 依然是需要得到家长同意的,甚至一些社交软件,孩子可以发布哪些方面的内容,同样需要家长的筛查,最常见的是微信朋友圈、QQ 空间、微博等,孩子可以发布一些合适的图片,但不能发布过于暴露或姿势过分不雅的照片,以及避免传播谣言和发布不合时宜的言论。

不要觉得管控孩子的电子产品使用内容是侵犯了他们的隐私,不尊重他们,与其担心偷窥监视,不如大方地表示你需要对他的使用内容进行筛查过滤。

5. **条件:使用和扣除电子产品使用权限的条件各是什么?**

和所有行为管理的原则一样,即便是青少年,他仍然要明白,使用电子产品的权利是必须通过他的一些表现"挣"来的。最基本的,是必须在他完成当前身份任务之后,即作为一个学生完成基本的学校作业之后,才能获得电子产品的使用权限。

比如按时完成家庭作业后,可以看 15 分钟动画片;或者坚持一周不被老师书面批评,周末可以玩 1 小时的电脑。但实际上用电子屏幕时间作为奖励,这是利弊参半的做法。按理说,电子屏幕应该只是生活中获得放松、娱乐享受的一个稀松平常的方式而已，而非一场你争我夺的战斗。如果可以的话，更推荐采用其他的奖赏方式激励孩子，如公园游玩、一起外出就餐等。

表扬孩子自我控制电子产品使用的行为。如当孩子关掉电视去洗澡，或者离开电脑来帮忙做家务等时。

由于电子产品似乎不可避免地逐渐成为青少年生活中日益重要的组成部分，家长不要轻易剥夺青春期大孩子的电子产品，如没收手机、彻底断网等。除非孩子出现下面两种情况：一种是未能胜任学生角色，即未能完成学校作业任务；另一种是违反了电子产品的使用说明，如睡觉时间偷拿手机躲在被窝里玩，或者上网检索一些不合时宜的内容信息等。

第一种情况，告诉孩子电子产品的使用权限建立在学校任务完成的基础上，何时完成学校任务，何时获得电子产品使用权限。只要你坚持贯彻实施了，孩子发现没法走捷径钻空子，没法讨价还价，就会配合了。

第二种情况，你要明确告诉孩子电子产品被剥夺的时间长短，如没收手机三天、禁止玩游戏一周等。确保你的惩罚时间长度是合适的，避免引发孩子过于激烈的情绪反应，但是又要让孩子"痛苦"地意识到，自己违规是不值得的，从而下一次出现类似情况时，自己能够根据可能承担的后果，做出恰当的决策。

为了监管好孩子，家长也应该监管好自己的电子屏幕使用习惯。要记住，如果你看电视很多，你的孩子也会如此。避免一直开着电视，如边吃饭边看电视，甚至孩子边做作业家长边在一旁看电视。也许你以为电视的声音可以忽略不计，但实际上这种声音是一种噪声，对于ADHD的孩子而言，这种噪声无时无刻都在挑战着他们原本薄弱的专注力。孩子，尤其ADHD孩子需要一个安静的学习环境。

不看电视、不玩电脑手机，那么孩子去做什么呢？带他们去运动，带他们去左邻右舍串门与同龄儿童交流互动，鼓励孩子培养其他的兴趣爱好，如学习某个乐器，或者搭乐高、做模型、书法、绘画等等。

似乎限制电子屏幕时间后，家长觉得会需要花费更多的时间精力来陪伴和管理孩子。但实际上，随着时间的推移，当孩子形成了习惯之后，他们慢慢会习得其他的方式来娱乐放松自己，其他更健康、更恰当、更有建设性的方式。因此最终，家长和孩子都是更多获益的。

家长大可以放心尽力去尝试一下，你会发现，当你尝试将孩子的时间填上其他的兴趣爱好、丰富多彩的活动之后，他们对于电视电脑的思念，也不过如此。

电子产品使用合约

电子产品1：＿＿＿＿＿＿

所属人：＿＿＿＿＿＿＿＿　　可使用者：＿＿＿＿＿＿＿＿

可使用时间：＿＿＿＿＿＿＿　　不可使用时间：＿＿＿＿＿＿＿

可使用场所：＿＿＿＿＿＿＿　　不可使用场所：＿＿＿＿＿＿＿

可使用内容：＿＿＿＿＿＿＿　　不可使用内容：＿＿＿＿＿＿＿

家长监管的内容权限：＿＿＿＿＿＿＿＿＿＿＿＿＿＿＿＿

完成＿＿＿＿＿＿＿＿条件可获得电子产品的时间：＿＿＿＿＿＿＿

发生＿＿＿＿＿＿＿＿情况被扣除电子产品的时间：＿＿＿＿＿＿＿

电子产品2：＿＿＿＿＿＿

所属人：＿＿＿＿＿＿＿＿　　可使用者：＿＿＿＿＿＿＿＿

可使用时间：＿＿＿＿＿＿＿　　不可使用时间：＿＿＿＿＿＿＿

可使用场所：＿＿＿＿＿＿＿　　不可使用场所：＿＿＿＿＿＿＿

可使用内容：＿＿＿＿＿＿＿　　不可使用内容：＿＿＿＿＿＿＿

家长监管的内容权限：＿＿＿＿＿＿＿＿＿＿＿＿＿＿＿＿

完成＿＿＿＿＿＿＿＿条件可获得电子产品的时间：＿＿＿＿＿＿＿

发生＿＿＿＿＿＿＿＿情况被扣除电子产品的时间：＿＿＿＿＿＿＿

第八节　防骗：虚假方法，注意避坑

在好不容易让家长明白，提高注意力的重要性之后，一个接踵而至的担忧就是，可能会有一些不正规的机构，滥用"注意力训练"的旗号，招摇撞骗。通过前文，大家应该了解，想改善注意力，即便采用了正确的心理行为方法，起效也比较缓慢。因此，如果误入歧途，长时间无效，可能当事人也很难甄别出来。即便等到幡然醒悟的时候，已经浪费了不少精力、金钱和时间。

这时候问题就来了，作为非专业人员，如何判断你踏破铁鞋寻觅到的方法，是正确靠谱的呢？在这里总结了几个业内常见的撞骗之术或吸睛大法，可以给你一双慧眼，让你把这骗局看得清清楚楚明明白白真真切切。

吸睛大法 1：信誓旦旦保证疗效

"治愈率高达 96.8%""3 个疗程痊愈，永不复发""彻底治愈/根除多动症"，这样的宣传口号，配上"痊愈病例"声泪俱下地感恩戴德，着实让被某个问题困扰良久的家长们看到了一线曙光。

火眼金睛：没有任何人，也没有任何治疗方法，对于心理行为问题的治疗，可以达到近乎百分百的疗效，以及保证除根，永不复发。

心理行为方面的问题受基因遗传、外界环境等各种各样的因素交错影响，加上每个个体大脑发展的状况各不一样，家长对于治疗的配合和努力程度各不一样，会有多大的缓解，将来是否复发，都是因人而异的。

在这里，我交个底儿，关于注意缺陷多动障碍，目前国内批准的首选药物治疗的有效率在 80% 左右（这在精神心理问题的治疗中，有效率是非常高的），其他非药物治疗的有效率在 60% 左右。换言之，当我们采取本章节提到的林林总总的方法，去帮助孩子改善注意力时，产生明显效果的概率是六成。

医学是一门严谨的科学，它没有办法对未来做出预测，因此如果有人给出这样如救命稻草般的保证，那么就真的是棵一折就断的稻草，虚无缥缈。

吸睛大法 2：好处夸得天花乱坠

常见的宣传口号是"全球知名培训结构""美国唯一认证国内机构""深受社会各界一致认可""迄今效果最佳的治疗方法"等，简直就是首屈一指，无人能及。或者就是堆砌各种高大上的辞藻，如"激发大脑潜能""基因靶向治疗""生物修复技术"等。

火眼金睛：借用一部讲述各种骗局的英剧《Hustle 飞天大盗》里的一句台词：如果某样东西美好地令人难以置信，那么真的就不能信。

人生不如意，十之八九。更何况精神心理类的问题，很遗憾，没有如此美好的捷径可走。但只要你的路走对了，也许一开始纠结点儿，但后面是能最终迈向美好的阳关大道的。古诗云"不经一番寒彻骨，怎得梅花扑鼻香"，道理是一样的。无论是否存在心理行为问题，抚养孩子本身就不是一件容易的事。

帮助孩子的方法，需要训练师、家长、孩子一起努力，方能取得效果，不单单只取决于训练方法本身，更何况，训练方法再好，效果依然是因人而异。

用风靡全球的脑电生物反馈治疗举例,虽然这种治疗方法在改善注意力的领域中历史悠久,全球也有大量的孩子接受这类治疗,但越专业的大咖们越会告诉你,这只是辅助治疗,有效率跟掷骰子的一半一半相比,高不出太多。全球ADHD领域的泰斗巴克利(R. Barkley)曾多次在公开讲座中提及,不那么支持脑电生物反馈治疗。

所以,即便脑电生物反馈是靠谱的正规的治疗方法,也仍然需要认识到这个方法有一定的局限性,并非某些机构宣传的那么美好。我再补充一句,这个治疗,虽然看上去只是用电脑操作,但里面每个参数的设计都暗藏玄机,不懂机理的训练师,完全靠电脑全自动操作的话,孩子的训练,形同虚设。

目前,唯一勉强算是受到各界认可的非药物治疗方法,可能就是心理行为治疗,但无论是亲子技巧训练,还是认知功能训练,其方案如何设计才能更有效地发挥效果,全球儿童精神/心理学家们都在马不停蹄地探索中。

吸睛大法3:说到你的心眼里去

有可能厌学的孩子被评价为"孩子其实很愿意学习的,只是被××阻碍了,清除这层阻碍就好了"。有可能注意力不能集中的孩子被评价说"他只是不感兴趣而言,他感兴趣的活动注意力是很集中的"。有可能智力低下的孩子被鼓励说"只要给他足够的信心和支持,他的学习成绩肯定能改善的"。

每一句话都说到心坎里去了,正是家长心里所想的,总算得到了"验证",于是就觉得对方技术好高,从而深信不疑。

火眼金睛:良药苦口利于病,忠言逆耳利于行。有时候,真正专业人员的判断可能和非专业的家长不一样,加上国内就诊时间比较有限,很难循序渐进,缓慢切入,有时只能一针见血,这时得到的答案和自己预想的不一样,未免会一时难以接受。

上面这些话未必全部不对,只是部分对而已。不想去学校的孩子,有的是因为自我要求高、压力大,有的是因为厌学而想躲在家里玩游戏;注意力对感兴趣的事情能集中,要看是哪一类的事情,不同类的事情说明不同的问题,尤其游戏活动中能保持专注,不是真正的专注;智力落后的孩子,确实要给孩子一定的希望和鼓励,但不能盲目奢望,这样反而导致更多的失望,以及会延误对孩子投入干预的积极性和紧迫性。

吸睛大法4:把你吓得魂飞魄散

培训机构因为不具备处方权,因此会各种抹黑药物,如"药物会让孩子变傻""药物对孩子身体伤害太大了""药物会依赖,一吃就停不下来"等。因为"是药三分毒"的概念深入人心,能不用药就不用药是求医者的愿望,这时候如果听到这些言论,感觉药物如同恶魔一般,避之不及,于是赶紧投入这些机构的怀抱。

火眼金睛:是药三分毒,我承认。关键是,如果药物带来的正作用是 300 分甚至 3 000 分,你怎么取舍?

很多家长担心药物会让孩子变傻,事实是,所有的心理行为问题都是植根于大脑的,哪怕是个不起眼的注意力缺陷,可能都会影响大脑功能的发展。而药物,与担心的恰恰相反,是保护大脑功能的。已有大量的神经影像学研究佐证这一点了。

希望家长擦亮眼睛。首先如果真的存在问题了,那么不要讳疾忌医,直面问题才能解决问题,注意力虽然看上去是个小问题,但对孩子各方面的能力发展影响深远,因此仍需积极解决。但也要避免心急如焚而误入歧途,注意力的训练没有捷径可走,即便找到了正规的训练机构,家长在平时生活中日复一日的投入和帮助是必不可少的,而孩子的成长变化也会是曲折的,但家长们要相信,只要你做对了,最终孩子是会在你的帮助下,即便一波三折,也会一路砥砺前行,不断进步的。

在这里,提到了,需要找到"正规"的机构,找到"专业"的人员,找到"靠谱"的资料。那么,家长如何去判断,你找的机构、选的医生、看的资料,是正规、专业、靠谱的呢?

有时候我在想,是不是写这部分意义不大,因为家长们已经在阅读这本专业的书了啊(不好意思自卖自夸了一下),但是转念又想,家长虽然读到这本靠谱的书了,不代表下次遇到不靠谱的书,仍然有能力甄别真伪。因此还是往下深入谈一谈这个话题吧。

我们的目标是,要选择正规、专业、靠谱的机构、医生和资料,看着要求和任务挺多,实际上操作起来很简单。因为只要走对第一步就可以了,俗话说,方向是对的,路就是对的。

首先,你要选择正确的机构(医院)。靠谱医院里的医生,哪怕就是刚刚上岗的小医生,其靠谱程度都远远优于不正规医院的看上去经验丰富的老医生。

我举个例子。我有个师弟今年刚刚在北京一家三甲医院出门诊,诊疗注意力问题,在此之前,他花了 5 年时间学习临床医学打基础,然后花了 5 年的时间在儿童心理学领域学习,工作之后,花了 3 年时间在儿童神经内科、成人心理科等各个相关科室轮转学习,期间还经常跟随国内首屈一指的专家教授出门诊,这样才开始自己独立接诊。

与此同时,我还遇到另一个"同道中人",这位阿姨原本是当地一个二级综合医院的内科医生,跟随老公到上海定居,托关系参加了一个儿童心理学的培训班,前前后后一共持续了5天,对的,你没看错,仅仅只是5天,又以"感兴趣"为理由托关系来跟我的门诊观摩了4次,接着就摇身一变,成为沪上一家私立医院诊疗多动症的知名专家,堂而皇之开始指导各位被注意力问题困扰的家长们了。

前面一位年轻医生,经历了多年的专业训练,又在真正的专家指导下学习3年;后面一位年长医生,跨专业跨领域仅仅学习了5天。其间的差距,大家感受一下。这就是为什么,选择一家靠谱的医院非常重要。

怎么判断医院靠谱呢？教大家看三个指标,尤其前两个,特别好使。

(1) 医院级别：其中"三甲"是最高级别的医院。

(2) 大学附属：国内一流医学院校附属的医院,也通常都是国内一流的医院。

(3) 学位点：但凡高级别的医院,其博士点、硕士点一定不会少。

为什么需要找医院？因为目前国内的行情是,专业的儿童心理学专家及儿童心理培训师,大多在医院任职。但估计很快,越来越多的专业人员会在正规的培训机构任职。这个时候,你就可以考察下该人员的专业背景了,其方法和考察医院是一样的。看看这个专业人员的背景,是否毕业于正规一流大学,是否被授予博士/硕士学位。

如果你找到了正规的医院,那么基本上医生就是专业的了。但是专业的医生,不一定是适合孩子和你的好医生。

所谓适合的医生,未必就非得是最好的医生。怎么找呢？曾经有同道形容,找合适的心理医生就跟找合适的对象是一个道理,不是别人说好就好,关键是自己在相处的时候觉得好,觉得给自己带来了帮助。

因此,家长带着孩子,跟医生接触一下,看看自己和孩子是否适应医生的治疗风格。同理,寻找合适的心理训练师也是一个道理。

我曾经师从的两位心理治疗师,就风格迥异。一位以慈祥和蔼著称,非常温和,如沐春风,而另一位以雷厉风行为特点,一针见血,直击要害。所谓萝卜白菜各有所爱,有的人喜欢温和点,慢慢来,循序渐进；有的人喜欢撕创可贴一样,需要那种痛定思痛、痛改前非的感觉。

总之,能够让你和孩子觉得适应、接纳、坚持和有帮助的,就是适合的。

最后,一位正规机构(医院)的专业医生(训练师)所传达给你的信息,就是靠谱的,在注意力这件事情上,比左邻右舍说的,比七大姑八大姨说的,比论坛里网友说的,比微信群里其他家长说的,都靠谱。

1. 如何选择正规的医院(机构)?
    A. 看级别,是否大学附属,是否有学位点
    B. 看宣传介绍是否够优质

2. 如何选择专业的医生(心理治疗师)?
    A. 专业机构,有专业教育背景的
    B. 看宣传介绍是否够优质

3. 哪些渠道的信息来源最靠谱?
    A. 专业人员传递的信息
    B. 非常有经验的其他家长分享的信息
    C. 非常有经验的老师传递的信息

参考答案:
1. A;2. A;3. A。
Dr. 澜有话说:必须全对啊,一题都不能错啊,要不我会替您忧心忡忡的。

第三章
有效方法　塑造行为

这一章,说句心窝子话,是我最喜欢的一章,因为行为干预的精髓就在这里。最具备实用价值的策略技巧,按照应该掌握的顺序,分步骤详细写了出来。强烈建议家长阅读这个章节时,读一节内容,练一节内容,宁可慢一点,确保读懂了,理解了,在现实生活中反复练习了,注意每个细节都到位了,直至掌握熟练之后,再攻克下一个技巧。不建议快速阅读完毕,而失去了练习掌握的机会。为什么呢?因为很多技巧可能家长觉得耳熟能详,并非显得那么神秘莫测,但与此同时,家长可能觉得以前都尝试过,不管用。但其实有很多原因导致可能一个好的策略在家长实施时,不管用。

知其一,不一定知其全,因此会导致方法欠有效。比如众所周知,好孩子是夸出来的,但什么时候夸,夸什么内容,该怎么夸,都是学问,这些细节要都掌握了才能促进更有效。

知其然,不知其所以然,也会导致方法不奏效。比如孩子需要做规矩,可是怎么做规矩呢?好好说不听话,只能打或者吓唬,最后反而越来越不听话。

诸如此类,很多技巧策略的细节,决定了成败。比如孩子无理取闹时应该冷处理,可为什么有的家长冷处理了还是没效果?

生活中充满了随时可以利用的机会,随处可见的寻常任务,提对了要求,做对了规矩,就能带来意想不到的大收获。关于这些详细内容,在后续章节中会依次有详细描述。希望家长们耐下心来,尤其从第二节具体的行为塑造技巧开始,读一节练习一节,帮助孩子塑造更好的专注力和自控力。

第一节　为什么要做规矩?

爱孩子就是给孩子自由?别以爱的名义伤害

这个问题放在第一节,说明是基础。如果这个问题没有想明白的话,那么在后面贯彻实施各个技巧策略,以期有效管理孩子行为时,都有可能动摇决心,从而动摇你的做法。因为孩子肯定会时不时试探你的决心,只有你坚定不移,孩子才知道你是认真的,才会尊重你的要求,从而配合你的管理。如果家长被孩子一试探冲撞,就摇摆不定,那么孩子的行为也就会一直变幻不定,很难塑造稳定。

因此我们要先花点时间讨论清楚,为什么要给孩子做规矩?为什么要管理孩子的行为?到底为什么?我希望家长在这里停留三分钟,想想看答案。

一、亲子毒鸡汤你喝过吗

兴许有的家长,仅仅就是思考这个问题本身,就开始动摇了。因为很有可能已经看过一些言论,诸如,爱孩子就是给孩子自由,家长给孩子最好的礼物就是自由,等等。说到这儿,就不得不感慨科普宣传的难度之高。因为现在网络信息传递太便捷,人人都可以信口开河地发表自己的想法意见,导致很多亲子教育的错误理念广为传颂。

当然,有些理念也不能完全说不对,问题在于这些理念为了吸引眼球或者博取关注,往往会以偏概全或断章取义,毕竟科学的东西,在大众眼里很难看来非常有趣。而这些吸引眼球的言论,我称之为亲子教育"毒鸡汤",相信不少家长可能都豪饮过不少顿了。

在谈及几个常见的毒鸡汤之前,我想先说一个例子。

主人公青树,是位初中男生,非常喜欢玩手机,最近一段时间更是到了迷恋的程度,一直拿着手机玩游戏、网购、聊天,几乎到了不吃不喝、不眠不休的程度。因此学业完全被搁置下来。

上周,手机话费用光后,父母拒绝为其充话费,他暴跳如雷,甚至用手掐住妈妈的脖子,爸爸赶紧阻拦他,妈妈这才逃到楼道里报了警。警察来了之后,却表示很为难,毕竟孩子未成年,而且暴力对象是自己家长,说到底是家事,叫警察如何插手?

没过几天,孩子再次要求给手机充话费,家长刚想劝说,孩子就拿起锤子把手机砸烂了,一方面号啕大哭表示"不能玩手机我不如死了算了",另一方面拿着锤子威胁家长:"你们总有睡着的时候……"

母亲感到十分惊恐不安,却又束手无策,于是咨询我:"这时候,是答应他让他继续玩手机?还是不答应他?"

不知道各位家长怎么看待此事。我倒着实是被这个问题难住了。不答应孩子?那么孩子发脾气毁物,就目前的情形来说,万一真的伤人伤己怎么办?答应孩子?那学习作业怎么办?以后怎么办?是不是什么都得依着他?那以后得寸进尺继续提出变本加厉的要求怎么办?

是的,真的不知道怎么办了。也许有人已经机智地想到了,冰冻三尺非一日之寒,为什么这位家长一直拖到事情到了不可收拾的程度才想着求助呢?

家长于是补充了孩子小时候的事情:小时候孩子体质比较差,容易感冒发烧,家长都很心疼孩子,加上网上不是说了吗,"孩子健康快乐就好""给孩子最好的教育就是爱""给孩子最宝贵的礼物就是自由",这样才不会抹杀孩子童年期的天真、快乐和自由。于是,家长喝了这碗鸡汤,一直给予孩子自由,说什么是什么,要什么有什么,期望孩子在这样的"爱"中"快乐"成长。毕竟,孩子能要点什么呢,都是些无伤大雅的小玩具小零食而已,家里不缺这点钱,为啥不能满足啊?

这一段的几个论调看着眼熟吗?微博里朋友圈里转载充斥着的几大常见亲子鸡汤,如果你觉得就是按字面意思去做,那就 too young too simple(太天真简单)了。

这几句话若能将其中深层的含义理解全面,操作正确,也并没有错,但如果一味宣传就是去给孩子最大限度的"自由和爱",然后孩子就能"健康快乐"成长起来,那么很不幸,干下了这碗心灵毒鸡汤,孩子不仅不能真正感到快乐,不能心理健康地获得成长,家长和孩子之间的互动也会步履维艰,阻碍重重。

毒素1:曲解快乐

很多家长总是会将"管教"与"不快乐"画上等号,将"放任自由"与"快乐"联系起来。这是个误区。为什么管教孩子就一定让他不快乐了?孩子是懵懂无知的,他并不知道什么该做,什么不该做。更重要的是,他并不知道,做些什么能让自己快乐得更长久,快乐得更深层,快乐得更享受。

举个最简单的例子,你让孩子背诗词而不是看动画片,孩子觉得不高兴,因为背书很枯燥很累,看电视很轻松很愉悦。但看动画片的快乐是短暂的,而背诗词,意味着孩子愿意且能够应对一些枯燥的烧脑的事情,将来学习工作中也许会愿意迎接并应对挑战,这些成就感与带来的自我价值感,是更深层更长久的快乐,并且,如果遇到了糟糕的事情,孩子也能自我安抚"毕竟还有诗和远方"。

我们是希望孩子"快乐成长",但不是指纯粹游戏玩乐、荒废光阴的表浅短暂的快乐,这样的快乐是虚假的、转瞬即逝的,终究孩子还是会非常痛苦。因为他们不懂得如何学习,如何成长,如何获得自我价值的肯定,而如果自己都无法肯定自己的价值,如何能真正地快乐?

毒素2：曲解自由

这年头，很多人喜欢把孩子的一些行为，如四处乱跑、大吼大叫、随手乱动东西、言行举止冒失等，认为是孩子的天性，认为不该限制孩子，应该给予孩子充分的"自由"让其"天性"充分释放。然而最后的结局通常是这些糟糕的"天性"越演越烈，越发不可收拾，直到最后引火烧身。

"做规矩"不代表限制自由，"有教养"不代表磨灭天性。毕竟我们是生活在社会中，即便就算是生活在原始丛林，也有丛林法则。国有国法，校有校规，社会公众场合也有默认的原则和规范。养成遵守规则的习惯，孩子才能更好地融入每个年龄阶段应有的环境中，适应发展得更好。

做规矩可以是温暖的、平静的，只要坚定就好。我经常形容，对孩子做规矩，相当于给院子围一圈篱笆墙，在这圈篱笆内，孩子可以任由天性使然，相对自由；但是不可以冲出篱笆以外，因为那样可能会影响到别人，也可能会伤害到自己。

一个有教养的孩子，在人际相处时获得的正反馈更多，换言之，获得的快乐也更多。没有规则的孩子，是没有安全感的，而没有安全感的孩子，是不可能获得真正意义上的快乐的。

毒素3：曲解爱

如果秉着所谓"为了孩子好"的心，实际做着"让孩子变坏"的事。那么家长对孩子的"爱"，实际是一种"伤害"。我们有一节课详细解析了，如何避免打着对孩子爱的名义，做着伤害孩子的事。

爱是一回事，行为是一回事。我们爱着孩子，正是因为爱，所以才需要帮助他们塑造良好的、具备适应性的行为，从而让他们更爱自己，并且获得更多人的爱，这样才能健康、快乐地成长。

也许"毒鸡汤"会让你喝下去很舒服，让你感觉顺从孩子的天性，不用费力管理，不用注意引导，让其自由发挥，就是对孩子最好的爱的教育，但实际上，忠言逆耳利于行，事实上是，孩子的管理教育是一件烧脑的事情，需要家长不断学习和练习。

二、没有规则的孩子其实缺乏安全感

从"北京八达岭野生动物园咬人"到"宁波动物园老虎咬人"事件，从新闻报道，到网络媒体，铺天盖地，骇人听闻，而又令人扼腕。无论当事人是因为自己多么罔顾规则，多么鲁莽冲动，毕竟他也用自己的生命买了单，连带着还搭进去了老虎一条命。如果老虎可以申冤,估计不输窦娥的冤情。

就事论事,惨案说到底,就是人人了虎山,送入虎口。去过野生动物园的人都知道,虎山有围栏,有河流,如果站在规定的位置,除非老虎添翼,否则是人虎无法短兵相接的。当事人必然是翻了围栏,跨过河流,不辞辛苦,将自己送入虎口。为什么?他不可能不知道老虎危险,地球人都知道。动物园为什么要设置围栏河流,就是用事实的阻碍向人们宣告规则"不要靠近老虎",罔顾规则是什么后果?鲜血淋淋的后果。

有人说他是为了逃票翻入虎山,那为什么大家都要买票进园?这也是社会规则。脑门一热,突发奇想,违反规则,对后果没有深思熟虑,一次两次可能侥幸相安无事,终有一日,还是会受到教训。只不过,有时教训来得太快太惨烈。

因此,遵守规则很重要!行为自控很重要!

没有规则的孩子其实是没有安全感的。

孩子的经验还没有丰富到完全明白,哪些事情是被允许的,哪些是不被允许的。大人不仅需要告诉孩子规则,更重要的是,养成孩子遵守规则的行为习惯。如果从小开始,从小事情开始,孩子没有养成守规则的习惯,那么长大后,在大事上,这种行为特点就会一直延续下去,或多或少就会给孩子带来麻烦。

也许3岁的时候,宁宁在电梯里乱蹦乱跳,尽管电梯乘务员提醒规则说"电梯里避免嬉戏打闹",但你发现孩子并没有因为乱折腾就导致电梯掉落或者被门夹住等危险,心想反正没什么真正的大危险,也就算了,没有强调孩子去遵守电梯规则;

也许7岁的时候,宁宁看到圣诞树闪闪发光很漂亮,尽管旁边矗立着"有电危险,请勿触碰"的牌子,也还是伸手去拽,你刚想制止,发现孩子不够高,拽来拽去并没有拽到电线的部位,因此并没有触电,于是你想着反正没发生真正的危险,也就没提醒孩子要遵守警示牌的要求;

也许15岁的时候,宁宁喜欢上了手机游戏,尽管学校规定"不许带手机来学校",但宁宁表示不给手机就不去学校,你无能为力,为了哄孩子坚持上学,只好让孩子继续违规带手机,只是嘱咐孩子小心点,别让老师发现;

也许20岁的时候,宁宁经常熬夜玩游戏,尽管公司明文规定"9点准时上班",宁宁经常睡过头,不想去上班,可是这份工作得来不易啊,于是你想尽一切办法,为宁宁开病假或找理由,在宁宁明明违反了公司规定的情况下,也帮他保住工作;

也许30岁的时候,宁宁到动物园虎山旁,尽管看到了"切勿翻入围栏"的警告,但这么多年来,从小到大,罔顾规则并无什么大碍,何况这一次呢。

这些都只是也许,但三岁看大,七岁看老不是也许。人的行为习惯是一步步形成了固有的模式的,水滴石穿非一日之功,冰冻三尺非一日之寒。小时候,小的好行为,日积月累,会演变成一生受益的良好习惯,如专注和自控的习惯;相反,小时候,小的坏行为,日积月累,将来会演变为导致大麻烦的坏习惯,如罔顾规则。

实际上,遵守规则的孩子更有安全感和幸福感,因为他的行为都是被允许的,能给自己带来更多安全的,可以帮助自己更好的适应。

三、到底做哪些规矩

知道应该养成孩子遵守规则的习惯后,随之而来的问题就是,应该对孩子做哪些规矩?或者平时生活中应该对孩子提哪些要求?有时候,一提到做规矩,有的家长就会进入"战斗"模式,对着正在堆积木的孩子要求"坐直,背挺起来,两只手一起操作啊,左手不要放在嘴里咬,腿不要抖!"规则铺天盖地而来。

要知道,如果不做规矩,完全给予孩子散漫的"自由"不是好现象;但同样,用事无巨细的规则把孩子手脚都束缚起来,也不是好现象。

我多次用一个比喻来说明做规矩最理想的状态,是想象用篱笆墙围起一片院子,孩子在院子里可以自由奔跑,但不可以冲撞到篱笆墙以外。这道篱笆墙就是好的规则。好的规则就是抓大放小,抓重要原则放细枝末节。

这么说可能比较抽象,那么到底该如何衡量,可以依次参考以下几个问题:
—— 这条规则是否符合社会法规道德?
—— 这条规则是否能帮助孩子安全地成长?
—— 这条规则是否帮助孩子将来适应得更好?

比如,红灯停、绿灯行,过马路需要走人行横道,看上去虽然是件小事,但这是交通法规,而且能够保障安全,因此需要做规矩,要求孩子执行。因为大有国法,小有校规,这些某个群体内的规则,是保证大家所有人更稳定和谐相处的前提。我们默认去遵守这些规则,从而能在相应的环境中适应得更好,这样才有施展身手的余地。否则很多精力就浪费在与规则的作战中,步履维艰。

又比如,电梯里"禁止嬉戏打闹"的规定,圣诞树旁"有电,请勿触碰"的警告,类似这样的规则,实际上是为了保障人身安全,因此要对孩子做规矩,必须遵守。不要因为很多次虚报警报而置若罔闻,毕竟这些警示规定都是从"血的教训"中总结而来,不遵守未必一定会发生危险,一次两次可能是虚报,但若赶上一次,付出的便是巨大的代价,划不来。

我经常碰到有孩子在诊室里乱拽电脑线索,当我嘱咐家长要提醒孩子别拽时,曾碰到家长嗤之以鼻：小孩子多大力气，拽不坏的，就算拽坏了又怎样，又不是赔不起。可是电缆线索，不仅是坏不坏、赔不赔的问题，孩子养成了这种习惯后，下次遇到危险的电缆，他也会照样去拽，万一危险触电了怎么办？因此，对于这种能够帮助孩子更安全顺利成长的行为规则，要做规矩。

再比如，吃饭时不离开座位，大人说话时不随意插嘴，等待自己轮流的回合不插队，这些看上去只是一个礼节，但养成在特定场合下坐得住的习惯，他人说话时保持安静聆听不插嘴的习惯，耐心等待轮到自己回合的习惯，将来无论上学读书，还是工作开会，无论是同伴关系，还是同事关系，都能适应得更好，因此建议做规矩。

我们大中国是个礼仪之国，我并非强调要去学什么上下五千年的中华礼仪，但有些藏在礼仪中的行为习惯，是能帮助孩子更好地适应将来的生存环境的，不要只看在家里生活得好不好，因为家长们多半还是对于孩子持包容迁就的态度，而是要看孩子的行为习惯，能否让他们在幼儿园、学校、将来集体宿舍、公司单位等环境下适应得更好。有利于适应将来生存生活环境的行为规则，建议要做规矩。

与上述3条标准相比之下，弯腰哈背，可能身姿不挺拔不好看；咬手指，可能会让手指变形，可能会有点不卫生；抖腿……可能显得不好看？或者让你看着闹心？仅此而已，但，这些行为，无关法规、无关安全、无关适应，相对上面几条规则而言，重要性要排后，甚至如果重要的行为规则没做好的时候，这些细节可以暂时先不做要求。

我经常见到有的孩子不愿意写作业，还没养成按时完成作业的习惯呢，家长却盯着握笔姿势不对大做文章。那时候我会写几个字给家长看一下，家长会惊讶地发现："哎呀，你握笔姿势跟我孩子一样，这样不对的啊，手指会变形啊。"我承认，我的手指是变形了，是有点不好看，但握笔姿势这个细节不影响我习得应该学到的知识，不影响我的学习兴趣和爱好，不影响我就读北大的博士。当然，我不是说不需要培养正确的握笔姿势，而是这件事的重要性，相对学习兴趣和学习习惯的培养，应略微靠后，要避免舍本逐末。

还有个现象是，越重要的规则，越难管得住，一旦管不住，家长也会有挫败感，为了避免这个挫败感，干脆就避而不管。而越不重要的小事情，越容易管得住，即便管不住，后果不严重，因此也不会有太多挫败感，于是就更愿意去管。我们总是有回避困难、趋向容易的潜意识。但时不时自我提醒：别怕困难，规则越早做越容易做，规则做得越好将来越省心。

四、全体大人要求统一

儿童的行为有一个特点是,只有当他身边所有的大人都采取整齐划一的方式时,才能达到相应的效果。如果5个大人都做对了,1个大人做错了,很遗憾,做错的那个大人能淹没其他5个大人的努力,让其他人的正确做法都付诸东流。我不知道原因是什么,但事实确实如此。所以,希望孩子身边的大人们能坐下来,召开家庭会议,统一对孩子提出要求,统一要求的内容和方式。

俗话说,一个唱红脸,一个唱白脸。实际上这是不提倡的亲子方式。研究发现,大人管理方式不一致,如一个严苛、一个宠溺,这是很容易导致孩子出现对抗、逆反行为的。因此建议大人们如果意见不一致时,请避开孩子,大人之间讨论商量清楚,最后拿出统一的方案来。

孩子以下表现,相对来说,哪些行为更需要做规矩,需要的打"√":
1. 孩子在餐厅里跑到其他人桌上乱动东西。(   )
2. 孩子正在写作业,题目也都算对了,但字迹潦草。(   )
3. 你跟孩子讲故事时,孩子认真在听,但不停地抠指甲。(   )
4. 其他大人跟孩子说话,孩子"哼"地撇过头去故意不理睬。(   )
5. 孩子一不高兴就要拍打老人一下。(   )
6. 孩子不爱吃青椒,其他蔬菜都愿意吃。(   )

参考答案:
打"√"的是:1、4、5。

全家大人找个时间聚在一起,坐下来,每个人拿出纸笔,把各自心目中认为最重要的家庭规则写下来,最多不能超过五条。

大家分享各自的家规,按照本节的要求进行讨论,保留合适的家规,并且按照大家公认的重要性从前到后排序,最终选出前五条作为自己的家规。

需要注意的是,虽然家规主要旨在培养孩子的良好行为习惯,但作为家规,是应该全家大人一起遵守的。

1. _____
2. _____
3. _____
4. _____
5. _____

第二节 最关键的技巧:夸奖

如何才能真正夸出一个好孩子

从这一节开始正式进入了亲子抚养、行为管理的具体策略技巧阶段。第一个需要家长掌握,且应该熟练掌握的技巧,就是夸奖。

我猜可能有些家长心里在想,这也太陈腔滥调了吧。我知道,诸如"好孩子是表扬出来的"以及"多鼓励少批评",这是家长耳熟能详的建议。但是当真正遇到问题之后,家长往往感觉"表扬没有用""说好话根本不听""直接打一顿马上就能解决问题",从而开始质疑那些流传已广的陈腔滥调究竟是不是正确。

几年前遇到一位家长,在努力尝试了表扬、鼓励的策略之后,发现孩子作业还是写得慢,字还是歪歪扭扭,耐心被消磨殆尽,怒火攻心,一时没控制住,就一顿猛打。打完之后惊喜地发现,孩子作业写快了,字也端正了,成绩也进步了。

这位家长还专门跟我反馈说,我不知道你们心理专家的建议对其他孩子是否管用,反正对我家孩子不管用,我的孩子就得靠打,打完就好了。由于孩子的问题当下貌似确实解决了,家长对于棍棒教育,也就从将信将疑变成了深信不疑,而对于其他的建议,自然也就听不进去。后来当孩子的问题层出不穷、春风吹又生时,家长就只能继续接着打,问题当时貌似解决,过阵子问题重新出现,家长继续再打……如此循环往复。

直到多年后有一天,再次见到了这位家长,一副疲惫不堪的模样。问其原因,说孩子现在长得人高马大,打不动了,有时打他,他还敢还手,并且,再怎么打,孩子也无动于衷,根本无济于事。

我不喜欢做事后诸葛亮,但是又不得不重提"当年就不该打啊",家长却也觉得委屈"当年不打根本就不听话啊,因为其他方法都不管用,只有打管用",可是,打一直管用吗?答案是大大的否定啊。

这时候回过头再来看,家长会有点动摇,也许好孩子真的是表扬出来的?也许真的不该那么多批评责罚,而应该多点表扬鼓励?

别动摇,事实确实如此。希望每一位家长不要拿自己的孩子做试验品,去尝试打骂责罚是否更有效。我知道很多家长此时内心中仍在呐喊:可是表扬不管用!好话说遍了孩子也油盐不进,有时候好话说多了,孩子会给点阳光就灿烂,给点颜色就开染坊,给根竹竿就往上爬,忘乎所以。

请家长们稍安勿躁,如果我只说技巧名称,而不说技巧细节,那么这本书大可以扔了。从这里开始,我会让家长们逐渐领略到,一个陈腔滥调的技巧,是如何在将细节都完备了之后,起到化腐朽为神奇的效果的。

这一节就来详解一下关于夸奖的细节,请在接下来与孩子相处的过程中,练习夸奖,并且注意以下细节,从而最大化你对孩子夸奖所起到的效果。

一、夸奖的时间:即刻

孩子,尤其年龄越小,越需要即刻的反馈。所以,当孩子做出了某个较好的表现时,要立即迅速地表扬他。生活中,无论孩子之前、之后表现如何,如果有一刻孩子表现不错,要迅速针对这一刻的行为做出明确的表扬。

这一点非常重要,因为孩子很有可能前脚刚做了件好事,后脚就开始犯错了。我记得有一次,一位家长想和我沟通,然而孩子一直在旁边上蹿下跳,吵闹不休。我和家长都被吵得晕头转向。我想着跟孩子说说话,便招呼他过来。孩子听到我喊他名字后,迅速配合地跑到我面前来。但是家长依然陷入在刚才孩子吵闹不休的状况中,对孩子劈头盖脸一顿吼:"你怎么这么闹,吵个不停,我们正在说话,你就不能安静一会儿嘛,真的太烦人了。"我跟家长解释说:"孩子刚刚是个好行为,我一喊他,他就过来了,所以这一刻要表扬这个好行为。而不是翻旧账去责骂之前的坏行为。"我只是随意给出了小建议,哪知道孩子听闻后唰地泪如雨下,显得既委屈又感动。家长一看孩子哭自己也跟着哭。

其实我们每个人都打从心底希望被认可被肯定,尤其是孩子。因此在他表现好的那个瞬间,至少那一刻,对那一个好行为,要表扬。

二、夸奖的内容：具体

赞赏孩子的内容要具体。要让孩子知道他具体做了些什么才让自己得到了认可和赞赏。很多家长听到建议说多表扬孩子,就但凡自己心情好的时候,一股脑儿抱着孩子夸道"你可乖了""你最聪明了""你是我的好孩子"……,这样的描述太过泛滥,孩子并不清楚他到底做了什么获得了表扬。

因此我们一定要明确详细说出,孩子到底做了什么,让你赞同,让你开心,是我们希望和喜欢看到的。比如："你刚才吃完饭后自己主动把碗筷收拾好了,真是太棒了。"

三、夸奖的时机：定格

只能在孩子表现好的那一刻表扬他。很多家长明白鼓励赞扬孩子是好的抚养技巧,然后就一股脑儿无论什么情况都给予表扬,哪怕孩子表现不好时也夸赞不止,这时候不是变着法儿激励坏行为越来越多吗？所以一定是定格好行为的那一刻立即给予表扬,并且具体描述你在表扬哪个行为,才能帮助孩子的好行为越来越多。

有时家长觉得,我孩子很少有表现好的时候,我想夸夸他,促进他表现好。这是无可厚非的,但是如果孩子还没表现好,就能听到赞扬,得来全不费工夫,那么他哪来的动力表现好呢？

可有的家长还有问题,那就是找不到表扬孩子的机会,觉得他就没有表现好的时候。一方面,我们需要有双慧眼,捕捉孩子的好时刻,另一方面,我们可以制造机会表扬孩子。比如你知道孩子在某种情况下能表现好一些,就特意制造他可以表现好的场合,从而在他做出好的行为后,给予表扬。这个说起来复杂,操作起来其实特别简单。比如有个孩子写作业很磨蹭,但是在厨房帮忙却很勤快。那么家长就可以让孩子时不时去厨房帮忙,然后表扬他："你洗碗洗得又快又干净又仔细,真是帮大忙了。"

四、夸奖的情绪：饱满

表扬孩子时,尝试调动你的表情,尽量显得情绪饱满高涨,感觉非常开心自豪,

甚至可以配合一些夸张的肢体动作。孩子其实是很敏感的,如果你表扬他的时候,语言和表情并不一致的话,孩子是能感觉出来的。

咱中国人是很含蓄的民族,推崇喜怒不形于色。可是在抚养孩子的时候,至少喜,要形于色。表情动作与言语相一致的表扬鼓励,才更有效,越夸张越有效。配合肢体动作会让表扬的效果更上一层楼,如竖大拇指、和孩子击掌、抚摸孩子的头、一个大大的拥抱、热烈的鼓掌,等等。除此之外,还可以通过书写的方式,如在他的日记本上写下表扬的话,画一颗爱心,盖一个印章都可以。

五、夸奖的妙招:借人

大人不仅可以直接面对面表扬孩子,还可以尝试不直接对孩子说,而是在孩子可以听见你说话的时候,对另一位大人表扬孩子。比如:孩子在一旁收拾玩具时,你可以对配偶说:"孩子今天玩完玩具后自己主动收拾了,我感到真高兴。"又比如:你在给孩子祖父母打电话时,如果孩子就在身边,能听到自己说话,就可以说:"孩子今天做完作业自己检查了一遍,自己订正错误,实在太自觉了,我觉得特别欣慰。"

在孩子可听见的时候,对着另一个人表扬孩子,有点故意说给孩子听的感觉,这样的表扬可以进一步扩大正性鼓励的效果,进一步培养孩子的自尊心。俗语有云嘛,背后说好话,强过当面恭维人。当然,我们是假装"背后"说好话,实际是故意说给孩子听。要知道,孩子发现你对他评价很高,是非常重要的。与此同时,我们让其他大人获悉孩子表现好的一面,也是非常有益的。

六、夸奖的计划:目标

对于一些特殊群体的孩子,当大人对孩子的某些不良行为感到头痛,希望能培养出孩子的好行为时,就可以有计划地专门针对去夸奖孩子的一些特定行为。

比如对注意缺陷、好动冲动的孩子,大人可以专门留心孩子偶尔专心听你说话时,孩子偶尔耐心等待某件事时,孩子表示谦虚礼让时,赶紧对这类行为做出表扬。比如对爱发脾气,对着干不听话的孩子,当他表现得情绪平静时,尤其当他对大人指令表示服从时,要给予有力的赞赏。

同样的情况也适用于培养学习技能,比如孩子作文写不好,那么当他好不容易写出来一篇作文时,尽管历经坎坷,也要记得夸奖一下。比如孩子算术错误多,那么在他很努力配合修订错误之后,要肯定他付出的努力。

家长可以列一个清单,写上希望巩固的某些好行为,这样你就有的放矢地会去留心观察,从而能够更好地抓住每一个可表扬的时刻。

七、夸奖的误区:转折

有些家长习惯了扬后有抑,似乎总觉得表扬完了不给点打压,怕孩子给点阳光就灿烂一般。有的家长习惯带点儿嘲讽的语气,比如:"今天吃完饭居然知道收拾碗筷,以前从来都不会做的嘛。"有的家长习惯表扬完了之后继续提出不足,旨在再接再厉,比如:"今天作业确实按时完成了,但是字迹太潦草了,错误也太多了。"

这都不是好的夸奖,也很难发挥夸奖对好行为的巩固效果。

记住,夸奖就是夸奖,简单纯粹,看到一个好行为,定格锁定,然后去肯定这个行为就可以了,简单明了。避免给出其他复杂混合的信息,去否定既往的行为,或者否定与好行为伴随出现的坏行为,都会让孩子接收到混淆的反馈,从而不知该如何是好。

八、夸奖的话术

总结一下上述细节,即夸奖孩子的正确方式:

— 在孩子表现好的一刻,仅仅只在孩子表现好的时候。
— 及时迅速,情绪饱满,真心实意地表扬孩子。
— 表扬孩子具体的好行为。
— 可以配合恰当的肢体动作传达你的赞赏之意。
— 可以在孩子听得到的时候向其他大人夸奖孩子具体的好行为。
— 可以计划一些想要巩固的好行为,有目标地留心去夸奖。
— 夸奖时就是夸奖好行为,不要同时讽刺或批评坏行为。

注意上述几点后,可以说你的表扬战术就近乎无懈可击了,在生活中坚持使用,可以起到无往不胜的效果。毕竟,还是那句老话,好孩子是表扬出来的。

家长可以留心收集一些表达肯定和赞赏的词汇,以防表扬的千篇一律,自己说腻了或者孩子听腻了(其实不太可能会出现)。以下是一些表达夸奖的句式,以供参考:

你……时,我感到特别骄傲。

你真是太厉害了!

你这件事做得太棒了!

特别谢谢你……

当看到你……,我感到特别开心／欣慰。

你在……方面表现得太好了!

这么做太聪明了!

你帮了我大忙。

我特别喜欢你这么做。

给你点个大大的赞!

九、夸奖的实验

我还想从另一个角度向家长证实下表扬到底有着多么强大的效果。有项研究,将一些完成任务时注意力不太集中的孩子,分成四组。

第一组:没有任何干预,可以想见,这些孩子完成任务时因为不专心,所以粗心大意,错误率较高。

第二组:给孩子服一些帮助集中注意力的药物,发现孩子完成的正确率有所提高。

第三组:孩子每答对一道题目,就给 5 元钱奖励,孩子完成的正确率也上升了,比第一组好,但是比第二组差。

第四组:孩子每答对一道题目,测试者就情绪饱满地赞扬,配合夸张的肢体动作,大力地鼓励孩子,出乎意料,孩子完成任务的正确率上升到和第二组相当的程度。

虽然这只是一个短时间的实验环境下的任务而已,但至少给我们的提示是,正确的表扬会对塑造孩子的好行为有着举足轻重的作用,甚至超过了金钱奖赏的作用。

这也提示了我们大人,不要一提到奖赏,就只想到物质类的,给零花钱、买好吃

柱状图高度为示意比较，不代表精确数值

的、买好玩的等，其实还有活动性的，如家长陪伴孩子下棋、逛公园，以及最简单但却最重要的社会性奖赏，即大人们情绪饱满的、配合肢体动作的、发自内心的赞赏和夸奖。

十、夸奖的疑惑

虽然说了很多关于正性鼓励和表扬肯定的好处，估计有些家长心里还是敲着小鼓，有着或这或那的担忧和疑惑。

疑问1：表扬多了会不会把孩子宠成一个傲娇小皇帝？

如果你是真的宠溺孩子的话，那么确实有可能宠成一个傲娇小皇帝。但问题是表扬赞赏的正性关注并不是宠溺啊，这两者是截然不同的。关于如何表扬，我已经强调过，孩子先有好行为，大人再去夸赞。并非不分青红皂白地一味夸奖偏爱。

经常得到赞赏肯定的孩子，会更加自信，自尊养成也更好。并且，研究发现，得到赞赏越多的孩子，越倾向于给他人赞赏。换言之，孩子会模仿别人的行为，周围的人经常夸自己，自己也就学会了如何去肯定和赞赏他人。因此，这样的孩子在学校里，反而显得更谦逊，会更乐意给予同伴正面的鼓励和肯定。反之亦然，如果大人总是对孩子冷嘲热讽，苛刻挑剔，孩子将来在与同伴相处时，也更容易采用这种互动模式，这才显得傲娇呢。

疑问2：孩子养成被表扬的习惯了，以后会不会不表扬就不好好表现了？

就算孩子需要被表扬才能好好表现，个人觉得也不是个事儿啊，表扬又不是那么费时费力的一件事情，说起来，表扬大概是亲子技巧中最省时省力，消耗最少，但相对作用又大，换言之就是，性价比超高！

实际上，如果孩子总是需要额外努力做出一些表现从而讨得大人表扬的话，那么说明这个孩子平时能够获得的正反馈是匮乏的。一开始，孩子可能还会努力获得大人的肯定。如果持续缺乏肯定，孩子可能就破罐子破摔放弃了，还可能产生大人不愿意看到的行为，来换一个角度获取大人的注意。

疑问3：这都是稀松平常的行为，孩子做到了是应该的，为什么要表扬？

别把孩子表现好看作是理所当然的，这也是他努力的结果，当然值得表扬。

从行为学的角度上来说，如果孩子表现好，但是你没有给予正反馈（表扬赞赏），那么就相当于忽视（后面会讲），忽视的话，这个好行为就会逐渐消失甚至不再出现。如果你希望孩子的这个好行为，一而再再而三地出现的话，就得通过正反馈反复强化，直至巩固。

如果你觉得夸孩子一句，真的那么累的话，那么一般来说，一个行为，至少坚持稳定出现3~6个月了，就考虑趋于稳定了，你可以稍微放松一下，不用密切肯定。但是，这时候，就该建议你观察到孩子的另一个好行为，继续实施表扬肯定，来进行巩固了。

疑问4：我希望孩子确确实实表现得非常出色时，再表扬他，不可以吗？

首先，孩子就是个娃，你需要期望他表现到多么的出类拔萃，一鸣惊人，才能有资格获得你的赞赏呢？当然有家长会申诉，我也没多么高的要求啊……这话先按下不表，因为不少家长认为的"不高"的要求，实际上对于孩子而言，已经偏高了。以后会讲如何为孩子制定合适的目标。

退而求其次，就算你对孩子的要求，或者设定的目标是合适的，我们表扬的是孩子努力的行为、取得的进步，而不是最终的那个结果。如果总是表扬结果，那么很容易养成功利心。我们看重的不是那个结果，不是孩子究竟取得了达到了什么，而是孩子在这个过程中的努力和进步，这些发展，最值得我们的肯定。

疑问5：我觉得表扬显得好矫揉造作，特别虚伪，说不出口，怎么办？

这个疑惑估计在父亲中比较多见，尤其前面提到，夸奖孩子时要保持情绪饱满，富有热情。有的爸爸会捂着脸说："做不到啊。"理由就是感觉好造作，好虚伪。

首先，这不是真的"虚伪"，这只是你刚开始在尝试表扬孩子时"尴尬"的一种感觉。中华民族是一个情绪内敛的民族，尤其男性角色，一直被要求喜怒不形于色。怒不形于色没问题，喜悦，不好意思，请尝试表现出来，至少表现给孩子看。

那么尴尬病怎么治呢？很简单，熟能生巧。一而再再而三，多练几次，就越来越熟悉，也就越来越自然，从而不会觉得尴尬造作了。

还有家长觉得，制造机会表扬孩子很虚伪，明显在作假。要知道，你也许是制造了一个机会，并非自然发生的场景，但孩子的好行为是确确实实出现了啊，你表扬的，是孩子真实出现的好行为，这哪里有假？

因此，家长在表扬孩子时，确实要发自内心地肯定这个行为，喜欢这个行为。我们说，相由心生，境由心造。与其刻板地去记忆关于表扬的情绪要求、言语要求，不如发自内心喜欢孩子的好行为，相信你的肯定能加强这个好行为，那么我也相信家长们赞赏的技巧会使用得炉火纯青。

疑问 6：我孩子压根不吃表扬这一套，怎么办？

有的孩子，尤其是年龄稍大的孩子，对大人的表扬表现为不屑甚至抵触，这让大人很难再继续表扬下去。如果出现这种情况的话，那么很有可能就是在孩子成长的过程中，由于周围人对他的正反馈做得不够理想，孩子已经对自己内化了顽固的负性认知形象，从而导致他很难接受表扬。

如果这么一解释的话，那么我们会发现，越是接受表扬困难的孩子，恰恰越是最需要被表扬的孩子。建议家长保持平常心，无论觉得当下表扬是否有用，孩子是否吃这一套，都坚持不懈地去观察孩子的好行为，对于好行为持续地给予表扬肯定，反复不断地予以正反馈，假以时日，可能有机会慢慢扭转孩子的负性自我认知，重建对自己的正性肯定。等到孩子重塑自尊的时候，那时候你就会发现，他对于表扬，接受起来坦然和开心，而不会表现得困难和抗拒了。

疑问 7：我就是没有表扬人的习惯，这不符合我的人设，怎么办？

现实生活不是电视剧，电视剧里可以有从来不说好话的人设，照样人际关系良好、社会环境适应良好、自我发展良好。现实生活中，可能就会比较困难了。

一个从来不去表扬他人的人，很可能也很少自我肯定。因此如果家长觉得很难去表扬孩子，那么思考一下，是不是也很少给予自己自我肯定？你对自己是怎么认识的？你觉得自己是个怎样的人？有没有经常给予自己负性评价？有没有对于自己有些严格挑剔？

如果你是这样一位严于律己的家长的话，那么建议试试先自我肯定，最好当着孩子的面示范，这时候也教会了孩子自我肯定的技巧。比如："今天工作上遇到了很大的麻烦，但我力挽狂澜，解决得很不错""今天领导冤枉我了，在训斥我的时候，我很生气，但是我保持住了平静，事后经过解释，领导也向我表达了歉意，今天情绪控制得很好"，诸如此类，等等。

1. 应该在什么时候给予孩子夸奖?
   A. 随时随地,想起来就要夸孩子,增加孩子的自信心
   B. 孩子表现好的时候
   C. 表现不好的时候也可以夸,这样可以促进孩子表现好一些

2. 家长今天工作方面遇到了极大的挫折,回家发现孩子作业按时完成了
   A. 作业按时完成是应该的,无须表扬
   B. 等自己心情缓一缓,再表扬孩子
   C. 即刻表扬很重要,垂头丧气地勉强夸孩子几句
   D. 打起精神,充满笑容,热情地夸奖孩子

3. 当你发现孩子按时写完了作业,怎么夸奖?
   A. 哇,你太棒了,你真是个乖宝宝!
   B. 哇,你今天独立在8点前写完了作业,这真是太棒了!

4. 你发现孩子作业错误数有点多,怎么办?
   A. 你今天作业有按照要求在8点前完成,非常棒!
   B. 你按时写完作业很棒,如果作业写得再仔细点就更好了。
   C. 你按时写完作业很棒,但是马虎错误有点太多了。
   D. 难怪你按时写完作业了,原来就是敷衍了事啊!

5. 孩子按时完成作业,可以得到一份零食
   A. 爽快地把零食奖给孩子,不用多说什么
   B. 既要奖励零食,也要夸奖孩子按时完成作业

参考答案:
1. B; 2. D; 3. B; 4. A; 5. B。

第三节　启动的第一步：目标

如何设定恰当的行为目标

相信不少家长读完第一节，坚定了要做好规矩的决心，接着读完第二节，练习了夸奖的技巧之后，已经有点按捺不住了：到底如何解决问题？毕竟，家长总觉得在亲子互动过程中，对孩子的表现，有着或这或那的不满意，因此目标是要解决不满意的行为。这一节开始，就踏入了锁定目标行为的征程。

很多家长一提到自家孩子的问题，就觉得数不胜数。可能上句话还是"我家宝贝总的来说还是挺不错的"，下边就开始层出不穷地抱怨，"就是作业写得特别慢，字还总是歪歪扭扭的，说话要讲好几遍才听得进去，吃饭特别挑食，喜欢跟大人顶嘴，你说他一句他要顶三四句，一点点小事就生气，还总爱招惹他弟弟哭……"

寻常这么偶尔抱怨一下也就罢了，但如果真的下决心，希望帮助孩子改掉一些坏习惯，建立一些好习惯的话，那么就不能继续这么泛滥地全面开炮了，我们得锁定好目标。

俗话说，如果方向是错的，那么再努力也枉然。为了让家长的努力有所成效，我们要保证目标方向是正确的。那么，什么样的目标，才是合适的、正确的、好的目标呢？需要满足以下条件。

一、明确具体

目标一定得明确具体，不能泛化。

错误例子：孩子学习状况太差了，希望孩子学习状况好一些。

这样的目标太泛化，具体哪方面差？希望具体哪方面好一些？比如，孩子作业中粗心的错误太多了，写作业时字迹太潦草了，大小不一，写字的坐姿不够端正，握笔姿势也不好，并且作业速度特别慢，边写边玩，这些就是具体的表现不够理想的地方。

对应地，你希望孩子作业更细心些，少犯粗心错误；写字字迹端正，大小一致；坐姿端正，握笔正确；以及专心高效地抓紧时间写完作业，这些就是具体的目标。但这依然不是个合适的目标，为什么？接着往下看。

二、目标要少

目标一旦多就会贪多嚼不烂，只能锁定少数几个行为目标。

错误例子：希望孩子作业更细心些，少犯粗心错误；写字字迹端正，大小一致；坐姿端正，握笔正确；以及专心高效地抓紧时间写完作业。

虽然这些都是具体的行为内容，但是想解决的问题太多，眉毛胡子一把抓，最终可能哪个都没能解决掉。为什么呢？一个原因是孩子会糊涂，同一时间，我要注意坐姿端正，又要注意握笔正确，什么？每个字要一样大，哦，好的，字体大小好好写一下，什么？算错了小数点，好吧，再仔细慢慢核对一下，咦？速度太慢了，要快一点？好的，奋笔疾书，怎么？握笔方法又不对？又弯腰驼背了？……听我描述，抓狂么？可这就是当你对孩子的要求设定过多后，孩子的真实状况。如此抓狂，如何能实现目标？

家长可能觉得，这些都是稀松平常的问题，这些目标本来就是孩子应该达到的，别人家孩子都做到了啊。问题是，当自家孩子尚未达到时，那么对于自家孩子而言，这些就不是稀松平常的目标，而是应该通过你和孩子一起的努力去逐渐达到的。

因此，一段时间，集中火力，只解决一个主要问题。全家大人坐下来，一致决定哪个目标是当前的核心目标。不要爸爸讲准确率，妈妈却催作业速度，这样还是两个目标。

尤其学龄前孩子，没有讨价还价的余地，一段时间，就锁定一个目标。对于学龄期孩子，可以略微复杂一些，后面继续再解释。

定下作为主要核心的这一个目标之后，其他问题怎么办？暂时放一放。比如这个例子中，最后定下抓紧时间写作业是核心目标，那么对于作业的准确程度、整洁程度的要求就先放一放，可以提出建议，但实在做不到也就算了，避免苛责和抱怨。当然，如果其他问题行为是有危险的，如招惹弟弟时可能会弄伤弟弟，那么必须及时阻止。

那么，"抓紧时间写作业"是好目标吗？仍然不是，为什么？继续往下看。

三、目标明确

目标要明确到可考察的程度。

错误例子：希望孩子能够抓紧时间写作业。

"抓紧时间写"这个目标，无法考察。换言之，就是公说公有理婆说婆有理，无从判断。所谓可考察的意思是，有判断标准。比如，作业在晚上9点之前完成；或者，作业在2个小时内完成。

这时候，我们制定的行为目标已经越来越靠谱了，看着离实现似乎只有一步之遥,可是仍有不少家长抱怨,制定了也没有用啊,从来没有一天在9点之前完成了。梦想很丰满,现实很骨感。怎么办?

四、目标现实

所谓现实,就是不能按照其他孩子的水平,或者家长想象的方式定目标,只能按照自家孩子目前的/当下的、现实的/真实的水平定目标。

因此当家长锁定一个行为后,需要花一段时间观察一下,到底孩子现在当前,真实完成的情况如何?需要多久?程度如何?频率如何?注意!不是家长希望孩子达到的水平,也不是家长认为孩子可以达到的水平,而是现在、当下,孩子自己实实在在表现出的水平。

评估出孩子真实的能力水平,是制定一个合适目标的基础。建议家长千万别跳过这个环节。

比如,孩子每天作业都拖到11点才完成,虽然你觉得9点之前绝对可以做完,或者其他同学也都在9点之前完成的,但目前你家孩子现实的水平就是11点,定到9点这个目标,对于孩子来说就太难,难于上青天,最终的结果可能就是放弃算了。

那么,定到什么目标合适?我们建议,难度是孩子踮踮脚尖就能达到的。太困难了容易受挫而放弃,相当于揠苗助长;太容易了缺乏挑战,孩子不会进步,相当于故步自封。这就像盖楼房搭的支架系统一样,需贴近楼层的高度,才能辅助盖楼。因此这样的合适目标制定也称之为支架目标教学。

记住也许这并不是最终家长希望达到的目标,因为有可能最终的目标,距离现在太遥远,我们必须集跬步以行千里,每一段时间只能要求前进一点点,保证能够不断进步,最终就可以达到终极目标。

那么,到底多难的目标合适?

五、拆分目标

俗话说,胖子不是一口吃出来的,是需要一口一口才能吃出来。因此不要想着一步达到目标,目标是一步步走过去的。那么继续上面的例子,完成作业的目标时间究竟定在几点合适?

先给个笼统的建议,一般来说,在时间方面,如果是1小时以上的事情,那么建议以20～30分钟开始尝试,作为改善目标。如果是1小时以内的事情,那么建议以

5～10分钟开始尝试,作为改善目标。在频率或者个数方面,一般来说10以下的话,建议以1～2次的变化作为起始目标,10以上的话,以3～5次作为起始目标。

回到上面的例子,孩子当前11点才能完成作业,我们可以尝试设定目标在10点半。

如果你的目标是希望孩子能够坚持阅读更长时间,目前他可能读10分钟就会走神,那么可以尝试设定目标在坚持阅读15分钟。

如果你的目标是希望孩子数学作业中粗心的错误减少一些,目前孩子每天大概要错6～7个,那么你可以尝试鼓励孩子将错误控制在5个以内。

如果你的目标是希望孩子减少大声喊话的次数,目前孩子每天时不时就对老人粗鲁地喊话,20次肯定有了,那么你可以尝试鼓励孩子喊话的次数不超过15次。

六、调整目标

是不是目标按照上述方法制定好了就万事大吉,一成不变了?当然不可能啊。一方面我们又不是神算子,就算对自家孩子再了若指掌,也可能会判断失误呢。

比如我们制定目标为"每天10点半以前完成家庭作业",这个目标具体不泛化,精确到了可考察的时间,并且是根据孩子当前的现实水平制定的,但如果,仍然孩子天天达不到怎么办?或者反之,孩子天天都能轻松完成,so easy怎么办?

前面说过,天天达不到说明目标太难,揠苗助长,天天达得到说明目标太容易,故步自封。这两种情况孩子都无法取得进步。因此家长需要观察,一般来说,目标有大概一半的时间能达成比较合适。

当孩子几乎每天都达不到时,说明这个目标还是太困难,需要调低难度,如设定在10点45分;当孩子几乎每天都能轻松达成,说明当前目标太简单,需要调高难度,如设定在10点。

当然,避免根据孩子短期的变化太轻易地更改目标,建议给半个月到一个月的观察期。让孩子能够适应节奏,逐渐调整自己的行为。

这里想考验各位一下,比如当你目标设定为10点,孩子近2～3周几乎天天都能轻松达成,该怎么办?这个问题答案想必比较简单,大多家长会颇感欣慰地继续调高目标,设定在9点半。

然而另一种情形就比较困难了,当孩子难以达到10点半的目标,你降低难度为10点45了,孩子近2～3周仍然几乎天天都做不到,怎么办?很多家长在这个时候就放弃了。一定要记得拆分目标和调整目标,11点提前到10点45的话,还有15

分钟的差距呢,仍然可以拆分啊,大不了把目标定在10点55分。

家长觉得可能很崩溃啊,我的目标是孩子完成作业提前2小时,结果折腾半天,只能提前5分钟。但正是这种情况,才更需要努力,如果不努力帮助孩子,就连5分钟的提前时间都没有。然而努力的话,经过这段时间提前5分钟,巩固了之后再经过一段时间,继续提前5分钟。每一个小目标叠加在一起,才能达到最终的大目标。

七、监管目标

前面我们讲到目标要根据自家孩子当前现实的状况来制定,而且要根据孩子近2~4周完成的情况进行必要的调整,这就意味着,家长对于孩子在目标上的行为表现要了若指掌。

换言之,你选择的目标行为,必须是你在大部分时间都能收入眼底,保证了解的。这也是为什么目标不宜过多的原因,因为你监管考察起来,会手忙脚乱,同样抓狂。

但是,一段很长的时间,只要家长锁定一个目标,而置其他的问题于不顾,很多家长都会说"做不到"。是的,理解,确实很难做到睁一只眼闭一只眼。如果你是学龄前孩子的家长,那么不好意思,再困难也要争取做到。如果是学龄期孩子家长,前面说过,目标系统可以略微复杂一些。

首先,所有的目标行为都必须是你能大部分时间监控到的。比如你制定了关于作业错误数的目标,但实际上你经常没有时间检查孩子的作业完成质量,那么这个目标形同虚设。

其次,将目标行为根据重要性,先把最重要的拎出来,这是主要核心目标,比如10点半以前完成作业,在这个目标上给予的奖赏力度最大。

然后,其他的目标行为可以设定2~4个,不能更多,在这些周边目标上的奖赏力度,要低于核心目标。

家长们先就核心目标和周边目标留个印象,在后面说完奖赏之后,会将目标和奖赏结合在一起,制定行为合约,就更加一目了然了。

八、正性目标

很多时候,我们容易关注问题行为,孩子这里做得不好,那里需要改正。但事实是,想纠正问题行为最主要的办法不是制止,而是养成相对应的良好行为习惯。

因此建议家长在制定目标时,更多的不是考虑制止孩子做什么,而是考虑培养孩子去做什么。换言之,目标尽量是"去做"什么,而非"不做"什么。

比如孩子写字龙飞凤舞,字迹潦草凌乱,目标最好设定为"作业字迹整齐(家长可辨认)",而避免设定为"作业不潦草"。虽然看上去只是个表达上的区别,但有时候是有本质的不同。

又比如孩子很容易大声喊话顶嘴,目标设定为"粗鲁喊话次数不超过 15 次",这没问题,但这就是在制止孩子某个表现,如果目标设定为"和老人意见不一致时,用平静语调说出自己想法 15 次",这就在教导孩子去养成,尽管意见不一致,也能保持情绪平静的良好行为习惯。

全家大人找时间聚在一起,商量出一个当前最期望帮助孩子达到的行为目标,将目标写在下方:

_____

这个目标:
1. 描述具体吗?(如果不是,那么请修改为一个具体的行为目标)
2. 只包含一个具体的内容吗?(如果不是,请删减到只保留一个最重要的目标内容)
3. 可以被精确考察吗?(如果不是,请修改为可以被精确考察的指标)
4. 这是一个正性目标吗?(如果不是,尽量修改为正性要求的目标)
5. 孩子当前的实际水平是:_____(如果大人们看法出入很大,则在此处暂停,观察孩子一周左右的时间,明确孩子当前的实际水平)
6. 目标水平和实际水平的差距是:_____,现实吗?(如果觉得不现实,请降低目标水平)
7. 执行 2~4 周,家长能大部分时间监管目标的实现情况吗?如果不能,那么在你的选择中打"√":
   A. 家长进行调整,以做到大部分时间监管孩子的目标实现情况(　　)
   B. 家长无法进行调整,只能放弃这个目标要求,更换其他目标(　　)
8. 当孩子达到目标时,有根据上一节的内容,做到恰当的夸奖吗?
9. 当孩子未达到目标时,你是怎么做的?记录下来:

_____

等学完后面的章节后,再回顾。

第四节　最重要的动力：奖励

如何制定奖励才能激发动力

上一节已经让家长能够设定恰当的目标了，那么空有目标还不够用，得想办法达到目标才行啊。能够帮助孩子达到目标的方法就是，当孩子做到时，给予奖赏。

不知道家长通常会怎么奖励孩子，或者当你看到"奖赏"二字时，你所能想到的奖赏物是什么？我几乎每次在现场讲座时，都会提问家长："当你的孩子表现得很棒时，你会怎么奖赏他？"一开始，家长们给的答案往往都是，给他买个玩具，买个零食，总之是具体的可以买的实物，这类奖赏叫做"物质性奖赏"。后来慢慢电子产品进入了大家的视野，越来越多的家长会回答，让孩子看电视/玩手机，这类娱乐活动，还包括外出就餐、看电影、逛公园，甚至旅游，叫做"活动性奖赏"。

上面两类应该是非常容易想到的，日常生活中也比较常用的，除此之外还有吗？友情提示下，之前一个章节我们学过什么？夸奖，表扬，对孩子的好行为表示正性肯定，结合你的手势表情，如竖大拇指、拍拍孩子的背、给他一个温暖的拥抱，这些也都是奖赏，称之为"社会性奖赏"。

随着信息传递的迅捷，在讲座现场提问时，越来越多的家长能够给出社会性奖赏的回答了，说明很多家长已经开始注意使用夸奖这个妙招，但是想要夸出好孩子的话，需要注意很多细节哦。夸奖的时间、内容、情绪等等，都还记得吗？有没有读到这里忘了前面的内容呢？如果忘了的话，要翻回去复习，不仅要复习，还要在日常生活中反复练习，才能熟能生巧。

在继续讨论奖赏物之前，需要强调的是，社会性奖赏应该使用频率最高，要高于物质性奖赏和活动性奖赏。当孩子取得微小的进步时，或者只要孩子尝试了去努力时，都不要吝啬社会性奖赏，给予他肯定和赞赏，鼓励他再接再厉。

物质性和活动性奖赏则适合用来建立行为合约，只有孩子达到了合约上的行为目标，才能给予对应的奖赏物。行为合约具体要如何签订，稍安勿躁，因为该学的技巧策略还没有完全掌握，心急吃不了热豆腐，等慢慢地将相关的技巧策略逐步挨个都攻克了，那时候也就水到渠成，可以轻松建立合适的行为合约。

继续看看关于奖赏物的各个需要注意的细节。

一、奖赏物如何选择？

首先奖赏物一定要是孩子喜欢的、想要的，并非是家长觉得好的、对孩子有用的东西。实际上，不用绞尽脑汁去为孩子想奖赏物，平时留心孩子额外的需求就可以了。有的孩子喜欢美食，有的孩子喜欢好玩的玩具，有的孩子喜欢大人带他出去娱乐玩耍，这些都是奖赏物。

其次，奖赏物的实施要避免让家长觉得太吃力。很多家长喜欢设定大目标大奖励，比如旅游这种，确实一开始动力非凡，但问题在于，很容易因很长时间达不到目标而疲软。换言之，奖励的刺激程度够强烈，但频率不能保证，效果就会削弱很多。

以下是一些适合儿童的常见奖赏物清单，以供参考。

物质性奖赏：通常是一些不贵的小物品，如文具（写字笔、画笔、涂色书等）、新的小玩具、在超市里选自己喜欢口味的牛奶、挑选水果、自己房间的摆设（海报、笔筒、手办等）、课外书籍、装饰物（女孩的头饰、男孩的书包挂件等）。

家长陪伴的活动性奖赏：如入睡前的阅读时间、爷爷陪伴下棋、和妈妈一起做饼干、爸爸陪同做模型、外婆陪自己听喜欢的音乐、计划家庭休息日的活动项目、邀请小伙伴来家里做客玩耍等。

外出的活动性奖赏：如外出看电影、去餐厅就餐、在餐厅自己点单、去周边的古镇或公园游览、参观展览、去马场骑马、去动物园、去体育馆打球、去游泳馆游泳等。

有一点需要注意的是，尽量选择便宜的小物件或者小活动作为奖赏，也许将来我们学会了长期奖赏系统时会纳入一些相对昂贵的奖赏物（也需要非常谨慎）。就算家庭收入可观，一些相对精贵的物品购买起来也轻而易举，也不建议如此。因为太昂贵的奖赏物，会给孩子一个印象就是，我达到了一点点小目标就需要获得巨大的奖赏。也许昂贵的奖赏物在起初能激发更大的动力，但这不是我们想要的，我们并不想一味强调为了奖赏物而去表现好，我们只是通过奖赏的方式，来让孩子知道，他做出怎样的表现时，会让自己和大人感到满足和开心。因此，奖赏物不在于多贵，它只是代表一种奖励方式。

奖赏物不必贵，但奖赏物最好是孩子喜欢的、想要的，这样孩子才有特权感，也才会激发动力去努力获取。

尽管如此，还是会有家长说，我找不到奖赏物，或者奖励了也不管用。和其他的策略技巧一样，奖赏物看上去再简单不过了，但在使用过程中也有不少误区，需要一一避免才能发挥效果。

二、找不到奖赏物怎么办？

有的家长会说："我孩子什么都不要，因此找不到奖赏物。"

作为一个儿童心理学家，我可以负责任地说一句，很少、很少会有真的无欲无求的孩子。作为人类，我们天生有需求，我们天生追寻让自己快乐开心的事物。如果孩子真的什么都不要，或者得不到奖赏也无所谓，大部分可能有以下两种情况：

一种是孩子已经得到很多满足了。比如你拿吃一顿大餐做奖赏，但平时无论做得好坏与否，孩子吃得都挺好的，零食也不间断，那么某顿所谓的大餐，在他眼里就没有什么吸引力。

另一种情况是孩子即便做不到，也有办法获得奖赏。比如你拿玩手机作为奖赏，如果孩子做不到，即使你不给孩子手机玩，孩子转过背找爷爷奶奶，照样拿得到手机玩，这个奖赏设置就毫无意义。

除了奖励好吃的、好玩的内容以外，其实社会奖赏对孩子的激励作用更大。当孩子达到目标时，家长开心的赞扬，给予孩子的肯定和鼓励，是非常重要的。

三、控制好奖赏物数量

奖赏还要控制数量，不要某一次做得好，就给大量奖赏，这样孩子就餍足了，失去了继续表现好的动力。如拿玩手机作为奖赏，每次奖赏 10～15 分钟足够了，不要一下子就让孩子捧着一两个小时不放下来。

家长还可以针对小目标，给予小奖赏。之前在设置目标一节里已经提过了，不要一下子设立一个遥不可及的大目标，就算为这个目标你设置了非常诱惑的奖赏物，孩子也很有可能在坚持到达目标之前，就放弃了。将你的大目标拆分为一个个小目标，每实现一个小目标，就能得到一个小奖赏。

如敏敏 10 岁，妈妈希望她这学期坚持练习完排球，允诺她坚持打完一学期排球训练，放暑假时去迪斯尼玩。这是长期目标，中间可以设置小目标，如每坚持好好练习打球一个月，就可以得到一个迪斯尼相关的惊喜福袋，里面可以是米奇发箍，也可以是漫威手办等。

再举个例子，比如小杰 5 岁，爸爸开车带他去郊区的外婆家，允诺小杰，只要一路保持安静不吵闹，到了外婆家后就带他吃顿大餐。虽然只是半天的车程，但这个时间对于 5 岁孩子来说，已经算是长期目标了，中间仍可以为孩子设置小目标，从而帮助他更好地达到。比如只要小杰保持安静一个小时,就可以拆一个惊喜礼袋,里面可以是一个小零食或一个小玩具,帮助他有动力保持下一个小时继续表现好。

记住奖赏物尽量小而频繁。

四、先有好行为,再给奖赏物

孩子表现达到要求了,才能给予数量少的、孩子喜欢的奖赏物,未达到要求坚持不要给奖赏。有时候孩子发脾气一闹,家长图省心就满足了;有时候孩子伤心难过一哭泣,家长心一软就妥协了;有时候孩子胡搅蛮缠强词夺理,家长发现说不过孩子或者图个清静,就放弃坚持了。这些情况,都会导致你的行为管理失效。

我曾经遇到一位奶奶特别苦恼,她抱怨说"奖励"孩子不管用:"我的孩子说话不算话,每天放学回来,他说,先给他看一个小时电视,他就一定好好做作业。可是每天我都让他看了,有时甚至看了不止一个小时,看完了他仍然不写作业。"

知道"贿赂"和"奖励"的区别吗? 贿赂就是先给奖赏物,哄着孩子表现好,可能有时候管用,但长期是没有办法塑造孩子良好行为的。奖励则不同,奖励是只有孩子表现好了,给予奖赏物以表示肯定和赞扬,这是正反馈,能强化孩子的良好表现并稳定下来。

因此,这位奶奶并非做到了奖励,她只是贿赂孩子且以失败告终。

请一定记住这个"先后"顺序的原则,先有好行为,再给奖赏物。同样上面的例子,只有孩子先完成作业了,才能奖赏看电视的时间。也许有家长会说,那这样孩子就更加不做作业了,在那儿耗着。问题是,如果你先让其看电视,能保证一直贿赂出写作业的行为吗? 正确的做法是,没有好行为出现,就坚持不给奖赏物。换言之,不写作业,就不能看电视。最终孩子会发现,如果想得到看电视这个权限,他只有唯一的办法,那就是写作业。

五、奖励了的就别扣除

当孩子表现不好的时候,你可能会下意识地就想斥责或批评,一旦生气了,为了让孩子有个教训,就把他已经得到的奖励都取消掉。比如原本奖励带他去看电影,结果路上孩子表现不好,一气之下就打道回府。

更常见的情况是家长采取了奖励积分系统后,比如孩子表现好时可以获得贴纸或星星等,在孩子表现不好的时候,家长很容易一怒之下把孩子已经获得的贴纸或星星都给撕掉。

这种取消奖赏的做法是不合适的。因为这种惩罚剥夺了整个奖励系统的意义所在,奖赏物包括贴纸、星星等会与负性反馈建立联系,其原本具备的赞赏激励感会被削弱。如果你一直扣除孩子的积分系统导致变成负数,就更加不合适了,因为孩子会需要一直努力去"还债"弥补分数,这将大大削弱奖赏系统原本具备的激发表现良好的动力作用。

记住这个原则,已经奖励给孩子了的,就不要扣除。

那么如果孩子实在表现不好怎么办?如果是孩子没有达到目标行为,那么你可以尝试保持平静地告诉他:"真遗憾,这一次你没法获得,不过我相信下次你再努力一点,就能获得了。"

如果是孩子呈现出了让你头痛的坏行为,你觉得非惩罚不可了,一个方法是参考后面的惩罚章节内容,采取合适的惩罚,另一个是可以冻结已获得的奖赏。

比如看电影的路上孩子表现实在不妥,你可以告诉他:"因为你在商场里乱窜,我喊了几次都不听,所以你看电影的特权被冻结了,在接下来的1小时里,如果你能保持安静不乱跑的话,我们就去看电影。"

同样,如果你是采取积累贴纸或星星的奖赏制度的话,你可以告诉孩子,因为他的什么表现,这张贴纸暂时被关起来了,星星暂时被熄灭了,接下来他做到了什么,贴纸就能放出来,星星就能被重新点亮。对于大一点的孩子,采取积分制的话,就可以模拟银行冻结财产的说法,目前有多少分处于冻结状态,换言之,你并没有扣除积分,只是暂时无法使用而已。但要注意,当你冻结奖赏的时候,也需要给孩子解冻的机会。

六、家长掌控奖励系统

记住,家长要坚持按要求按原则做到,家长要掌控和遵守奖励系统。

这里容易出现的第一个问题是,有时候孩子并未达到目标,但是一撒娇哀求,或者一纠缠哭闹,家长心软也好,嫌烦也罢,会豪气地答应着:"好吧,这次就先奖励你了,下次一定要做到了才行哦。"下次?下次干嘛还需要做到?下次直接继续哀求纠缠就好了啊。因此记住,一定孩子先做到目标行为,你再给予奖赏。

第二个问题是,如果采取贴纸或星星系统,放置的位置需要让孩子看到即可,但不要让孩子方便接触到。因为让孩子看到,是让孩子参与到奖赏系统中来,但如果孩子可以轻易接触到,那么他很可能会擅自增加贴纸或星星上去。我曾遇到一个采用积分制的家庭,孩子会在记录册上擅自给自己添加很多分,让家长哭笑不得。

第三个问题是,家长往往难以持之以恒。一开始凭新鲜感,坚持一段时间,后来就放松坚持了。奖赏系统起效的条件之一,就是按照规则坚持一段时间,毕竟改变不是一朝一夕就能发生的。

但是有家长说了,坚持了一段时间也还是没效果。这时候要自查,大人是否做到了目标合适?是否做到了严格执行奖赏系统的原则细节?如果全部家长确实做到了,那么就继续坚持下去,只要方向是对的,情况最终一定会逐渐有所改观。

七、坚持不懈但也适时修订

坚持不懈是很关键的。那么应该坚持多久?有家长曾跟我说,我坚持很久都没有效果。我问坚持了多久,家长说都坚持3个星期了。

不要因为坚持几个星期没效果就放弃,也不要因为几个星期孩子行为好了就觉得大功告成。别听信"21天养成一个好习惯"的说法,放弃这个想法。21天也许能让你看到行为管理起效的一点苗头,但是距离真正巩固下来形成习惯,还距离甚远。

大概需要多久呢?至少3~6个月。因为心理治疗中,行为治疗一般要求至少坚持6个月才有稳定下来的可能性。那么我们寻常塑造孩子的行为,不像治疗那么严格,通过观察发现,一些小的行为,坚持3个月也有稳定下来的可能性。

虽然我们需要坚持不懈,针对一个行为目标至少要坚持3~6个月,但不代表我们就这么一成不变地坚持下去。每隔1~3个月,回顾下奖励系统。如果近期,孩子的行为没有变化,那么需要调整目标,或者调整奖赏物。如果孩子的行为持续变好,那么尝试逐渐减少奖赏力度。

有些家长对于奖赏系统存在一定的担忧,害怕是否会养成孩子没奖励就不好好表现的习惯。事实上一般不太会出现这种情况,或者只要我们做到了以下两点,就不太可能出现这个情况。第一,在给予物质或活动奖赏的同时,别忘了社会奖赏;第二,当孩子坚持一段时间表现不错之后,逐渐减少物质或活动奖赏的力度,但是社会奖赏要跟进,争取仅仅靠社会奖赏,就能让孩子维持住好行为。

举个例子,杨扬7岁,每天早上起床都比较困难,妈妈叫醒他后一般都要磨蹭半小时才能起床。因此妈妈和杨扬约定,如果早上叫醒后在15分钟内就起床,可以得到1个赞。最近两个月,杨扬几乎每天都能在15分钟内起床,这种情况下,某天早上妈妈就可以试着说:"我一叫你你就起床了,真是太有效率了,我特别开心,今天要不试试看,能否在15分钟内完成洗脸刷牙,做到了我们再获得那个赞?"就这样,对于持续表现好的行为,我们慢慢淡化对其的奖赏,而将奖赏机制运用到新的目标行为上去。

切勿操之过急,比如杨扬,刚按时起床3～4天,家长觉得方法很有效,马上就要求杨扬按时刷牙洗脸。这里的失误就在于,一个行为刚有好转的苗头,没来得及巩固就赶紧想攻克另一个行为,结果反而乱了阵脚。

同时,切勿长期不变,例如杨扬,已经2～3个月都能按时起床了,家长还在一成不变地奖励这个行为,那么很可能家长和孩子会过分依赖奖赏物,并且也失去了改善其他行为的机会。

八、可以涉及学校表现

不少学龄期孩子,在家的时候就一个人,家长们也可以密切督促,所以似乎表现还好。但是一到学校,孩子一多,干扰就多,很容易表现得不尽如人意。这时候,奖赏系统也可以涉及孩子在学校的表现。当然,家长需要和老师沟通一下,取得合作。

可以和老师商量,针对孩子在校的哪个目标行为予以怎样的奖赏,然后每天放学前,由老师在家校联系册上备注,孩子当天的表现是否可以获得奖赏。

比如若孩子总是在家校联系册上漏抄当日的任务,那么就可以在放学时拜托老师检查家校联系册的情况,如果没有漏抄就打个"√",这样意味着回家可以获得一张贴纸。

比如希望孩子上课听讲更专心些,分心的次数更少一些,则可由老师每天在家校联系册上针对孩子的专心程度给出分数评价,然后根据孩子目前水平制定出目标,假如孩子当前听课的专心程度一般就是60分,就可以指定为老师评价70分时,回家后可以获得一颗星星。

像这样,家长就可以通过家庭的奖赏机制,改善孩子的在校行为了,而不会出现鞭长莫及的现象。

九、随机奖赏

对于已有的良好行为,当出现时,即兴给予奖赏物,可以增加该行为的出现频率。比如"刚才等车时,你很耐心,没有着急,所以这块巧克力奖给你"。

随机奖赏也更适合学龄前的小朋友,因为后文涉及的行为合约,对于学前孩子说有点太复杂了,难以理解。实际上,随机奖赏也可以提前计划。比如"如果你待会坐车的期间保持安静,不吵闹,在到达奶奶家后,我额外奖励你玩手机5分钟"。

写到这里,我要反省一下,我举例子用的奖赏物是零食和电子产品,这两样东西,在后文会解析,对于孩子的心理能力发展,其实并无裨益。但这类奖赏物常见,孩子喜欢,好使,所以控制好数量即可,比如一颗巧克力,5分钟手机时间,等等。

实际上,有一类奖赏特别适合作为随机奖赏,那就是社会性奖赏。在奖赏物这一章的最后,必须重提社会性奖赏,因为这类奖赏实在太重要了。

1. 关于奖赏物,哪项是错误的?
   A. 一些孩子喜欢的不贵的小物品
   B. 一些孩子喜欢的不太麻烦大人的活动
   C. 对孩子的赞赏夸奖
   D. 只要孩子喜欢,多贵都可以

2. 孩子参加游泳班一个月了,嫌累不想去,下列哪种做法是最合适的?
   A. 不能迁就孩子,说道理,训斥,严厉要求他去
   B. 鼓励孩子,每坚持一周,就可以获得海岛相关的小礼物
   C. 鼓励孩子,只要坚持半年,就带他去马尔代夫旅游
   D. 带孩子去海岛旅游,培养游泳的兴趣,期望他回来继续训练

3. 孩子获得了外出就餐的奖励,但是路上乱穿马路,下列哪种做法最合适?
   A. 当街打一顿
   B. 不在外就餐了,立即回家
   C. 暂缓半小时就餐,练习跟在大人身边过马路,做到了再行就餐
   D. 继续外出就餐,回家后再就此事处理

4. 孩子坚持半个月按时完成作业了,此时应该
   A. 大功告成,可以暂停了
   B. 尝试减少奖励幅度
   C. 继续原有的奖赏幅度

5. 孩子坚持2个月按时完成作业了,此时应该
   A. 大功告成,可以暂停了
   B. 尝试减少奖励幅度
   C. 继续原有的奖赏幅度

参考答案:
1. D; 2. B; 3. C(D也可以); 4. C; 5. B。

第五节 被忽视的方法:忽视

此时无声胜有声

在这一节之前,我们学会了最基本最重要的技巧,即如何夸奖表扬孩子,以及在设定合适的目标后,当孩子达到目标时,如何给予有力的奖赏。这些都是正反馈,即对于我们希望出现的行为,给予强化,从而使这个行为能够更频繁更稳定地出现,逐渐成为一种习惯。

然而,对于那些我们不想看到的行为,似乎还没有解决方法。很多家长估计已经在内心呐喊了,当孩子出现那些让我恼火的行为时怎么办呢? 这一节主要就讲一个针对不良行为的策略:忽视。这个策略也是最容易被我们忽视的。

原则是,忽视策略适用于那些对孩子自己,以及对其他人都不会造成危险的不良行为,通过系统的实施忽视,同时联合前面所学的,对良好行为系统的奖赏,这两个技巧可谓是强强联手,通常就能很好地巩固好行为,消除坏行为。

为什么说对于无危险的不良行为,最佳处理方式是忽视呢? 因为无论你是采取说理教育,还是采取批评责罚,这些管理方式,对于孩子而言,是一种程度很强的关注,从某种程度上来说,这种关注也是一种强化,换言之,是另一个极端的奖赏,

而奖赏会怎样？会让这个不良行为更频繁更稳固地出现,这与我们的初衷背道而驰。

然而忽视几乎可以说是最难的技巧之一,我们习惯了努力去说、去做、去实施,现在,让你置若罔闻,熟视无睹,这确实有够困难的。中国有句古话:此处无声胜有声,用来形容"忽视"这个技巧再贴切不过。

一、忽视的具体实施细节

所谓忽视,就是充耳不闻,视而不见。换言之,要停止与孩子对话,包括发脾气吼孩子、斥责教训孩子、耐心讲述道理、对孩子的话做出回应,都停下来。保持沉默,暂停说话。

充耳不闻可能家长勉强能做到,但视而不见就有点困难了。一方面出于关心担心,家长可能一直关注着孩子的表现,另一方面可能被惹恼了,忍不住瞪孩子。这些眼神接触,其实还是在传递着以下信息:孩子的表现影响到你了,得到了你的关注和反馈。

那么,应该怎么办？还是那八个字:充耳不闻,视而不见。家长将注意力放在自己手头的事情上,或者与另一位家长聊天(这样你们两个一起都做到了忽视),如果担心孩子,可以眼角的余光能瞟到孩子就行,避免直接关注他或瞪着他,避免眼神接触。

与此同时,表情也要保持自然,不要显得生气了或者被惹恼了,换言之,孩子在一旁的表现,就相当于不存在,你听不到也看不到,影响不到你,这样的忽视程度是有效的。

需要注意的是,和前面所有的技巧一样,孩子身边所有的大人采取同样管理方式,才能有效。因此当孩子表现出不良行为时,只有一个家长忽视是无效的,得全家所有的大人都忽视,才行。

举个例子,有时候在门诊,爸爸妈妈爷爷奶奶都陪在诊室里,我们交流的时候孩子插嘴要零食吃,妈妈说"待会结束了出去给你买",孩子却不依不饶地开始纠缠起来。这时候,我会在孩子的纠缠吵闹声中,继续保持和家长交流,对于孩子制造的噪声和麻烦,不予理睬。有时候老人会忍不住,想去说理劝劝孩子,或者安慰下孩子,我会制止住,告诉大家"看着我,跟我交流,保持注意力在我这里",因为这样的话,大家就可以做到忽视孩子的表现。通常三五分钟后,孩子就安静下来了,因为他能明白,他的纠缠哭闹得不到大人的注意。

但是做到这一点确实很难,实话实说,当一个孩子对你纠缠哭闹时,内心就像装了 25 只猫咪一般,百爪挠心。可你就得忍住,不对这种烦扰你的行为做出反应。所以才说,忽视,几乎是最难实施的策略之一。

二、必要时离开孩子身边

有时候孩子会一直纠缠你,肢体上与你接触,从而让大人很难实施忽视。我曾见过一个女孩,在耍赖时能像树袋熊一样吊在她爸爸身上。如果出现这种情况的话,那么必要时你要考虑暂时离开孩子。

但这里有个前提,要保证孩子的安全。比如孩子足够大了,或者你对孩子足够了解他不会出现危险行为,或者房间里有另一个大人在,那么你就可以考虑离开房间,从物理距离上帮助你忽视孩子的不良行为。

如果孩子还小,房间里没有其他大人,那么最好还是待在同一个房间里,首先要保证孩子的安全。这时候,你可以尝试站得距离远一点,走到房间另一个角落,双手交叉放于胸前,从姿势上拉开一定的物理距离,也能更好地实施忽视。

还有一个技巧帮助大人更好地实施忽视就是,你可以尝试找些事分散自己在孩子身上的注意力。比如开始一边哼歌一边叠衣服,或者到角落里开始收拾沙发上的东西,或者与另外一个大人开始攀谈,当孩子发现你的注意力压根没在他身上时,他那些挣扎的不良行为也就会很快消退了。

三、一开始情况可能更糟

在你一开始实施忽视的时候,情况可能会变得更糟。为什么?我用自动售货机来举个例子。

现在到处都有自动售货机,你想喝可乐,投币进去,就会掉下来一听可乐。假如有天,你投币后,机器没有反应,吞了你的硬币但是不掉可乐下来,怎么办?有可能你会尝试拼命地摇机器,踹机器。

如果无论你怎么摇踹机器,始终没有反应,得不到任何反馈,那么你会怎么办?也许会尝试找客服。下一次遇到类似的情况你会怎么办?多半会直接尝试找客服处理,而不会摇踹机器,因为你试过了,无效。

如果你摇踹机器三五下之后,突然掉下来一听可乐,你会怎么想?哎呀,很管用呢。那么下一次,当再次出现机器吞币的现象时,你会怎么做?你会更有可能去摇踹机器。但是,每次都会成功吗?下一次,当你摇踹机器三五次之后,机器还是没有反应,你会怎么想?你很可能会觉得,是摇踹得还不够,得多摇几次,多踹几脚,说不定就好了。

这时候,如果机器始终不掉可乐下来,你会得到什么结论?摇踹是不管用的,下次还是别摇踹了。但是,如果机器在你长达十来次的摇踹之后,终于又掉下来可乐,你会得到什么结论?摇踹是管用的,如果不管用,那就得再多摇踹几次。

对应到孩子身上,我想拿小时候最常见的夜哭举例子。有不少孩子晚上会醒过来,在没有任何不舒适的情况下,会哭闹不止。一开始家长可能心疼孩子哭,或者可能觉得吵到自己休息了,便去安抚孩子。但通常家长会发现,孩子并没有因此停止夜哭,反而哭得越来越频繁,越来越难被安抚。为什么?因为孩子的哭闹,得到了他想要的安抚,所以这个哭闹会反复不断地出现。

有的家长带孩子咨询过后,明白了,如果不是因为饿了冷了不舒服这类原因而出现的夜哭,在保障安全的前提下,不予以理会,慢慢孩子就会停止哭泣了。但往往,在孩子停止哭泣之前,会出现一个哭得更凶的表现。为什么?孩子会觉得以前那个程度的哭闹,得不到安抚,那么就尝试更大程度的哭闹。

这时候很多家长会投降,理由不外乎是,孩子哭得太久了担心哭坏了,或者影响了大人的休息,这时候孩子得到的信息是什么?只要我哭得够久够凶,我就能得到安抚。因此,家长通常是为了获得短期的宁静,而导致了更长远更大的问题。

这也是为什么忽视很难执行的原因之一,孩子通常会采取加剧原本的不良行为程度,来测试家长是否会妥协,来观察这个不良行为是否能继续有效。因此,如果你打算采取忽视这个技巧,那么要对可能临时变糟的情况做好心理准备,并且要贯彻实施下去,从而保证有效。

比如夜哭的例子,如果家长能坚持做到忽视,有可能孩子哭到 1 个小时,发现居然没用?没人理我?慢慢哭累了也就算了。下一次他有可能哭到半个小时,发现没用就放弃了。再下一次,哭的时间可能更短。

四、不适合忽视的行为

忽视不良行为是一个好技巧,但如果忽视孩子太多行为,就不是一个好现象了。因此,总体而言,我们对孩子应该是关心关注、支持帮助的,如果忽视太多的行为,即使是不良行为,一方面家长会很累,另一方面孩子会真的觉得被忽略冷漠了。

需要注意的是，一般一段时期内，挑 1～2 个你觉得最关键的不良行为，全体大人采取系统的忽视技巧。有计划有目标地忽视，而不是任性妄为。

值得注意的是，以下行为是不适合忽视的：

— 对自己、他人会造成伤害的，如抓挠自己或他人；

— 对其他生命故意造成伤害的，如虐待小猫、老鼠、昆虫等；

— 对财物故意造成伤害的，如摔打手机；

— 在公共场合发脾气，如在商场里，通过吸引他人注意从而要挟大人满足自己的要求；

— 故意不服从指令，与大人挑衅顶嘴；

— 故意漏做作业或故意遗漏布置给他的任务；

— 说谎、偷窃、逃学、纵火等严重的行为问题。

这些行为的严重程度，是需要得到更严厉更严肃的反馈，如采取暂时隔离、承担后果、扣除奖赏、弥补任务等惩罚方式（后文中会进一步详解）。

通常来说，哪些行为适合来用系统性忽视来减少出现频率呢？答案如下：

— 发牢骚，噘嘴巴不高兴；

— 发脾气，提高音量喊话；

— 说狠话，不够礼貌；

— 做鬼脸挑衅；

— 小朋友间比较轻微的推推搡搡；

— 吃饭时挑三拣四；

— 对他提出一些要求时有所抱怨；

— 夜间哭闹（并非不适所致）；

— 抠鼻子、剥指甲、咬手指。

五、给予选择分散注意力

有些家长可能担心，采取忽视这种方式，是否会伤害孩子的感情，有损孩子的自尊心，伤害亲子关系？我觉得可能"忽视"（ignore）这个词总是和"忽视虐待"（neglect）放在一起有关系，实际上可以看到英文是两个词，含义是不一样的，ignore 是指不予理睬，neglect 是忽略怠慢。如果我能找到一个更中立的词语描述 ignore 这个技巧就好了。

实际上，忽视是一个积极的抚养技巧，它向孩子显示了，大人是如何在他们的不良行为面前,保持情绪平稳的。他们的哭闹纠缠就好比风浪,但是对于稳如磐石的大人,是丝毫不起作用的。当孩子学习到这一点后,出于经验,以后会更少出现这些不良行为。

相反,如果大人是靠与孩子对峙、批评说教,甚至呵斥责骂,这才是损害亲子关系。并且,就算孩子能很快停止不良行为,也只是出于恐惧害怕,而非出于发自内心认为这个行为不管用,不好使。

除此之外,当我们对孩子不良行为进行忽视的时候,并非代表我们不能采取任何积极的策略。恰恰是因为有的家长一直贯彻忽视,没有适时中止,反而引发孩子新一轮的不良行为。

举个例子,小尼跟随妈妈去超市购物,突然想买一袋薯片吃,妈妈认为这是不好的零食,予以拒绝,小尼开始噘嘴不高兴,哼唧闹情绪。妈妈采取忽视的策略,不予理睬。过了一会儿,小尼不再闹了。然而妈妈这时仍然不理小尼,希望小尼能表现更好一些,比如主动加入自己的购物活动。于是小尼觉得自己一直被忽略了,同时感到无聊,于是出现了新一轮的不开心,闹情绪,甚至发脾气。

实际上,更合适的做法是,忽视到孩子的不良行为停止就可以了,这时候可以提出一些其他的选项,分散孩子的注意力,甚至引导孩子出现更积极的好行为。如上面的例子,当小尼不再闹了时,妈妈应该给予关注,可以尝试用其他零食分散注意力,比如"你很喜欢喝的酸奶要不要拿一罐?"或者尝试建议新的活动,引导孩子表现出更好的行为,比如"我现在要去买苹果,你要不要帮妈妈挑?"

当然,如果家长尝试分散注意力或引入新活动之后,孩子继续固执地回到之前的要求,重新出现哭闹纠缠,那么,家长就可以继续实施忽视的技巧了。

六、注意时刻留意好行为

当孩子出现不良行为时,家长应保持情绪平稳,别受其影响,表情自然地予以忽视。但是,一旦孩子停止不良行为,表现良好时,作为家长,要立即给予关注,而且最好是和颜悦色地关注。

之前说过,对于好行为积极关注,对于坏行为淡定忽视,这是强强联合。孩子经常会好行为坏行为切换很快,这就意味着,大人需要调整好自己的情绪。换言之,别记仇,别一直陷在生气的情绪里,要假想自己是个奥斯卡获奖演员,根据孩子的行为表现,迅速切换自己的表情。

继续之前的例子。小尼在超市里一直哼哼唧唧纠缠你,一会儿拽你衣服,一会儿摇你胳膊,你气得青筋暴起,但也得保持平静自然的表情,推着购物车慢慢前行,继续挑选自己的物品,但实际上每分每秒,你都觉得自己快要炸毛了。好不容易,小尼停歇下来了。你疲惫不堪地尝试提议"要不要陪我去挑选苹果",小尼非常配合地答应了,而且很认真地陪你挑起来,虽然你仍是心力交瘁,累觉不爱的感觉,但你要洋溢出灿烂的笑容,满腔热情地夸奖小尼"你挑得特别认真,真是帮了我大忙"!

热情洋溢　　　　　平静忽视

难不难?非常难!我从没说过,抚养孩子是一件简单的事情。可是再难的事,除了父母家长,谁有动力去学呢?所以不好意思,给了家长们如此困难的任务。但我相信,你们做得到。

总结一下,好行为给予积极关注(夸奖,或者奖励),坏行为给予淡定忽视,这是行为干预中最强大的组队。

1. 当孩子出现无危险的不良行为时:
   A. 讲道理,教育
   B. 不理他,忽视
   C. 训斥他,批评
   D. 惩罚他,体罚

2. 实施忽视时,应该做到:
   A. 言语上不睬孩子
   B. 肢体上不接触孩子
   C. 眼神上不注视孩子
   D. 全家大人一致采取忽视
   E. 以上都需要做到

3. 当采取忽视后,孩子的行为变得更糟了,怎么办?
   A. 说明无效,放弃忽视,满足孩子
   B. 是可能出现的正常现象,继续坚持忽视

4. 以下哪个行为适合忽视?
   A. 虐待小动物
   B. 在公共场合发脾气要挟大人
   C. 故意做鬼脸招惹人
   D. 说谎

5. 忽视一段时间后,孩子的不良行为消失了,此时应该做的是?
   A. 继续实施忽视,直到孩子出现好行为
   B. 停止忽视,给予机会鼓励其出现好行为,并关注表扬好行为
   C. 停止忽视,哪怕孩子再次表现不好,也不再忽视

参考答案:
1. B;2. E;3. B;4. C;5. B。

第六节　最合适的惩罚:扣除

打管用,为什么不能打

上一节提到过,如果孩子出现了程度更严重的不良行为,就不应该采取忽视,

而应该采取相应程度更明显的惩罚方式,如暂时隔离、承担后果、扣除奖赏、弥补任务等。暂时隔离尤其适用于情绪不稳、爱发脾气的情形,因此放在第四章讲述。其他的惩罚方式将在此节里做出解析,在解析合适的惩罚方式之前,先讲不合适的惩罚。

我相信,在提到"惩罚"二字的时候,第一时间蹦入脑海的多半不会是暂时隔离、承担后果、扣除奖赏、弥补任务,而是什么?最常见的估计是打,然后是批评教训(实际上是呵斥吓唬)。我希望这一节读完后,家长们再看到惩罚二字,能够自动联想出合适的惩罚方式,也就是暂时隔离、承担后果、扣除奖赏、弥补任务,那么我就大功告成了。

短短开篇,我就把合适的4种惩罚方式重复了3遍,这不是啰唆,这是故意的,重要的事说3遍。

一、打管用,为什么不能打?

之前提到夸奖的技巧时,就举过一个例子,家长觉得打一顿就好了,比所谓的其他抚养技巧管用多了。字写得不工整,打怕了就写工整了;作业磨磨蹭蹭,打痛了就快点写了;好好说不听话,还顶嘴,打一顿就偃旗息鼓,乖乖听话了。

确实,我承认,在孩子还小的时候,打一顿,问题似乎当下解决了。于是,家长对于棍棒教育,也就从将信将疑变成了深信不疑,而对于其他的建议,自然也就听不进去。后来当孩子的问题层出不穷,春风吹又生时,家长就只能继续接着打。每一次,打一顿,当下貌似解决问题,过阵子问题春风吹又生,家长只能继续再打……如此循环往复。

久而久之,会出现以下两种状态:

第一种:什么都不管用,只有打管用,打了就听话了,打了就表现好。

第二种:什么都不管用,打也不管用了。

如果你是一位会采取体罚方式的家长,你的孩子还在第一种状态中,请千万不要庆幸这种方法管用,因为久而久之,都会殊途同归到第二种。

因此,打,也许当下管用,但终究有一天,会不管用,不仅不管用,长期经常遭受体罚的孩子,有可能变得退缩消沉,有可能变得易怒富攻击性。换言之,遭受殴打的阴影会一直在那里,挥之不去,要么吞噬了孩子自己,要么喷发出去波及了别人。

美国儿童教育家海姆·吉诺特曾说过:"惩罚不能阻止不良行为,它只能使罪犯在犯罪时变得更加小心,更加巧妙地掩饰罪行,更有技巧而不被察觉。孩子遭受惩罚时,他会暗下决心以后要小心,而不是要诚实和负责。"

当孩子遭受打骂时,虽然看上去诚惶诚恐,然后小心谨慎地遵照大人的意思唯唯诺诺去遵守。但是内心深处,孩子只是出于害怕被打,害怕疼痛,而暂时屈服而已。在这种情况下,孩子不可能对自己的错误行为去反省,无暇去思考如何发展出更合适的好行为,更加没有心情去改变去塑造自己的良好行为。

在遭受体罚后,有的孩子会感觉格外恐慌害怕,对自己失去自信勇气,日后会变得胆小退缩,凡事都小心翼翼,生怕犯错,生怕挨打;有的孩子则会感到生气愤怒,他们在无力还击的情况下只能一味忍耐,而一旦长大了,要么会逃离家长的管束,要么会还手与家长对打。无论哪一种,相信都不是家长愿意看到的情况。

打,绝对不管用,虽然暂时、表面上、哪怕现在你觉得比你尝试过的任何方法都管用,但长此以往,弊远远大于利,终有一天不会管用,甚至情况会变本加厉更加糟糕。

因此,才会有一句话说"好行为是夸出来的",绝对没有哪个教育或心理学家会说"好行为是打出来的"。

其实各位家长可以试想一下,你自己在单位,领导安排给你一个小任务,比如下班前把窗户关好。可能一开始你不以为意,忘了一次两次,这时候分两种情况:第一种,你每忘记一次,领导就指着你的鼻子批评你,斥责你,并且扣 500 元钱。你会如何?你会感到很生气,短时间内你会老老实实每天都记得关窗户,但你内心却对关窗户这件事无比抵触和愤恨,一旦逮着机会,比如领导出差之类的,你会立即能不关就不关,能逃就逃。甚至可能在后面很长一段时间,关窗户这件事对你而言,都是个累赘和负担。

第二种:你忘记的时候,领导提醒你一下,然而当你记得的时候,领导会赏识赞扬你有安全意识,把单位当作家一般有归属感,并且奖励你 500 元。你会觉得关窗户这件事虽小,但确实是一件应该做到的好事情,会给自己带来自我肯定感,更别提还顺带有物质奖赏。于是你会自发地愉快地记得提醒自己去关窗户,避免忘记。逐渐地,离开某处之前关好门窗,会成为你的一种安全的行为习惯。

现在对比一下,如果孩子作业写不完,或者写得不够整齐,正确率不够高,你会怎么做?打的话,也许暂时孩子会好好写作业,但孩子很难成为一个发自内心喜欢学习、求知若渴的人,甚至会反感讨厌学习,逮着机会能不学就不学。

知道了不该打孩子,很多家长就会说了,有时候忍不住啊!忍不住怎么办呢?得尽量稳定自己的情绪。其实家长打孩子,大多是因为对孩子的行为不满意、生气了,或者对于自己的管教无效感到挫败、难过,总之就是情绪没 hold 住,一下子崩溃掉。打孩子与其说是一种管理方式,不如说只是家长发泄自己情绪的方式。这时候,家长应该尝试稳定平静自己的情绪(具体技巧方法参考第八章第七节)。

二、吓唬管用,为什么不能吓唬?

有的家长能做到不体罚孩子,但是在孩子出现不良行为时,经常过分严厉地训斥教育,有时候会靠吓唬威胁来让孩子就范。也许我用这样的文字描述,家长都会予以否认,怎么可能过分严厉地训斥?怎么可能去威胁吓唬自己的孩子?那么看看下面的例子是否眼熟,或者是否自己也曾脱口而出说过类似的话。

举个例子。我在一个假期里去上海博物馆参观展览,人山人海,排起长队。当等待时间过长时,对于大人来说,已是煎熬,对于儿童来说,几乎等于折磨。于是有的孩子难以坚持等待,跑离队伍自己去玩,这本是可以理解的,只要孩子不跑离大人视线范围,或者一旦大人召唤能很快回到队伍里即可。问题是,如果孩子经常跑得不见踪影,或者大人喊破喉咙他也置之不理,大人不得不离开排好的队伍去拽孩子,这时怎么办?

"再不听话就让警察抓走你!"当时排在我前面的妈妈就用的这一招。尤其在外,公众场合,经常还真的有警察出没,妈妈就指着警察吓唬孩子,效果出奇地好。

无独有偶。我有个朋友,在香港旅游时,曾看到某个熊孩子在商场柜台里到处乱窜,孩子的家长也是河东狮吼"再调皮就让警察抓走你"。朋友说,定睛一看,原来是饰演娘娘的某个著名影星,配合这句吓唬的台词,真是威武的娘娘范儿。

面对不服管教的孩子,家长经常脱口而出:"让警察抓走你!"或者与之类似的:"让坏人抓走你。"还有:"我不要你了。"及异曲同工的:"把你扔在这儿,别跟我回家了。"如果在医院的话,有一句出镜率特别高的:"再不听话就让医生给你打针。"

很多时候,家长觉得这类话并没什么过错,反正无伤大雅,只是吓唬而已,而且孩子一害怕就听话了,所以吓唬很管用。然而,每当听到这样的吓唬,我内心都是各种翻江倒海不是滋味,现在就来分析给大家看看,为什么这类吓唬不该说。

首先分析"不听话就让警察抓走你"这类吓唬。

有个很基本的道理就是,我们应该让孩子知道警察是安全的,这样以后当孩子遇到危险会跑向警察,而不是因为从小害怕警察而跑离警察。

对于不谙世事的小小孩,如果你的恐吓"让警察抓走你"奏效的话,那么意味着孩子很害怕警察带走自己,也就意味着如果万一他遇到走失之类的意外事情,不会放心地奔向警察求助。而如果对于年龄稍大,已能甄别到底警察是好人还是坏人的大孩子而言，你的恐吓"让警察带走你"就是一纸空文，说了也白说，不会奏效，既然如此，还如此"恐吓"干嘛。

让孩子对警察有安全感，而不是害怕警察，这是最基本的原因，但不是不该吓唬孩子唯一的原因，也不是最关键的原因。

有的家长会这样说："再调皮就让坏人抓走你"或者"再调皮我就不要你了"，以及林林总总，但万变不离其宗的一种威胁方式，即，只要你再不听话，你就会跟我分开，你就会失去家长，失去爱。

分析到这里，家长能明白为什么不能如此威胁孩子了吗？如果你的威胁奏效了，比如小孩一边哭得凄凄惨惨戚戚一边跟在你身后忏悔"我再也不敢了"，那么意味着孩子相信如果他做得不好就会被遗弃，这样的模式对于孩子形成安全健康的依恋关系是极其不利的。而如果没有安全健康的依恋关系会怎样？哦，这问题分析起来就三万字也不够了。总之家长要明白，儿童期，建立健康的、安全的依恋关系是非常重要的，它对于一个人这一辈子建立健康良好的人际互动关系都是至关重要的。

如果孩子长大了，知道你不可能不要他的，那么你的"威胁"不仅管不住他的行为，反而会让他跟你更对抗，"你都不要我了，凭啥管我""你不要我？我还想不要你呢"等等。

以上已经分析了两个不该吓唬孩子的理由，其一是应该建立对警察的安全感而不是害怕感，其二是应该帮助孩子建立安全的依恋关系，而不是一旦做得不好就会被大人遗弃。这两条都很重要，此时想必还有些家长正在暗自庆幸没有中枪呢，心想自己既不会用警察来恐吓，也不会用遗弃孩子来威胁，只会用些无伤大雅的吓唬方式。孩子嘛，吓吓他就知道乖了要听话。

比如前面提到的，在医院时出镜很高的台词："再不听话就让医生给你打针。"有时家长一边说还一边对医生使眼色，希望医生能配合一下吓唬的演出。或者在带孩子前往必胜客吃饭的路上，孩子一直吃饼干不啃停下来，于是吓唬孩子："再不把饼干还给我，就不带你去吃必胜客了。"又或者在辛辛苦苦排队等着坐车的时候，孩子脱离队伍到处乱跑，家长吓唬孩子："再到处乱跑，待会我就不带你一起坐车看野生动物了。"还有这种情况，跟孩子提过下周要去香港旅游，但是这两天孩子的作业完成得太差劲了，于是吓唬孩子："再不按时写完作业，下周香港旅游就不去了。"然而实际上全家人的机票酒店都订好了。

这样的例子举不胜举，多如牛毛。

如果说这类管理孩子的方法并不合适，可能很多家长很难同意，因为很多心理学家就是这么教的啊,扣除奖赏嘛,这本书的后面一节讲的就是这个方法,怎么会不合适呢?并且,事实是一开始明明很奏效啊。

对的,扣除奖赏的确是合适的惩罚方式,但上面例子中家长的做法并非合适。虽然一开始会奏效,但总会有失效的一天,而当失效的时候,状况会变得比一开始更加糟糕。

为什么一开始会有效呢?因为孩子不愿意承担某些后果(如打针),以及不乐意奖赏没了(如美食、娱乐、游玩等),所以他们会选择听从家长的指令要求,以保证自己不会承担后果,或者不会失去奖赏。

上面这段话,我希望家长能够重复仔细看3遍。这个方法之所以奏效,是因为孩子不愿意承担后果或者不乐意失去奖赏,所以选择改变自己的行为,从而避免被惩罚。

从这点看来,这个方法并没有什么不妥。但是,有个特别重要的前提,就是如果孩子没有能够改变他的行为,继续延续他的不良行为时,家长确实能够实施你的惩罚措施。如孩子不听话,你确实给他扎针;孩子不还你饼干,你确实就打道回府,不去吃必胜客;孩子继续在队伍外乱跑,你就放弃已经排了两个小时的队伍,全家放弃看野生动物;孩子依然不能按时完成作业,你就不惜退订费用,取消全家的香港旅游⋯⋯以上,做得到吗?

估计很多家长就乐了,这怎么可能做得到嘛,孩子又没生病,哪能说打针就打针啊;都已经到必胜客门口了,家里又没有准备饭菜,回家喝西北风么;都已经排了两个小时队了临时放弃这也太可惜了;机票宾馆退订的话损失费用多大啊,何况大人们也盼着出去旅游呢⋯⋯说白了,就只是想吓吓孩子,希望孩子听话而已,犯得着较真吗?

问题就在于此。一次不较真,两次不较真,三番五次之后,孩子逐渐就会开始明白,你不是认真的,你所谓的惩罚是不会实施的,这种情况下,你觉得孩子是会听从你的指令,还是会继续我行我素继续不良行为?答案不言自明了吧。

说到底就是狼来了的故事。当你对孩子的某个不良行为给出了虚假的"吓唬"信息,事后并不执行的时候,日积月累,孩子对于你的"吓唬"就会置之不理,进而对于你通常的指令也会充耳不闻,然而确实,你的话,经常不作数,那怪得了谁?

绕了一大圈,回到最开始的故事,当孩子不听话,你期望用"再调皮就让警察抓走你"管住他时,这样的方式,出现了以下3种失误:

— 不应该让孩子害怕警察,这样以后有危险时孩子才会跑向警察而不会跑离警察。

——不应该让孩子有被抛弃、不被爱的感觉，这不利于孩子建立安全健康的依恋关系。

——不应该给出家长做不到的惩罚内容，久而久之，家长的话就逐渐失去了效力。

三、到底什么是合适的惩罚

打一开始管用，最终不管用；吓唬一开始管用，最终不管用。因此对于孩子的不良行为，不能打，也不能吓唬。那么，具体应该怎么管理呢？这里讲三种，分别是：承担后果、扣除奖赏和弥补任务。

让孩子学会对他的行为承担后果，哪怕再小的孩子都是应该的，这也是培养他们责任心的机会。很多家长抱怨孩子没有担当，对自己的事情不负责，因此"皇帝不急太监急"，可问题就在于，大人确实把急都着了，都替孩子负责了担当了，那么孩子当然就会一副"事不关己高高挂起"的态度了。

当孩子出现不良行为时，有些时候，可以让他承担这个行为自然引发的后果。

——当早上叫孩子起床，他却赖床不起时，可能就会迟到，让他迟到后面对老师的批评。

——孩子早上发脾气不肯穿外套，他可能就少穿件衣服外出，可能会觉得冷，甚至着凉。

——孩子在玩电动车时发脾气损毁了玩具，那么接下来一段时间就没有玩具玩。

——吃午饭时间到了，孩子却坚持看电视不肯来吃饭，那么他就饿到下一餐为止。

——如果孩子写作业磨蹭，来不及完成作业，次日让他面对老师的批评。

——如果孩子不能把自己的脏衣服放入脏衣篓里，那么就不用帮他洗干净。

如上所述，只要这个后果不至于引起人身安全方面的伤害，就让孩子承担后果。有时候我们太心疼孩子饿了冷了病了，或者心疼孩子被批评（有时候是大人自己害怕被批评），而替孩子想尽一切办法避免了不良行为的后果。

如果一个行为，没有给自己带来麻烦的后果，那么为什么要去改变这个行为？纯粹靠讲道理？"你不起床会迟到""你不写完作业会被批评""你不按时吃饭会挨饿"……问题是，事实摆在孩子面前，他没迟到，没被批评，没挨饿，那么他为什么要做出改变？

因此，让孩子尝试承担他的行为可能带来的自然后果。如果这个自然后果有危险，或者家长实在不愿意承担，比如孩子作业写不完，次日孩子及家长可能都会遭到特别多的麻烦,那么你可以考虑安排后果,一般来说,合理的后果包括扣除奖赏和弥补任务两种,也就是另外两种惩罚方式。

扣除奖赏就是取消孩子原本享有的奖赏物。

— 孩子早上赖床太久,原本早上的一个喜欢的零食就扣除不给吃了。
— 孩子发脾气不肯穿外套,接下来一个月的时间不给买新衣服。
— 孩子发脾气损坏了玩具车,当天的玩玩具时间减少 10 分钟。
— 看电视不肯来吃午饭,当天看电视的时间减少 10 分钟。
— 写作业太磨蹭,原本睡前的 10 分钟看故事书活动取消。
— 脏衣服随手扔,周末带其出游的活动取消。

需要注意的是,你所制订的计划是可以实施的,也是你可以承担的。因为有可能在你告诉孩子"再随手乱扔脏衣服,周末我们就不去迪斯尼玩了"后,孩子仍然继续乱扔衣服,并没有如你期望的做出改变,那么这时候你是需要实施惩罚的,即真的做到"周末不去迪斯尼"。这时孩子可能会伤心难过,也可能会吵闹纠缠,大人可能会心疼内疚,或者会烦恼不安,无论如何,你都得坚持实施这个惩罚。为什么?如果你不实施的话,就变成了前面分析过的"吓唬"。一旦你的话只是一句空话,无法落实,你其实是在损害自己的权威感,也让孩子失去了在自己不良行为中吸取教训的机会。

在你给出扣除奖赏的具体内容之前,请思考一下,你是否能够实施下去,是否忍心让孩子及自己承担这个后果?

举个例子。有次我在做脑电生物反馈训练,参加训练的晓光当天特别兴奋,一直扭动不安,大声吵闹,很难配合训练过程。我便把晓光的妈妈叫过来询问怎么回事,妈妈说:"今天是国庆小长假第一天,我们做完训练会去宁波的奶奶家玩,他可能太兴奋了。"妈妈转而对晓光说:"如果你不能安静下来好好做,我们就不去宁波了。"

我将妈妈拽到一旁,告诉她:"如果你给出的惩罚,是做不到的,那么就不要吓唬孩子。因为一般来说探亲都是事先全家计划好的,不太会临时改变。"

妈妈解释道:"哦,我们家没问题的,因为待会是爸爸开车去,如果他持续表现不好,我真的可以取消行程。"

我点点头,同意了这个方案。即如果晓光持续呈现不良行为(吵闹不安),那么就会承担后果,扣除奖赏(取消去奶奶家玩的计划)。晓光起初并没有在意,依然我行我素。我便告诉妈妈需要实施惩罚。

妈妈便当着晓光的面打电话给爸爸:"待会别开车来接我们了,晓光训练时表现不好,待会结束了我们直接回家,今天不去奶奶家了,我待会给奶奶打电话道个歉。"

晓光这才知道,原来自己的不良行为是会有后果的,于是赶紧配合训练,表现得安静认真。妈妈这时偷偷问我:"还能恢复行程吗?"我摇摇头:"不可以,因为他得习得这份经验,不良行为会导致他不想要的后果,但是他后面确实表现好了,针对这个好行为,你可以给其他的奖赏。"后来训练结束,晓光提出想吃冰激凌,妈妈便答应他,表示对于后续良好行为的奖赏。

通过这个例子,对比前面吓唬的例子,家长看到区别了吗?即你给予的惩罚内容,是你能够实施的,也愿意陪孩子一起承担的。

扣除奖赏是最常用的惩罚方式,除此之外还可以使用弥补任务的方式,即孩子在这一件事上表现欠佳,就需要在另一件事上做出弥补的工作,多半是一些家务劳作性活动。

— 孩子早上赖床太久,当天床铺自己整理。
— 孩子发脾气不肯穿外套,当天晾干的衣服自己叠。
— 孩子发脾气损坏了玩具车,当天帮忙打扫卫生。
— 看电视不肯来吃午饭,午饭后去厨房帮忙。
— 写作业太磨蹭,周末作业少时要自己收拾房间。
— 脏衣服随手扔,这一周衣服自己洗。

这种弥补任务的方式使用得相对少一些,一是因为实施起来没有扣除奖赏方便,孩子已经在一件事上顶针不听话了,让他去做另一件事也是相当困难了;另一个原因是弥补工作多半是一些家务活动,即便孩子没有不良行为,我们也是鼓励孩子多多参与家务的。家长可以将弥补家务作为扣除奖赏的候补方法。

四、实施惩罚的一些注意事项

最重要的注意事项,就是说到做到,不要将扣除奖赏的惩罚变成空口白话的吓唬。除此之外,还有一些注意事项。

惩罚要即刻给予,不要秋后算账。前面讲夸奖的时候也强调过对于好行为即刻给予夸奖,同样,对于坏行为即刻给予惩罚。为什么呢?一个原因是,孩子经常好行为坏行为转变很快,如果拖太久去秋后算账,孩子经常会感到懵圈,到底自己做了什么而得到惩罚了呢?如果不能建立行为和惩罚之间的联系,孩子又怎么知道该做出哪些改变呢?另一个原因是,如果时隔太久还在清算孩子的不良行为,会让孩子觉得委屈不安,以及降低他们的自信心。

惩罚内容要合理。我们给予惩罚,只是为了让孩子明白,这个行为不够好,下次避免出现。因此只要后果是让孩子吸取教训就可以了,而不应该是伤害孩子的身体或心理。比如对喜欢咬人的孩子说"你再咬我,我就咬你一下",对写字潦草的孩子说"你既然写字时手这么没力气,潦草一个字就打一下手心",对挑食的孩子说"你既然挑三拣四,今天中饭晚饭都别吃了",对发脾气骂人的孩子说"你既然说脏话,我就用肥皂水给你漱口"等等。当大人采用了过分苛刻甚至伤害孩子的方式去惩罚时,孩子这个时候更多的感受是害怕恐惧,是大人的残忍,于是就没有心思去反省自己的行为,这便与我们的目标大相径庭了。

所以,惩罚内容不要太过残忍,点到为止即可,并且不要持续时间太长,这样随时就给孩子洗牌重来的机会。惩罚的目的并不在于惩罚本身,而在于让孩子表现出好行为。因此即使在惩罚的过程中,也要给予孩子机会,或者帮助孩子呈现好行为。比如上面晓光的例子,我们会给晓光选择:"如果你现在开始表现配合,那么结束后继续去奶奶家;如果你持续表现吵闹,那么今天去奶奶家的行程取消。"我们可以将惩罚内容提前告知,让孩子决定他该如何表现。即便在惩罚之后,仍然可以给孩子选择:"今天取消了去奶奶家,我知道你很失望,但只要你后面的时间坚持表现好,可以结束后奖励你一个冰激凌。"我们无时无刻都要想方设法激发孩子的好行为,这才是我们的目标。孩子也会觉得自己是被尊重的,被帮助的。

实施惩罚的时候家长情绪要淡定,记住惩罚也只是一种行为管理方法,保持平静的情绪,以尊重的态度,传递你的惩罚内容,避免用怒吼斥责的态度去惩罚孩子。避免感情惩罚,什么意思呢?很多家长以一种"我讨厌你,我恨你"的方式,仿佛在用收回对孩子的爱的方式来惩罚孩子。比如当孩子表现不好的时候,会对孩子恶语中伤、愤恨辱骂,或者推开孩子、甩开孩子。这不是好的惩罚,这只会让孩子感到被抛弃、不被爱。

如果孩子被扣除奖赏后表现哭闹、发脾气,这时大人更要保持坚定而温和,不卑不亢、不发脾气、坚定不移,温和淡定地去实施惩罚,避免被激怒、避免心软。"坚定而温和",是我特别喜欢的形容家长管理孩子时所处状态的五个字,后面在下指令的章节里还会详细解析。

1. 打管用,可以打孩子吗?
    A. 可以打
    B. 不能打

2. 我家孩子稍微威胁吓唬一下就听话了，可以吓唬吗？
   A. 可以吓唬
   B. 不能吓唬

3. 我一说扣除某个奖赏来惩罚，孩子就发脾气吵闹，怎么办？
   A. 坚定而温和地实施惩罚
   B. 大事化小小事化了，算了

4. 我一说扣除某个奖赏来惩罚，孩子就哭得肝肠寸断，怎么办？
   A. 坚定而温和地实施惩罚
   B. 哭坏了身体怎么办，算了

5. 孩子写作业字迹比较潦草，合适的惩罚是：
   A. 撕掉作业本，全部重写
   B. 罚抄1 000遍
   C. 当天玩手机的时间取消
   D. 打手心10下

参考答案：
1. B；2. B；3. A；4. A；5. C。

Dr. 澜有话说：必须全对。与其说是小练习，不如说是再次强调惩罚的要点。

第七节　大功即将告成：合约
针对目标行为建立改善计划

　　如果各位看官是逐字逐句好好理解前六节的，并且不仅读进去了，理解了，还在现实中练习并掌握了各个技巧，那么针对某个具体行为的塑造计划，终于可以提上议事日程，即将大功告成！

家长是不是内心在咆哮:"什么? 前面已经密密麻麻练习那么多了,居然刚刚才进入正题?"是不是感觉要崩溃了? 可是,行为管理就是这么一个看上去简单轻松,真正执行起来处处是陷阱的方法啊。

正所谓,磨刀不误砍柴工,家长们放心,当我们明白了给孩子制定什么样的目标才是合适的,然后根据这个目标,设定合适的奖励方案从而激发孩子的动力。当孩子达到目标时,给予有力的奖赏,包括社会奖赏即夸奖;当孩子表现得不够理想时,予以忽视;当孩子的行为触犯了原则性规定时,予以合适的惩罚,即扣除原本的奖赏权限。这就是前面我们一起学习的行为管理技巧,把这些技巧串起来,实际上就是我们的整套行为管理方案了。因此这一节,我们的目标是,学会如何将零碎的技巧系统地串起来使用。

第1步:建立行为目标。

我们在第三节学习如何设定行为目标后有个小练习,大家有完成么? 还记得那时候,全家大人商量的,当前最期望帮助孩子达到的行为目标吗?

我们以小路同学来举例子。小路是个8岁的男孩子,2年级。小路的父亲觉得每天按时写完作业重要,妈妈觉得写字工整不潦草重要,爷爷觉得早饭吃好重要,奶奶觉得按时上床睡觉不磨蹭重要。于是一家人坐下来商量后,决定还是按时写完作业最重要,毕竟涉及学校的表现。

因此,小路的主要目标定为:每天在晚上9点前完成所有老师布置的作业。

1. 这个目标是否合适呢? 需要挨个用下方的问题考察一下:
2. 描述具体吗?(√,有具体的时间、具体的内容)
3. 只包含一个具体内容吗?(√,只要求时间这一个具体内容)
4. 可以被精确考察吗?(√,晚上9点)
5. 这是一个正性目标吗?(√,努力去达到的目标)
6. 孩子当前的实际水平是:9点半(大人一致同意)
7. 目标水平和实际水平的差距是:30分钟,现实吗?(√,以前也有9点完成的时候,先试试,如果大多数日子达不到再调整目标)

一旦确定了主要目标,其他大人心里的小鼓再怎么敲,这段时间也得先偃旗息鼓一下。家长自助进行行为管理方案时,强烈建议一段时间仅攻克一个目标,当这个目标达到了且稳定了,再启动下一个目标。

第2步:建立行为合约。

家长和孩子,像签订合同一样,签署一份合约,可以参考以下模板。

> **行为合约**
>
> ___小路同学___ 同意
> ___每天晚上9点前完成所有老师布置的作业___
> 如果达到目标获得 ___10 奖励分___
> 如果未达到目标,则无法获得奖励分
> 如果拖延磨蹭太久,在 10 点以后完成作业,则扣除 ___当晚上床后读 15 分钟故事书的机会___
> 父母提供帮助 ___每隔半小时提醒一次时间,提供闹钟和计时器___
> ___小路同学___ 加油!

所谓合约,就意味着孩子以及所有与孩子相处的大人,都要严格遵守。建议将合约白纸黑字写出来或打印出来,贴在家里醒目的位置,既可以激励孩子,也督促家里的大人都按照合约行事。

比如,如果小路没有在 9 点以前完成作业,那么即使他纠缠哭闹,即使他大发脾气,即使他在其他方面表现得再讨大人欢心,也无法获得这 10 分(或者相应的奖赏)。反之,如果小路 9 点以前完成了作业,那么即使他当天在其他方面表现不好,10 分(或其对应的奖赏)仍然要给他。

关于达到目标后的奖励,由于小路是学龄期儿童了,因此采用了代币制,即给予奖励分,奖励分如何设置使用,下一步会解析。一般来说,学龄期孩子都可以尝试使用代币系统。这种方式可以鼓励孩子坚持长期表现良好,更容易促进孩子形成良好的行为习惯。

代币可以采用积分制,我比较喜欢这一点是因为在加减积分的过程中还可以顺便练习数学加减运算。曾经有个孩子跟我说:"我就看着我的积分不停地越来越多,就感觉很开心,不需要兑换成其他的奖励,就感觉很满足。"有时候,积分本身就是正反馈。

当然也可以采取更形象的代币制,如星星、红旗、苹果等,尤其现在印章的购买非常便捷,家长完全可以定制孩子喜欢的图案印章。另外结合社会奖赏的话,印章也可以是大拇指,"真棒""赞"等字样,进一步结合国内点赞的流行文化,代币制可以设计成积赞体系,如达到主要目标了就积 5 个"赞"。

一般来说,学龄前的孩子尽量避免使用代币制,因为很可能他们难以理解。对学前孩子制定行为合约时,直接就是"达到……目标,可以获得……奖赏",简单明了。

如果家长觉得自己学龄前的孩子能理解代币制的话,代币系统尽量使用具体形象的贴纸或盖章。实际上学龄前的孩子,有时候粘贴纸本身、盖章本身,对他们而言就是奖赏物了。给他们准备一个专门的本子,用来贴纸或盖章,仅仅是看着自己努力获得的琳琅满目的贴纸或图章,孩子就会很开心。

如果采用了代币系统,请一定继续仔细阅读第三步。如果没有涉及代币系统,请直接阅读第 4 步。

第 3 步:奖励清单。

孩子既然在积累奖励分,或者积累贴纸/印章,最终是要兑换成现实中的奖赏物的。

对于学龄的孩子,我们可以根据孩子在几天、1~2 周、1~2 个月才能积累够的分数,分别设计短期、中期和长期奖励。如小路,如果每天按时写完作业,可以获得 10 分,那么几天的时间,就能攒够 30 分,所以短期奖励可以设计为 10~40 分不等;如果小路坚持一周写完作业,那么可以获得 70 分,但可能偶尔平时会有 1~2 天兑换掉奖赏,所以中期奖励适合设计为 50~100 分;如果小路一个月里大多数时候都能按时写完作业,那么可以获得 200 分左右,所以长期奖励适合为 150~300 分。

不同类别的奖励,可以安排 2~4 个不同的具体内容。什么是合适的奖励内容?之前第四节已经详细解析过了哦。将不同类别的奖励,像行为合约一样写下来,这就是奖励清单。可以参考以下模板。

短期奖励		中期奖励		长期奖励	
奖励内容	分数	奖励内容	分数	奖励内容	分数
买 10 元以内文具	10	外出就餐时点菜	50	去共青森林公园玩	150
看 15 分钟电视	20	外出看电影	70	去朱家角玩	200
超市选 1 个零食	30	亲子烘焙活动	100		
玩 15 分钟手机	40				

如果是代币制,同样按照孩子每天能够获得的贴纸或印章的数量,估计出孩子短中长期可以积累到的数量,然后设置具体奖励内容。

注意奖励清单不能太复杂,得是孩子这个年龄能看懂的程度。比如学龄前的孩子,我们建议只设置短期奖励,即孩子获得贴纸或印章,当天就能兑换奖赏。太小的孩子,缺乏长期时间概念,如果你要求一个3岁的孩子,在表现好了之后一周再兑换奖励物,他估计很难明白这之间的联系。

相反,越大的孩子,越鼓励坚持表现好去兑换长期奖励。这样才更有利于帮助孩子塑造长期的良好的行为,以及建立为了长远目标,而坚持努力,舍弃眼前享乐的行为模式。

第4步:留心细节。

在执行行为合约和奖励清单时,为了保证有效,需要注意的几个细节。

(1) 白纸黑字打印下来,张贴出来,无论大人还是孩子,包括家里所有的大人,都按照合约和清单执行,避免抵赖。

(2) 在孩子达到目标时要言而有信地兑现奖赏,同时别忘了社会奖赏,即情绪饱满地表扬他。没有任何理由反悔不给奖赏,除非孩子自己愿意积累代币,暂时不兑换奖赏。

(3) 如果孩子没有达到目标,但是已经距离目标很近了,鼓励他,给孩子加油,希望他明天再多努力一点点,争取达到目标。不要训斥孩子,也不要因心疼孩子而施舍奖励。

(4) 如果孩子连续很多天,一直距离目标相去甚远,请重新审核行为合约:目标是否恰当?是孩子踮踮脚尖就能够得着的吗?目标如果合适的话,那么奖赏设定恰当吗?是否激发了孩子的动力?

(5) 无论是行为合约还是奖励清单,都请将孩子纳入进来。这并不意味着事无巨细地按照孩子的要求来做,但确实在某些方面需要采纳孩子的建议。比如我曾经遇到一位妈妈,用彩色的信纸记录,盖章贴纸弄得五彩斑斓,十分萌萌哒。可是当我问她的儿子时,男孩子一脸嫌弃地说不喜欢。给孩子一点掌控感,让孩子觉得这也是他的事情,孩子才会愿意投入进来,才愿意配合执行和进行努力。

(6) 奖励清单设置的时长要恰当,一般来说,学前的孩子,尽量当天积累的当天兑换;低年级的学龄孩子,可以尝试积累1周,最长一般不超过1个月;高年级的学龄孩子,最长可以设置学期目标,比如这个学期如果做到了什么,那么学期结束放假期间可以兑换什么。设置时长恰当,也就意味着你需要精打细算地计算清楚,按照行为合约,孩子每天大概能获得多少个赞,然后奖励清单上的各个奖赏物,大概需要多久能兑换到。

(7) 坚持,持之以恒,要相信只要行为合约设定恰当,终究是能够日积月累,逐渐养成孩子良好的行为习惯的。而如果因为一时的挫败放弃了,任由孩子坏习惯根深蒂固,将来只会给家长,给孩子自己带来更多的麻烦。

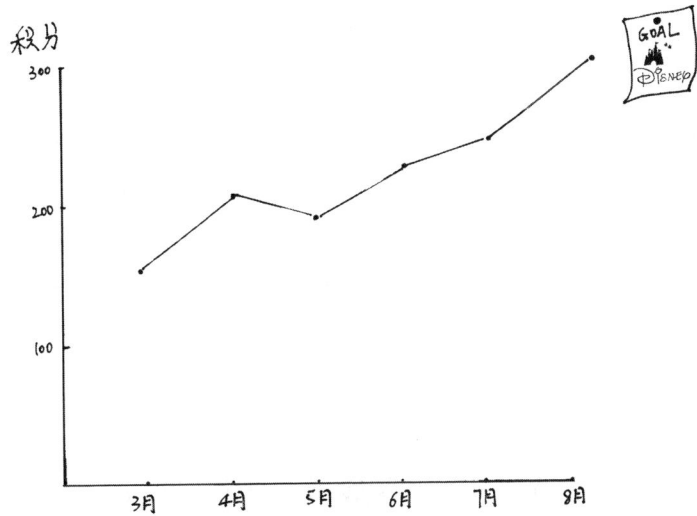

最后,别轻信"21天建立一个好习惯"的说辞,一个好的行为稳定下来变成一种不需要费心督促的习惯,至少需要6个月。因此打起精神来,别好高骛远,别因事小而不为,别嫌麻烦,保持细心和耐心,我们一起,为建立孩子的良好行为习惯,而慢慢努力。

TASKS

行为合约

_____同意
_____

如果达到目标获得_____

如果未达到目标,则无法获得_____

如果未达到目标,则扣除_____

父母提供帮助_____

_____加油!

奖励清单					
短期奖励		中期奖励		长期奖励	
奖励内容	分数	奖励内容	分数	奖励内容	分数

第八节 最挑战的应用：外面
如何管理好孩子在公共场所的行为

有些时候，家长会发现，明明孩子在家一切太平，可是一外出就状况不断。且不说是外出旅游，就哪怕外出看个电影吃个饭，去个超市购个物，这种稀松平常的事情，也会状况百出，让家长疲于应对，总是闹得不欢而散，双方精疲力竭。

学龄期的孩子，有时候常见的状况就是，在家表现挺好，一到学校就麻烦缠身，总是被老师或其他学生家长投诉。（补充一点，也有的学龄期孩子，在学校表现很好，听从老师指令，完成学校任务，同伴关系良好，但回到家就各种不听话，发脾气，这种情况的话，考虑更多源于亲子关系问题。换言之，孩子是能够进行良好的自我管理，从而呈现出良好行为的，但是在家，因为亲子关系欠佳，所以孩子在面对家长时呈现出明显的对立违抗表现。如果是这类情况，具体调整亲子关系的内容会在第五章详述。）

为什么有的孩子在家很好，在外很糟呢？有以下几种可能性。

其一：外面公共场合环境相对丰富，对孩子带来吸引和刺激的元素太多，而且人也比较多，有的孩子是人来疯特点，人越多越亢奋。比如，在家他想吃冰激凌，家长说"快吃饭了，饭后再说"，孩子也许能做到平静接受。但是在外，冰激凌车上的各式各样的冰激凌制作得实在太诱人了，当家长拒绝时，孩子更难以抵制诱惑从而做到平静接受。而当孩子一旦纠缠哭闹，很容易就吸引到吃瓜群众的注意力和围观,关注本来就是一种强化,从而使得孩子纠缠哭闹的行为更加明显。

同样的道理,有的孩子在家,一个人写作业,家长创造了比较良好安静的学习环境,或者提供了比较好的督促管理,孩子的学习效率还是令人满意的。但是学校里,有很多同学在一起,其中不乏喜欢说话、做小动作、制造噪声的同学,老师一个人管理整个班级难免有照顾不到的地方,那么孩子就处于被干扰力度增强,被督促力度降低的状况中,表现差于家里,也就能理解了吧。

其二:家长通常在公共场合,碍于面子,不太方便管理孩子的行为,久而久之,孩子也就摸清了这个路数,只要在外,一旦作秀,就有更大的概率获得满足,让家长妥协。

其三:有时候在外,家长太忙,忙于应酬与其他人对话,忙于完成自己手头的任务,这时候孩子如果安安静静待在一旁,反而得不到家长的关注,而只有插个嘴、埋个怨、提个要求、发个脾气,可能才能获得家长的关注。

说到底,在公共场合,家长应该怎么做,才能更好地将行为管理的效果扩散到外面的环境中呢?至于在教室,如何帮助孩子表现更好,如何协助老师更好地管理孩子,这部分内容放在第八章里专门阐述。

第1步:总结经验。

回想下孩子更容易出现问题行为的公共场合是哪些地方,电影院?餐厅?超市?综合商场?游乐园?博物馆?图书馆?……列出一个重点清单来。

第一步也是最简单的一步,在问题解决之前,尽可能避免带孩子前往这个场所。这种做法有两个好处,一个是给了家长和孩子双方机会,避免不必要的冲突产生;另一个就是向孩子传达了信息,因为孩子的表现欠佳,所以失去了前往这个公共场所的机会。

比如,小易在电影院里经过多次提醒还是大声喧哗,在椅子上乱蹦,那么家长可以告诉小易:"因为你在电影院很难保持安静,所以接下来3个月我们不去电影院了,争取把这个问题解决了,再去。"

第2步:在家练习。

一旦发现在外的问题所在,在家模拟类似的环境,教会孩子策略技巧,反复练习,直至熟能生巧。

比如在电影院喧哗的孩子,可能很难保持安静一场电影的时间,那么在家可以试着放映电影,鼓励他保持安静。如果觉得难以坚持下去了,怎样轻声地跟家长说,然后让家长带他出去休息一小会儿。如果是观影很嗨很兴奋,怎样笑是合适的音量,怎样幅度的手舞足蹈是合适的,不至于影响到周围的人。诸如此类,需要练习到如此细节,才能有所帮助。

需要注意的是，在家的模拟要尽量贴近真实公共场合，所以家里大人搬椅子一起坐得很近，假装是电影院的感觉，这样才有利于将孩子的练习行为复制到公共场合中去。

第3步：逐步外出。

当孩子在家表现不错的时候，可以尝试带他回归到公共场合中去，但是不一定要求他完全全程胜任。比如，如果去电影院的话，一开始只看半部电影；如果去餐厅的话，一开始只点少量菜，其他的打包回家继续吃；如果去超市的话，一开始只有很少的采购任务……不要觉得这样的逐步外出方式太造作，实际上，逐步的方式才能让孩子更好地适应，其实说到底还是脚手架支持系统的理念。

如果每一次孩子外出，都很难表现理想，对于他自己而言，也富有挫败感。我们的目标，是让孩子知道，他能胜任这些场合，他能够表现好，而不是依靠一直批评他指正他。通常来说，外出活动的时间确实比较长，为了帮助孩子树立应对公共场合的成功感，我们得想办法截短外出活动时间。比如，孩子只能在超市里保持安静5分钟，我们甚至就需要从5分钟开始，陪伴孩子练习，而不是只考虑大人的购物时长需求。

第4步：阐明规则。

出发前，对孩子交代清楚规则，其实也就是设定好目标，也可以将目标和奖励挂钩，比如："如果今天去超市的1个小时，你能保持安静，待在我身边，那么结账之前，你可以自行挑个10元以内的零食。"无论是目标的设定，还是奖励的设定，都请记得参照之前几个章节嘱咐的细节。

出发后，当孩子表现不当，但不涉及安全等原则性问题时，予以忽视。如果孩子表现太差，那么可以予以适当的惩罚。我们之前讲过扣除奖赏物的惩罚，比如："如果你再这样不断吵闹，那么答应给你买的玉米片就取消了。"

还有一个恰当的惩罚是暂时隔离，这会在后面的章节中详细阐述。尤其当孩子发脾气或者尖叫哭喊时，暂时隔离就是很有效的策略，但公共场合中很难有合适的位置去实施暂时隔离，家长很可能需要放弃手头的事情，迅速将孩子带到楼梯转角或自己车上，从而实施暂时隔离。

第5步：坚持规则。

公共场合中，家长很容易被其他人一围观，就觉得面子上过不去，尤其当其他人还指指点点时，更觉得无论自己还是孩子，都失了面子，从而放弃坚持规则。

举个例子。我曾经遇到过一位父亲，孩子10岁，脾气比较倔强。暑假的一天，具体原因我记不住了，总之就是孩子在公众场合闹不开心，父亲坚持规则不答应，孩子脾气越来越大，最后倔强地站在太阳下暴晒不肯走，叫喊着："你不答应我，我就站在这里晒。"父亲于是在树荫下坐着,告诉孩子:"等你平静了,我们再继续。"父亲这时候采取的,就是暂时隔离的方法。

事后他跟我说,公众场合做规矩有多难,一方面心疼孩子,心想有什么大不了的,回家空调底下再慢慢说呗;另一方面,围观群众给的压力太大了,每个人都行注目礼,有的人还"好意"地各种相劝,孩子一看有人劝闹得更起劲,这让父亲觉得更加没面子。父亲说内心相信学到的方法是正确的,这才能顶住压力,因此他很冷静地告诉路人:"这是我的孩子,我在实施正确的行为管理方法,你们也许不懂,但希望你们不用插手,这样才是对我孩子真正的好。"

除此之外,父亲表示真的很难坚持,孩子跟他僵持了快一个小时了,支持他坚持的力量,一个原因是坚信这个方法是对孩子真正有帮助有好处的,另一个原因,他是这么解释的,如果当孩子 8 岁时你放弃了坚持,觉得失了面子,那么想想看,当他 18 岁时还继续如此时,哪个时候丢的面子更大? 也许有的家长会说,长大了肯定就会好些吧? 谁保证的? 没人能保证长大了一定就更好些,实际上,更大的可能性是越演越烈。

第 6 步:建立合作。

有时候孩子在公众场合行为欠佳,是因为外出活动太长,跟孩子有关的太少,换言之太过无聊,或者不知做什么,结果做出来的事情都是让大人不满意的。因此可以给孩子布置交代一些任务,比如去超市,让他留心选购某几样商品;去博物馆,让他专门负责索取地图等等。与孩子建立合作关系,将孩子卷入外出活动中去,孩子投入越多,行为表现也会越好。

1. 孩子在博物馆里总是追逐吵闹,近期有个非常好的展览,带他去吗?
   A. 当然带,展览可以培养孩子的情操
   B. 不带,既然不好好观展,也就没必要去了
   C. 暂时不带,在家练习好行为规矩后,再尝试观展

2. 接上题,在家如何练习孩子的行为?
   A. 讲道理,去博物馆应该如何如何
   B. 在家里各个房间挂上画,摆上物件,带孩子假装参观,练习该怎么做

3. 接上题,孩子在家练习很好了,近期有个大型文艺复兴展,分 4 个展区。
   A. 机会难得,坚持看完 4 个展区
   B. 这次先练习看完 1 个展区,鼓励帮助孩子坚持表现好

4. 孩子外出后又开始闹,顿时很多人围观劝解,怎么办?
   A. 碍于面子,先满足孩子安抚情绪,下次再说
   B. 坚持规则,哪怕暂时感觉丢了面子,也不能妥协

5. 孩子在外保持安静
   A. 终于学乖了,我终于可以做自己的事了,不用管他了
   B. 好好表扬他的表现,希望他能坚持更久一些

参考答案:
1. C;2. B;3. B;4. B;5. B。

第九节　行为管理失误全解析

行为塑造的陷阱都避开了吗?细节决定成败

无论我在门诊接诊,还是做心理干预,无论我在现场讲座,还是直播课程,很多家长都会表示,这些方法技巧在生活中都具备可操作性,通过反复练习尝试之后,能够有所收获,对孩子起到帮助作用,对亲子关系也有改善。

但是,也总可能会碰到一些家长,他们说:"这些方法都听过了,都是陈腔滥调,早就试过了,不管用!"奖励不管用,代币制不管用,打一开始管用现在也不管用,总之孩子就是油盐不进,什么方法都不管用。

实际上,如果觉得是陈腔滥调,耳熟能详,也许就对了。因为正确的信息确实会广为流传,比如强化和消退联合、代币制,还有我们千呼万唤在下个章节就会详细解析的暂时隔离、深呼吸,等等,但是为什么自己实施就是不管用呢?

如果这个方法真的是广为流传,适用于绝大多数儿童的方法,那么,当在自己孩子身上不管用时,只有两种可能性:其一,自己的孩子是个例外,是特殊的情况;

其二，我们大人在实施的时候存在一些小瑕疵影响了效果。

大家觉得哪种可能性更大，或者更希望是哪种可能性？我投票给后者。因为，行为管理的原则确实很简单，但成败却在于细节。这就像郭靖练降龙十八掌一样，刚开始的时候，一会儿运气不对，一会儿姿势不对，就很容易发不出大招来。而炉火纯青的洪七公，则百发百灵。因此，富有经验的行为治疗师，在执行过程中会更容易面面俱到，从而促使治疗有效。但实际上，很多初出茅庐的行为治疗师，可能都会败给一些细节，更何况非专业的家长们。因此，如果家长在执行的时候，发现或这或那的失误，都不用惊慌，也不用内疚，这太正常了。只要不气馁，多加练习，这些细节就会慢慢地内化整合起来，使用起来也就驾轻就熟了。

这一节内容，就回顾总结下，家长们在实施方法策略时，可能导致碰壁的小失误之处。

一、技巧策略是否真的实施正确了

有些技巧，知其然，不一定知其所以然。众所周知：孩子需要做规矩，没有规矩不成方圆。那么，到底做哪些规矩？

当家长们急于去管理孩子某个行为时，有没有先考察过，这个规矩目标制定得合适吗？前面章节提到过，可以借3个问题，帮助衡量下是否是一个合适合理的规矩目标，不往前翻书的话，家长还能大概回忆起来吗？

如果目标方向尚未确定正确，那么如何能保证我们努力的前行是能够抵达目的地的呢？

关于做规矩，要知道，如果没有规则，完全给予孩子散漫的"自由"不是好现象；但同样，用事无巨细的规则把孩子手脚都束缚起来，也不是好现象。

我多次用到一个比喻，就是设定规则最理想的状态，是想象用篱笆墙围起一片院子，孩子在院子里可以自由奔跑，但不可以冲撞到篱笆墙以外。这道篱笆墙就是好规则。好规则就是抓大放小，抓重要原则放细枝末节。

可以参考衡量规矩目标是否合适的3个问题，大家可以想一下，还记得起来吗？
— 这条规则是否符合社会法规道德？
— 这条规则是否能帮助孩子安全地成长？
— 这条规则是否帮助孩子将来适应得更好？

如果我们制定规则时，抓小放大，最终就会全盘皆输。孩子很可能什么都不愿听从大人的建议，重要的规则也会不服管。

二、技巧策略的细节是否都做对了

有些技巧,知其一,不一定知其全。家长很容易看了个标题或开始几句话,觉得从字面上意思理解了,就没再深究留心具体的内容。

比如众所周知,好孩子是夸出来的。很多家长会说"我们也夸了啊,但没有用啊",不仅没有夸出好孩子,反而不可能夸出傲娇小皇帝,于是便武断地宣称:"我家孩子油盐不进,不吃夸赞奖励这一套。"

这时,请先想一想,你确定夸奖对了吗。比如:

你在什么时候夸孩子?

你夸了什么内容?

你夸奖孩子的时候是什么神情什么状态?

夸奖之后,要避免说什么?

更讨巧、更有效的夸奖技巧,你知道吗?

这些内容,我们在前面的章节里详细解析过,现在请别往前翻书,大家能给出答案吗?

如果答案不确定的话,那么如何保证平时实施夸奖这个策略时到位了呢?如果并没有执行真正到位的夸奖技巧,那么又如何期望发挥出神奇的作用来呢?

下面给出几个问题的答案,大家可以核对下,自己的答案是否类似。

你在什么时候夸孩子? 答案是只能在孩子表现好的那一刻夸奖。有些家长在孩子哭闹的时候,为了哄孩子听话,一个劲地夸"乖孩子,你最棒了",这相当于在对孩子的不良行为起鼓励作用。与之相反,有些家长,在孩子表现好的时候,却冷静地表示,"这些是他就应该会做的啊",认为理所当然,错失了夸奖给予强化的机会。

你夸了什么内容? 答案是夸奖孩子具体的行为表现,比泛泛而夸的效果好。所以,具体的:"你今天作业完成得很快。""你今天被误会了却保持冷静没有发脾气。"比所谓的:"你太乖了!""太棒了!"所起到的效果更好。

你夸奖孩子的时候是什么神情什么状态? 答案是,夸奖孩子时要言行一致,情绪饱满,真心热忱。

夸奖之后,要避免说什么? 答案是夸奖之后避免转折,有的家长可能担心孩子骄傲,或者内心希望孩子做得更好,总是在夸奖之后跟一个"但是",比如"你作业完成得很快,这是很棒的,但是错误太多了,说明你还不够细心"这种,这一句"但是"就抹杀了很多夸奖原本的积极正性强化效果。

更讨巧、更有效的夸奖技巧，你知道吗？答案是在孩子能听到的时候，对着另一位大人夸奖孩子，比如当孩子在身边时，对着奶奶说："我发现孩子今天自觉独立地把他书桌整理了，看着可整洁了。"这就是故意表扬给孩子听，效果更上一层楼。

三、全家大人是否保持一致

什么叫全家大人，不仅指爸爸妈妈，但凡比较频繁出现在孩子身边的大人，都算在内。比如现在很多家庭，会由祖父母照顾孩子的饮食起居，关于孩子的行为管理方案，祖父母必须配合。还有的家庭，会聘请保姆或家教来辅助孩子的生活和学习，他们也同样要纳入进来。记住，全家大人保持一致的意思是，频繁出现在孩子生活中的大人，都算在内。

不频繁出现，是不是一定就可以不配合行为管理方案？看情况来决定。我遇到过一个家庭，平常日，由父母管理孩子时，情况日益改善，但每次周末一去奶奶家探亲，孩子的情况就迅速倒退，一切从头再来。后来父母考虑再三，就跟奶奶提出：如果祖父母不能配合父母的行为管理方案的话，在近半年时间内，就不再带孩子探亲。

这样的解决方案也许乍一听有点儿不近人情，但是如果有些大人对孩子的"爱"，是在伤害孩子良好的行为模式，会给孩子将来更适应大环境，取得自身更好的发展带来阻碍，那么这不是真正的爱。而作为家长，你为孩子隔离这份会伤害他的爱，并没有不近人情。当然，最一团和气的解决方式，还是争取祖父母的配合和加盟，一起采取同样的行为管理方案。

为什么要全家大人一致？因为不一致就没效果。比如孩子身边有 6 个大人，其中 5 个大人坚持一致，那个破坏规则的 1 个大人，就会损毁另外 5 个人努力的效果。想象一个很多块板子围成的木桶，最终能够装入水的容量，并不取决于大多数板子的长度，而是取决于最短的那块板子。

四、坚持实施多久了

很多家长觉得实施了技巧策略不管用，当我问坚持了多久时，家长回答"很久"。我追问"很久是多久"，我听到的最长的答案大概就是"至少 1 个月了"。

实际上，1 个月不算久，1 个月只是万里长征的起步而已。有些家长会疑惑，网上不是说，21 天培养一个好习惯吗？1 个月何止 21 天，好歹 31 天了。我只能说，"21 天"无论对于培养什么习惯而言，都是远远不够的，这句话就是兑了水的鸡汤而已。如果真要将一个行为稳固下来,变成一种内在的习惯,至少6个月。

在与心理干预相关的调查研究中发现,一个技巧策略在大脑深处留下浮光掠影,让你在恰当的时机,能够有可能想起来去使用时,至少要坚持强化练习3个月。

因此,希望能够坚持反复练习1~2个技巧,至少3个月,再去判断,是否对孩子的行为是否有些许帮助,如果有的话,请坚持至少6个月,这样才有可能变成一种习惯。注意要是坚持反复练习,三天打鱼两天晒网是不算数的。

最后,如果家长通过改变督促管理孩子的方式,想要达到明显改变孩子行为的效果,需要坚持多久呢?18个月。所以任重而道远。

五、是否客观评估了孩子的情况

有时候,当家长觉得自己付出百般努力了,也都做对了所有的细节,也坚持了足够长的时间,可仍然没有取得理想中的效果时,这时需要重新评估下,自己定的目标合适吗?

所谓的合适的目标,是客观评估自家孩子的情况后,稍微提高一点点要求。这个目标,不是其他同龄孩子可以达到的水平,也不是家长认为孩子应该可以达到的水平,而是孩子当前状况下,比实际上可以达到的水平稍微提高一丁点。

换言之,孩子伸出手可以摸到1米5的高处,不能因为,同学们都能摘到2米的果子,或者你觉得孩子分明可以够到2米高的果子,就将目标设在2米,这样的话,孩子会感到挫败而失去努力的动力。

合适的目标应该是1米6,让孩子踮踮脚尖就能够到。如果孩子一直能轻松地摘到1米6的果子,再将目标设定在1米7。

但是,如果孩子连1米6都很吃力,够不着,那么说明目标提高得太多,得下调到1米55开始尝试。

家长互评表

平时频繁出现在孩子生活中的大人是:＿＿＿＿＿＿＿＿＿＿＿＿＿＿＿＿

与孩子接触不频繁但觉得影响较大的大人是:＿＿＿＿＿＿＿＿＿＿＿＿

上述每位大人均需要使用下列表单评估其他大人及自己。

自评表

近期我对孩子使用的策略技巧是：_____

我很留心地注意这些细节：_____
_____
_____

我觉得可能漏了这些细节：_____
_____
_____

总的来说,我觉得自己实施得	非常好	比较好	不太好	很不好
总的来说,我觉得对孩子	非常有效	有效果	一些效果	无效

评估他人表

近期_____(大人身份)对孩子使用的策略技巧是：_____

他/她很好地注意到了这些细节：_____
_____
_____

他/她很遗憾地遗漏了这些细节：_____
_____
_____

总的来说,我觉得他/她实施得	非常好	比较好	不太好	很不好
总的来说,我觉得对孩子	非常有效	有效果	一些效果	无效

填完后,相互比较。如爸爸可以根据妈妈、外婆、家教对自己的评估表,对比自己对自己的评估表,看看自认为做得好的地方是否获得了认可,有没有自己未察觉的疏漏,从而及时调整自己的实施情况。

第四章
调节心情　保持平静

这本书讲的是注意力，但是这一章专门说情绪，原因有两个。

第一个原因，注意力和自控力是密切相关的，对自己的行为具备良好的自控力，则展现出较好的行为习惯，不冲动不鲁莽，三思而后行；对自己的注意力具备良好的自控力，则能抵抗干扰，专心完成手头的任务，呈现出良好的注意力；对自己的情绪具备良好的自控力，则不会被负性情绪支配，能够较好地调节心情，保持平静的状态。因此尽管我们在后面的章节再去详细解析自控力，即执行功能，但我们大概已经明白，这个自控力既影响注意力、行为表现，也会影响情绪管理能力。

如果明白了第一个原因，那么第二个原因就非常好理解了。注意力不集中，容易好动冲动的孩子，很容易也表现为情绪容易波动，小事情常常会引发较大的情绪反应，归根结底，仍然是自我管理、自我调控能力发展欠佳。

说起情绪管理，有它的特殊性。当然，家长仍然可以尝试第三章的方法，来帮助管理孩子的情绪。比如，目标可以设定为"坚持1个小时不哭闹"或者"坚持1天不提高音量喊话"等，达到目标可以换取奖赏或者积累贴纸。

如果做不到，又分两种情况，一种是，孩子只是噘嘴埋怨，小打小闹地闹情绪，这时予以消退的策略，即保证安全的前提下不予理睬，待孩子情绪恢复平稳后，再予以关注和互动。另一种是，孩子大发脾气，明显哭闹，这时应该采取暂时隔离的策略，也就是本章第一节就会阐述的技巧。

除了行为管理的方法策略之外，情绪管理的特殊性在于，它是孩子的情绪，一直靠外部力量，很难像行为一样，支持塑造出良好的习惯来。情绪管理更有赖于孩子自己去识别、去应对、去调整，因此，家长需要教会孩子，如何自己管理自己的情绪。其实自我管理情绪，这个能力有个非常通俗易懂的流行词——情商。

我们先从前文中多次提到的暂时隔离学起。

第一节　处理哭闹的黄金对策：暂时隔离

孩子无理取闹，乱发脾气，并不少见，却让家长着实很头痛。如果频率不高，程度不明显，或者家长安抚几句，或者稍微说说理，就能平息闹腾，恢复平静，这倒也罢了。但有时候，这孩子的脾气，就跟野火烧不尽，春风吹又生一般。家长这厢觉得刚把火苗压下去了，那厢又不知道为什么窜出了新的火苗来。最终的结果就是，孩子自己闹腾得精疲力竭，家长被孩子闹腾得精疲力竭，最后谁都没个好心情。

曾经有个家长跟我举例子说，孩子爱发脾气到什么程度呢？假如他想要一样东西，可是一下子又说不清楚要什么，但如果家长在短时间内，如1~2分钟内没猜到孩子想要什么，并且送到他手里，他就开始哭闹。之后，即便家长弄清楚孩子究竟想要什么，并且满足他了，孩子也依然会不依不饶地继续哭闹。

通常遇到孩子无理取闹、乱发脾气的情况，家长们都会采取一定的应对方法。

有时候可能答应满足孩子，以求息事宁人。一开始这招还管用，到后来孩子可能越来越难满足，越来越难哄好。毕竟随着孩子慢慢长大，要求可能会越来越多，也会让家长越来越束手无策。讲真，万一孩子说，非要摘天上的月亮，那可真的摘不下来，这时候，肯定没法靠满足孩子来平复情绪了。

有时候可能靠讲道理，孩子道理听懂了，说通了，按理说就不该生气了吧。可是，本身无理取闹的时候就是非理性的状态，咱们自己设身处地想一下，就连大人在生气闹腾的时候，情绪上来了，理智掉下去了，这时候讲道理也是很难听得进去的。

有时候家长如果被折腾得来气了，就一通打，直接把孩子的闹腾给打得偃旗息鼓。这一招也可能一开始奏效，但一则孩子的不良情绪没有得到合适的疏泄，就这么憋着，长此以往也不是好现象；二则，我们在前文中已经解析过了，打表面看上去一时管用，但长时间肯定不管用，而且弊端诸多。

为什么上述方法都不是恰当的应对方法，因为当孩子无理取闹时，大人无论是抱怨、批评、争执、吼叫、说理，还是迁就、满足、安抚、慰藉，实际上都是对孩子的不良行为给予了关注和正反馈，会让这类行为更加固化，将来出现的频率更高。

那么，当孩子无理取闹、发脾气时，到底应该怎么处理？正确答案是，冷处理，也叫暂时隔离。家长需要注意的是，至少本书中，当我提到冷处理或者暂时隔离时，指的是同一个技巧。

我相信不少家长看到这里时也许会不以为然，甚至可能嗤之以鼻，什么啊，老掉牙的方法，我们试过了，不管用，根本没用。在我接触的家庭中，但凡处理无理取闹的问题时，当我给出冷处理的建议后，有些家长就会有这个反应。所以我完全能理解。

但是，在我遇到孩子当场发脾气后，如果有机会，现场教会家长如何进行正确的、恰当的冷处理技巧后，无论时间长短，最终，孩子都能平静下来。迄今为止，尚无败绩。

因此，希望家长能稍安勿躁，别急着下结论说，冷处理不管用。先耐心读完暂时隔离的细节，然后下一次尝试时，试试调整下。

我用一个最近的 5 岁小男孩的例子，来带大家梳理一遍冷处理的原则和细节。这个小男孩叫多多，很容易发脾气，当时在我面前发脾气的原因就是，父母当着他的面，抱怨了他发脾气的问题，他就一边捶打父母一边吼："谁让你们说我坏话的！"然后开始号啕大哭，并且踢人打闹。父母说，平时在家就是如此，有时都不知道哪句话说得不顺他的心意，就开始大肆哭闹。这时家长无论好言相劝，还是厉声呵斥，都不管用，孩子至少要闹腾 1~2 个小时才能停下来。

暂时隔离原则：

1. 全家大人一致同意

避免一个唱红脸，一个唱白脸。比如妈妈正在对孩子实施冷处理，爸爸跑过去安慰说："快别哭了，你看妈妈都生气了。"又比如很多家庭里父母能坚持冷处理，但老人看着孩子哭得上气不接下气，担心哭坏了身体，心疼，于是就去安慰满足孩子。

如果某位家长实施了暂时隔离，有的家长不同意的话，一般情况下，建议先将此次暂时隔离贯彻结束，事后家长们可以就相关问题讨论一下以达成统一：孩子的什么行为需要被暂时隔离？哪位家长主导实施暂时隔离？其他家长如何配合实施暂时隔离？当主导实施的家长自己即将情绪失控，如何示意其他家长接手？

2. 简单解释隔离原因

注意是冷静地、简单地解释，不要复杂地唠叨说理。比如可以对多多说："你一直大吼大叫，需要暂时隔离一段时间。"通常来说，我建议在暂时隔离之前给予一次警告，如"你再继续大声吼叫，就要被暂时隔离了"，这相当于给孩子一个自我修正的机会。但是，如果孩子是出现了攻击行为，那么建议直接暂时隔离，不要给予机会，比如"你打奶奶了，现在去暂时隔离"。

3. 隔离场所安全枯燥

首先注意安全，如在空旷角落里放置一把椅子，或者家里某个安全枯燥的房间，有些家庭的卫生间或储物室可能就符合要求。可以将它们称为"冷静椅"或者"冷静室"。这样一来，孩子知道当他需要去那把椅子或那个房间时，便也是训练自我平静的过程，而并不是一种完全的惩罚。也可以选择在空旷角落里面对墙壁，古语所云"面壁思过"是有一定道理的。

如果孩子年龄太小（如学龄前），那么尽量不要让孩子脱离大人的视线，以防发生不安全的事情。有的家长会把孩子关在满是玩具的房间里，或者面对电视要求孩子静坐，这都是达不到效果的。

4. 肢体眼神接触要少

实施暂时隔离时，尽量让孩子单独待在某个固定的地方，哪怕孩子耍赖躺在地上，这时候请家长暂时摒除对着凉感冒的担心，而予以冷处理。如果孩子不配合，一直闹腾，甚至跑过来像考拉一样抱着大人不撒手，那么这时候需要用尽量少的肢体接触，帮助孩子待在某个地方。比较推荐的一个动作就是，大人用双手固定住孩子的双侧上臂，但此时尽量看向别处，保持尽量少的肢体和眼神接触，让孩子待在某处，这样才能做到真正的暂时隔离。

比如多多，之所以我印象深刻，是因为才5岁的他力气很大。我尝试固定他的双侧上臂一段时间后，居然就没力气了，于是让爸爸接手。爸爸坚持了20来分钟，也没力气了。后来爸爸想了个办法，面对墙站着，把孩子放在自己两腿之间，相当于将孩子固定在墙壁和自己腿之间的夹缝中。

5. 避免安抚并避免说理

暂时隔离期间不搂抱、不安慰、不说理、不斥责。总而言之，保持尽可能少的肢体接触、眼神接触和语言交流。所谓冷处理，所谓隔离，就得全方位360°环绕冷着隔离着才有效果。

比如多多，当时暂时隔离近半小时后，孩子的哭闹声逐渐减少降低，可是稍过片刻，突然越哭越带劲。原来爸爸一方面心疼孩子哭太久了，另一方面觉得孩子已经哭得不那么厉害了，就把孩子搂在怀里了。可是这么一搂一安抚，孩子的哭闹反而变本加厉。

6. 1岁隔离约1分钟。通常而言，孩子几岁，就隔离几分钟，如4岁的孩子隔离4分钟。但是有3种特殊情况：第一，3岁以下的孩子，不建议采取暂时隔离；第二，10岁以上的孩子，一般隔离10分钟即可，如15岁的孩子也是隔离10分钟；第三，如果隔离时间内不能恢复平静，一直无理取闹，那么隔离时间需要坚持到孩子冷静下来后，继续保持至少2分钟。这就意味着，刚开始采取暂时隔离策略时，很多习惯了哭闹的孩子，通常需要近1个小时甚至更多的时间。

比如多多，按年龄估计是隔离5分钟。但是，当天家长尝试暂时隔离时，他从中午11点一直哭闹到下午2点才平静下来。好消息是，依靠暂时隔离的方法平静下来后，孩子的情绪恢复得很好，最后他牵着爸爸的手找到我，跟我笑着说："谢谢，再见。"

妈妈感慨说,在家即使想尽一切办法好不容易把孩子哄好了,也没见这么开心过。

实施暂时隔离时,可以给孩子提供计时器或沙漏,一方面是帮助孩子知道,大概需要被隔离多久,另一方面很多孩子看着沙漏时,会更容易平静下来。

7. 简单总结隔离原因

这个时候只是简单地提醒,孩子因为什么具体的行为表现,导致了被隔离。需要避免的是发怒或斥责孩子,这种秋后算账的做法并没有什么帮助。我们可以先尝试平静地询问孩子"你知道刚才为什么被暂时隔离吗",有的孩子可能会回答,有的孩子可能因为年龄尚小,言语表达不出来,又或者觉得难为情,不好意思回答。这都没有关系,我们简单平静地告诉孩子暂时隔离的原因即可。

比如多多暂时隔离后,我们可以告诉他:"你刚才很大声音地吼叫,动手打人,乱踢东西,所以刚才我们都没有理你,我们都希望看到你像现在这样平静的样子。"

8. 隔离结束重回活动

暂时隔离之后,该做什么做什么。尤其如果呈现出了好行为,需要及时表扬。家长要避免一直陷入在被孩子闹腾的生气、崩溃、挫败、烦躁的情绪中,换言之,家长需要及时调整好自己的情绪。

比如多多下午2点才慢慢平静下来,那么该给他吃的零食,要给他吃,就不要继续惩罚说:"你刚刚发脾气了,所以零食没得吃了。"又或者,当孩子能开心地跟我打招呼说再见时,要及时表扬他:"你刚才的表现非常有礼貌。"而不要继续算账:"你看你这样子多好,怎么就非要像之前那样闹呢。"

讲完了冷处理即暂时隔离的实施细节之后,我给大家举个例子,请各位分析一下,这个例子中,暂时隔离失败的原因在哪里。

在某个知名的综艺节目中,T爸爸的女儿小蝶很容易情绪不稳,大发脾气,T爸爸曾跟L爸爸抱怨说:"你不知道她会因为什么就开始不高兴,而一旦她不高兴了,这个时候你做什么都没用,哄也哄不好,骂也骂不听。"

L爸爸建议说:"这个时候你就不能睬她,得冷处理,然后慢慢地孩子就知道,我哭闹是没有用的,她就会自己慢慢平静下来了。"(L爸爸的建议就是上文提到的暂时隔离,所以这个技巧,相信很多家长和L爸爸一样,都耳熟能详,但是也可能跟L爸爸一样,在实施过程中败下阵来。)

后来在某一期节目里交换爸爸,恰好就是L爸爸带领小蝶做任务,一个不小心,小蝶就不高兴了,开始哭泣不止,闹腾不休。L爸爸于是采取冷处理,自己坐在沙发上不理她。小蝶越哭越起劲,最后干脆拒绝配合录制节目,一把抱着跟拍的摄像大哥号啕大哭,摄影助手一直温柔相劝,希望小蝶能配合L爸爸。然后无论L爸爸如何坚持冷处理,都没有半点效果,反而越演越烈。

乍一看,似乎冷处理也有不管用的时候?究竟问题出在哪儿?各位家长先自行思考一下,建议对照前面冷处理的8条原则细节,看看为什么这个节目中,L爸爸的冷处理败北了。我们放在后面再公布答案。

为什么要使用暂时隔离应对无理取闹?

孩子哭闹几乎是贯穿各个年龄段的常见问题,如果哭闹是因为基本的生理需求没有得到满足,如饿了、渴了、冷了、困了,那么这时需要理睬孩子,照顾孩子,安抚孩子。

然而,如果哭闹是不高兴、发脾气、无理取闹的一种行为表现,那么应该采取上述的暂时隔离即冷处理的方法。因为这是一个孩子体会学习自己调控烦躁情绪的过程,并且了解到,哭闹发脾气是无法获得满足的,必须转而去寻找其他更合适的表达办法。

如果在孩子无理取闹时,因为心疼孩子一直哭闹而给予安抚慰藉,或者大人被吵闹得心烦意乱而妥协迁就,依靠答应孩子的各种要求,甚至无理要求,以期平复孩子的哭闹,那么这种看上去温情而又有效的方法,只会让孩子觉得,哭闹是个有效的策略,在以后的日子里,孩子通常会越来越频繁地通过哭闹来表达情绪以获得满足。

我记得在网络上看到过一个"心理专家"管理哭闹孩子的视频,这个孩子想买零食,妈妈当时没有答应,于是孩子便开始哭闹,专家教妈妈不予理睬,孩子便坐在楼梯上用头猛撞栏杆。专家就站在一旁"冷静"旁观,不少网民对这个做法群起攻之,认为专家铁石心肠,让孩子体会不到温情,会给孩子带来极大的心理阴影。

实际上,专家和网民两派的观点都对,但又不全对。具体来说,视频中的孩子因为想买东西而没有得到，便大肆哭闹纠缠，这属于无理哭闹，确实应该给予暂时隔离。但是，暂时隔离有个细节是"隔离场所安全枯燥"，也就是说在保障孩子安全的前提下，予以冷处理。虽然确实在实施暂时隔离时，应该"肢体眼神接触要少"和"避免安抚避免说理"，但都是建立在安全的前提下。如果孩子有危及自己或他人的行为，还是需要采用尽可能少的肢体接触去帮助孩子待在安全的隔离场所内。

视频中孩子用力将头撞向栏杆，这是有危险的行为，很可能他会伤害到自己。在现实中，我也曾见过发脾气的孩子用头撞墙，用手拼命拍自己脑袋，用力咬自己等等伤害自己的行为。

当孩子发脾气时有危及安全的行为时，此时家长应该以保证安全为前提，即尽量少的肢体接触，轻柔但坚定地控制住孩子危险的行为，保证安全，让孩子冷静下来。这时既不能放任不管，也不能一味害怕孩子的危险行为，而赶紧答应迁就孩子，因为这样会让今后的危险行为周而复始地出现。

详细解释了之后，家长可能才发现，原来暂时隔离就简简单单几个字，冷处理从字面意思也好理解，但背后有这么多细节，难怪有时难以把握好度，不太好实施。

除此之外，还有个很难贯彻实施暂时隔离的原因，就是心疼孩子。例如"孩子哭得嗓子都哑了""孩子哭得脸通红的""孩子体质弱，总这么哭容易生病"，问题是：你一味的迁就，能换来孩子有朝一日的不哭闹吗？还是说，让孩子的哭闹变本加厉了？如果是后者，那么你的做法，到底是让孩子哭闹得更少，还是哭闹得更多？

比如雯雯，4岁，从小睡觉不踏实，非要家长抱着哄着才睡，否则就哭闹不止。第一次家长想尝试冷处理，孩子哭了半小时，心疼了，忍不住去抱去哄。持续了几个月后，孩子夜间醒来哭闹次数越来越多，家长疲惫不堪，决定尝试冷处理，孩子哭闹了一个小时，家长又心疼了，去抱去哄。如此循环往复。直至现在，去幼儿园了，午休时间也不睡，哭闹不止，老师没有办法管理，建议其退出幼儿园。

所以，你不忍心她哭半个小时，但是你的行为却让她会哭一个小时甚至更久。你所谓的为了孩子好，却让孩子不能正常适应幼儿园生活。

如果不懂，倒也罢了。但是很多家长是从专业人员这里获得了正确信息的，包括看了这本书，那么就应该懂。这句话我已经反复多遍了：无理取闹的哭闹，在保证安全的前提下，应该予以暂时隔离。

当然，改变确实很难，如果说为了你自己更好过，让你做出改变调整，你也许做不到；但如果为了孩子好，让你做出改变和调整，我相信，绝大多数家长是能够努力做到的。

举了反面例子之后，想举一个正面例子。

我在诊室里接待过一对年轻夫妻,带着他们3岁的孤独症孩子,当时不知什么原因,孩子不高兴闹脾气,母亲用言语和手势简单解释后,孩子还是不依不饶,最后索性躺在地上哭闹。妈妈站在一旁不予理睬。

我记得当时是寒冬腊月里,虽说室内有暖气,但孩子并未穿外套。爸爸忍不住探头看了两眼,妈妈轻轻推了推爸爸,小声提示:"不要看他,不要管他。"爸爸默默配合了。1分钟后,孩子停止了哭闹,自顾自在地上玩。父母仍然坚持不予理睬。又过了1分钟,孩子自己爬起来,走到妈妈身边,伸手去牵妈妈。这时,妈妈对他微笑了一下,拉起他的手。

我对年轻的父母说:"你们学得很正确,做得也很棒。"

爸爸说:"主要归功于他妈妈,我自己很难坚持,每次都靠妈妈提醒。"

妈妈说:"但爸爸始终都支持和配合我的做法,因为我们一起去学习的该怎么抚养这样的小孩。既然知道怎么做是对的,就应该为了孩子努力去做到。"

因此,我希望,大家都能像这对年轻的父母一样,一起共勉,用正确的、恰当的方式来爱孩子,也许某一刻,我们的行为让孩子不高兴了,不乐意了,甚至哭了,但实际上,我们教导给孩子的东西,培养孩子的行为,锻炼孩子的能力,最终是能够让孩子适应得更好,生活得更开心,那么这才是真正的爱。

分析了反面例子,也聆听了正面例子,再次回到前面 L 爸爸的例子,家长们可分析出来了,为什么 L 爸爸暂时隔离的建议是正确的,但实施的时候却一败涂地呢? 失败的原因是什么?

如果一条条核对暂时隔离的实施细节的话,其中"全家大人一致同意,肢体眼神接触要少,避免安抚避免说理"这3条细节,没有做到,直接就影响了最终效果。

L 爸爸虽然采取了冷处理,但是当时跟拍摄像大哥,以及拍摄助手,也就是小蝶所处环境中的其他大人,并未采取冷处理。小蝶哭闹时全程抱着摄像大哥,没有做到最少的肢体接触。与此同时,拍摄助手一直好言相劝,不断安抚,没有做到不安抚不说理。因此对小蝶而言,她并没有被实施真正的暂时隔离,这就是为什么,她的情绪一直像过山车一样摇摆不停,很难平静下来。

这里再次总结暂时隔离即冷处理的8个原则和细节:

全家大人一致同意

简单解释隔离原因

隔离场所安全枯燥

肢体眼神接触要少

避免安抚避免说理

一岁隔离约一分钟

隔离结束重回活动

简单总结隔离原因

除此之外，还需要额外强调几点：

第一，暂时隔离适用的情况是孩子出现无理取闹时，即哭闹、耍赖、对抗、发脾气、打人、攻击等外化的不良行为时。一般来说，打人这种有躯体攻击的行为是不被允许的，如果出现建议直接进行暂时隔离。其他的无理取闹如哭闹耍赖、对抗顶嘴等，可以先给予警告"如果你再不……，那么就会被暂时隔离。"然后观察5～10秒，如果孩子仍然表现欠佳，那么进行暂时隔离。如果孩子的不良行为并非无理取闹这类外化行为，而是做作业不专心，拖沓，三心二意，粗心潦草，那么并不适合暂时隔离，而更适合上一章讲述的通过行为塑造方法去培养良好习惯。

第二，暂时隔离作为一种惩罚方式，不是我们大人首选的亲子教养技巧，这是最后一个选项。换言之，在亲子教养过程中，首先我们应该是做到前一章的内容，对好行为予以表扬，为孩子设定正性的目标并且通过支持帮助和奖赏系统帮助孩子逐步达到行为目标，只有先尝试了这些，孩子仍然出现程度明显的无理取闹，且忽视无效时，才启动暂时隔离策略。

第三，当孩子拒绝配合暂时隔离怎么办？如果孩子还小，比如多多，才5岁，我们大人可以通过温和而坚定的肢体动作，帮助他被暂时隔离。如果孩子7～8岁了，一旦有肢体接触就很容易升级，难以把握温和坚定的程度。可以适当延长暂时隔离的时间，如原本是8分钟，拒绝合作就告诉孩子"现在你需要被暂时隔离9分钟"，依次叠加，但是最长不超过15分钟，当延长到15分钟，孩子仍然拒绝合作时，就临时叠加取消原本的享有物，如"今晚看电视的机会取消了"或者"睡前看故事书的机会取消了"等等。

注意取消也只是临时取消，次日一切照旧。毕竟惩罚剥夺不是我们的目标，我们希望能够给孩子机会呈现良好行为，从而可以给予表扬和奖赏，以固化孩子好的行为习惯。

第四，矛盾升级怎么办？有的家长很难实施暂时隔离，是因为孩子不仅无法配合，甚至会衍生出更大的脾气，咆哮叫嚣，踢门毁物。在刚开始尝试暂时隔离这个策略时，家长确实要做好情况可能会变得更糟的心理准备。有的孩子可能会无所不用其极，表现出极为夸张的情绪爆发，希望家长能因此妥协。

记住，在保障孩子人身安全的前提下，家长尽量以坚定冷静的态度接受孩子的挑战。只要孩子是安全的，暂时忽略他的咆哮怒吼或捶墙踢门等表现，将暂时隔离贯彻下去,要相信大多数情况下,孩子紊乱的情绪和行为状态,通过冷处理这个恰当的管理策略,是能够重回平稳的。而拥有平稳情绪的孩子,才更放松、更开心。再次强调,是在孩子安全的前提下,贯彻实施暂时隔离。

为什么反复强调安全这个前提? 因为少数孩子,可能天生脾气比较容易失调,也可能后天抚养环境一直不给力,导致他们在发脾气时可能会出现伤害自己或伤害他人人身安全的表现,我见过比较极端的发脾气的例子,有幼儿会自我屏气近乎窒息晕过去,有小男孩是用力拉扯自己的外生殖器,有青少年是用凳子甚至刀具恐吓别人,或者翻窗户做出跳楼的举动……如果存在安全隐患的话,那么建议家长还是尽快带其于相应专科就诊,获得专业帮助。

第五,尽量能够早期识别孩子无理取闹的苗头,早期给予干预,而避免一直拖到忍无可忍时才进行暂时隔离。作为家长,应该对自己孩子的行为模式了若指掌。

如当孩子在和一群小伙伴玩耍时,每当输的次数太多,孩子很可能从一开始的嘟囔埋怨,发展为后面的发火攻击。那么家长完全可以在最初输了几次之后,就将孩子拉到一旁,提醒他留意自己的负性情绪,以及教会他如何调整(相关策略在本章后续内容中会涉及)。而避免等到孩子大发雷霆时,家长也跟着一起爆发:"你怎么又闹起来了,实在太闹心了,你给我暂时隔离去。"

第六,坚持贯彻暂时隔离,家长要避免因为自己的负性情绪而半途而废的情况。常见的一种情况就是上述,当孩子表现得更加歇斯底里时,家长很容易感到焦虑、绝望或愤怒,过于心烦意乱而无力坚持下去。这时候建议家长采取一些措施分散下注意力,比如跟好朋友打电话寻求支持,调大电视的音量,戴上耳机听段舒缓的音乐,或者尝试深呼吸(后续章节会详述)。

还有一种情况是心软提前结束。有的孩子一旦被暂时隔离或者剥夺特权后,会马上泪流满面,表示认错,显得十分后悔。家长通常觉得,这样就表示教育的目的达到了,孩子知错了,暂时隔离可以结束了。其实不然,流泪不代表反省,知错不代表行为能改。只有贯彻实施完整的暂时隔离,才有可能起到塑造行为规矩的目的。

要知道,对孩子实施暂时隔离或剥夺特权,并非是针对孩子的不良行为进行报复,而是给予孩子机会,学习自我冷静、自我管理、自我控制的方法,因此,即便孩子马上后悔了,感到难过了,也要坚持暂时隔离的实施,才有更大的可能帮助他下次避免遭受暂时隔离。

第七,暂时隔离结束后虽然不必"秋后算账",但是如果是针对孩子对抗不服从执行的暂时隔离,那么结束后仍然需要重复当初的指令,要求孩子执行。孩子执行了指令,给予赞扬夸奖;孩子再一次拒绝服从,表现对抗,那就再重复暂时隔离。

第八，如果坚持对孩子的无理取闹实施暂时隔离 6～8 周，孩子的表现仍无明显好转，那么我们大人就需要反思一下了。

反思之一是，我们有无在暂时隔离结束后，继续教导孩子恰当表达不良情绪的技巧策略？要知道，暂时隔离是一种惩罚方法，惩罚不是我们的目标，我们的重点应该是教导孩子正性的恰当的行为模式，从而避免被惩罚。

反思之二是，孩子有无在利用暂时隔离，逃避他更不愿意做的事情？例如作业一多，孩子就开始烦躁发脾气，乱扔作业，这时如果采用暂时隔离，恰好就正中孩子不愿写作业的下怀，换言之，相比写作业，孩子更宁愿被暂时隔离。

第九，暂时隔离是有效的方法，甚至可以说是针对无理取闹等外化行为最为有效的黄金对策，但始终，行为管理需要时间来起效和巩固。在这件事上，没有速成方法，没有捷径可走，只能坚持正确的方法，日复一日毫不懈怠地去实施，才能最终发挥神奇而稳定的作用。请保持耐心，坚持，等待。

第十，别对孩子滥用暂时隔离，必要时可以给自己来个暂时隔离。有时候，当家长疲惫不堪时，或者当孩子的表现实在招人失望时，家长情绪一上来，很容易就惩罚孩子"到一边去待 10 分钟"。再次强调，暂时隔离不是惩罚，只是针对孩子无理取闹的外化行为一个冷静期，让孩子自我调整，自我平静，从而重启新的好行为。

正因为此，我们前面就说明了，非无理取闹的不良行为，如作业拖沓、错误率高、字迹潦草等，并不适合实施暂时隔离。但这些行为，很可能让家长感到失望烦躁，甚至痛心疾首，这时候，实际上，需要处理的是家长自己的负性情绪。

所以家长可以尝试对自己实施暂时隔离，离开管教孩子的环境，找到一个安静的角落，独自待一会儿，通过冥想一些放松愉悦的场景，以及深呼吸，自我调整好情绪，以便能够重新启用更合适的管教孩子的方法。

1. 爸爸对孩子顶嘴对抗实施暂时隔离，妈妈和奶奶并不同意，这时应该怎么做？

    A. 少数服从多数，取消暂时隔离

    B. 家长先争论出结果来，再考虑是否实施暂时隔离

    C. 妈妈和奶奶先配合此次暂时隔离，事后与爸爸讨论孩子哪些行为应该被暂时隔离

2. 实施暂时隔离的过程中,可以做的是:
   A. 向孩子说清楚道理,为什么他会被暂时隔离
   B. 孩子哭得一把鼻涕一把泪时,用纸巾帮他擦一擦
   C. 孩子非要抱着自己时,由得他去,但不看他
   D. 孩子拒绝暂时隔离时,稍微用力扶住孩子的上臂让其待在隔离位置

3. 暂时隔离的场所应该:(　　)(　　)。

4. 以下哪种情况,可以结束暂时隔离?
   A. 孩子4岁,刚刚实施暂时隔离就认错了,委屈哭泣
   B. 孩子6岁,暂时隔离后就不闹了,实施6分钟后
   C. 孩子8岁,实施暂时隔离8分钟,仍在哭闹不止
   D. 孩子10岁,暂时隔离后一直大发脾气,已经1小时

5. 家长给予某个指令后,孩子不服从,明显对抗,以下正确的是:
   A. 这个行为不适合实施暂时隔离
   B. 给予警告,如果仍不合作,可换一种警告
   C. 暂时隔离结束后,继续其他活动,不必纠结那个指令
   D. 暂时隔离结束后,重新给予指令,如果不合作则重复暂时隔离

参考答案:
1. C;2. D;3. 安全,枯燥;4. B;5. D。

第二节　保持平静黄金方法:深呼吸和放松

众所周知,情绪上来的时候,智商就迅速下降了。因此,如果自己的情绪都不能很好地控制,那么人生还有什么可以控制呢?

如果要从最根本上去缓解坏心情,那么需要调整坏想法(后续章节中会详述)。但是挑战自己对事物的看法是件很困难的事情,其难度要远远超过你的想象。为

什么？

如果孩子还小的话，他很难在产生情绪和行为之前，去意识到自己的想法，因为这一切都发生在电光火石之间，有时我们大人都很难抓到这些想法念头，更何况小孩子。

此外还有个原因是江山易改本性难移，我们对事情的看法，从出生开始就植根于大脑中，随着慢慢长大，我们遭遇的所有的事情，都一步一个脚印地塑造了我们认知的方式，很难撼动。即便是有经验的认知行为治疗师，也不见得能在调整想法这件事上百战百胜。

但偏偏大家又喜欢去挑战认知，结果就陷入钻牛角尖的困境，一定要想清楚想明白才行，结果很可能想不清楚，或者想是想明白了，但情绪就是控制不住。

因此，我们需要有一套管理情绪的方法。换句话说，不管道理想得通想不通，只要能把负性情绪用积极恰当的方式化解掉，照样是赢得了胜仗。正所谓，无论黑猫白猫，能抓老鼠的就是好猫。

上一节暂时隔离，即冷处理的策略，是通过大人外力的方式，帮助孩子在无理取闹的情绪波动下，尝试自我调整。这一节是希望教给孩子更积极主动的策略，当自己情绪波动时，通过深呼吸和肌肉放松这两个黄金方法，帮助自己保持平静。

深呼吸和肌肉放松这两个方法，经常放在一起练习和使用，可谓是缓解压力和改善情绪的，最简单但却最有效，无论大人小孩都适用的，可同时也最容易被人忽略的黄金方法。

很多人都希望能找到一个百试百灵的祖传秘方，解决情绪问题，或者缓解压力状态，就跟神农尝百草一样，试遍了各种偏方，殊不知，最简单最有效的方法就摆在眼前，却因为太过简单易行，被人们一而再再而三地抛弃，着实可惜。

举个例子。我遇到过一个初中女生，她父亲带她来找我的原因就是，平时太容易生气，很小的一点事情都会激发她很大的愤怒情绪，那种生气愤怒的程度，用父亲的话说，就跟有血海深仇一般罪不可恕，孩子会持续地极其严重地哭闹、啜泣、愤懑、仇视。这时候油盐不进，什么办法都没法帮她消停下来，一定需要折腾数个小时才能自行慢慢平复。每天来这么几轮，真的伤不起啊。

就在父亲描述的过程中，大概哪句话说得不中听，女孩就开始不高兴了："谁说我无缘无故生气的，每次不都有事情惹我嘛。"然后纠缠这个细节不放，很快女孩的情绪就开始剧烈波动，直至非常愤恨不满，泣不成声，呼吸急促。我停下与父亲的对话,建议女孩:"我观察到你情绪有些不稳定,试试深呼吸?"

女孩愤怒的情绪同样波及我这里,她很抵触地回答:"我不要深呼吸,蠢不蠢啊?"

父亲一听这话,也火冒三丈,抱怨道:"你看看,平时就这个样子,好歹不分,你对她好她也不知道,照样凶你。"

我示意父亲先不说话,自己开始深呼吸,很明显地示意深呼吸的过程,然后再次向女孩提议:"跟我一起,深呼吸。"

女孩继续对抗:"不要跟你一起,看上去多蠢你知道吗?"

我继续坚持提议:"你现在很难受,你心里不好过,不如试试跟我深呼吸。"

女孩拒绝:"没用的,我告诉你,根本没用,我不要做!"

我则继续保持明显的深呼吸,为什么要做到明显?因为人的呼吸节奏是很容易被感染的。举个日常生活中常见的例子,当你的配偶晚上入睡后打呼噜时,你有没有觉得很烦躁很难入睡?其实打扰到你的,不一定是对方呼噜声的噪声干扰而已,而是对方的呼吸节奏,会影响到自己的呼吸节律,如果不一致的话,就很烦恼。

同理,如果当着孩子面做深呼吸,你的呼吸节奏也会影响到孩子。因此,我不顾女孩跟我的僵持,保持深呼吸的节奏,很快,女孩会时不时放慢一会儿呼吸,然后就急促啜泣一阵子,然后又跟随我的节奏放慢呼吸一会儿,交替几轮之后,女孩的情绪就这样慢慢平稳下来了。

父亲在一旁惊呆了,告诉我:"在家里,从来就没有在这么短的时间,动静这么小地情绪平稳下来过。"父亲还说,在家也尝试过让她深呼吸,但怎么就没用呢?

书读到这里,想必家长都知道套路了,那就是,很多策略技巧,包括之前学的夸奖、忽视、暂时隔离,以及现在的深呼吸等,不一定听上去多么生僻,多么深不可测,真正管用的技巧,往往都是大家耳熟能详的。正因为管用,所以才会流传出来,为大家所知。但是,如果只知其一,不知其全,细节没实施到位的话,技巧再好,也不管用。

所以还请各位家长们继续保持耐心,仔细往下研读关于深呼吸的各个细节,从而保证这个技巧在调整情绪中发挥应有的作用。

一、深呼吸

记住,深呼吸是调整情绪之本。所谓深呼吸,是指缓慢、悠长、用腹部的呼吸。

深呼吸这个名词容易让人误解为呼吸要很深,其实呼吸得有多深倒并非很重要,但一定要慢,要缓,要悠长。

换言之,无论吸气呼气都不要有急促的爆发的声响。大家可以在孩子或自己练习深呼吸时录个音,事后听一下,如果在吸气时出现了明显的"嗖"的一声,或者在呼气时出现了明显的"噗"的一声,就说明并非是恰当的深呼吸。

恰当的深呼吸应该是很缓和的,吸气时可以想象是闻到了好闻的味道,呼气时可以想象是在吹肥皂泡,如果太急太快,肥皂泡就会破了。所以得缓缓地、轻轻地、把气慢慢吐出去。一般来说用鼻子吸气,用嘴巴吐气。

在教孩子深呼吸的过程中,可以帮助他数数以便控制节奏,如:"慢慢吸气1—2—3,慢慢呼气1—2—3;……吸气1—2—3,呼气1—2—3……吸气——呼气——"。就这样逐渐地让孩子学会自己默数。

当掌握了深呼吸的悠长、缓慢这两个关键要素之后,至于是否一定是吸气3秒、呼气3秒其实并不重要。这时候的深呼吸练习,可以引入一些带有想象力,更加有趣的元素。

举个例子,蝴蝶飞飞。我们让孩子看着自己的手背,假想手背上有只小蝴蝶,然后慢慢呼气,帮助小蝴蝶越飞越高,飞向空中,然后随着自己慢慢吸气,小蝴蝶又从空中落下来,飞回自己手背上。

深呼吸除了做到悠长和缓慢之外,最好是用腹部吸气和呼气。说得直白点,就是吸气时鼓肚子,呼气时肚子瘪下去,即腹式呼吸。很多人一提深呼吸,会很用力地深吸气,整个胸腔膨起,肩膀耸得高高的,这种呼吸方式反而让人会更紧张。

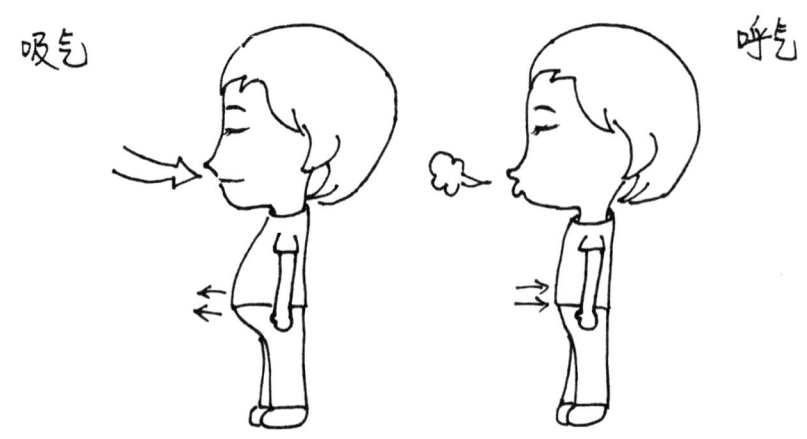

用腹部深呼吸的前提就是肚子要放松,因此能躺下最好,不能躺下就靠在椅子或沙发背上,让肚子这一块能够放松下来。

有些孩子,尤其学龄前幼儿,可能很难体会用肚子呼吸的感觉。这时可以让其躺下,在其肚子上放一个轻巧的毛绒玩具,吸气时让孩子用肚子把玩具顶起来,呼气时玩具要随着肚子降下去。注意玩具要比较容易放置在肚子上,而且要轻巧,否则就失去了辅助练习深呼吸的效果。

二、肌肉放松

众所周知,人在紧张、生气等负性情绪下,肌肉是很紧绷的。情绪会影响大脑神经递质的水平,会影响植物神经功能活动水平,通过各种错综复杂、相互交织的影响通路,最终确实会导致肌肉紧张。事实上,我们每个人回忆一下,确实也是如此。如生气时会攥"紧"拳头,吃惊时心里感觉一"紧",害怕时感觉后背发"紧"等。

如果我们能够更为主动地掌控肌肉紧张和放松的水平,那么在负性情绪笼罩下,就可以自主调整好呼吸节奏,放松肌肉紧张水平,从而反过去调节负性情绪。

肌肉紧张和呼吸节奏,都是我们平时不太留意的事情,它们大多自主在运行着。但是通过反复练习,我们是能够更为主动地掌控和调节的。

肌肉放松的练习是这样的:先把注意力集中在某个局部的肌肉群上,如手部、手臂、肩膀、背部、腿部、脚部等。然后主动地将这部分肌肉紧张收缩起来,保持3秒,再突然完全放松。

因此放松练习并非"葛优躺",持续放松软塌塌的。而是需要自主维持紧张状态,然后突然主动完全放松,这样的反复多次练习,从而学会意识到肌肉紧张的感觉,以及找到主动放松的控制感。

记住,肌肉放松的练习,是各个局部肌肉依次练习,练习的节奏是紧张—紧张—紧张—放松这样的过程。

同样,很多孩子,尤其小年龄孩子,不太能理解紧张的概念,也很难掌控肌肉的紧张或放松,这时候我们可以通过一些形象具体的指导,帮助孩子完成这个过程。

手部:给孩子一个软皮球,或者让孩子假想手里有一个软球,指导孩子握紧皮球—握紧—握紧—放松,皮球掉了,甩甩手。

手臂：让孩子像干面条一样绷直,干面条—干面条—干面条—湿面条,软软地放松了,晃晃手臂。

肩膀：让孩子用力耸起肩膀去找耳朵,找耳朵—找耳朵—找耳朵—放松不找了,离开耳朵,晃晃肩膀。

背部：让孩子假想是被坏人在背后挟持了,不许动,站直—站直—站直—坏人走了,放松,晃晃身体。

腿部：让孩子想象整条腿像一把直尺一样绷得直直的,绷直—绷直—绷直—放松,晃晃腿。

脚部：让孩子想象自己快飞出去了,因此脚趾用力抓地板,抓住—抓住—抓住—放松,安全了,不会飞出去了,随意动动脚趾。

在指导孩子的过程中,注意语气,肌肉紧张的时候,语气也显得紧张用力,放松那一刻,语气也随之放松温和。放松后可以问问孩子的感受,有的孩子会回答说"感觉暖暖的"或者"感觉很舒服",借此强化孩子对肌肉放松时候的感觉。

三、勤加练习

掌握了正确的深呼吸和肌肉放松的方法后,平时要多加练习。建议每天找 3 次机会,每次深呼吸练习 10～15 次即可,肌肉放松 1～2 个部位,每个部位 3～5 次即可,熟能生巧之后,每次练习的时间大概 5 分钟就足够了。

很多时候,平时情绪平稳时,家长想不起来要练习,或者觉得太简单一学就会,懒得练习。等到孩子情绪激动时,再去提醒孩子用深呼吸或者放松,就发现,关键时刻,孩子做不到了。

对的,这两个技巧就是,学起来不难,可是如果平时没有多加练习,那么临时是抱不住佛脚的。只有在平时情绪平稳时勤加练习,才能烂熟于心,关键时刻方能信手拈来,成功使用,发挥作用。

可以固定一下练习时间,在家里寻找一个固定的安静的练习地点,觉得舒缓的音乐有帮助的话也可以在练习的时候播放,比如我就经常会选用 Bandari 的曲子用来做深呼吸或肌肉放松的练习。

练习记录表

	深呼吸练习次数	肌肉放松练习部分	见证人	练习地点
星期一				
星期二				
星期三				
星期四				
星期五				
星期六				
星期日				

第三节 情绪管理四步骤：保持一个好心情

通过第一节，我们明白了，当孩子处于无理取闹的不良情绪中，如纠缠、哭闹、哀怨、发怒等，最佳处理方式是暂时隔离，即冷处理，让孩子能够自己平静下来，重启行为。通过第二节，我们明白了，平时多陪孩子一起练习深呼吸以及肌肉放松，可以增强自我平静的能力，在负性情绪来袭时，可以派上用场，尽量保持平静。

到目前为止，我们学习的都还是被动防守，即负性情绪来袭时，如何力挽狂澜，如何在暴风骤雨中保持平静。而这一节，我们开始学习主动调整，即如何避免产生那么多烦扰的负性情绪。

好像如此描述，还是有点云里雾里，实际上用目前流行的词汇，就是"情商"培养。

我不知道说到情商，大家觉得定义是什么，高低的标准又是什么。

与情商对应的，还有个能力，叫智商。智商比较明确，代表着学习知识、思考问题、解决困难的能力，也就是俗话说的聪明与否。正规机构有专业的智商测试，从而判断一个人的智力水平，高下立见，准确靠谱。换言之，湖北省的高考状元，如果做湖南省的试卷，分数排名也不会有太大出入。

> 目前全球比较常用且公认的智力测试是韦克斯勒（Wechsler）智商测试。学龄前版本适用于4～6岁，学龄期版本适用于6～16岁，16岁以上则使用成人版本。各版本平均值均为100，90～110为正常范围，70～90为边缘水平，低于70说明可能存在智力低下，高于130说明可能智力水平较高。
>
> 韦氏智力测试操作比较复杂，瑞文测验操作相对简单一些，但是在智力水平的评估方面，瑞文相对来说不如韦氏全面。此外还有斯坦福—比奈智力测验。年龄过小的孩子，一般考察其发育水平，采用盖赛尔（Gesell）量表评估。

那么情商呢？很多人认为情商高就是招人喜欢、说话好听、社交良好、人见人爱花见花开。乍一听似乎没错，但任何一个人，又不是人民币，怎么可能让所有的人都喜欢。因此，之前这些描述，都是一个相对值。一个人的言行举止，有可能在这部分人眼里讨厌反感，在另一部分人眼里却呆萌可爱。

因此，如果拿他人对自己的喜欢与否来判断所谓的情商，那么就太相对了。并且，由此很容易引发下述3个常见的误区。

（1）情商低的人不会取得成功。实际上，如果没有取得成功，更多说明智商也不行，别都赖到情商上。一个人智商要是高到一定境界，某种程度上是可以取代情商的。比如霍金，无法口若悬河惹人欢心，最终不还是整出了《时间简史》嘛。

（2）说话不中听就是情商低。实际上，大多数孩子是不会故意说话不中听的，他们有时是缺乏自己说话做事对别人影响的内省力,有时是因为自控力欠缺说话容易脱口而出,从而说话不中听。而内省力和自控力,都是执行功能的一种,因此与其费尽心思教孩子怎么说话表面上好听,还不如好好培养下孩子的内省力和自控力。

(3) 有太多鸡汤教人如何做一个所谓高情商的人,即为了不得罪人强忍不满憋成内伤,面对厌烦的人也笑脸相迎求个好关系,这样的话,表面是维持了一大堆蜻蜓点水的好关系,但你开心吗?舒服吗?如果不能带给自己平和开心的情绪,那么何苦要这个所谓的高情商呢?

既然说了对情商理解的误区,那么到底情商指什么?实际上,情商更多指的是我们辨识、理解、表达、控制、调节情绪的能力,接下来我们统称为情绪管理(Emotional Management),这和一些专业文献中提及的情绪调控(Emotional Regulation)是同一个意思。古人云"不以物喜,不以己悲",情绪越平稳,心情越美好。

关于情绪管理,有几个事实希望先让大家了解一下。

(1) 情绪管理作为一种心理能力,是大脑功能的一种,但是与其他心理能力不同的地方在于,情绪反应和躯体反应密不可分。换言之,当某种情绪引发了大脑内神经递质浓度变化的同时,躯体生物学方面也会自主地出现各种反应,如心率、血压、呼吸、汗液分泌、血流速度等。其实不难理解,大家都知道,生气的时候会面红耳赤,难过的时候会心如刀绞,害怕的时候会瑟瑟发抖。理解了这一点,是不是突然就理解了为什么上一节要学深呼吸和肌肉放松,通过主动调整躯体的反应,来调整情绪的反应,是最简单有效的方法。

(2) 情绪管理和其他能力一样,是与生俱来的能力,每个人天生就有高有低。好消息是,如果说智力水平后天改善的空间并不太大,那么情绪管理能力依靠后天的学习和练习,是能够呈现明显的进步的。因此,假如正在抚养一个情绪容易波动、自我调整控制比较弱的孩子,那么不要怪他怎么总是哭闹或者发脾气,而是应该想办法帮助他发展情绪管理能力。

(3) 情绪管理能力的发展关键期在儿童期,如果这段时间未能发展完好的话,那么到青春期,孩子的情绪状况可能会进一步变得更糟。因为随着孩子长大,引发他负性情绪的事件会越来越多,孩子能够做出的糟糕反应的潜力也越来越大,加上青春期激素分泌等生物学因素的关系,所以不应纯粹地等待有朝一日孩子的情绪自发平稳,而是应该帮助教导孩子发展完善情绪管理能力。

情绪管理能力的培养一共有4个步骤。

> 第1步：识别情绪。准确识别自己的情绪(可通过躯体线索)，尤其坏情绪。
>
> 第2步：暂停放松。先停下来，避免被坏情绪俘虏，深呼吸5～10次，放松下来。
>
> 第3步：挑战想法。找到引发坏情绪的坏想法，提问：这个想法让心情更好了还是更糟了？如果按照这个想法去行动的话，达到目的还是情况变得更糟？这个想法是百分百确定还是有其他可能性？可以换成哪种其他的想法呢？
>
> 第4步：新的行为。根据新的想法，产生一个新的行为，试试看是否对自己的心情更有帮助，是否能达成自己的目的，是否能改善当前的现状。

第1步：识别情绪。

话说在前面，这一步非常关键！并非想象中那么容易！很多人总说，某某情绪控制能力真好，总觉得对方赢在了控制情绪那一步，实际上，情商高的人，是赢在了识别情绪这一步。情商越高的人，越能更好地察觉到自己和他人的情绪反应，并且能够更好地理解情绪的复杂性，对情绪的细微区别更细致准确。

举个例子，一个孩子在课堂上被老师批评了，可能会勃然大怒发脾气。实际上，被批评后他产生的是羞辱、惭愧的情绪，但是如果不能很好地甄别及加以处理，就可能转化为感受到愤怒，从而爆发出来。很多脾气大的孩子或成人，可能都存在这方面的困难，不太能精准地识别出自己其他细微的情绪，如紧张、焦躁、难过、害怕，甚至有时候是疼痛，他们倾向于都感知为生气。

因此，学会识别出情绪，越准确、越细致，就越能够为提高情商奠定基础。作为大人，我们可以按以下步骤来引导孩子。

1. 了解情绪

询问你家的孩子，能够想到哪些情绪，最好能在一张白纸上写下来。需要的话，可以提示孩子，最终让其意识到四大情绪，包括开心/愉悦、生气/愤怒、悲伤/难过、害怕/紧张，其他的情绪如果孩子提到了，也要表示认可。

现在网络很便捷，家长可以在电脑或手机上搜一些人物表情的图片(可以选择孩子的，也可以选择大人的，可以选择国人的，也可以选择外国人的)，询问孩子"你觉得这个人现在是什么情绪?"或者"你觉得这个人现在感觉怎么样?"

如果孩子对于情绪识别正确的话，家长就要追问"为什么呢?"或者"你怎么知道他是这种心情呢?"追问的目的，在于让孩子能够将人物的表情或姿势线索和情绪建立起对应的联系来。

注意不要选择过分卡通的表情图,尤其是现在聊天中常用的类似 emoji 图标的表情图。因为真实的人类情绪,表现在脸部或动作上时,和抽象的卡通或 emoji 图相差还是很大的,这类图标并不利于培养孩子识别真实情绪线索的能力。

2. 情绪线索

尝试教会孩子们能够通过表情及姿势线索,识别出上面几种主要的情绪。只有能够认识、识别出情绪了,才能意识到自己当时的感受,从而调整自己的情绪;也才能读懂他人的脸色,知道自己的行为引发别人怎样的情绪,从而调整自己的行为。

有些孩子把家长、老师、小伙伴都惹恼了,自己却不知道,继续我行我素,导致最后对方大发雷霆,自己也不高兴,两败俱伤。

一般来说,我们需要教会孩子意识到的情绪线索是类似以下这些:

开心/愉悦时,会有笑容,嘴角上扬,或者咧嘴露出牙齿笑,眼睛弯弯的,笑眯眯的,可能还会手舞足蹈;

悲伤/难过时会眉毛耷拉,眼角耷拉,嘴巴也往下撇,眼圈红红的,可能会流眼泪,有时会蜷缩成一团;

生气/愤怒时会瞪大眼睛,面红耳赤,咬牙切齿,可能会挥舞拳头,指手画脚,或者大声怒吼;

害怕/紧张时也会瞪大眼睛,肌肉紧绷,瑟瑟发抖,可能会缩成一团躲起来,或者捂住自己,抱住自己;

还有其他的情绪也可以讨论,如烦恼/忧虑时会皱着眉头,唉声叹气;惊讶时会瞪大眼睛,目瞪口呆;厌恶时会翻白眼,不屑一顾,等等。

家长还可以让孩子做个连线游戏,左边写上不同的情绪,右边写上表情或姿势的描述,让孩子将情绪对应的表情或姿势连起来。比如:

难过　　　　　　　攥紧拳头
生气　　　　　　　瑟瑟发抖
讨厌　　　　　　　流泪哭泣
害羞　　　　　　　笑眯眯的
害怕　　　　　　　翻个白眼
开心　　　　　　　脸红低头

3. 预警线索

识别他人情绪之前,当务之急还是识别自己的情绪,只有能够准确了解识别自己的情绪了,才能及时启动调整策略。在所有的负性情绪中,首当其冲要练习的是生气/愤怒这个不良情绪,孩子需要反复练习后,能够达到"自己知道自己生气了"这个目标。

生气应该是最容易给孩子带来麻烦的不良情绪之一,既影响亲子关系,也影响孩子在学校里的师生及同学关系,而且发脾气是两败俱伤的一种方式,经常发脾气的孩子,其实自己内心也不好受,由于经常发脾气,影响了良好人际关系的建立,又进一步恶性循环影响了自己情绪的稳定。

如果希望在发脾气之前,能够自己做出调整,避免乱发脾气,那么基础的第一步就是知道自己发脾气了。因此,孩子需要学会通过一些线索知道自己已经生气了,即将要发脾气了。之前在情绪线索里讨论的是所有人可能在生气时存在的表现,这时候要专门讨论孩子自己在生气时最容易出现的警示线索是什么。

可以与孩子回忆最近一次他生气的经历,或者家长自己生气的经历,也可以找一段动画片或电视上人物生气的视频。如果这些资源都没有,那么家长可以给孩子讲下面这个小故事。不必一字一句地重复,重点是在于讲清楚生气时的躯体感受。故事如下:

昨天我去星巴克买咖啡,排了半个小时的队,好不容易轮到我了,旁边一个男孩子突然就挤了过来,说他有急事,然后就开始点单了,不仅如此,他特别纠结,问问这个,点点那个,十来分钟了还没决定好。我觉得他太不懂礼貌了,不由皱紧眉头,噘起嘴,冲对方翻了好几个白眼,胸口很闷,呼吸很重,差点就冲他"哼"一声。好不容易他点单结束了,离开时踩了我的脚,居然没有道歉,只是呵呵一笑。我顿时觉得头发都竖起来了,胸口就要炸掉了,紧紧握着双拳,冲他瞪大眼睛,用力吼道:"你这个人太不讲礼了吧!"

讲完故事后,与孩子讨论主人公脾气爆发之前有哪些表现,从而掌握即将发脾气的预警线索,如:脸红、发热、头胀、出汗、呼吸紧促、攥紧拳头等。

以后当孩子或大人生气之后,或者电视中人物生气的时候,与孩子玩一玩找躯体线索的游戏。比如,如果爸爸某次没忍住发脾气之后,可以问孩子,刚才你觉得爸爸怎么了?孩子可能回答爸爸抓狂了,或发飙了。继续追问"你怎么知道的呢?"帮助孩子一起寻找躯体线索,如爸爸怒目圆睁、双手挥舞、说话非常大声等。更重要的是,这样的训练,也能慢慢帮助孩子掌握到,自己即将发脾气之前的预警线索。

4. 甄别情绪

前面提到过,所谓高情商的人,在识别情绪这一步时会更精确,尤其对不同情绪之间的细微区别甄别能力很强。很多孩子,包括很多大人,很容易生气,其实有时候是感到难过、厌烦、尴尬,或者担心了,由于不能很好地甄别出其中的区别,最终就以发脾气的方式呈现了。

要让孩子知道,有时候自己以为是生气的时候,未必是真的生气,可能是由别的情绪引起的。比如,很多人都会碰到糟糕的事情,有生活中的冲突、学业上的打击、人际交往中的不顺,会带来一些很不好的感觉,不一定总是生气,通常还包括了其他的感觉,如疼痛、害怕、难堪、紧张、烦躁、伤心等。

可以举一些孩子平时生活中的例子来说明他的感受可能并非愤怒,但结果他都以生气的方式演出来了。如果家长一时自己难以回忆起来,以下几个儿童期常见的情绪例子可以用来很好地参考,也可以借此回忆下自家孩子相应的情况,从而更好地现身说法。

例子1:志豪的家很大,从卧室到洗手间要经过客厅和一条细长的走廊,而晚上,客厅和走廊的灯都是关着的,志豪每次站在卧室门口,看到洗手间在漆黑走道的尽头,就觉得阴森恐怖。妈妈知道志豪的胆子很小,每天晚上都会陪着他走过去。然而这天晚上,妈妈加班,爸爸在家,而偏偏爸爸还让志豪去洗手间里帮他拿条毛巾过来,志豪不去,爸爸却三番五次地催他去,志豪大声反抗道:"你自己要用自己去拿嘛,凭什么让我去?干嘛欺负我?"

这个例子中,志豪因为害怕不敢做某件事,但又被家长要求去做时,由于没能识别出自己害怕的情绪或者不愿表达自己的害怕,便直接以对爸爸发脾气的方式呈现了。

例子2:小玲在学校里是个积极的好学生,每次大家去食堂集体吃饭的时候,她都积极地帮同学老师端饭盛汤,可惜,小玲总是毛手毛脚的,每次都会把饭菜或者汤水泼洒在别人身上。一开始,老师都会让其他手脚灵活的学生抢在小玲前面去把这些事做完了,可这天,小玲又积极地抢先去端汤了,当她跄跄地走过来时,老师委婉地阻止她说:"小玲,放在那边桌上就好了,不用端过来了。"知情的同学们哄然大笑,小玲顿时很生气,挥手将碗打翻在地上:"为什么不让我端过去?为什么啊?"

这个例子里,小玲生气的背后实际上是感受到了什么情绪?应该是难堪、尴尬、丢人,对吧?

例子3:欣欣和小辰的关系很好,经常一起上学一起放学回家,一起做作业,一起游泳。他们还会分享各自的很多高兴的事和烦恼的事。最近欣欣因为参加了一个模型大赛,与班上的小浩分在一组,再加上比赛的日期临近了,欣欣的课余时间都在和小浩一起钻研模型,还耽误了两次和小辰一起出去游泳。终于,模型比赛结束了,欣欣再去找小辰玩,小辰满脸不高兴地说:"哼,你现在找我做什么?你跟小浩才是好朋友,你去找他吧,我再也不想看到你了!"

小辰真实的感受是什么?是真的讨厌欣欣吗?不是的,相反,是舍不得欣欣,是觉得委屈甚至可能伤心,但却用生气讨厌的方式表达出来了。结果可想而知,会适得其反。

例子4:小枫由于和同学追跑,将膝盖磕破了,流血了,并且跌破的地方沾满了地上的泥沙。于是妈妈带小枫去医院,医生给伤口擦酒精消毒,还要用棉签将泥沙擦干净,这个过程非常痛。小枫疼得龇牙咧嘴,腿不停地动,以躲避医生的处理。医生便让妈妈按住小枫不要让他乱动,小枫又痛又不能动弹,于是哭喊着捶打妈妈,生气地喊道:"你干嘛箍住我,不让我动,讨厌死你了!"

这是一个典型的因为疼痛,而迁怒于妈妈的例子。

第2步:暂停放松。

这一步的技巧其实已经在上一节专门讲述过了,深呼吸和肌肉放松,只要勤加练习熟能生巧,在关键时刻,便是帮助我们恢复平静心情的神助攻。

但有的家长可能会说,每次都等到生气了闹情绪了,再靠深呼吸恢复平静,有点治标不治本的感觉。说得对,如果希望能够从根本上调节好情绪,那么只能依靠改变情绪。如何才能改变情绪呢?就需要改变想法。因为对待一件事的想法,决定了我们的感受,即心情、情绪,然后进一步决定了我们会采取的行为。

这时候要引用一个大家耳熟能详的烂俗例子了,就是看到半杯水,你可以积极地想"哦,我还有半杯水呢",你也可以消极地想"天哪,我只剩下半杯水了"。同一件事,不同的想法,产生的情绪反应是不一样的。因此,很多时候,我们不用改变事情本身,不用改变别人,而且讲真,也改不了,我们能改变的只能是自己的想法。

举个例子,小森不愿去上学,他说语文老师对他特别凶,只要默写不对,就会很严厉地训斥他,他觉得很丢人也很生气,认为语文老师不喜欢自己而针对自己,就拒绝去上语文课,进而拒绝去上学。

一开始,家长也是站在孩子的同一阵线上,找各种理由佐证孩子的想法,如语文老师年轻缺乏对待学生的耐心和经验,确实对待孩子的方式不妥等。也许家长这样处理,本意是想对孩子的情绪表示理解和体恤,但换个角度想,如果你也印证了孩子的想法,即语文老师不好,尤其对我不好,那么孩子的情绪"丢人生气"就会弥久不散,进而他逃避上课的行为也就持续存在。如果按照这个思路,我们必须去改变语文老师管理学生的方式,才能解决问题。但平心而论,这种可能性大吗?

我当时问小森:"班上有其他同学默写不对吗?"

小森说:"有,还有比我错得更多的。"

我又问:"那么语文老师对这些同学是怎样的?"

小森说:"会更凶地骂他们。"

我于是引导他:"所以,语文老师是凶默写不对的人?还是专门就凶那么几个人?"

小森想了想:"默写不对才会被凶。"

我继续引导:"你有没有默写对的时候?"

小森摇摇头,又点点头:"很少,有那么几次默写对了。"

我问:"默写对的时候老师还凶你吗?"

小森想了想,摇摇头。

我总结:"所以语文老师如果凶你,是为什么? 因为默写错了,还是因为不喜欢你?"

小森回答:"因为默写错了。"

我追问:"所以如果不想被凶,应该怎么做? 默写对? 还是不去上课?"

孩子很顺利地回答:"默写对。"但很快他也表示出担忧:"可是我确实经常出错。"

家长见孩子不再拒绝上课,心领神会我的意思,赶紧补充:"没事,我们在家多默写几遍,争取不再出错。"

能看出区别来吗? 小森遭遇的事实是"语文老师凶我",如果对于这件事的想法是"老师不喜欢我,针对我",那么就会觉得丢人、生气,进而不愿再去上课。而如果想法是"老师只是对我默写错误失望了",那么负性情绪就不会这么强烈,进而行为就是争取下次避免出错,而非逃避上课。

我再举一个例子,其实是我看过的一个笑话,放在这里却觉得意外地合适。有个小伙子,谈了8年的女朋友跟土豪跑了,明天要结婚,感觉生无可恋,于是站在高楼上决定跳楼自杀。围观者中有人劝了一句:"你睡了别人的老婆8年,还有脸在这里自杀?!"小伙想了想,也对啊,从这个角度想,我还占了便宜呢,于是就打消了自杀的念头。这就是经典的,对于同一件事,转换下看法,情绪感受就很不一样了。话说,有个经典的文学人物,可谓是在这个方面的修为登峰造极,那就是阿Q。

相信通过这两个例子,家长已经知道,对于一件事,怎么想决定了我们怎样的感受,从而决定了我们会做出怎样的行为。尤其随着孩子慢慢长大,尤其进入青春期之后,单纯去规范、引导孩子的行为,其效果会越来越弱。因为孩子自己的想法所起的作用越来越大。

因此,要学会引导孩子意识到,对于一件事自己是怎么想的,这个想法会让自己心情更好,还是更糟?并且帮助孩子找到引发他们坏情绪的坏想法,尝试做出调整,改变为一个相对好一点的、聪明一点的、让自己舒服一点的想法。

这恰恰就是情绪管理第三步的内容。

第3步:挑战想法。

挑战引发坏情绪的坏想法,前文已经打过预防针,这一步非常难。因此希望家长打起十二分的精神,最好陪伴孩子一起练习。

首先,当发生一件事后,询问孩子当时在想什么。这个任务很难,尤其年龄越小的孩子越难意识到,因此注意引导,适当提示,避免单纯说教。

一开始可以从简单的、正性情绪的事情练习。

比如,孩子生日时,得到了自己最喜欢的礼物,你可以问他,这时候在想什么?感觉如何?孩子可能回答:"爸爸好爱我啊,送给我最喜欢的礼物,我感到太开心了。"

逐渐可以尝试练习一些,当孩子听闻不好的事情,引发比较轻微的负性情绪的事情。

比如,电视新闻里说哪里发生了火灾,可以问问孩子,听到这个消息在想什么,感觉到了什么?孩子可能告诉你:"火灾太可怕了,遭遇火灾的人好可怜,我觉得有点难过,但是消防员叔叔真勇敢,我感到很敬佩他们。"

慢慢地,就可以在孩子遇到经常引发自己负性情绪的事情上进行练习。注意,在事情发生的当下,很难让孩子停下来去做这个练习。可以在事情结束后,孩子情绪平静时,去回想。

比如,作业写得太潦草,爸爸把作业都擦掉了,孩子可能哭闹烦躁。事后可以问问他,当时在想什么,感受是什么?孩子可能会说:"好不容易写好的作业都没了,太累了。"或者"今天作业再做一遍就来不及了,明天不能交作业怎么办,好着急。"甚至可能会说:"爸爸对我太坏了,就是跟我过不去,一点都不爱我!"之类的,从这些回答中可以看出,孩子可能感受到了疲惫、着急、不安、烦躁、难过、委屈等情绪。

需要强调的是,有时候孩子可能很难抓住自己深层次的想法。虽然这是情绪管理的核心和关键,但别说孩子,有时候成年人,也不一定能很好地意识到自己内心的想法是什么。并且,家长毕竟不是认知心理治疗师,这个方法也许听上去不难,但操作起来相当不易。建议家长尝试下即可,不要太强求,否则如果引导方向不对,会适得其反。

找到孩子的坏想法后,与孩子讨论,这些想法,会让你开心/放松吗?还是会让你生气/难过?记住,不要去强调想法对与错,因为想法本身并无对错,但是要引导孩子意识到,这个想法对自己心情有帮助,还是没帮助。

通常来说,孩子的坏想法有以下3类。

第一类:把事情想得过分严重,过分夸大,引发了灾难效应。如老师批评自己一些事情,就觉得:"老师再这么继续挑我毛病,我的日子根本没法过了,同学们肯定笑话死我了。"

第二类:把事情想得过分绝对,太肯定自己的想法。如与同学讨论事情时发生了争执,会想:"我就是对的,事情就是这个样子了,他凭什么不同意我。"

第三类:过于肯定自己对别人想法的揣测。如同学踩了自己一下没道歉,心里想:"简直痛得脚趾都断了,他肯定是看我不顺眼故意的,就是故意针对我。"

针对生活中经常引发孩子不良情绪的事情,引导他发现引起不良情绪的想法后,继续针对这个想法提以下问题:

— 这个想法让自己心情更好了还是更糟了?

— 如果按照这个想法去行动的话,达到自己的目的了吗?还是让情况更糟了?

— 这个想法是百分百正确或确定的吗?有没有其他的可能性?

— 可以换成哪种其他的想法呢?

比如,老师批评自己默写错误太多。如果想法是:"老师再这么继续挑我毛病,我的日子根本没法过了,同学们肯定笑话死我了。"便会由此导致了坏心情:难过、丢人、对老师生气不满。进而导致的行为是:这日子没法过了,不要去上课了。结局是:老师更加不满意自己的行为,同学们对自己更"另眼相看"了。

针对想法"老师再这么继续挑我毛病,我的日子根本没法过了,同学们肯定笑话死我了"依次询问:

— 这个想法让自己心情更好了还是更糟了?(更糟了。)

— 如果按照这个想法去行动的话,达到自己的目的了吗?还是让情况更糟了?(更糟了。)

— 这个想法是百分百正确或确定的吗?有没有其他的可能性?(也许可能老师并不是针对我挑毛病,而是针对所有默写错误的学生,至少那些也默写错了的同学没空笑话我。)

— 可以换成哪种其他的想法呢?(有可能老师不是故意针对自己,别的同学做得不好时也被批评了。)

现在,尝试挑战坏想法"老师再这么继续挑我毛病,我的日子根本没法过了,同学们肯定笑话死我了",调整为新想法"我和其他人一样,只是因为默写不对才挨了批评,以后争取写对就不会被批评了"。由此产生新行为:更努力地去背诵,避免默写出错。新结局是：不被批评，甚至会被表扬，日子好过了，达到了自己的目的。

第4步：新的行为。

实际上，这一步，紧接着上一步的新想法，已经完成了。这就是所谓的，事情—想法—心情—行动，这一连串都是电光火石之间发生的，没有明显的时间差等我们去说理去指示。事情本身有时是很难改变的，只有改变想法，才能从本质上改变我们的心情，和我们对事情的行为反应。

因此，针对引发孩子不良情绪的事情，家长都可以按照上述步骤进行，描述事情是什么，孩子情绪是什么，导致这个情绪的内心想法是什么，引发的行动和结局是什么？那么有没有可能挑战下这个想法，换个想法？更换想法后有什么新的行动的结局？对比下，更喜欢哪一种？或者哪种结局是自己更想要的？

如果说找到自己对一件事的看法很困难，因为通常这个念头是电光火石之间，转瞬即逝的，我们所能意识到的，已经是想法引发的熊熊烈火般的情绪反应了。那么挑战习惯性的想法，更换新想法，更是难上加难。因此，每个人看待事情的下意识想法，随着时间日积月累，是很容易根深蒂固的。

但是，生活中拿一些小事情来反复练习，通过反复练习找到了坏想法所在，并且找到了对应的好想法，才有可能在下一次事发当时，予以应用。长此以往，在儿童青少年阶段，帮助孩子学会调整想法，让想法更具积极正性，更具备建设性，也会为孩子带来更积极正性的情绪体验，帮助孩子具备更好的能力去解决问题，而不是一味地败给不良情绪。

再次总结一下，保持好心情的情绪管理四步骤如下。

> 第1步：识别情绪。准确识别自己的情绪（可通过躯体线索），尤其坏情绪。
>
> 第2步：暂停放松。先停下来，避免被坏情绪俘虏，深呼吸5～10次，放松下来。
>
> 第3步：挑战想法。找到引发坏情绪的坏想法，提问：这个想法让心情更好了还是更糟了？如果按照这个想法去行动的话，达到目的还是情况更糟？这个想法是百分百确定还是有其他可能性？可以换成哪种其他的想法呢？
>
> 第4步：新的行为。根据新的想法，产生一个新的行为，试试看是否对自己的心情更有帮助，是否能达成自己的目的，是否能改善当前的现状。

需要说明的是，年龄偏小的孩子，通常很难抓住自己的想法，即使青少年甚至成年人，也未必对引发自己坏情绪的坏想法捕捉得精准到位，这就是为什么认知心理治疗需要特别专业的人士去引导,才能发挥最佳效果。因此,对于小孩子,我们一般跳过第3步,只要能顺利练习识别自己的坏情绪,以及能暂停下来,通过深呼吸和肌肉放松使自己平静下来,就很不错了。这时候可以直接教导第4步,为孩子提供新行为的选项,鼓励孩子选择更恰当的好行为方式即可。一般来说,小学高年级的孩子,可以开始尝试完整的四步骤,但仍然要根据孩子的具体情况,予以调整以及支持引导。

需要强调的是,虽然这是从根本上调整情绪以及长期获益的好方法,但真的不简单。可以说这本书里其他的策略技巧,只要家长肯静心领会,耐心练习,最终是能掌握和起效的,但这一节除外。因为这源于比较专业的心理治疗技术——认知行为治疗,家长自助进行,很可能实施起来难以到位,即便家长悟性很高,实施到位,也不一定会有收效,因为还要看孩子在认知调整方面的领悟力和接受力。

既然这部分内容如此艰难晦涩,又不一定收效颇多,为什么要提供给大家呢?原因是,很多家长在掌握了基础的应对方法,如深呼吸、肌肉放松、暂时隔离之后,想进一步了解,还能如何帮助孩子。除此之外,即便家长觉得由自己引导孩子掌握情绪管理技巧比较困难,至少也要心知肚明哪种方法是正确恰当的方法,这样在带孩子参加一些情绪管理培训班时,便能具备一定的甄别能力。还有就是,这个方法,对成人同样适用,虽然举步维艰,但希望为了孩子,也为了自己的情绪平稳,大家一起努力学习情绪管理技巧。

练习记录表

事情(情景)	情绪及线索	停—深呼吸	当时想法—调整想法	新行为—新结局
举例:我跟同学约好了逛街,跟妈妈要零钱,但她就是不给我。	我感到很生气!因为呼吸急促,攥紧了拳头,对妈妈大声说话。	深呼吸5次。手部肌肉放松5次。	坏想法:"妈妈太小气了,一点都不替我着想,存心让我在同学面前出丑!"好想法:"妈妈可能是怕我乱花钱乱买东西。"	向妈妈解释如果没零花钱会很没面子,保证不消费超过10元钱。妈妈给了我20元。

(续表)

事情(情景)	情绪及线索	停——深呼吸	当时想法——调整想法	新行为——新结局

第四节 问题解决五步骤：放之四海而皆准

问题解决技巧和情绪管理技巧一样，不仅适用于孩子，也适用于大人。作为家长，在抚养孩子的过程中，需要尽量保持情绪平稳，攻克遇到的各个难关，如何做到呢？依靠情绪管理策略和问题解决策略。实际上，家长如果希望教会孩子这两个技巧，自己应该先做到领悟和掌握，这样教起来更得心应手，还能以身作则。

为什么要学习问题解决(Problem Solve)技巧？因为很多孩子不知道该如何解决问题，或者采用不太有效、不太恰当的方式解决问题，如哭泣、吵闹、哀怨、纠缠、发怒、攻击等。为什么孩子会采取这些不恰当的问题解决方法呢？可能他们还没有机会学习到恰当的方法，也可能在他们之前采用这些不恰当的方法时，从家长或者同伴那里获得了正反馈。比如孩子委屈哀怨时，家长心疼就满足了，或者孩子对同伴侵犯攻击，同伴出于害怕退让了。

还有一种可能性是和孩子的天生特点有关,如好动、冲动、注意力不集中、对立违抗的孩子,在问题解决时存在更多困难,尤其在社交互动的过程中,因为他们可能更容易将当前情景认知为带有敌意的,从而也就采用敌对的方式去处理问题,就此引发冲突和困难。为什么注意力不集中的孩子在这方面也同样存在困难?因为他们的核心损害在于自控力欠佳,所以当遇到问题时,他们更容易脑门一热,急匆匆做个鲁莽的决定,而很难让自己冷静下来去思考一个更恰当的解决方法。

现在,作为家长,我们要陪伴孩子一起学习问题解决的策略,从而在面临问题时,更多地去采用相对更有效、更合适的解决方法。这个方法,和情绪管理一样,是受用终生的。当孩子长大成人,无论他生活在何处,从事何种工作,家庭背景如何,不可否认的是,他会遇到各种各样的人生难题,而想顺利过关、成功发展的话,就有赖于其独立的问题解决能力。

问题解决一共包括以下 5 个步骤:

> 第 1 步:定义问题。我遭遇了什么问题?问题要具体化。
>
> 第 2 步:发散方法。有哪些候选的解决方法?头脑风暴寻找各种解决方案。
>
> 第 3 步:权衡利弊。每个方法的利弊各是什么?可能带来的结局是什么?自己喜欢和讨厌的方面是什么?
>
> 第 4 步:选择最优。根据上一步的比较,选择一个相对来说最好的方案,结局比较好,自己比较喜欢的方法,然后付诸行动。
>
> 第 5 步:评价结果。实施自己选择的方法,评价结果如何,从而给予自己鼓励或者下一次改进的想法。

第 1 步:定义问题。

不要觉得这步很简单或者很没意义,要知道,很多人,哪怕成人,感受不好时,有时都不一定能意识到自己在面临一个问题,即使意识到了,也未必能意识到那个最准确最核心的问题。如果连问题都没意识对,那么所有的解决方法也都不具备针对性,徒劳无功。所以,千万别跳过这一步。

首先要让孩子明白,如果他感觉不好时,比如伤心、生气、沮丧、担忧等,那么多半是遭遇了一个问题。接下来就是希望孩子能聚焦到这个问题上,像侦探一样,把这个惹得自己心情不好的问题给揪出来。

问题要具体化,可以通过询问谁、什么时候、哪里、发生了什么、想要什么等元素来逐一将问题具体化。有的孩子言语表达能力还没那么好,那么家长需要帮孩子总结下问题所在。如:"妹妹把最后一块比萨吃掉了,你也很想吃,所以感到生气和失望。"

我们可以给孩子假设一些场景,让他将问题和感受提炼出来。

——比你小很多的弟弟在玩耍中突然打了你几下。

——你很喜欢弟弟手里的玩具,他一直在玩,玩了很久,这是爸爸买给你们共同的玩具。

——你去冰箱拿冷饮喝,开冰箱门时把妈妈放在冰箱上的碗打碎了。

——你很想认识隔壁班的一个同学,他不认识你,也不在自己班上。

——玩耍中妹妹耍赖,推了你一下,你就也推了她一下,妹妹大哭,妈妈于是罚你暂时隔离。

——爸爸给你买了顶新帽子,你在操场玩得太开心,回家后发现帽子不知掉在哪儿了。

——你很想看动画片,但是妈妈不答应。

——爸爸想带你去理发,你不愿意,因为上次理发后,被同学们嘲笑了很久。

——你很想加入篮球小队一起玩,但是有两三个同学拒绝你加入。

——你好不容易拼起来的乐高,弟弟趁你不在家时全都拆掉了。

需要注意的是,别武断替孩子判断问题所在。孩子的问题确实都很简单,所以在大人眼里,就总觉得可以一眼洞穿问题所在。但大人的判断并非每次都准确,就算我们判断准确了,那么孩子又何从练习问题解决技巧呢?

第2步:发散方法。

这一步只要求尽可能多地想到各种方法,头脑风暴也好,发散思维也好,无所谓方法好坏,也不在乎是否现实,哪怕天方夜谭也行。

在这一步,家长指导时有两个需要注意的方面。

一个是,如果自己的孩子是比较喜欢钻牛角尖的,那么可能在这一步会有些困难,因为他们倾向于认为问题只有自己认定的一种解决途径,家长需要千方百计引导他们想出其他的候选方案来,比如,可以问:"假如是你喜欢的蜘蛛侠,他会怎么做啊?"一般来说,让孩子自己尽可能多地想点子。除非孩子确实想不出来,那么家长可以提供几个方法抛砖引玉。

还有一个要注意的是,这一步的解决方法只求多,不求好,因此哪怕孩子的方法明显不合适,或者蠢兮兮的,家长都请避免批评指正,反而应该鼓励他"你又想到了一个新的解决方法"。

做到不批评指正,会比你想象中难。我记得在一次心理治疗学习班上,底下坐的学员可都是具备心理咨询背景的呢。当时教授在示范问题解决技巧,问题是:"一个初中男生喜欢上了隔壁班的女生,怎么办?"学员表示,男孩想做的家长不允许,家长建议的男孩不喜欢。教授说,先不管这些,第二步只需要列出解决方法,是否接受、是否喜欢、是否现实,都无所谓的。教授于是举例:"喜欢就去表白。"学员下意识就制止:"不行,影响学习成绩的,家长也不答应,再说人家女孩不喜欢他。"教授又举例:"把女孩绑架到自己家来。"学员就惊呼"这怎么可以,这太搞笑了,而且违法吧"。教授感觉,这课上不下去了。

举这个例子的意思是,即便有心理咨询背景的人,在学习的过程中,都可能会失误,更何况家长自助学习使用这些方法。因此我把陷阱圈出来,希望大家别掉进去。总之,这一步,想到的解决方法,只求多,不求好。再奇葩、再奇幻、再蠢萌,都来者不拒。

我们用刚才第一步的问题情景来做个练习,家长自己先想想,有哪些解决方法?

— 弟弟在玩耍中突然打了自己。

— 自己喜欢的玩具被弟弟一直霸占着玩。

— 把妈妈放在冰箱上的碗打碎了。

我也来想一些解决方法,看看有没有你没想到的?有没有我没想到的?放在一起,是不是解决方法更多了?

— 凶他;打回去;大哭起来;走开不理他;询问他为什么打自己;告诉家长。

— 抢过来玩;凶他,打他;再多等一会儿;让他给自己玩;请他给自己玩;玩其他玩具;用玩具跟他交换;让爸爸再买一个。

— 说不知道怎么回事;说是弟弟打碎的;说是家里猫打碎的;哭着认错,用零花钱去买个一模一样的;跟妈妈解释事情经过;跟外婆解释后让外婆帮忙求情。

第3步:权衡利弊。

评价上一步的各个方案,如果可以的话,列出每个方案具体的利处和弊处,以及可能的结局是什么。根据方法的利弊和结局将它们标为好方法和坏方法,再根据自己喜欢的程度,标为喜欢的和讨厌的方法。最后综合判断,选出自己最想要的那一个。可以是利处最多的方法,也可以是结局最好的方法,还可以是自己最喜欢的方法。

家长在这一步主要的引导在于帮助孩子一起分析清楚方法的利弊和结局,因为困难就在于,要么一叶障目,只看见一个小好处,忽略了其他的大坏处;要么就是只图眼前高兴或方便,忽略了最终导致的结局。帮助孩子将每个方法的全局尽量看清楚,但是避免左右孩子的选择。如分析清楚利弊后,孩子非要选择一个你眼里看上去不太好的,但是他自己喜欢的方法,在不涉及安全和道德底线的情况下,可以让他去尝试,之后再与孩子一起分析,不要替代孩子做选择。

用问题"自己喜欢的玩具被弟弟一直霸占着玩"举例,我们可以画出下方这种利弊表。

解决方法	利 处	弊 处	结局好不好	自己喜欢吗
抢过来玩	得到玩具了	弟弟会哭会告状	👍👎	🙂
凶他,打他	发泄了怒火	会争吵起来	👎	😐
再多等一会儿	不吵架	也许等不到玩具	👍	☹
让他给自己玩	可能得到玩具	很可能他不给	👍👎	🙂
请他给自己玩	很可能得到玩具	可能他不给	👍	🙂
玩其他玩具	不吵架	玩不到喜欢的	👍	😐
用玩具跟他交换	应该能得到玩具	原本玩具给他了	👍	🙂
让爸爸再买一个	得到玩具	可能不答应我	👍👎	🙂

根据评价,其实一目了然,主人公应该会选"用玩具交换"这个方法,因为结局比较好,自己又比较喜欢,相对来说并没有太大的弊端。这种权衡利弊的方法,虽然起初复杂烦琐一点,但是后期实际上这些权衡都在内心里电光火石之间进行比较过了,孩子会自发地去选择更合适更有效的解决方法。

相反,如果一直靠大人说教,你应该怎么做怎么做,就算孩子听进去了,下次遇到另一个问题,也很难举一反三,仍然不知道如何优化解决,更何况大人说得太多的结局通常是孩子拒绝听从指导。虽然孩子遇到的问题在我们大人眼里都特别简单,我们几乎是不用怎么思考,就知道最优方案是什么,下意识地就想告诉孩子答案,但最好,还是借简单问题的机会,让孩子练习问题解决技巧。

第 4 步:选择最优。

通过上一步的分析,选择相对最优的解决方案,然后付诸行动。

虽然我们说是说,避免替代孩子做选择,但是我们仍然需要引导孩子学会如何比较取舍方案的利弊,从而选出最优方案。一般来说,可以问以下 3 个问题:"这个方法结局好吗?""这个方法的利处或弊处我特别在乎吗?""这个方法最终会让我及其他人感觉好吗?"

在付诸行动后,要让孩子明白,选择了任何一个方案,这一次就不后悔了,要开心接纳利处,也要勇敢承担弊处。只要方法不涉及安全和道德底线,即便可能这不是你眼里的最优方案也没关系,让孩子去尝试,因为还有第五步。

第5步:评价结果。

在付诸行动之后,教孩子观察这次选择方法带来的结果是怎样的。同样是上一步中的3个问题:"最终结局好吗?达到了自己的目标了吗?""这个方法的利弊我都能接受吗?""最终我和其他人都感觉好吗?"如果不是的话,那么下一次,可以考虑尝试另一个解决方法。

有些家长抱怨孩子"虚心认错坚决不改",实际上有一部分原因是,孩子只是在大人的教训下表现为认错的举动,但过去哪些做法是不合适的,如何在将来行使更合适的行为,孩子并不清楚。而这一步,就能帮助孩子弥补这部分不足。每一次选择,都在替他积累经验,从而帮助他在下一个困境面前做出更明智的选择。

以上就是问题解决的5个步骤,再次总结一下。

> 第1步:定义问题。我遭遇了什么问题?问题要具体化。
>
> 第2步:发散方法。有哪些候选的解决方法?头脑风暴寻找各种解决方案。
>
> 第3步:权衡利弊。每个方法的利弊各是什么?可能带来的结局是什么?自己喜欢和讨厌的方面是什么?
>
> 第4步:选择最优。根据上一步的比较,选择一个相对来说最好的方案,结局比较好,自己比较喜欢的方法,然后付诸行动。
>
> 第5步:评价结果。实施自己选择的方法,评价结果如何,从而给予自己鼓励或者下一次改进的想法。

记住多加练习,这是一个相对来说比较复杂的技巧,因此每一步都需要家长指导支持孩子一起完成,除非孩子已经练习得炉火纯青了,你才能放手让他单独去进行这个技巧。

整个过程不必太纠结,保持积极乐观开心开放的心态就可以了。尤其第2步,可以脑洞大开,想那种蠢萌的点子,哪怕问题还没解决,心情都大好。我记得有次做治疗,问题是"想吃冰激凌,妈妈不同意",在第2步的环节,孩子想的一个方法是，在自己身上绑一个火箭，发射到超市里去，用压岁钱买个冰激凌，吃完后再发射回来。如此具体生动然而不现实的描述，讲完我们一起哈哈大笑起来。总的来说，解决方法点子越多，生成最优方案的可能性越大，问题解决能力也越高。

第3步这个环节，不一定要像举的例子那样事无巨细，每个方案都去分析。尤其对于小年龄孩子，或者注意力缺陷的孩子，让他挑3～4个方案重点分析下即可。在讨论方案是否最优时，"自己或他人感受如何？"这个问题是很重要的。有时候大人太过重视结局，容易忽略感受。实际上，讨论自己的感受，可以更好认识自己的情绪；讨论他人的感受，则可以增强同理心。

要知道，问题解决技巧的练习，不在于寻找"最完美"的解决方案，而是在于能在面对问题时，想到多种应对方法(第2步)，并且通过权衡比较做出对于自己来说最优的、最合适的选择(第3步)。家长一定要记住这个重点，从而避免过多地去跟孩子讨论方法的"对错"问题，或者指导孩子去选择自己认为最"正确"的解决方法。一个人在面临困境的时候，可以坦然自若地衍生出解决方法并对做出选择的利弊及后果心知肚明，这种解决冲突的能力，是一种自身的财富。

记住从简单的问题开始练习。为什么？因为所谓练习，主要就是要能够熟练掌握这些步骤和策略。很多家长觉得问题太简单，甚至不能称之为问题，大脚趾想想就知道该怎么做，为什么还要5个步骤、头脑风暴、利弊表格搞得这么复杂？然而，不在简单的问题当中练习得滚瓜烂熟，等遇到真正略微复杂的问题时，孩子和家长往往就都陷入纠结的负性情绪中了，哪还顾得上这5个步骤呢。

无论讲解到任何技巧，我都一直在重复这句话，避免等到迫切需要这个技巧的时候，再去想，该用什么技巧来着，怎么用来着，那个时候，多半就发挥不出作用了。要在平时情况并非如此紧急时，在一些缓和的情境中，多加练习，熟能生巧。

需要说明的是，小年龄儿童，如学前或低年级学龄儿童，第2步是关键，教会他们能够有发散思维产生较多的问题解决方案，是重点。第3、4步，权衡和选择，更适合高年级学龄儿童练习。要知道，对每一种行为的利弊，尤其是可能产生的后果优劣进行预测和分析，这是认知能力发展的里程碑，这说明一个人可以根据行为可能产生的结局，提前修正自己的行为。例如，虽然我很生气，但如果我大声吼叫了，会让对方更生气，因此我选择自己冷静下来，心平气和地与对方沟通。小年龄的孩子在这方面比较困难是能理解的，注意缺陷多动障碍儿童因为自控力欠佳，在这方面比较欠缺，需要多加练习。

在教导孩子之余，家长自己也请多加练习。一方面是这个技巧对大人同样适用,另一方面也是为了起到以身作则的作用。要知道,你是如何处理你的难题的,生活中的、婚姻中的、工作中的,是牢骚满腹自怨自艾,还是生气怒吼咆哮指责,又或者是冷静思考解决方案?孩子可都看在眼里呢,正所谓耳濡目染,你的言传身教比照书宣教要强有力得多。

可以的话,有些家庭事件,你可以当着孩子面,演示问题解决技巧。比如爸爸次日有个重要的会议需要准备,可是相关的材料落在办公室了,这时候爸爸就可以当着孩子面,去演示自己处理这个问题的各个步骤。要不家长们先试试看,学到这里,作为大人,你自己是否掌握了问题解决技巧呢?

第1步:定义问题:＿＿＿＿＿＿＿＿＿＿＿＿＿＿＿＿＿＿＿＿＿

第2步:发散方法:1.＿＿＿＿＿＿＿＿＿＿＿＿＿＿＿＿＿＿

　　　　　　　2.＿＿＿＿＿＿＿＿＿＿＿＿＿＿＿＿＿＿

　　　　　　　3.＿＿＿＿＿＿＿＿＿＿＿＿＿＿＿＿＿＿

第3步:权衡利弊

解决方法	利　处	弊　处	结局好不好	自己喜欢吗
方法1				
方法2				
方法3				

第4步:选择最优:＿＿＿＿＿＿＿＿＿＿＿＿＿＿＿＿＿＿＿

　　　　核对问题:这个方法结局好吗?(　　)

　　　　　　　　这个方法的利处或弊处我特别在乎吗?(　　)

　　　　　　　　这个方法最终会让我,及其他人,感觉好吗?(　　)

第5步:评价结局:最终结局好吗? 达到了自己的目标吗?(　　)

　　　　　　　　这个方法的利弊我都能接受吗?(　　)

　　　　　　　　最终我和其他人都感觉好吗?(　　)

　　　　　　下次遇到类似问题,继续选这个方法(　　)还是更换一种方法(　　)

好吧,既然是咱大人常遇到的问题,我就来交个自己的答卷吧。

第1步:定义问题。　<u>需要的材料落在办公室了</u>

第2步:发散方法。1.<u>回办公室去取</u>

　　　　　　　　2.<u>明天早起去办公室准备</u>

　　　　　　　　3.<u>这次就不准备了</u>

第3步：权衡利弊

解决方法	利　处	弊　处	结局好不好	自己喜欢吗
回办公室取	正常完成工作	来回多跑路	👍	☹
次日早起准备	正常完成工作	需要早起	👍	🙂
不准备了	没有任何负担	可能会被批评	👎	☺

第4步：选择最优。<u>次日早起准备</u>

　　　　　核对问题：这个方法结局好吗？（√）

　　　　　　　　　这个方法的利处或弊处我特别在乎吗？（√）

　　　　　　　　　这个方法最终会让我，及其他人，感觉好吗？（√）

第5步：评价结果。最终结局好吗？达到了自己的目标吗？（√）

　　　　　　　　　这个方法的利弊我都能接受吗？（√）

　　　　　　　　　最终我和其他人都感觉好吗？（√）

　　　　　　　　　下次遇到类似问题，继续选这个方法（√）还是更换一种方法（　　）

练习记录表

问题情景：_____

第一步：定义问题。_____

第二步：发散方法。1. _____

　　　　　　　　　2. _____

　　　　　　　　　3. _____

第三步：权衡利弊。

解决方法	利　处	弊　处	结局好不好	自己喜欢吗
方法1				
方法2				
方法3				

> 第四步：选择最优。_____
> 　　核对问题：这个方法结局好吗？（　　）
> 　　这个方法的利处或弊处我特别在乎吗？（　　）
> 　　这个方法最终会让我，及其他人，感觉好吗？（　　）
> 第五步：评价结果。最终结局好吗？达到了自己的目标吗？（　　）
> 　　这个方法的利弊我都能接受吗？（　　）
> 　　最终我和其他人都感觉好吗？（　　）
> 　　下次遇到类似问题，继续选这个方法（　　）还是更换一种方法（　　）

第五节　如何教导儿童社交沟通技巧

　　为什么要教导儿童社交技巧？影视作品中不是经常有男主是万年冰山，冷酷风格，或者女主是自我闭塞，我见犹怜么？喵星人（猫）的高冷不也一直是蓝星人（地球人）望尘莫及的高贵品质么？为什么要交朋友？

　　一个原因是，有良好的友谊，会给人带来群体归属感，归属感会带来安全感。孩子小的时候，归属感和安全感主要来自父母，可是等到孩子慢慢长大，他需要生活在他的群体中。

　　关于这一点，其实也给我们大人提了个醒，很多大人结婚生子后，生活重心和社交圈子都缩窄到自己的小家庭里，除了配偶和孩子之外，没有维持自己的友谊，这其实从某种程度上削弱了自己的归属感和支持资源。

　　另一个原因是，通过结交朋友维系友谊，孩子发展的是社交技巧，其中很重要的一些成分就是理解他人、换位思考及同理心。

　　童年时期的友谊，对成长后期的很多情况都具备一定的预测作用。比如有研究显示，儿童期遭遇更多社交问题的，如被同伴拒绝、被群体隔离等，长大至青春期或成人期出现学业问题如辍学，情绪问题如抑郁等，概率更高。

　　按理说孩子天生就爱玩闹在一起，怎么还需要教导如何交朋友呢？确实，大部分情况下，家长无须特别去干涉孩子，允许孩子自己在维持友谊的事情上摸爬滚打，总结经验教训即可。但是对于有些孩子而言，可能天生的一些气质特点、行为模式会为他们结交朋友带来重重阻碍。

哪些孩子会在结交朋友方面存在更多困难呢？

—— 攻击性强。如玩耍过程中稍有不顺心的地方，就可能言语或行为上攻击他人，冲别的小朋友大声吼叫，甚至可能推搡、殴打，这类带有敌意的行为模式，是最容易让人退避三舍的。因为其他的小朋友会选择"惹不起还躲不起"的策略。

—— 冲动鲁莽。有的孩子对于自己言行的后果，可能完全没意识，也可能无法做到三思而后行，导致经常有些言行冒犯他人，惹别人不高兴。如信口开河评价其他小朋友"太蠢了"，看到别人手里的玩具不由分说就去拿，随意插入一个群体中，打断他们等。

—— 难以等待。缺乏耐心等待自己的回合，或者在等待轮流的过程中容易烦躁不安，也是容易导致群体活动被拒绝的原因之一。

—— 自我中心。喜欢按照自己的想法，对他人指手画脚，同时拒绝他人提出的建议想法，容易让自己被孤立。

—— 沟通欠佳。有的孩子言语能力发展欠佳，从而导致在理解其他小伙伴的意思，或者表达自己想法的时候，容易出现问题。

以上种种，最终的结局，就是很容易"招惹"到其他的小伙伴，从而影响社交发展，结交朋友困难容易使孩子感到孤单，缺乏自信，这样的特点又会使得发展友谊更加困难，缺乏同伴友谊的支持，缺乏锻炼发展社交技巧的机会，就容易变得更加退缩内向、敏感多虑，引发更多的负性情绪，情绪状况越差，就越不受同伴的欢迎，就此一步步陷入恶性循环。

因此，面对社交能力欠佳的孩子，需要家长适时介入，教给孩子一些适当的技巧策略，可以帮助孩子更好地发展友谊。

一、家长如何教导孩子社交技巧

很多家长困惑的是，我都教给孩子了啊，他就是学不会，怎么办。

举个例子。小影，妈妈说他很渴望结交朋友，在妈妈的教导下，他也知道要分享玩具，要谦逊礼让。因此每次班级里分配玩具，他都让别人先挑，自己最后挑。还经常带玩具或零食去和同学分享，毫不吝啬，可还是不招人待见。为什么呢？因为他高兴了，或者不高兴了，总喜欢推别人一下，或者拍别人一下，有次下手太重，甚至把同学推下了楼梯。以至于其他同学家长纷纷告诫自家孩子，离小影远一点。妈妈很困惑，也陪着孩子一起委屈，其实道理孩子都懂，但他在学校做不到，自己只能在家里教，没法远程遥控孩子在学校的行为啊。

很多家长认为,"教导"孩子技巧,就只是"教说"了即可。大人说了,孩子表示懂了,感觉任务就完成了。不,这才刚开始呢。教导,不仅仅是教说,还包括示范、练习、督促、支持、提醒、强化直至孩子完全内化这个技巧,即不需要大人的提醒,能自发使用这个技巧,才能称之为"教导"成功。

具体到社交技巧的教导方面,具体怎么做呢?

第 1 步:具体解释告知某一项社交技巧。

很多时候,孩子不知道究竟该如何跟其他伙伴互动,因此要尽量给出具体的解释或演示。换言之,避免只是笼统地教导"你要更友善一点啊"或者"你总是得罪人,就没人喜欢你了"。孩子有时并不一定非常清楚,具体怎么做代表友善,怎么做就得罪人了。

我们可以尝试告诉孩子,玩游戏时要等待轮流到自己的回合,与其他人分享你的玩具或零食,输了不高兴可以噘嘴但不可以打人,当想玩其他人手里的玩具时用协商的句子等,必要时可以教具体的句子,如"我可以玩下你的钢铁侠吗",让孩子避免说别人"蠢""笨"而换作中性的表达,如"这个游戏你玩输了",而不是"你输掉游戏了真笨"。

第 2 步:在家陪伴孩子反复练习。

总结目前常引起孩子社交困难的场景或问题,在家里陪伴孩子出演容易遭遇困难的情境,提醒支持孩子使用学习的技巧,具体到眼神、手势、动作、话语,一遍遍地重复练习。

这一步是绊脚石,因为有的家长会觉得演不出来,有的家长会不知道该怎么呈现这个困难情境。解决方法是,详细具体去了解孩子面临的困难,你掌握的细节越多,也就越知道该怎么模仿表现,来配合孩子模拟练习。

记得寻求老师的帮助,因为孩子与同龄人相处最多的机会就是在学校里,所以老师能够观察到孩子在社交互动中的很多表现。询问老师,孩子和同学相处时有没有什么困难需要改善。此外,向老师预先告知孩子可能存在的困难,也有利于老师在安排同学们互动时,扬长避短。

第 3 步:邀请小伙伴到家里来。

尽量邀请和孩子关系好的、社交能力不错的小伙伴,此外,最好是两家大人的关系也不错,万一孩子相处闹得不愉快了,对方大人比较能够理解和体谅自家孩子的表现。

一开始就邀请1~2个小伙伴即可,观察他们的互动,及时具体指导孩子在互动中的社交表现,看看如何能让小伙伴感觉更好,能让自己感觉更好,能让两人的友谊更好。比如,与其说"你选的游戏太无聊了,我不要玩",不如说"我们可以换个新游戏吗"或者"我们先玩你选的游戏,然后再玩我选的游戏,好吗"。

逐渐的,偶尔可以尝试组织个小聚会。可以是节假日,也可以是周末晚上。关键是要让孩子明白,作为主人,意味着他的任务是要让前来的小伙伴们感到舒服和开心,而不是代表着他可以发号施令指挥别人。具体的细节包括如何尊重玩伴的意见,如果意见不一致时如何表达,如何关心询问其他人的感受等。

第4步:带孩子参加小团体活动。

给孩子报一些人数相对少一些的活动班,参加之前提醒他相应的社交技巧后,让其自行融入团体,大人退居后方,仅在必要时给予支持提醒即可。

之前我也说过,有的孩子,其发育年龄和实际年龄之间存在一定的差距,如注意缺陷多动障碍的孩子,心理年龄比实际年龄要晚1~2岁。这时候可以尝试让孩子加入一些年龄更小的孩子群体,这样当孩子表现不成熟时,其他小孩子更少挑刺,当孩子表现好时,还能得到其他小孩子的崇拜,从而增加孩子的自信心。

当然也可以尝试让孩子加入比他年龄更大的群体,大孩子具备更成熟的能力,也能更包容自家的小孩子,存在一定的示范作用,能够更好地协助孩子演练社交技巧。

无论哪种情况下,当孩子新结识一个伙伴或加入一个群体时,大人虽然无须跟随孩子左右,但请尽量保持孩子们在你的视线内。一开始避免接触太长时间,逐渐等孩子们相互适应后,且确实合得来之后,再逐渐延长他们的相处时间。

第5步:鼓励孩子日常使用社交技巧。

在平常的生活环境中使用社交技巧,使用强化的方法,促进孩子反复练习技巧策略,直至内化。

可以将当前对孩子影响最大,或者你们觉得最重要的社交技巧,设置为行为合约。具体可以参考第三章的内容。比如,孩子经常在互动中感到别人不听自己的,就会生气,会乱扔玩具砸其他小朋友。那么合约就是"生气时会用平静的语气说出来",做到了奖励3颗星星;"即使生气了,但只要坚持一整天不乱扔玩具"奖励1颗星星;而出现"用玩具砸人"1次则冻结1颗星星。

二、家长应该教导哪些社交技巧

技巧1:恰当加盟到群体中。

有时候当其他小朋友已经在一起聊天或玩耍时,孩子如果突然进入,也许不一定会被小伙伴们接纳。按照以下步骤教会孩子如何逐渐融入一堆小伙伴,甚至可以在家陪孩子一步步演示。

首先,站在自己感兴趣的某个小朋友身边,只能看着他,听他说什么,自己一声不吭。如果这个小朋友正在进行的谈话或活动是自己感兴趣的,那么继续待在那里,否则就可以换到另一个小朋友附近。

如果继续待在那里,那么观察这个小朋友是不是也开始注视自己了,如果是的话,那么这可能代表是在邀请自己的加入,可以尝试询问:"你们在聊什么?"或者提出请求:"我可以一起吗?"如果很长一段时间,这个小朋友都没有友好地注视自己,那么就说明他不想被打扰,可以尝试再多等一会儿,也可以尝试换到下一个小朋友附近。

技巧2:学会等待,停止打扰。

有的孩子缺乏耐心,容易插嘴,或打扰人。你越要跟人谈话,或越是处于某项任务中,孩子就越喜欢前来打扰。孩子不一定是故意的,孩子也知道这是不对的,但有时他们难以自控。纯粹地制止"不要插嘴"用处不大,有时候,你的制止实际上让插嘴的孩子获得了关注。

你需要帮助孩子学会等待一段时间。因此,给出明确的界限要求,如:"在爸爸妈妈谈话结束之前,你先保持安静。"或"在爸爸写完这份报告之前,你先自己玩,不可以来找我。"如果是小年龄的孩子,最好给他一个沙漏或计时器,帮助他理解需要等到什么时候才能打扰你。当孩子做不到时,不予理睬。当孩子做到了时,事后要给予足够的关注和互动,并对他做到了不打扰给予赞扬。

技巧3:表达不一致的想法。

有些孩子很愿意结交朋友,但是在玩耍的过程中,遇到和自己想法不一致的情况,很容易闹得不欢而散。孩子自己可能不开心,认为:"你凭什么这么想,我想的才是对的!"也可能是说出一些话,如:"你不对!真傻啊!太笨啦!"等,从而惹得对方不开心。

因此,帮助孩子情绪更平稳地接受和自己不一致的想法,以及更恰当地表达自己的不同想法就很重要了。前者可以通过训练孩子的灵活适应能力,淡化绝对观念而得到改善(执行功能章节会有详细描写),后者可以通过教导具体的表达句子,以及反复练习而得到改善。家长可以将一些社交表达句子想象成唐诗宋词,教孩子反复朗读以至于背诵下来,关键时刻就可以派上用场了。如:"也许你说的没错,但我是这么想的""我觉得不太能同意你的看法""我的看法和你有些不一样"等等。

教孩子尽量避开一些负性评价词语,告诉他,大家听到哪些词是容易不开心的,如傻、笨、蠢、白痴、有病、愚昧等等。当然这也就意味着我们大人需要以身作则,在我们教育孩子时,以及在我们相互之间表达不同观点时,避开负性的、攻击性的词语。

技巧 4：询问关心他人感受。

尽管孩子在儿童期确实是比较"自我"的，但并不意味着我们没法帮助他们发展出关心和帮助他人的同理心。

首先能够站在他人的角度，理解他人的心情、意愿、观点、目标，也是执行功能的一种，叫心理理论。发展出较好的以他人角度看问题的能力，就能更好地理解加工社交线索、推测他人可能的反应，从而修正自己的言行举止。这个能力有个耳熟能详的名词，叫"换位思考"。

换位思考，并非说一句"你要换位思考，考虑下别人感受"就能具备的能力，同样需要教导和练习。家长可尝试询问孩子："当你这样说/做时，你觉得别人是什么感受？"如果孩子回答不知道，可以鼓励他询问："你可以问问对方，我这么说/做，你感觉如何？"这样就能帮助孩子逐渐积累，自己言行对他人可能造成什么感受的判断能力，这也是执行功能的一种，叫反省认知。

技巧 5：教会孩子应对嘲讽。

当社交能力欠佳时，孩子很容易被同学们嘲讽甚至孤立，如果孩子用消极或攻击的态度应对嘲讽，那么只会让情况变得更糟。

应对嘲讽最佳的武器是幽默，用幽默的言语化解嘲讽。如果家长能提前知道同学们多半嘲笑孩子什么，如太胖了或者作业太慢了，那么可以提前设计好幽默的回应方式，并反复练习，这才能在被嘲讽的时候，不至于太难过或生气，而能用幽默来回应。但这一招实在太难了，以下是我绞尽脑汁尝试想的一些回应，也许并不实用，希望家长们也能头脑风暴贡献一些点子。

嘲笑	回应
你真胖！	我爸妈把我照顾得好啊。 我不胖啊，是衣服小了。 别担心，我吃的是自己家里的零食，没抢你的。
你真矮！	我不是矮，我只是不高。 就是现在矮，过阵子就高了。 身高矮没关系，能力高就行。
你真傻！	我当然比大学生傻了。 不是傻，是聪明过头了。
你学习真差！	我进步空间大。 努力的态度更重要。
没人愿意跟你玩！	我自己玩得也挺开心。 谢谢你愿意跟我互动。

短期内还有一个方法就是暂时离开被嘲讽或被挑刺的环境,平静地转身走开,装作没听见,也是有力的还击。毕竟,当恶劣的语言攻击无效时,反而会自行慢慢平息下来。告诉孩子,不予理会,只是一种自我保护的策略,并非说明嘲讽他的同学是对的。嘲讽是不对的,因此自己也无须用同样的方式还击。此外还要让孩子知道,被嘲讽时感到难过是正常的。

技巧6:保持积极的心态

孩子在他的生活环境中,可能会遭遇到不公平对待,如被朋友孤立、被同学攻击、被老师冤枉,等等。聆听孩子的烦恼和痛苦,一起寻找和练习解决办法。

避免陪孩子一起抱怨和攻击他人,如:"你们老师就是袒护谁""这个同学就是太恶劣了"等。这样会让孩子觉得,全都是别人的错,跟自己没关系,反而不利于改善自己的社交技能。也避免责怪孩子,如:"别人打你你不会打回去啊,教了你这么多遍都不知道!"记住,你需要做的是,陪孩子找到问题所在,找到解决办法,练习解决办法直到熟能生巧。

三、有助发展社交能力的关键因素

良好的社交能力,有赖于良好的情绪调整能力。管理情绪的4个步骤,大家还有印象吗?

第1步:识别情绪。准确识别自己的情绪(可通过躯体线索),尤其坏情绪。

第2步:暂停放松。先停下来,避免被坏情绪俘虏,深呼吸5~10次,放松下来。

第3步:挑战想法。找到引发坏情绪的坏想法,提问:这个想法让心情更好了还是更糟了?如果按照这个想法去行动的话,达到目的还是情况更糟?这个想法是百分百确定还是有其他可能性?可以换成哪种其他的想法呢?

第4步:新的行为。根据新的想法,产生一个新的行为,试试看是否对自己的心情更有帮助,是否能达成自己的目的,是否能改善当前的现状。

如果忘了的话,要返回去重新阅读上一节,陪伴孩子一起勤加练习,直至熟能生巧。

有助发展良好社交能力的另一个关键因素是,建立良好的亲子关系。这点不难理解,毕竟孩子最初建立人际关系的对象就是父母,良好的亲子关系,不仅能为孩子提供稳定的情绪基础,去与其他人发展人际关系,也能为孩子提供如何建立人际关系的示范模板。良好的亲子关系不仅对于发展社交关系存在益处,在塑造孩子的良好行为习惯和培养孩子的学习动力等诸多方面,都存在举足轻重的作用。从某种程度上来说,缺乏良好的亲子关系,这本书的技巧策略,都相当于纸上谈兵,无法付诸实施。在本书的下一章中会专门解析如何建立良好的亲子关系。

在本节的最后,想强调一点是,悦纳孩子,这一点其实是贯穿整书的。在我们去努力帮助支持孩子发展任何能力技巧的时候,都先请心平气和地欣悦接纳孩子当前的现状,包括他的社交偏好和社交能力。

良好的社交关系虽然重要,但每个孩子各不一样,有的孩子天生就人见人爱,花见花开,车见车爆胎。也有的孩子比较慢热,很难受到其他人的欢迎。无须要求每个孩子都成为交际高手,与所有人打成一片。孩子的社交能力满足他的社交需求,能够达到自己舒服的社交状态就可以了。长大成人后每个人也千差万别,有人喜欢委曲求全以维持大多数人对自己的好评,有人喜欢爱憎分明只和自己喜欢的人打交道。接纳、悦纳孩子的特点,帮助孩子发展他所需要的社交技能,要相信,最终他可以发展起自己的社交习惯,建立自己舒服的社交体系。

1. **社交技巧训练流程:**

    目标:你想教孩子哪个社交技巧:_____

    解释:你如何具体解释这个技巧:_____(孩子明白了吗?)

    练习:在家练习技巧

技巧	练习场景	家长陪练角色	孩子说/做什么	语气/眼神/手势要求

    小伙伴:邀请1~2个小朋友到家里来,家长指导使用技巧

技巧	练习场景	家长提醒方式	孩子说/做什么	语气/眼神/手势要求

    小团体:带孩子外出参加人数少的团体活动,家长指导使用技巧

技巧	练习场景	家长提醒方式	孩子说/做什么	语气/眼神/手势要求

日常使用：日常生活中提醒促使孩子使用技巧

提醒方式：_____

促进方式：_____

2. 幽默应对嘲讽

你的孩子可能遭受哪些嘲讽	你能想到的幽默回应

第六节　如何帮助孩子应对负性情绪

　　整本书的设置在于，既分主题模块，又循序渐进。因此希望家长不仅是阅读，停留在纸面上，更重要的是，将阅读的内容转化为实际的行动力，在现实生活中练习起来。每一个章节的内容都熟能生巧之后，再进入下一个章节。否则很容易出现两类困难，一种是前读后忘，另一种是越是后面的技巧策略，越复合越细节越专业，如果没有前面的基础技巧做铺垫，很容易摸不着头脑，不知道从何着手开始练习。

　　这一节的内容是讲述一些帮助应对常见负性情绪的策略方法，会用到很多情绪管理的基本技巧，再一次，自我检查一下，情绪管理的 4 个步骤，以及各个步骤中对应的技巧策略都记得吗？能大概回忆出来的话，请继续往后阅读，否则请返回去，温故而知新哦。

　　儿童期常见的负性情绪为：生气/愤怒，难过/悲伤，害怕/恐惧。只有在管理情绪的第一步中熟悉掌握了解、识别、区分不同情绪的基础上，才能更好地进入这个环节。否则很容易使孩子将难过、害怕都以愤怒生气的方式表现出来。

　　负性情绪的处理步骤是基本一致的：

　　第 1 步：学会理解这种负性情绪，为什么会产生这种不好的感受？

第 2 步：学会识别这种负性情绪，身体、表情、内心出现哪些线索提示自己或他人出现了这种不好的感受？

第 3 步：学会处理这种负性情绪，可以做些什么转移、调整、应对、转变这种不好的感受？

具体到每个负性情绪本身，我们再来逐一看看如何应对。

一、如何应对生气/愤怒

第 1 步：理解生气/愤怒。

询问孩子，什么情况下自己会感到生气或愤怒？以及在他眼里，别人在什么情况下会生气或愤怒？

通过这个问题，你也能判断，经常惹恼孩子的原因是什么。尽量问得越具体越好。我听到最多的答案是"写作业"，可以追问"写什么作业让你生气"或者"什么情况下写作业让你生气"，多半孩子会告诉你"写太久了"或者"作业太难了"会感到生气。

还有孩子的答案是"别人惹我了就会生气"，可以追问"别人怎么招惹你了"或者"别人说什么或者做什么，在你看来就是惹你了"。这时候会发现孩子眼里的"招惹"，通常并非真正的"招惹"，如有可能只是同学表达了和他不一样的意见，老师委屈了他，朋友误会了他，家长错怪了他，等等。所以有一类愤怒攻击，叫"反应性攻击"，即孩子并非主动无事生非地去攻击他人，但是太敏感，燃点太低，风吹草动的小事就很容易点燃他的愤怒反应。

第 2 步：识别生气/愤怒。

找到一些图片，或者表演给孩子看，也可以在孩子生气时录下来事后回看，帮助孩子寻找到生气的线索。

常见的表情线索是：皱紧眉头、瞪大眼睛、紧抿嘴唇、噘起嘴巴或龇牙咧嘴。

常见的躯体线索是：攥紧拳头、挥舞手臂、浑身紧绷，感觉头发都竖起来了。

常见的内心感受线索是：感觉窝着一股火，想大声喊叫，想打人。

第 3 步：处理生气/愤怒。

我们不提倡以任何攻击的方式处理愤怒，因为攻击的方式并不能真正解决问题，也许还会导致更恶劣的后果。唯一的例外情况是，当自身安全受到威胁时，且攻击是解决威胁的唯一方式。

我们也不提倡一味忍耐憋着愤怒情绪，虽然俗话说忍一时风平浪静，退一步海阔天空,但需要忍耐的是不恰当的愤怒宣泄方式,而非愤怒情绪本身。所以,负性情绪宜疏不宜堵,且应该用合适的、健康的方式疏泄出来。

哪些是合适的、健康的方式呢?

首当其冲的方法以前我们学过,深呼吸,随着深呼吸的进行,躯体的放松能帮助缓解生气时即将发飙的冲动。

然后就是转移注意力,做一些让自己感受良好的事情。这时候有个技巧要着重介绍下了,叫"好心情制造清单",在心情平静的时候,花点时间陪孩子做个表格,将能够帮助其感觉到放松开心的事情,列个清单出来。因为在负性情绪笼罩的事到临头之际,再去琢磨做点什么让自己放松开心,几乎是非常困难的事情。人的情绪一上来,智商就掉线了。因为要事先准备好清单,生气的时候,只需要掏出清单,选择上面的任何一项,硬着头皮去从事就可以了。这个技巧不仅对孩子有用,对于大人应对负性情绪也同样管用。

除了使用一些方法转移注意力让自己忘了生气愤怒之外,也依然要学习一些恰当的方法宣泄愤怒情绪。毕竟坏情绪,躲得过初一,不一定躲得过十五。陪伴孩子一起发展一些合适的宣泄愤怒的方法,这些方法要符合"安全无伤害"的基本原则。安全是指对自己、对他人是安全的,比如殴打他人或者拿头撞墙,就属于不安全。无伤害是指不伤害其他生命体,不毁坏物品,比如虐待小动物,踢打门窗,就属于伤害毁坏。

可供选择的发泄愤怒的安全无伤害方式有哪些呢?

— 一些运动项目,如拳击武术跆拳道等。

— 一些发泄物品,如捏橡皮球,拍打枕头或沙袋等。

— 适当的喊叫方式,如不过分打扰人的情况下大声呼唤或唱歌等。

有一个小游戏,非常适合儿童宣泄愤怒,叫"愤怒垃圾筒"。让孩子在一张纸上写下或画下令自己生气的事情,然后用力地揉成一团,用力地狠狠扔进垃圾筒里,想象把和这件事有关的愤怒生气情绪都扔进垃圾筒里了。

二、如何应对悲伤/难过

第1步:理解悲伤/难过。

询问孩子,什么情况下自己会感到伤心难过?以及在他眼里,别人在什么情况下会伤心难过?

中华民族是一个情绪内敛的民族,俗话说"男儿有泪不轻弹"就可窥见一斑。

人们通常觉得承认伤心难过是一种脆弱的表现，以至于很多时候，会一味压抑悲伤或者将悲伤转化为生气的方式表达出来。因此，通过这个问题，你能判断，哪些事情会让孩子不开心。需要留意的是，让孩子感觉到难过的事情，也许在大人眼里根本不以为意。不要轻易否认孩子的感觉，比如："哎哟，就这点小事，有什么可难过的啦!"也许本意在于安慰，但孩子的真实情绪却被否认了，下次可能就不敢流露出来了。

同样大人也不必在孩子面前无时无刻维持无坚不摧的形象，有时候可以表现得脆弱，并以孩子能理解的方式解释给他听。比如："今天手机被人偷了，感觉有点生气，也有点伤心。"又比如："今天朋友临时爽约，我觉得被忽视了，有点难过。"

通常来说，引发人们伤心难过情绪的事情多源于"失去"，原本有的东西现在没了，如心爱的东西丢了，要好的朋友因为搬家离开了，亲密的家人因为工作离开了等等。

第2步：识别悲伤/难过。

找到一些图片或者动画片、电视剧里的片段，或者表演给孩子看，帮助孩子寻找到悲伤的线索。

常见的表情线索是：皱着眉头，眼睛耷拉着，流泪，嘴巴耷拉着。

常见的躯体线索是：缩成一团，啜泣。

常见的内心感受线索是：感觉无精打采，心痛。

第3步：处理悲伤/难过。

首先承认伤心的情绪，毕竟每个人在面临糟糕的事情时，都会感到悲伤难过，这是正常的心情，想哭就哭，"哭吧哭吧不是罪"，接受自己的难过，表达自己的难过，只要不被这种低沉消极的情绪长时间笼罩就可以了。

接下来如何从难过的情绪中走出来呢？"好心情制造清单"又派上用场了，挑出其中一些事件，硬着头皮去完成。很多时候，可能会出现心情不好什么都不想做，可是越是什么都不做可能心情就越不好，这种情况下，让自己打起精神去尝试做点别的事情，比如读本有意思的故事书，做点喜欢的运动，听点舒缓的音乐，和其他人一起玩个游戏聊个天，都能帮助疏泄伤心难过的情绪。

有两个小方法可以尝试一下。一个是拥抱，抱抱亲密的家人，抱抱家里的宠物，哪怕就是抱个毛绒玩具，都有获得温暖安全感的帮助；另一个是微笑，笑容的表情，哪怕再勉强再假装，这个做出笑容本身的动作，都会促进心情也积极阳光起来。因此感到难过的时候，试试看，咧嘴露出八颗牙，眯起眼睛，假装笑一下吧。

三、如何应对害怕/恐惧

第1步：理解害怕/恐惧。

询问孩子，什么情况下自己会感到害怕？以及在他眼里，别人在什么情况下会感到紧张害怕？

和悲伤一样，害怕也是一个很容易被掩盖的情绪，人们总觉得承认害怕就意味着胆小，不够勇敢。同理，不要轻易否认孩子害怕的感觉，尤其在鼓励孩子克服困难时，鼓励支持即可，如："我知道你很害怕，但是我相信你能克服的，我会陪着你，加油试试。"而避免通过否认孩子情绪的方式表达鼓励，如："这有什么可怕的啦，不怕不怕。"

不同的孩子害怕恐惧的事情各不一样，相互之间也许很难理解。有的孩子怕高，有的孩子怕黑，当然也有一些共同的事情容易引发孩子害怕，如表现不好担心害怕被大人责罚，或者担心害怕大人长时间离开自己等。

第2步：识别害怕/恐惧。

相对来说，这种情绪会比生气愤怒或悲伤难过要难以识别一些，实际上，紧张、担忧、忧虑、担心、惊吓等情绪也归在这一类里。

常见的表情线索是：瞪大眼睛、咬紧牙关或者张大嘴巴。

常见的躯体线索是：心怦怦跳、呼吸急促、浑身发抖。

常见的内心感受线索是：感觉非常紧绷，心悬在那里。

第3步：处理害怕/恐惧。

首当其冲的方法，又是耳熟能详的深呼吸和肌肉放松。害怕恐惧最明显的躯体线索就是紧绷紧张，深呼吸和肌肉放松可以直接先解除躯体的反应，进而缓解内心的恐惧感受。

如果害怕恐惧的事情，可以很轻松地回避掉，那么并不是非得去挑战自己的恐惧不可。比如有的孩子怕蛇，现在城市生活中是不太会遇到蛇的，可能非常偶尔的，孩子会在书上或者动物园里看到蛇，尖叫一声跑掉了，一旦跑开了也就不怕了，那么就不一定非得去处理这个害怕。

如果害怕恐惧的事情，是平时难以回避的，比如因为怕黑而晚上不敢一个人去洗手间；或者因为怕针而将每次抽血或者打针都变成大哭大闹的一场战斗，那么就需要处理一下。处理的方法叫"脱敏"，让孩子慢慢接触让他害怕的事物，每一次感到害怕时，都通过陪伴鼓励、深呼吸等方式让其能够逐渐适应和耐受。

拿怕黑举例子，孩子因为怕黑不敢从卧室走到洗手间。那么一开始可以陪伴孩子一起走，然后在中间一半的位置拿着手电筒等孩子，接着是在卧室门口拿着手电筒等孩子，最后尝试让孩子自己拿着手电筒走过去。这种方法看上去眼熟吗？其实逐级脱敏和支架式教学有点异曲同工之处，都是将目前所处的位置和最终的目标之间划出很多个小目标来，一步步逐渐地去达成。

应对害怕恐惧还有很重要的一点是，增强安全感，包括来自家人外界的安全感，也包括来自孩子内心的安全感。安全感强的孩子，相对来说，克服恐惧的能量也强大一些。哪些事情可以增强孩子的安全感呢？通常来说，家长稳定的关爱陪伴，恰当的肢体接触如拥抱，都有帮助。

还有一个小技巧，假想超级英雄。让孩子假想超级英雄就陪伴在自己身边，也能增加安全感和勇敢心。一百个孩子心中有一百个英雄，让孩子选择他心目中的英雄人物，大人不用帮助孩子选，因为大人跟不上孩子的节奏。就在我依然在拿孙悟空、奥特曼举例子时，孩子心目中的英雄早已紧跟潮流变成钢铁侠或美国队长了。

四、有助应对负性情绪的小策略

在这一部分，介绍一些日常生活中随时可用的小策略，帮助孩子应对负性情绪。

1. 接受孩子反应

前文已经提到过悦纳这个技巧，要知道，孩子之所以是孩子，他们的情绪管理能力还在发展的路上，大多数情况下，孩子发脾气、哭闹等情绪波动不完全是他们有意而为之，他们的本意并非惹出这么大的动静来，他们也只是在不知道如何处理眼前困境的情况下无奈而为之的举动。

尝试先理解和接受孩子当前的情绪反应，再想办法陪伴帮助他去应对。不要把自己想象成孩子坏情绪的受害者,他们的本意也并非让你不开心。

2. 讲述自己感受

作为大人,如果经常示范用言语表达情绪,包括自己的和孩子的,都能够帮助孩子耳濡目染,学会使用言语表达情绪。

比如当孩子作业没完成从而不能玩游戏时,可以描述孩子的情绪:"我看到你很烦躁,因为还有很多作业没写完,你会觉得时间不够用了,感到着急烦躁,你没时间玩游戏了,看上去很失望,不开心。"

也可以描述自己的情绪:"我也替你感到惋惜,我希望你能开开心心地玩,但是今天确实没时间了,同时我也感到失望,因为你作业拖到现在还没有做完。也许下一次你按时写完作业,就能开心地玩游戏了,我也会感到欣慰。"

情绪能用言语说出来,就不太会用行动演出来。《天下无贼》里的黎叔在表达自己愤怒情绪时使用了言语:"黎叔很生气,后果很严重",他的外在行为举止就显得相当平静。

3. 鼓励孩子表达

我们在教孩子控制管理自己的行为,而非控制压抑自己的情绪。鼓励孩子表达自己的情绪感受,原因同上,越能使用言语表达坏情绪的孩子,越少会通过不合适的行为方式去呈现坏情绪。避免否认孩子的情绪,要知道,不同的人对同一件事会有不同的情绪,同一个人对某一件事可能会有几种不同的情绪,所以才会有悲喜交集、五味杂陈这样的词语。

尝试教孩子用"我语句"表达情绪,即用"我"开头表达自己的情绪,避免直接使用"你"开头去指责对方。比如当孩子的东西被人碰掉在地上时,与其生气地嚷嚷:"你怎么把我东西碰掉了!"不如换成:"我很生气,因为你把我东西碰掉了。"呈现情绪反应的程度会大不一样。

4. 正性自我对话

孩子习惯自我对话,家长应该能观察到,孩子在玩耍的时候会自言自语去描述自己完成的情况。研究发现,那些经常负性"自我对话"的孩子更容易呈现生气愤怒等负性情绪。其实不难理解,俗话说,好话歹话,说得多了,就变成真话了。

有的孩子在遭遇挫败时,会很容易说"我真笨""我太失败了",这样的负性自我对话会加剧情绪波动。与之相反,正性自我对话,能够帮助孩子更好地保持平静,更好地管理情绪。比如:"我可以的""没关系,继续努力""他不是故意惹我的""我能保持平静""我需要深呼吸三次",等等。

《武林外传》里性格暴躁的郭芙蓉也是采用正性自我对话的方式帮助保持平静

的,她说的是"世界如此美好,我却如此暴躁,这样不好,不好"。

5. 困难场景演练

光说不练假把式,太多时候家长容易将教导停留在口头的说教上,要假想自己是个奥斯卡获奖演员,营造出尽量接近现实的困难场景,陪孩子演练。

我遇到过一个孩子,每当和同学之前起冲突,尤其对方说出一些贬低他的话时,他会脾气发得不可收拾,扔书踢桌子,大喊大叫,闹得天翻地覆,有时甚至有危险举动。尽管也许是别人言语招惹他在先,但是他的情绪行为反应太过激烈,影响了学校正常秩序,以至于校方不放心让他继续上学。家长说,跟他讲过道理,别人说他,不理会或者告诉老师就可以了,不用这么大动干戈,道理他也懂,就是做不到。

做不到是理所当然了,所以需要演练。家长表示不知道怎么练,我就做了个示范。角色演练分为两部分,先是孩子呈现出他当时遭遇的困境,大人演示如何应对;然后大人配合演练困境,让孩子自己演练成功应对。

这个例子中,一开始先让孩子演练言语挑衅的同学,比如孩子会对我说:"你真笨啊,你蠢到家了!"我就示范说:"我要深呼吸三次保持平静。"(深呼吸三次)"他说他的,这不是真的,我可以装作没听见,待会我告诉老师或者回家告诉爸爸妈妈。"

然后我来饰演挑衅的同学,提前我打了个预防针:"待会我会很凶,因为我要演那个不好的同学,你尽量学我刚才的样子,想办法保持平静。"尽管如此,在我真的很凶恶地说:"你真笨!"的时候,旁观的家长都吓得一惊。尽管这是角色扮演,尽管我不是他的同学,但因为我投入去模拟那个困难场景了,孩子明显脸涨得通红,咬紧牙关,眼看就要真的发火了。这时我小声给了句提醒:"想下该怎么告诉自己?"孩子这才勉为其难地说:"我要深呼吸保持冷静,我装作没听见,这不是真的。"

6. 蜗牛房子技巧

蜗牛房子技巧是通过假想的方式,迅速脱离现实让自己闹心的糟糕环境,从而专注于自己的呼吸,恢复情绪平稳。让孩子假想自己像蜗牛一样,背上有个房子,遇到激惹自己负性情绪反应的事情时,就想象自己钻进了这个房子中,外面有一层坚实的壳挡住了那些烦恼,在房子里,自己可以好好地深呼吸,从而平静下来。

日常生活中可以示范给孩子看,或者带领孩子一起练习。比如,你们一起在排队,突然有人插队了,你可以告诉孩子:"我有些生气,因为他插队了,我需要等更久的时间,这让我太烦了,你要不要陪我一起钻进蜗牛房子里深呼吸一下?"然后在空间允许的范围内,舒展自己的手臂,假装是抬起蜗牛背上的房子罩住了自己:"钻进蜗牛房子,我就看不到那些烦人的事情了,现在我自己深呼吸3次,1-2-3,感觉平静多了。"

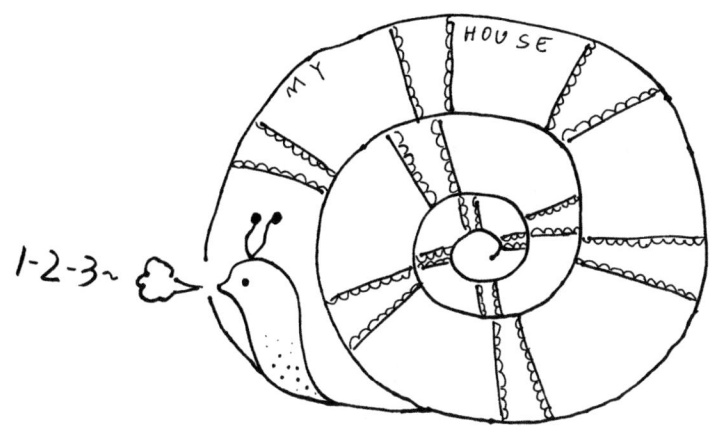

7. 疏泄负性情绪

前文提过,负性情绪宜疏不宜堵,只是我们需要寻找到安全的、合适的方式去疏泄负性情绪。我们最为鼓励的就是言语表达情绪,以及培养有建设性的兴趣爱好。一个人获得正性感受的渠道越多,那么他缓解负性情绪的方法也就越多。

注意留心孩子情绪爆发的预警值。家长通过长时间与孩子相处,基本对孩子的脾气秉性了若指掌。什么情况下,孩子的情绪濒临失控了,提前就让孩子在一个相对安静的角落坐下来,进行蜗牛房子技巧,深呼吸平静下来。避免总是等到情绪爆发了之后再去收拾残局。

比如孩子在迪斯尼乐园玩,和其他孩子追逐打闹,但是你看着孩子越来越疯,越来越当真,越来越生气,脸开始红,表情开始严肃,出手开始重了,就及时介入,找个借口将孩子拉回自己身边,离开其他孩子的接触范围,鼓励孩子钻进蜗牛房子里,帮助自己平静下来。

在用言语描述孩子负性情绪的时候,注意同时匹配一个正性情绪,这样孩子不仅能意识到自己目前所处的糟糕状态,同时又不至于总是陷入在不断的负性评价中。比如上面的例子,你可以说:"我看到你打闹得有些生气了,希望你能保持轻松愉悦的玩耍心情,所以要不钻进蜗牛房子里,平静一下,调整一下。"

8. 鼓励情绪管理

所有的小策略,万变不离其宗,都还是情绪的自我识别和自我管理。要让孩子也有这个意识,即也许我可以是个脾气很差的孩子,但我可以努力做到情绪管理。避免总是给予负性评价,循环往复地说孩子"脾气差",孩子的脾气不会好起来,只会越来越差。不如提醒鼓励孩子"相信你能自我管理好情绪",至少孩子知道他需要努力去"自我管理好情绪"。

同样的,任何问题,反复抱怨多遍,只会让问题根深蒂固,让所有人都坚信这个问题的存在,而不会让它消失,除非你有所行动去改善它。

最后需要嘱咐的一点是,必要时不要避讳寻求专业心理干预。如果说行为管理实施比较困难,那么情绪管理的训练只会更难,因为里面涉及更多的专业心理知识,如认知调整等。即便是一个训练有素的心理治疗师,也未必能使用得游刃有余,或者达到百试百灵的效果。更何况兼职学习这些方法技巧的家长们。

有时候,家长可能再努力也不足够。如何识别情绪线索、如何解读社交线索、如何调整社交中的认知和情绪反应、如何做出恰当的社交行为回应、如何留心影响社交的小细节,这些不仅仅是三言两语可以说得清道得尽的,也不是一两次的说教练习就可以达成的。

如果家长发现通过自己的努力,对孩子帮助有限,可以带孩子参加线下的Focalm情绪管理训练班,系统正规地学习这些心理技巧,更好地帮助孩子管理调整好情绪,保持平静美好的心情。

我的心情日记

鼓励孩子记录自己的心情

今天我感受到的情绪是:＿＿＿＿＿＿＿＿＿＿＿＿＿＿

让我感到这个情绪的事情是:＿＿＿＿＿＿＿＿＿＿＿＿

这个情绪让我感觉: 良好　　糟糕

　　如果感觉糟糕的话,

　　我采用了以下方法赶走糟糕的感觉,让自己感受好起来:

＿＿＿＿＿＿＿＿＿＿＿＿＿＿＿＿＿＿＿＿＿＿＿＿＿＿＿＿＿

＿＿＿＿＿＿＿＿＿＿＿＿＿＿＿＿＿＿＿＿＿＿＿＿＿＿＿＿＿

　　结果:成功　　失败

　　　　如果成功了,我想把这段经历:与人分享　　埋在自己心里

　　　　如果失败了,我可以向谁求助:＿＿＿＿＿＿＿＿＿＿＿＿

第五章
执行功能　影响终生

第一节　定　义
什么是执行功能且为何如此重要

什么是执行功能，为什么执行功能如此重要？

在这本书的前面部分，零星提到过"执行功能"这个词，但每次都"欲言又止"，并没有展开来讲。因为这个话题，实在太大，实在太重要，但又不是那么普及。现在，就利用这一整个章节，好好地探讨一下，问究竟执行功能为何物，只教人决定其一生？

全世界最权威的科学期刊之一《Science》在 2011 年第 333 期的一篇文章《如何促进 4～12 岁儿童执行功能发展》中，开篇第一句便显示了执行功能的重要性，翻译过来是这样的："想要获得成功，必须具备创造思维、灵活应变、自我控制和规则遵守等能力，而这些便是执行功能的重要组成部分。"

美国政府的决策者们一直开展各种研究，尝试寻找一种合适的、有益于整体人群的干预项目，可以提高人民整体的健康、经济水平，以及减少犯罪率。终于，2011 年的一项研究结果为这个目标指出了一条明路。这项研究随访了 500 对同胞，发现 3～11 岁时，执行功能较好的个体，在 30 年之后，也就是 33～41 岁时，取得了更好的学业事业成就，经济收入情况更好，身体健康状况也更好，犯罪率更低。也就是说，一个孩子未来的结局如何，更多取决于执行功能情况，而非家庭环境或智商。

如果说执行功能与一个人将来的事业成就存在明显的相关，会让大家觉得，这是太过遥远的将来，充满太多的变数，那么我们扎根眼前，说说贯穿整个儿童青少年期，最受关注的一个问题：学习。

学习成绩是学生年代最受重视的表现之一，无论儿童聪明程度如何，其执行功能的水平，与阅读及算术能力都存在明显关联。且如果想进一步培养良好的学习习惯，更长远地增加孩子的学习主动性，从而提高学业表现，研究提示，再多的补课、特殊教育，甚至使用药物提高注意力，都没有长期效果。唯独提示有效的，就是改善执行功能。

一项调查研究显示，当要求幼儿园老师对孩子在校的能力进行排序时，良好的执行功能，如更好的行为及情绪自控力和调整力，远比孩子的智商、听话程度，以及具备的知识内容更加重要。同样，在学校里最被喜欢、最被欢迎的孩子，并非最聪明的孩子，而是行为、情绪、时间自我管理能力更好、组织条理性更好的孩子，而这些就是执行功能。

因此教育部门取消知识储备的各种"杯"的竞赛，取而代之面试，在某种程度上是可以理解的。而孩子如何能在短暂的面试中，从激烈的幼升小大战中脱颖而出，上述良好的执行功能，即注意、情绪、行为的良好自控力和调整力是神助攻。

铺垫了这么多，估计大家仍然很疑惑，说到底，什么是执行功能？

执行功能（Executive Function, EF），是指个体在实现特定目标或者完成复杂任务时，以灵活优化的方式控制多种认知加工过程协同操作的认知神经机制。如果看到这句定义完全一头雾水不知道在说什么，先别担心，太正常了。这句定义是神经心理学科研者们给出的非常晦涩难懂的一种解释。

实际上，面对千变万化的世界，我们必须要不断地解决各种问题，为此，需要实施计划行为、形成推理、解决问题、同时完成多项任务，以此来适应新的环境和遵守社会规范。而要做到这些，我们必须随时监控外部世界和内心活动，排除或抑制无关信息的干扰，选择必要的信息输入，对已有信息和当前信息进行比较、整合；我们需要抑制不必要的、但已形成的优势反应，以产生协调有序的动作和行为。完成这些活动所必需的高级认知功能就是"执行功能"。

执行功能并不是指某个特定的基本的认知过程，如感觉、理解、言语和记忆等，它和注意、推理、问题解决能力有一些交集，但不完全一样，执行功能基本上是对上述一般认知过程进行控制和调节的过程。简单点说的话，执行功能是更为高级、更为复杂的认知功能，管理着大脑的"自我控制""自我调节"的机制。

乍一看上去，执行功能显得挺复杂，家长可能会觉得，孩子哪里用得着这些能力？等长大了需要时再说。要知道，执行功能自孩子出生后就隐藏在大脑里，最早从2~3岁就开始显山露水，在4~5岁会呈现重大发展，到了学龄期7~12岁时会呈现高速发展，待青春期至成人早期基本发展完善，差不多决定了这个人一生的执行功能水平。从这个发展阶段来看，古语有云"三岁看大，七岁看老"是非常有道理的，具体看什么？就看执行功能。

因此，如果在幼儿期及儿童期，没有及时帮助孩子促进他们的执行功能发展，有可能等到他们长大成年了,执行功能就会待到用时方恨少。

实际上,执行功能包罗万象,我们每个人不可能在执行功能的各个方面都发展得尽善尽美。事实上,在一般人群中,有26%的人存在1种成分缺陷,12%的人存在2种成分缺陷,2%的人存在3种成分缺陷。而在一些特殊群体里,尤其患有损害执行功能疾病的人群中,存在缺陷的比例就更高了。

为什么一本关于注意力的书会提到执行功能?就是因为注意力问题,是损害执行功能发展的罪魁祸首。有一种问题叫注意缺陷多动障碍,可能它的俗称大家更熟悉,就是多动症,在这部分儿童中,存在至少1种执行功能成分缺陷的比例上升到75%。

执行功能包含哪些主要成分呢?不同的神经心理研究者有不同的划分方法,其实大同小异。我自己通过相关领域的科研临床工作,结合了可评估考察、可改善训练、可相互区分的因素,将执行功能分为8个主要成分:抑制能力、工作记忆、时间管理、灵活适应、计划能力、情感调节、组织条理和社交知觉。

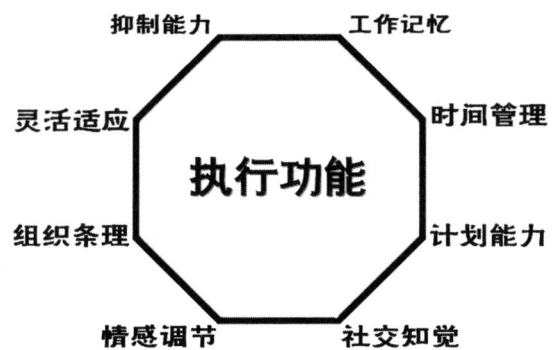

1. 抑制能力

抑制能力(Inhibition)主要是指会根据当前的环境、事情来控制管理好自己的言行,也就是俗话说的三思而后行。抑制能力缺陷会表现得言行冲动,做事之前欠缺考虑,刚一做完就后悔了,但是追悔莫及,给自己和他人带来很多麻烦,此外,抑制能力不好也会表现为做事难以抵抗外界干扰,外面稍有风吹草动就分心了。因此,很多大人在做错事后追悔时经常说:"当时脑门一热,没细想就这么做了。"这就是典型的抑制能力不足的表现。抑制能力是最早发展的执行功能成分之一,良好的抑制功能会奠定其他能力发展的基础。比如在儿童期,抑制功能的表现之一就是,在上课期间坐得住,虽然好动是孩子的本性,但因为知道这种场合下,我应该坐得住,就会调动自控力,抑制住好动的本能,管住自己的行为,只有坐得住了,才可能有机会专心听讲。但是问题是,家长们是否有在孩子4~5岁时,把是否坐得住这件小事放在心上?关于不同执行功能成分更多具体的行为表现,我会单独详细分享,这样更有助于家长们通过平时生活中儿童的表现,来评价孩子的执行功能水平,从而可以引起重视,以及有的放矢地去培训发展。

2. 工作记忆

工作记忆(Working Memory)是指将重要的信息内容保存在记忆当中,并且在完成某些任务需要这些信息时,能够调动回忆起来。听上去很复杂,但在平时儿童的学习中有个最简单的例子,就是默写。背下来要默写的内容,在真正默写时能回忆起来,并且正确书写下来,这就是工作记忆能力在发挥作用。工作记忆缺陷表现为丢三落四、前教后忘,记不住重要的信息,需要三令五申、反复叮嘱。

3. 时间管理

时间管理(Time Management)顾名思义,就是能够管理好自己的任务时间,从而呈现出一种高效学习或工作的方式。很多家长埋怨孩子没有"时间观念",实际上就是指时间管理能力不够好。时间管理是一个执行功能中相对复杂和高级的成分,内容包括知道自己做什么事大概需要多少时间,任务应该如何安排从而在规定的时间内完成,完成任务时如何提高时间效率等。时间管理欠佳就会表现得缺乏时间观念,做事拖沓磨蹭,经常不能按时完成作业或任务。

4. 计划能力

计划能力(Plan)和时间管理是休戚相关的,主要指知道任务的轻重缓急,从而优化完成的先后时间顺序和步骤顺序。成年人在管理长期任务的时候,尤其需要良好的计划能力,否则很容易出现前面大把的时间都荒废度过,事到临头再拼命赶工的现象。孩子也一样,比如先写作业再看电视,就是根据任务重要性做出的合理排序,而计划能力不足的人则可能先看电视,看到很晚,结果没时间写作业了再发急。

5. 灵活适应

灵活适应(Flexibility)是指根据环境、任务或信息的变化,及时调整自己的方案。比如原计划遇到阻碍了,就要换一种处理方式。比如又收到新信息了,可以更新为更好的处理方案,那么就及时调整。缺乏灵活适应能力的人,会表现为一根筋,容易钻牛角尖。看问题容易绝对化,就坚持认为自己的看法,坚持自己的一套做法,哪怕撞得头破血流,也不愿调整。

6. 组织条理

组织条理(Organization)是指做事、放置物品、归置文件等井然有序的能力,组织条理缺陷表现为杂乱无章,做事没有头绪,东一榔头西一棒槌,这件事没做完又去忙另外一件。以及东西放得乱七八糟,小孩子书包书桌乱,不提醒不会收拾,今天找不到尺明天找不到橡皮,大人则可能衣柜房间乱,每次找东西都是一场大作战的感觉。

7. 情绪调节

情绪调节(Emotional Regulation),意思如同其名,就是识别、调整、管理自己情绪的能力,这本书第四章的整个章节其实都在详述这个能力。

8. 社交知觉

社交知觉(Social Perception)是指人们在社交互动中,建立人际关系时,能够察言观色,理解他人意愿、想法、心情、动力的能力。换言之,就是会推己及人,能够换位思考。社交知觉和情绪调节放在一起,其实就是大众常说的情商。

介绍了执行功能主要的八大成分后,大家应该不难理解,执行功能是如何影响到我们每个人学业、事业成就、人际关系等等生活的各个方面的。

幸运的是,执行功能除了被遗传、生物学情况影响之外,也被社会环境因素影响着。因此,我们是可以做很多事,来帮助孩子促进执行功能发展的。小提示,即便执行功能已发展稳定的成年人,也依然可以通过练习和代偿策略,尝试提高执行功能呈现出来的水平。

1. 当要求幼儿园老师对孩子在校的能力进行排序时,以下哪项最重要?
   A. 良好的执行功能
   B. 孩子的聪明程度
   C. 孩子的听话程度
   D. 孩子的知识储备

2. 执行功能的发展年龄阶段是:
   最早从(　　)岁开始显山露水
   在(　　)岁会呈现重大发展
   到(　　)岁会呈现高速发展
   待(　　　　)期基本发展完善

3. 执行功能会决定个体的以下方面：
   A. 学业成就
   B. 事业成就
   C. 经济收入
   D. 身体健康
   E. 以上都对

4. 注意力问题之所以应该引起重视,是因为影响了(　　　　)。

5. 执行功能被什么决定和影响：
   A. 遗传基因,生物学因素
   B. 教养方式,环境学因素
   C. 以上都是

参考答案：
1. A；2. 2~3,4~5,7~12,青春期至成人早期；3. E；4. 执行能力；5. C。

第二节　评　　估

通过日常生活了解执行功能水平

上一节内容中,强调了执行功能的重要性,也介绍了执行功能常见的八个成分。但可能大家对于执行功能,仍是看不见摸不着,感觉无从下手。因此这一节给大家提供一些孩子在日常生活中,可供观察的行为表现。这些表现,可能在某种程度上,能提示孩子的执行功能水平如何,帮助家长通过平时生活中儿童的表现,来评价孩子的执行功能水平,从而引起重视,以及有的放矢地去训练发展。

评价的时候留心频率,如果偶尔出现,那么忽略不计；如果经常出现,才纳入考虑。

一、抑制能力（自控能力）

关于儿童的抑制能力，可以看看以下几个表现，如果经常出现则提示着抑制能力欠佳。

—— 言行显得比较冲动，说话做事不太过脑子。
—— 总是显得坐立不安、折腾不休，很烦躁，难以安定下来的样子，可能会在不恰当的时候离开座位，比如饭没吃完、作业没写完等。
—— 难以集中注意力做家务、学校功课等，或者难以集中注意力做游戏、玩拼图、玩耍等，注意力容易被噪声、活动、眼前所见等分散。
—— 对于自己的行为如何影响或打扰他人毫不知情，无法意识到自己的行为让别人不高兴了，因此可能会妨碍他人，比如在他人工作中打岔，在他人说话时插话等。
—— 如果正在做某件事，即使大人说停下来，别做了，也很难停下来。
—— 即使被他人制止也很难停止嘲笑某物或某事。
—— 相比同龄人，需要大人更密切的看护，如果没有大人监督，可能会惹麻烦。
—— 在一些公共活动中，如生日聚会、度假时，表现得比同龄孩子更粗野、更幼稚，说话或玩耍时过分喧哗。
—— 玩耍时经常会不小心将自己弄伤。
—— 在活动中容易偏离目标，如说话跑题、赛跑选错跑道、玩游戏不能达到最终的目标。

二、工作记忆能力

关于儿童的工作记忆能力，可以看看以下几个表现，如果经常出现则提示着工作记忆能力欠佳。

—— 当让他去做3件事情时，他很可能就记住完成第一件或最后一件，或者你让他去拿好几件东西时，会只记得其中1~2件，别的忘记了。
—— 自己的文具或玩具很难照看好，经常丢三落四。
—— 难以完成步骤多于一步的家务或任务，比如整理自己的书包，收拾自己的房间等，需要大人的帮助才能坚持完成多步骤的活动或任务。
—— 即使在帮助之下，也可能仍然一遍又一遍重复犯错，因此可能在学习或生活中反复出现一些低级错误。

——在活动的过程中间,忘记自己该干什么,有时在交谈中,忘记在说什么,从而不能保持在同一个话题。

——记性比较差,刚刚说过的、教过的内容,即使刚过去很短的时间,也可能忘记了。

——不能很好地完成对一件事、一个人或一个故事的完整描述。

三、时间管理和计划能力

关于儿童的时间管理和计划能力,可以看看以下几个表现,如果经常出现则提示着时间管理和计划能力欠佳。

——不会自己主动去开始做某事,有时候可能是自己乐意完成的事情,也需要被人催促去开始着手去做。

——低估完成任务所需的时间,因此前面玩的时间太多,导致后来完成作业总是很赶,时间来不及的样子。

——不提前计划如何完成学校作业或其他任务。

——总是拖到最后一刻,或者被人催急了才开始完成作业或任务。

——难以为了达到某个最终目标而实施一点一滴的行动来积累,比如为了获得某个特殊物品去慢慢攒钱,为了取得好成绩而去学习。

——不把做每天的家庭作业和成绩挂钩,没有意识到只有做好每天的作业才能以后取得好成绩,获得老师和家长的认可。

——有好的想法但不采取行动,缺乏贯彻落实的能力。

——承受不了大的难的任务。

——常常显得无所事事,没有想法,懒散度日的样子。

四、组织条理能力

关于儿童的组织条理能力,可以看看以下几个表现,如果经常出现则提示着组织条理能力欠佳。

——自己的书包、书桌、房间或床铺,东西摆放地乱七八糟,经常需要大人帮忙收拾。

——即使给予帮助,也会找不到需要的东西,如某个文具、玩具、书、衣物。

——无论到哪都会落下一些东西。

— 书面任务完成得潦草,不整齐。
— 有时候口头任务完成得不错,但很难用整齐的书面形式写下来。
— 生活缺乏规律感,难以按照常规睡觉、吃饭、玩耍,每天的生活安排比较松散。
— 拘泥于环境或任务的细节而忽视全局。

五、灵活适应能力

关于儿童的灵活适应能力,可以看看以下几个表现,如果经常出现则提示着灵活适应能力欠佳。

— 看待问题容易钻牛角尖,不懂得变通,因此拒绝或难以接受用不同的方法去解决如学校作业、朋友交往、家务杂事中出现的问题,尽管并不奏效,仍反复尝试用同一方法解决问题,尽管受到了阻碍,也难以想别的方法去解决该问题。
— 计划改变时显得心烦意乱,因此让他转换活动会比较困难,可能会难以参与不熟悉的社交活动,比如生日晚会、野营、假期聚会等。
— 当日常环境发生变化,或处在新环境时变得心烦意乱,需要较长的时间才能适应,比如带他拜访远方亲戚或新朋友,搬动了房间的物品,更换新的衣服,或者更换了新的班级。
— 难以适应新人,比如更换了老师,或者进入新的集体,容易受其干扰。
— 当日常生活改变时心烦意乱,如日常活动顺序改变,在日常安排的最后时刻增加事情,或者去商店的路线改变等。
— 在大的噪声、刺眼的灯光等环境下容易显得烦恼不安。

六、情绪调控和社交知觉能力

关于儿童的情绪调控和社交知觉能力,我们可以看看以下几个表现,如果经常出现则提示着情绪调控和社交知觉能力欠佳。

— 对小问题反应过度,小事情容易激发大反应。
— 情绪改变频繁,可能会无缘无故地感情爆发,包括大发脾气,或者大声哭泣,也可能笑得夸张过分。
— 很容易心烦意乱,很小的事情也容易让其烦恼。
— 情绪容易受环境影响,比其他孩子对环境反应更强烈。
— 很容易在基本的日常活动中感受到打击或挫折,如写错字被纠正了,搭积木最后一刻倒塌了,想看的电视今天不能看等,会引发较大的挫败感。
— 出现问题后会沮丧很长时间。

实际上,这些执行功能成分是相互交织在一起的,我们完成日常活动、学业任务时,都不止用到一项执行功能,而是很多项成分一起协同发挥作用。可以把执行功能想象为一个交响乐团,大脑是总指挥,当需要完成不同的任务时,就好比需要演奏不同的曲目,什么时候抑制发挥作用,什么时候工作记忆发挥作用,就好比什么时候小提琴响,什么时候笛子响,谁主导,谁辅助,相互交织,相辅相成,最终才能演奏出成功的乐曲,即成功地完成任务。

比如,完成家庭作业这件日复一日的学生任务,孩子要记得需要完成什么作业,带什么材料回家,以及完成作业时回忆起老师教的内容,这是工作记忆能力;回家后先不看电视,先写作业,以及作业过程中保持专心,不受大人说话的影响而走神,这是抑制能力;写完一部分作业休息一会儿,但不至于太久,再写另外一项,最后完成背诵任务后,还有多余的时间看会儿课外书,这是计划能力;完成作业后将书桌书包收拾好,保持整齐有序,这是组织计划能力,次日记得上交作业,这又是工作记忆能力。

在评价孩子执行功能的时候,家长也请记得,别只盯着孩子表现欠佳的方面,也要适时观察下孩子的长处强项在哪里。这样,才能更好地扬长补短。

通过本节提供的评估方式,爸爸认为:
孩子执行功能的优势成分是:_____
孩子执行功能的劣势成分是:_____

通过本节提供的评估方式,妈妈认为:
孩子执行功能的优势成分是:_____
孩子执行功能的劣势成分是:_____

通过大人的讨论,一致认为:
孩子执行功能的优势成分是:_____
孩子执行功能的劣势成分是:_____

> 计划首先促进孩子执行功能发展的成分是：_____
> 请翻至下一节对应该执行功能成分的内容，阅读，练习，观察，继续练习。

第三节 促 进

做些什么帮助促进执行功能发展

我们在本章的第一节了解了执行功能的重要性和常见成分，第二节学会了如何通过现实生活中孩子的表现去评价他执行功能可能所处的水平，并且找到了孩子的优势和劣势，本着扬长补短的宗旨，现在我们要想办法将短板的成分促进发展起来。

戴蒙德（Diamond）和李（Lee）在《Science》杂志上发表了其对于促进儿童执行功能发展方法的总结观点，主要包含以下要点。

一 执行功能越差，进步空间越多。这对于存在执行功能受损的孩子而言，是个不幸中万幸的消息。因为和智商不太一样的是，智商越低，学习能力越差，进步空间越小，随着年龄推移，可能会和同龄儿童差距越来越大；然而执行功能是可以被训练促进的，因此，尽管基础较差，经过训练后是可以缩小差距的。

一 任务对执行功能要求越高，执行功能差距体现越明显。这就是为什么，虽然每个人执行功能的差别其实在学前幼儿期就已经存在了，但通常大家都差别不出来，一直到小学3~4年级之后，差别才逐渐开始显现出来。就是因为随着年级的升高，学业的复杂程度增加，对学生执行功能的需求不断增加。

在这里，就想到遇到的第一个成人ADD的例子，他工作后本职工作完成相当出色，虽然有时也有点纠结困难，但是因为比较聪明，自己发展出了对策，所以是一个优秀的员工。于是就被提拔升职，成为小领导，在那之后一切就变样了。他不仅需要打理好自己的工作，还需要安排、督促、检查下属的工作情况，及时跟上级沟通，当事情一旦复杂繁多，需要多线程加工、优化安排、计划处理之后，他就无法胜任了，从而变得一团乱麻。很快他就被撤职了，领导百思不得其解"你自己是个好员工，怎么就没法做个好领队"。最终他在我们这里找到了答案，原来ADD的执行功能缺陷阻碍了他本身能力的发挥。

一 执行功能训练的任务难度需要根据孩子的水平发展不断调整升级，才能获得改善的效果。实际上,这就是前面讲到的"支架式教学"的概念,所有的能力塑造,包括执行功能,都要做到支架式,才能有所收获。太简单,故步自封;太困难,揠苗助长。然而可惜的是,非专业人士通常缺乏这个概念,或者缺乏评估孩子当前水平的有效方法。

— 执行功能通过生活场景中恰当设置的游戏活动,早在4~5岁年龄时即可提升。真的希望有学前幼儿的家长正在阅读此书,孩子学前阶段还没有繁重的学业,大把的时间可以用来好好提升执行功能,这样他们迈入学龄期后,无论孩子还是家长,在完成学业任务时,都会顺利很多。这些时间应避免纯玩,尤其是电子产品,家长稍微用点心,就可以安排一些有助于执行功能提高的游戏活动,寓教于乐。

— 电脑形式的训练,以及武术艺术形式的训练,对学龄儿童(8岁以上)执行功能改善的效果优于学前幼儿。

— 执行功能各个成分之间改善的跳跃幅度比较小,训练工作记忆,会对工作记忆有改善,但对抑制、转换、计划的提升效果就微乎其微。因此这也提示我们,不要期望一种类型的任务或训练就能足够。一个好的执行功能训练方案,最好是要涵盖尽可能多的执行功能成分。本章后面会介绍一些家长可以尝试的方法和任务,以改善各个执行功能成分。家长需要避免的是只盯着一个任务做,应尽量训练各个成分,但是也要避免同一个时间眉毛胡子一把抓,因为贪多嚼不烂。

— 多种训练形式的结合效果最优,如技巧学习、任务活动、作业练习,最好再加上品质发展(如传统武术、艺术修养)或正念练习。

— 频率是关键,无论执行功能训练的方案设计得多么优秀,如果训练频率不够,也依然难以达到理想的效果。为了达到训练频率,就需要满足两个要素,一是孩子有意愿有兴趣参加,因此尽管一些武术、艺术类的活动尚未得到充分的科学研究证实有效,但如果孩子愿意参加,仍然不失为一个好的选择;另一个是家长需要在生活场景中不断去实施,督促孩子使用执行功能技巧,以及完成执行功能锻炼的任务或游戏。

谈了这么多执行功能改善的特点,仍然还没有提及具体可以做些什么来改善执行功能。阅读到这里,估计大家也是心急如焚,既然执行功能如此重要,那么到底我们可以做些什么,去帮助孩子训练改善执行功能呢?

第一种选择:正规机构的执行功能训练是最优的选择。

国外对儿童青少年的执行功能训练源于弗吉利亚大学学习与注意力中心的Dawson和Guare团队,对成人的训练源于Safren团队和Salanto教授,对幼儿的训练影响力较大的是TEAMS和REDI方案,都在进一步发展探索中。

国内针对学龄儿童的系统执行功能训练方案始于2005年(帅澜,王玉凤);针对成人的执行功能训练方案始于2009年(王玉凤,帅澜);针对学前幼儿的执行功能训练方案始于2017年(帅澜,张劲松)。每套方案都吸取了国外相关训练内容的精髓,并且根据我国儿童青少年及亲子模式的特点予以改编。方法都是通过教导孩子执行功能,并设计一些任务作业让其不断练习,联合教导家长在家安排一些任务,通过这些任务帮助促进孩子的执行功能发展,从而达到训练目标。

鉴于执行功能训练只有落实到现实生活,才能保证训练频率和改善现实的能力水平,我们在训练儿童的同时,纳入了越来越多的家长训练内容,在英国David Daley教授的指导帮助下,融合了源于欧洲的权威家长教养方法——新森林教养方案(New Forest Parenting Program, NFPP)。

由于执行功能训练有利于提高专注(调控注意力)与保持平静(调控情绪)的能力,于是被命名为专静(Focalm)系列训练方案。

比较可惜的是,目前有资格开展专静执行功能训练的机构寥寥无几,虽然培训更多的治疗师工作也在推进开展中,但仍然短期内跟不上大家的需求,这时还有后面两个选择。

第二种选择:电脑形式的执行功能训练。

家长可以在家里电脑上安装训练软件,不同"游戏"任务的设计旨在训练工作记忆或抑制能力,任务的难度会逐渐提高,从而促进工作记忆的发展。国外这类训练软件的价格是1 500~2 000美元一套。尽管研究表明它对70%~80%的学龄期儿童的工作记忆能力有所促进,但学龄前的孩子会比较难坚持。除此之外,还有两个问题,一个是虽然训练后孩子完成测试的表现有所提高,但是孩子在真实生活中的执行功能改善比较有限;另一个是费用实在太昂贵了,除了科研团队之外,一般的家庭很难负担。

国内也有团队在尝试开发执行功能训练软件,但与其说是执行功能训练,不如说是工作记忆训练。前面已经提过,不同执行功能成分之间的跳跃效应很小,因此家长在考察这类训练软件时,首先要甄别开发团队是否具备资质,其次要留心训练内容是否包含多个执行功能成分,不能选择那种仅仅只有记忆力或注意力游戏的软件。

看到这里,可能感觉有些气馁。现场训练虽然好,但费时费力,地理空间限制,排队很久;电脑训练虽然容易操作,但好的训练软件罕见又价格昂贵。似乎条条大路都不通罗马,怎么办?别急,还有下面一种选择。

第三种选择:生活中可行的任务游戏。

前面提过,虽然武术、艺术等并没有得到很可靠的科学数据支持对执行功能改善有效，但相对于一般的纯娱乐活动而言，不失为一个更好的选择去培养孩子的品质，更何况少数研究确实提示，武术、艺术等可能对执行功能改善有帮助。

除此之外，还有很多在现实生活中的任务游戏，只要设置恰当，都可以帮助孩子锻炼提升执行功能。接下来在这本书里，我会尽数提供给大家，希望大家能够慢慢在日常生活中，去尝试，去练习，最终达到融会贯通的效果。换言之，如果你能够在日常和孩子的互动中，不刻意去做什么，但仍不自觉地通过一些要求或反馈的方式，锻炼到孩子执行功能，那么你就是当之无愧的执行功能训练大师，达到了最佳境界。

接下来，按照之前书里介绍的执行功能成分，一一介绍各个成分在现实生活中，可以做些什么，来帮助孩子发展改善。

一、抑制能力（自控能力）

所谓抑制能力，就是指三思而后行的能力。会根据当前的环境、事情来控制管理好自己的言行。抑制缺陷的孩子容易冲动，说话做事不经过大脑，而这些经常给他们和家人、老师、伙伴的相处带来麻烦。此外，抑制能力不好也会表现为做事难以抵抗外界干扰，外面稍有风吹草动就分心了。

从这里我们可以看到，表面上风马牛不相及的两个行为，一个是言行冲动，不过脑子；另一个是分心走神，易被干扰。决定这两个行为的大脑底层的认知功能，却是同一个，即抑制能力。

有的行为我们比较难以训练，比如分心走神，反复提醒也很难训练到自我监控和自我提醒能力，但是如果我们通过训练言行的自控力，则强化了孩子的抑制能力，从而通过较好的抑制能力，达到抵抗干扰，减少分心的目标。因此，家长需要调整的是，不要觉得三思而后行不重要，觉得这就是个礼貌问题，实际上这是一个自控力的表现，而具备良好的言语、行为自控力了，才能具备良好的注意自控力，从而做到专注、不分心。

关于分心这个硬骨头，由于改善起来太困难，对于学龄期儿童又太重要，我们专门放在后面第四节里单独详述。这一节，我们先就言行的自我控制角度来看看，可以做些什么，帮助孩子提高三思而后行的抑制能力。

我们可以教会孩子一种技能来应对抑制不良的表现。所谓三思而后行，终极目标是孩子在行动之前先思考，从而知道自己想做什么，想说什么。直接达到这个目标有些困难，我们可以在中间架个桥梁，让孩子在行动之前先说出来，或者用个手势示意出来,得到允许后再行动。

这个技巧有两个好处,一个是帮助大人掌控孩子的言行,从而有机会在冲动言行前给予制止或者监管,另一个是帮助孩子逐渐培养出在行动之前有个缓冲,得先说或者先示意,反复强化训练后,就能逐渐达到行动之前,心里对自己即将要做的事情有数了,从而去判断,这样做是否合适,再决定是否采取行动。这就是三思而后行的抑制能力得到提高了的表现。

举个例子,有次我在执行功能训练课堂外撞见了来参加训练的孩子正在和家长发生争执。孩子说:"我要,我就要!"家长就拼命地阻拦。看到我后,家长便发出求救:"你让医生说说看,可不可以?"

我问:"什么可不可以?"家长说:"他非要爬上去摘葡萄。"(当时我们医院后院有个葡萄架。)当时的状况就是,孩子要往上爬,家长阻止往下拽,与此同时家长还在不断地讲道理或者训斥,归根结底就是要阻止孩子。

如果孩子的行为总是依靠外界阻止,他自身的自控力就很难发展起来,长此以往对于"阻止"容易生出对抗来。这就是为什么很多家长感慨,小时候还勉强管得住,越大越管不住。我们的目标,从一开始,就应该是教会孩子"自己管理自己的行为",而非靠大人去管住孩子。当然,我这么说的意思,并非放任不管,毕竟孩子还是个孩子,他还不会自我管理。我的意思是,我们教导的重点,是让他们意识到自己要做什么,以及有充分的缓冲时间去考虑这个言行是否恰当,然后再决定是否去执行。

要知道,抑制能力差的孩子并非不知道行为的后果,只是他们想到后果的时间太晚,或者即便想到后果了,也很难抑制住自己一刹那的冲动。这就是为什么家长说破了道理也没用。爬架子上去摘葡萄是不是危险?孩子是心知肚明的。只是在他想爬的那一刻,他还没意识到危险,以及当他意识到之后,还不足以让自己冷静下来选择更合适的行为。这时候,家长越阻止,摘葡萄的行动就显得越发刺激和有趣,孩子反而更难冷静下来去做判断。

因此,我问孩子:"你是想做什么?跟我提出你的要求。"孩子说:"医生,我想去摘葡萄,可以吗?"我继续问孩子:"你想要怎么摘葡萄?摘下来准备干嘛?能大概详细跟我说说吗?"孩子指着高高的架子说:"我想爬到那个架子上……摘那个葡萄……玩。"孩子的语气从理直气壮慢慢减弱。当他说出这样具体的描述时,任何孩子,只要不傻,就已经心知肚明,这样的行为危险度是多少,以及是否合适。

我说:"很好!你在行动之前先告诉了我。现在,如果你确定想去做这件事,就去吧,我和妈妈待在这里保护你。"妈妈用力拽我的衣服,拼命使眼色,示意我千万不能答应。孩子待在架子下犹豫了会,突然说:"算了,我找别的东西玩。"就放弃了。

因此,与其追在孩子身后不断地阻止他做这件事、做那件事,不如要求、提醒孩子在说话行动之前,尤其涉及别人的言行之前,先提出想法来,或者先示个意。这时候,无论孩子的念头在大人眼里看来多么愚蠢可笑,都请先鼓励孩子在行动之前告诉你。

相信我,很多孩子在说出自己想法的过程当中,就已经能判断是否合适了。即便没有,你也可以追问,"你觉得这样做合适吗?""有没有更合适的做法?"

如何训练孩子在言行之前,先示意的技巧呢?其实这个技巧并不陌生,几乎每个学生在某个特定的场景中都需要用到,那就是上课发言。平时课堂上,为了避免学生任意插嘴,老师要求学生发言之前先举手,这就是促使抑制能力的策略之一,只是老师不知道他们通过这个小小的要求,已经在帮忙训练抑制能力罢了。当学生有话想说,但要控制住自己不能脱口而出,而是通过举手表达自己想发言的行为,被允许后再行动,这就是抑制能力。

现在我们就用发言之前先举手来举例,看看如何一步步帮助孩子练习这个技能。如果你的孩子很容易脱口而出,上课插嘴的话,那么恰好你就可以跟着现成的步骤练习。

第1步: 向孩子解释这项需要学习的技能,并且对孩子的行为表示理解,比如:"我想,你上课说话可能是因为你想回答问题从而得到老师和同学的认可,但是我们需要在说话之前举手示意。"然后再解释:"举手示意同样能让你有机会发表自己的看法,反而更能让你获得老师同学的认可。"

第2步: 带领孩子学习技能,在家模拟教室上课的情况,让孩子充分地练习说话前举手示意,练习期间,可以采用记分制,孩子成功地在说话前举手一次就记一分。

记住,练习练习再练习。很多家长抱怨说"我跟孩子说过了,孩子表示记住了,然而到学校还是做不到",希望家长明白,说过≠记住≠做得到。回忆下你刚学骑自行车的时候,教你的人会一直说"保持平衡,脚踩踏板",你就算听了再多遍记得再滚瓜烂熟,也不代表你做得到。只有反复练习骑车,最后才能熟能生巧。

家长可能会说:"这不一样,举手发言多么简单,天经地义。"可是你有没有想过,对于一个抑制能力欠佳的孩子而言,要做到发言前先举手示意,就跟刚学骑车的人一样,很纠结,并不简单。

第3步: 回到现实环境,如教室中,这时需要与老师商量一下,最初当孩子使用这项技能时立即进行加强巩固,比如一旦孩子举手了就给他机会回答问题并且表扬他举手的行为。

第4步:如果孩子脱口而出随意说话,没能做到举手示意,则不予理会。

第5步:逐渐地减退强化作用,不一定每次他举手都给他机会回答问题,如果事先向孩子解释一下的话效果会更好,比如:"以后我不会每次都点名让你回答问题了,但是我绝对明白你在那里,你知道答案,只是我可能每4次或者5次才会给你一次机会回答问题。"

细心阅读本书的家长应该从上面几个步骤中能眼尖地发现,我们运用了第三章塑造行为里的好几个技巧:表扬(强化)、忽视(消退)、支架式教学等。

二、工作记忆能力

工作记忆能力就是我们在完成复杂任务时能够记住所需要的信息,以及调动回忆以前的相关经验,来完成手头任务或解决当前问题的能力。根据这个定义,家长应该不难理解,为何工作记忆能力在儿童学习阶段,对于记住新知识,以及考试中能正常或超常发挥水平,至关重要了吧。正因如此,我在第七章改善学业里再专门讲述如何攻坚记忆任务。

除了学习之外,日常生活当中,工作记忆也在无时无刻起着关键作用。例如,平时日常活动中有个非常常见的现象,调用的就是工作记忆。当你向对方索取电话号码,对方告诉你"13561789321"之后,你迅速记下来"13561789321",这就是调用了工作记忆能力。工作记忆能力好的人,可以马上识记住,然后再找机会输入手机中。工作记忆不好的人,可能就会说"等等",然后掏出手机赶紧录入"1356……什么来着?"

因此可以和孩子假装交换号码信息,一个人说一个人重复,从4~5个数字试起。重点来啦!顺着重复,对工作记忆的要求并非那么大,倒过来复述,才更有意义。因此你可以说"1356",鼓励孩子说出"6531"。如果孩子够大够厉害的话,还可以倒背英文字母,或者倒背唐诗宋词。看来"倒背如流"形容的就是优秀的工作记忆。

更多的游戏活动详见本章第五节。

工作记忆欠佳,不仅影响学习效果,也会让孩子在生活中显得丢三落四,前说后忘,像个小糊涂虫一样。家长可以帮助孩子寻找和制订一些提醒方式,帮助孩子在需要时能够通过提醒获得所需要的信息。

如果孩子总是记不全家庭作业,那么就给孩子一个专门的作业记录本,鼓励孩子把当天的任务都记下来；如果孩子回到家后总是会忘记一些你需要他去做的事情，那么可以使用一些孩子感兴趣的留言装置，促使孩子回家后能够去听留言。

为了促进你的提示方法有效，这些方法应该尽量是不常见的或者意外的，这样它们就不至于被混淆在周围环境中而不被注意。听觉提示会比视觉提示更加有效，因为它们更加能够吸引个体的注意力。

举个例子。我之前遇到一位家长，她感到头痛的事情就是："我对孩子就一个要求，放学后回家帮忙把电饭煲按一下，这样我下班回家时间就刚刚好，可他总是忘，就这么一件事，偏偏记不住！"我告诉她："我们需要设置一个提醒物帮助孩子记住这件事，一个特别的、你的孩子不会错过的提醒物。"

家长经过一段时间考察后终于找到了这个提醒物：一个孩子很喜欢的、带录音装置的毛绒玩具，悬挂在孩子房间门口。当孩子回家后，就会去按那个玩具，于是就能听到家长嘱咐他的事情留言了。

我们锻炼儿童的执行功能，都是通过这样的方式，既要改造环境，改善我们督促提醒的方式，从而帮助孩子表现得更好，也要督促孩子训练这些技能，教给他们策略来应对困难，从而促进孩子本身的能力发展更好。

三、组织条理能力

组织条理能力是指有系统地安排放置物品、处理完成任务的能力。

如果一个孩子组织条理性不够好，可能就表现为书包里乱七八糟，写作业时几乎要把整个书包里的东西都倒出来才能找到需要用的课本或文具；书桌上也是杂乱无章，需要什么材料得到处去找；自己的东西看不住，总是丢三落四；无论做作业还是玩游戏，总感觉没有章法，一会这件事，一会那件事，不能很好地有条不紊地把事情一件件地做完，做好。

看到这里，有没有家长会觉得"哎呀，我自己好像也是这样的嘛，每天不是找钥匙就是找眼镜，办公桌总是堆得乱七八糟的"，或者"电脑里的文件永远不知道去哪里找"，甚至"做事东一榔头西一棒槌，缺乏清晰思路，很难有条不紊"。

这恰恰说明，所有的执行功能，是从小到大贯穿始终的。儿童期如果没有得到恰当的发展，存在一定不足，到了成年时期，便会给我们的能力带来一定影响。比如组织条理这个能力，儿童期主要体现在具体物品的放置上，长大之后更多体现在电脑文件的储存、事情任务的安排处理上。

曾经有个存在注意力问题的大人来寻求我的帮助，他一个特别突出的困难就在于，非常难以管理好自己的物品，哪怕是非常重要的日常需要的随身物品，一定会丢一两样东西在外面。身份证不知道补办了多少次，手机只敢买最便宜的。后来，他出门基本不能携带任何东西，包括手机、钱包、钥匙等，都交给女友保管，为此，女友也非常头疼。

当然，他是属于我见到的，组织条理及工作记忆两项能力受损比较严重的情况了。后来我在治疗中根据他的具体情况，也制定了一些策略技巧，帮助他应对这个困难。

同样，如果孩子在儿童时期，物品放置杂乱无章，做事情缺乏条理，就提示着我们可以采取一些行动策略，来帮助孩子们在组织条理能力方面，得到一些促进和发展。

首先，组织条理能力的基础是分类能力，我们知道了不同的物品各自属于不同的类别，才有利于我们去按照不同类别、不同位置，去归放物品。逐渐地，这种归类能力会升级，比如对事情任务的优先重要、长短期特点进行归类，从而决定当天应该按照什么顺序，完成什么任务。

然而，当下，尤其对于小年龄的孩子，我们要注重教导基础的物品分类能力，也许看上去很简单，似乎没什么大意义，一时间也不知道为什么要教这个技能，但是我们需要明白，所有的能力，都是从基础到复杂，从低级到高级，像盖楼房一样，一层层搭起来的。儿童期的执行功能发展，是地基，是决定长大后的认知功能是否坚固牢靠、是否能独立矗立的重要基础条件，因此，不要觉得简单或者嫌麻烦，而不去练。何况其实并不麻烦。

小年龄的孩子做分类训练时，有个非常简单的方法，现在几乎家家都会有积木这个玩具，让孩子按照不同的属性特点去分类积木。比如今天按照不同颜色分成红、黄、绿、蓝4堆，明天按照不同形状分成圆、三角、方形3堆。

稍微大一点的孩子，可以让他们看3~5张图片，再让他们将不同类别的那张图挑出来。如给孩子看猫、狗、鱼、大象，孩子应将鱼的图片挑出来，并简单描述理由。大概能说出鱼生活在水里，是鱼类，其他生活在陆地上，是哺乳类就可以了。

会认识文字的孩子，可以给孩子任意的一堆词，让其进行归类。可以加大难度到二次归类。例如给孩子看以下词语：猫、电脑、狗、书桌、米老鼠、手机、鱼、椅子、维尼熊、数码相机。这其实已经比较复杂了，第一次归类应该是：猫、狗、米老鼠、鱼、维尼熊为一组，是有生命的；电脑、书桌、手机、椅子、数码相机为一组，是无生命的。第二次归类应该是：第一组里，猫、狗、鱼为一个小组，是真实动物，米老鼠和维尼熊为一个小组，为虚拟动物；第二组里，电脑、手机、数码相机为一个小组，是电子产品，书桌和椅子则为不需要电的家具。

在具备恰当的分类能力之后，为孩子提供标签系统。比如孩子的书包，不同的口袋要专门用来放入不同的东西,安排好专门放交通卡、零钱、钥匙的口袋,将标签布缝在口袋上。可以用不同颜色的文件袋,帮助孩子区分不同科目的书本,或者区分已完成的作业和有待完成的作业。

孩子如果有专门的书桌或者储藏箱的话,则在上面贴上相应的标签纸,注明这个抽屉或者箱子里应该放什么,是专门用来放玩具,还是文具,或者书籍,或者衣物等。这样当孩子看到一个散乱的物品,他首先可以归类,这属于玩具,还是文具,然后根据标签放入对应的位置上,这个过程就是一个组织条理能力得到训练和发展的过程。

很多家长可能都有帮助孩子编制出合理的收拾方案,但孩子就是会忘了执行,因此我们大人还要想出办法督促孩子实施。通常而言,鼓励孩子按照方案去收拾整理,做到了之后给予积极的赞赏,就可以达到效果了。要避免图省心而一直代劳替孩子收拾书包房间,也要避免孩子做到了之后视为理所当然不曾给予鼓励。当然,如果孩子特别不能配合的话,家长可能还要设置特定的奖惩方案,来促使孩子去有组织条理性地去整理。

举个例子,我遇到一位妈妈,抱怨孩子总是把玩具弄得满地都是,有次还绊倒了老人差点出危险。于是我让这位妈妈先给孩子准备一个专门的储物箱,用明显的标签纸写上玩具两个大字。然后白纸黑字写下规矩:"玩好的玩具要放入储物箱。"如果做到了,每两周可以买一个新玩具。如果没做到,凡是散落在地上的玩具都会被没收,并且损失一次买新玩具的机会。

一开始家长也很难做到,因为玩具就是买给孩子玩的,没收了之后不就浪费了嘛。可是在孩子的组织条理这个能力的培养面前,浪费几个玩具算不上大事。家长于是就开始坚持做到,很快孩子就发现,如果不能很好地归置玩具,自己的玩具就会越来越少,尝试哭闹纠缠过,家长都坚持住了。最后孩子只能依靠一个办法获取新玩具,那就是,将玩具放入规定的地方,收拾好。这个问题也就迎刃而解了。

当然,组织条理能力并非只是简单地将物品归原而已,它其实是指一套物品放置的有条不紊的方案系统。一开始,孩子可能需要大人的帮助,来制订这个系统方案并去执行。慢慢地,当这个能力内化了之后,遇到更多的事情,如管理繁杂的电脑文件等,组织条理能力就能发挥作用,就能够按部就班地安排,保证整洁有序了。

作为家长,如果孩子很难自己收拾好书包,我们就可以帮助孩子制订书包收拾方案;如果孩子放学回家总是很难带齐物品,丢三落四,我们就可以帮助孩子制订回家准备方案;如果孩子的书桌或房间总是乱七八糟的,找不到必需品,我们就可以帮助孩子制订书桌或房间整理方案。记住,我们需要帮助孩子把步骤列出来,第一步做什么,第二步做什么,让孩子参照步骤表做完一步打一个勾,按步骤有序进行。

比如书桌整理计划单，可以参考以下步骤：
第1步：清空书桌。将所有的东西堆放在_____。
第2步：将所有的东西分成两部分<u>有用的</u>和<u>没用的</u>。
第3步：将没用的东西扔进_____。
第4步：将保留下来的物品分成两类。
<u>学习用品</u>：<u>课本、作业本、笔、橡皮、修正液、尺子等。</u>
<u>生活用品</u>：<u>手套、帽子、课外书、漫画书、玩具等。</u>
第5步：继续分类学习用品。
文具放入_____。
将每个科目的书本：按照_____顺序叠放。
第6步：继续分类生活用品：
衣物：放入_____。
图书：看完的放入_____；没看完的插入书签，按_____顺序放好。
玩具：放入_____。
第7步：其他物品（自己决定 询问父母）如何放置。

说回之前那个容易遗失物品的大人，就是采用了这种策略。首先给他准备一个文件袋，贴上"医生"的标签，代表里面是每次前来找医生就诊时所需要的物品。然后再列一个清单，上面包括：笔、就诊卡、病历本、零钱（具体多少钱）、钥匙、手机、药物，每一项后面都有一个小方框，复印了很多张，每次出发前对应打勾，检查是否带全了。然后从我这里就诊结束后，再对应清单打勾，保证物品都带回去了。就这样，看上去烦琐，但实际上，至少解决了他就诊过程中遗漏物品的现象。直到一年多以后，他还是维持着这个习惯，只不过不再用纸质的清单了，因为反反复复练习了多次，这几样物品已在脑海中记得滚瓜烂熟，直接在大脑中回忆检查一遍就可以了。这就是我们所谓的，功能已经从外化转为内化的过程。

列清单的方法可以用来列举物品清单和列举步骤清单，从而帮助人们有条不紊地执行一件任务，避免遗漏。

比如，有的孩子放学总是丢三落四遗落物品，家长可以设置一个回家准备工作清单，每天一页，放学收拾书包时一项项地打勾，检查自己是否完成。

当年我们课题组成员外出开会收拾行李时，在导师的建议下，人手一份行李整理清单。出发前一份，返程前一份，对照整理物品，避免遗漏。

回家准备工作

回家时收拾书包的步骤	做了就打个 ✓
把课堂作业交给 课代表	
归还所有向 老师 或 同学 借的物品	
收拾所有需要带回家的物品：	
1. 各科的书本、作业本	
2. 文具盒：3支铅笔，2块橡皮，1把直尺	
3. 家校联系册	
4. 红领巾	
5. 小黄帽	
6. 水杯	
检查 课桌四周 是否有遗落的物品	
书包 拉链拉好	
自问：我有忘掉什么东西吗？	

出行物品清单

一. 必备：身份证、护照、手机、钥匙

二. 出行：公交卡、信用卡/现金，日程路线，名片

三. 衣物：正装1套，外出衣3套，睡衣；内衣袜子3套；拖鞋，皮鞋，外出鞋；帽子/伞，墨镜

四. 洗漱：洗浴包，护肤品包，牙具牙膏，毛巾；防晒霜；隐形眼镜；梳子

五. 数码：充电宝；万用插头；随身wifi；平板，相机，及各自相关充电线；

六. 食品：水杯；咖啡，茶包；零食；干湿纸巾

七. 药品：晕车药，创可贴，感冒药，止痛药

八. 娱乐：平板内拷 TBBT 全剧

对照两份清单,似乎就更加一目了然,执行功能从儿童到成人,其实就是个递进的过程。也许物品越来越繁多,但万变不离其宗的就是分门别类,有条不紊地检查核对。

四、灵活适应能力

灵活适应能力,也叫灵活转变能力,和心理弹性能力异曲同工,或者可以简称适应能力。因此本书中出现的上述词语,包括灵活适应、灵活转变、心理弹性,以及适应能力,均指一个意思。

提前需要说明的是,这种灵活适应能力,和一般理解的见风使舵,逢场作戏,见人说人话、见鬼说鬼话等能力,不是一个概念。

我们所谓的灵活适应能力,主要是指当我们在面对挫折、阻碍的时候,或者在接收到了新信息的时候,能够根据目前的形势,修改我们的行为计划,从而更好地应对当前的状况,完成手头的任务的能力,还包括对环境变迁的适应能力。

有一部真人秀叫《幸存者》,节目设置就是每天的情况是瞬息万变的,今天可能碰上你很擅长的任务,明天可能就是你压根不会的任务,赢了可能是天堂般的享受,输了则会是地狱般的折磨,今天结交的盟友明天可能就成为死对头,每天既有可能失去应有的道具,也有可能获得新的工具;可能失去好友,也可能迎来新朋友,为了在瞬息万变的环境中"幸存"到最后,就对选手的灵活适应能力要求到了极致。既要制订胜出游戏的长期计划,又要无时无刻根据情况的变化调整自己的方案,以做到更好地适应,从而"幸存"得更久。

对于孩子来说,生活环境的变化虽然不至于这么大起大落,但也不可能维持一成不变,那些偏好行事顽固不变的孩子,很容易在事情发生变化时,出现适应困难。

比如,自己认为的好朋友,今天放学后没跟自己一起走,而跟另一位同学一起回家了,孩子可能觉得难过,从而迁怒于接他放学的大人身上;

比如,原本期待今天的美术课好好学会一幅画,因为满怀憧憬地带了一盒特别高大上的彩笔套装到学校,结果美术课临时取消,改成数学课,孩子可能觉得失望,从而在数学课上不愿配合,甚至捣乱;

比如,家长告诉孩子,如果被老师表扬了,放学后就去玩海洋球,孩子于是满心憧憬地高喊着"我要好好表现"的口号去上学,如果一帆风顺确实表现很好倒没问题,假如某件小事没做好被老师稍微指出来一下,孩子觉得这和自己设想的"好好表现"不一样,觉得会导致"去玩海洋球"计划落空,感到挫败愤怒,从而在后面自暴自弃。

缺乏灵活适应的人,总是倾向于在脑海中假想出他认为一定会发生的情景,然后就在想象中模拟演习这个情景直到形成了一种心理定向。当现实情况与心理定向并不相符时,结果对于他来说就是令他感到混乱的、不安的、愤怒的以及挫折的。作为大人,我们可以想象以下场景,你打算去三亚度假,于是做好了所有海滨度假的准备,满心欢喜地坐上了一架以为飞往三亚的飞机,结果下飞机时却发现落在了长白山的那种感觉。

如果你发现自己的孩子,偏好于行事顽固不变,那么可以做出以下努力帮助孩子减轻应对变化时烦躁不安的情绪。

第1步:提前准备。

尽量提前对即将到来的变化做出预期,帮助孩子做好预期准备。

可以提前准备孩子可能接触到的新材料,帮助孩子预习熟悉,从而减少初次接触时感到困难挫败或新鲜兴奋的可能性。

可以提前准备孩子可能遇到的行程变化,比如:"明天我们计划去海边,我知道你把泳衣都准备好了,但如果下雨的话,可能会去动物园,要不你把去动物园的行李也顺便准备一下?"

第2步:演习方案。

可以通过提前排练或演习来提高孩子对即将接触的新地点、新活动、新安排的熟悉接受程度。

比如有的孩子在参加新的兴趣班时,经常第一节课表现不佳而被劝退。家长可是尝试提前带孩子去兴趣班的地点熟悉下,观摩下上课的形式,将上课所需的服装道具让孩子在家试一试,熟悉下。

第3步:应对模板。

给孩子提供一个应对新信息的模板,孩子可以按照模板进行。

如果你的孩子经常对某一类的事情适应困难的话,你可以帮助孩子编出一套固定的理解和处理模板。比如孩子经常在批评之后感到不安沮丧,就教会他对自己说:"没关系,老师只是批评我这件事没做好,后面还有机会继续好好表现。"然后提醒自己:"现在老师需要我做什么?"如果仍然沮丧生气无法集中注意力完成老师的任务的话,就告诉自己:"现在深呼吸三次。"

记住,只是告诉孩子应对模板并没有用,需要反复练习直到孩子记住,从而让孩子在遭遇类似情况时,能够轻松地启动这套解决方法和应对策略。

第 4 步：提前预警。

在情况有所转变之前提醒孩子，给孩子一定的缓冲来做好准备，并且在情况有所转变的时候，尽可能地保持密切联系，给予支持和鼓励。

第 5 步：逐步适应。

缓慢地增加变化的程度，带领孩子逐步适应。比如有些转学时适应困难的孩子，可以先在放学后的时间，带孩子去空空的校园里适应环境，然后可以单独与老师或几位同学碰面，逐渐熟悉新的人，可以让孩子选自己喜欢的课程，先在教室外观摩或坐在教室后面观摩，逐渐地增加到坚持正常听 1 节课、2 节课、半天课直至全天的课程。

说到底，儿童的转换适应能力总体来说肯定不如大人，毕竟还在发展过程中。这就是为什么生活常规对于儿童来说很重要，我们在之前的章节中讲解过生活常规的重要性以及如何建立生活常规，这个技能尤其适用于做事缺乏计划、东一榔头西一棒槌，事到临头还什么都没准备好，或者很难进入状态的孩子。但如果你发现你的孩子生活规律性很好，反而是对一些变化适应困难的时候，可能就无须特别重视生活常规这个技巧，反而应该重视训练灵活适应能力。

很多能力都是看上去有点儿背道而驰，实际上又是相辅相成的。因为任何一个特点，都是有利有弊的。比如节律性强的孩子，容易适应日常规律生活，但遇到变化或挫折容易适应困难；节律性不够强的孩子，可能一般日常活动也容易出现困难，但遇到变化挫折很容易适应，无所谓。因此我们在培养孩子技能时，需要做到"因材施教"。对于节律性强的孩子，不必过分强调常规，反而要偶尔打破常规，带领孩子适应；节律性不强的孩子，则应该制定常规，培养生活规律。

顽固不灵活的根本原因是，思考问题的时候总认为只有一个正确答案，解决问题的时候认为只有一种方法。这样就容易钻牛角尖，难以和他人达成共识，和谐相处。而事实是，很多问题大多有多个正确答案，多种解决方法。

因此，在孩子能够理解的情况下，要帮助他们尝试去理解什么是不够灵活，或者不具备适应性，然后教会他们识别出自己顽固不具适应性的时候。你可能需要用具体的事件，来对孩子解释。

一旦孩子们学会了识别他们自己顽固不适应的时候，下一步就是教会他们应对策略，教会他们怎样管理自己的情绪和处理当时的情况。

我先举个足球队男孩的例子，这个男孩足球踢得很好，因此教练很希望让他上场，但是他有个困难就是，当裁判员对他做出了警告时，如果是正确的判断，那么他就是难过一会儿，还能勉强接受。可如果他觉得是误判的话，就是一场灾难，会大吵大闹,争执不休,发生冲突。以至于尽管他球踢得再好,教练也不太敢让他上场比赛了。

我们需要教导给这个足球男孩的策略是:

(1) 放松策略:当觉得自己被误判感到很生气愤怒时,先暂停这个想法,深呼吸 10 次。前面的章节已经详细解析过,调整情绪最基本最根本的方法就是深呼吸。只有负性情绪能够平缓下来,才能继续启动后面的策略。

(2) 拖延策略:暂时令自己不做任何解决行动,暂时退后一步,寻找他人和自己一起解决问题,这种情况下,建议寻求教练的帮助。

(3) 失误策略:对于固执的、喜欢钻牛角尖的孩子,需要强调的是失误因素,从而减少绝对思维。因为这类孩子通常很笃定自己是对的,比如自己肯定没犯规,肯定就是裁判误判,就是这种太过笃定的想法,会让自己难以适应。因此需要引导孩子:"有没有可能你犯规了,只不过自己没察觉到?"甚至一开始降低标准:"有没有一丁点,就那么一点点可能性,你判断错了?"就这样逐步引导孩子接纳自己的失误;与此同时,也引导孩子接纳他人的失误,人无完人,裁判误判是有可能的,不是针对你一个人,如果大多数人都同意这个裁判,那么就算你觉得是误判,这种失误在某种程度上也是"允许的"。能够培养出失误策略,淡化绝对观念,就能很好地避免钻牛角尖,过度笃定自己的看法,从而在遭遇意见不一致时,能灵活适应得更好。

(4) 小提示物:在孩子出现问题场景时容易看到的地方做一个提示物,这个约定的提示物比较特殊,能让孩子提醒自己去应用放松策略、拖延策略以及后面的失误策略。比如,对这个足球孩子,妈妈就特意给他定制了个护腕,上面让孩子自己选了两个图案,左手的图案提示深呼吸 10 次,右手的图案提示先去找教练。

当然,这些应对策略需要反复练习强化才能在关键时刻派上用场。因此一开始是在家的时候,孩子穿着队服戴着护腕,家长假装是裁判,对他进行判罚,让孩子看图案,提示自己深呼吸以及去找教练。下一步可以是去球场,邀请几位队友或教练配合,在更真实一点的场景下演练。逐步地,可以尝试邀请裁判真正掏红牌惩罚,让孩子练习平静应对。

五、计划能力

计划能力是指为了达到一个目标而构建时间及行动地图的能力,如果放在成年人身上,那么一个人为了完成一个长期的大目标,比如写一本书、学会一门外语、掌握烘焙技巧、健身达到某种效果,等等,都不可能一蹴而就,需要将计划落实到每一个时间节点上去完成,才能逐渐达成目标。由此可以看出,计划是一个复杂的、高级的认知功能。

所幸儿童的计划能力派上用场的地方不多,所以通常建议 10 岁左右的时候,可以开始着手训练这个能力,太小的孩子,先训练其他的基础能力。当训练儿童的计划能力时,主要着手的方面,是完成作业的计划管理。

首先,建立作业合约。

家长与孩子一起建立完成作业的时间合约,双方坚持、严格执行。作业合约大体内容是:如果孩子独立或者在家长督促下,在几点前完成当天的家庭作业,可以获得相应的奖赏。

比如,小吉如果在晚上 8 点前完成当天的家庭作业,可以玩平板半小时。作业完成的目标时间以及奖赏如何设置才能保证有效,记得翻阅前文。

有的家长会说,每天作业量不一样,没法定一个确定的时间。那么也仍然建议根据大多数时候通常作业量的时间来制定目标。因为生活常规很重要,如果对孩子的要求总是变幻莫测,那么也容易失去管理效力。

行为合约可以分为平常上课日版和周末版,也可以做成日历样式的表格,更加可视化,对孩子的视觉刺激更明显,更加激发孩子努力的动力。

奖赏可以实行累计制:除了按时完成作业当天可以获得奖励之外,还可以叠加累积奖励。

比如,一周坚持 4 天按时完成作业,周末可以去喜欢的餐厅吃饭并获得点菜权;一个月当中坚持有 20 天按时完成作业,可以在某天去巧克力乐园玩;在国庆节之前一共累积了 50 天按时完成作业,可以在国庆节去迪斯尼乐园玩。

在建立好行为合约后,无论中间的过程是如何操作的,首先我们保证了,只要孩子在目前设定的目标内,能按时完成作业的话,就给予正性鼓励,从而将总体完成作业时间保障下来。记住这个时候,家长要避免因孩子中途磨蹭,或者字迹潦草等其他问题,去过分责罚孩子。先盯住总体的完成作业总时间的大目标。

在此前提下,为了进一步提高作业效率,我们可以制定小目标,即作业完成时间计划表。

练习步骤如下。

第 1 步:分割作业。

将今天准备完成的作业分成一个个小部分,每部分所需要的完成时间为 x 分钟左右。

这个 x 怎么设置。通常来说，小学低年级建议在 20 分钟左右，小学高年级建议在 25 分钟左右，初中以上则可建议半小时左右。

最关键的是，这个 x 应该根据孩子平常完成作业时，自己独立、无须督促可以专注的时间长短来定。有的家长可能会说："我如果不盯着的话，1 分钟都没有！"别只是发泄抱怨，去仔细观察具体的时间，即使真的 1 分钟都不能坚持，那么是否能坚持 30 秒？

观察到具体的孩子能自己坚持专注的时间，然后将作业分割成这样的一个个小部分。

第 2 步：穿插休息。

在完成每部分作业的当中，穿插一些简单的休息活动，一般耗时 5 分钟左右，不超过 10 分钟。比如在窗户前面伸个懒腰、原地蹦跶几下、吃点小零食、和家里宠物玩一会儿，等等，注意，穿插的休息活动中应尽量避免看电视和玩手机，因为这样的话孩子通常会一去玩而不复返。

第 3 步：计划起始时间。

计划好每部分作业和休息的起止时间，比如上午 9 点到 9 点 20 分完成一篇语文阅读理解，8 点 20 分到 8 点 25 分吃一块西瓜，8 点 25 分到 8 点 45 分完成 4 道数学应用题解答，9 点 45 分到 9 点 50 分抱抱家里的猫，9 点 50 分到 10 点 10 分抄写 3 页英语生词，10 点 10 分到 10 点 15 分去窗户前看树，10 点 15 分到 10 点 35 分完成朗读语文课文 2 遍。当天任务按时完成的话，10 点 30 分开始到 11 点可以获得半小时的电脑使用时间。

第 4 步：设定闹钟。

使用闹钟或计时器，让孩子开始一次次尝试与时间赛跑，争取在铃声响起来之前完成该时间内计划的任务。也可以采用沙漏比较形象地让孩子知道时间还剩下多少，时间知觉比较好的孩子可以直接指着时钟，告诉他长针走到哪里之前应该完成什么任务。

家长需要记住的有以下两点。

第一点：避免认为做了计划就应该能顺利执行，要知道"计划赶不上变化"，即便是成人有时候也很难遵守自己的计划执行，更何况孩子。再次重申，计划能力是一个复杂的能力，我们带领孩子制作作业完成计划表，是为了训练他们自己有效计划安排自己任务的能力，而不是"你说到就应该做到"的契约。

当然，计划只有执行了才具备意义，否则就是一纸空谈，万一孩子就是无法执行实施怎么办？这就引出了第二点：大人需要帮助孩子不断完善计划,提高孩子实施计划的能力。

当计划一直无法很好地执行时,我们就需要回顾,总体目标是否合适？小目标是否合适？是什么影响了某一步目标的执行？根据影响因素制定出解决方案来,然后再去实施解决方案,观察是否有效。

作业完成计划表

日期：2019 年 9 月 22 日

计划时间	任务内容	实际时间	是否遵守	未遵守的原因及对策
18:00 开始 18:20 完成	数学10道题	18:00 开始 18:15 完成	是	提前时间用来休息
18:20 开始 18:30 结束	喝水，吃零食	18:15 开始 18:30 结束	是	
18:30 开始 18:50 完成	默写	18:30 开始 19:00 完成	否	错误多，订正时间长 下次先复习一遍
19:00 开始 19:20 结束	看2集罗小黑	19:00 开始 19:45 结束	否	看得停不下来 以后作业中不看动画
19:20 开始 19:40 完成	抄英文单词	19:45 开始 20:00 完成	是/否	前面耽误了时间
19:40 开始 20:00 结束	和猫玩一会儿	20:00 开始 20:05 结束	是	减少休息时间
20:00 开始 20:20 完成	阅读一篇文章	20:05 开始 20:20 完成	是	

就拿作业计划表来说,我发现在完成作业部分,最常见的难以执行的原因包括：① 低估需要完成该项作业的时间；② 没有提前把目前的分心走神状态算进去；③ 低估任务难度,可能遇到难题会卡壳。在休息部分,最常见的难以执行的原因就是,一旦休息了就回不来,尤其沾到电子产品后,就停不下来。

这些原因,有一部分和时间管理能力有关,有一部分和自我控制能力有关,因此执行功能各个成分之间是交织而成的。

六、时间管理能力

  时间管理是指能够估计安排时间并且在有限时间内完成执行任务的能力。时间管理是非常高级的一种执行功能，包括了许多方面的能力。比如估计完成这项任务需要多少时间，制定计划，执行任务时间表，监测完成任务的进度是否都按照时间表进行等等。时间管理是个很难学习的技能，因为在这方面薄弱的孩子通常从最基础的估计时间，到以有效的方式及时完成任务这一过程的各方面都可能存在不足，同时可能还缺乏时间紧迫感。

  培养良好的时间管理能力，可以帮助孩子不至于拖延到最后一分钟才开始动手做作业，并且一旦开始做作业了就能尽快有效地完成，而不至于拖沓磨蹭。因此，良好的时间管理能力，意味着更有时间观念，做事更有效率。

  由于时间管理是一个很复杂、很高级的能力，很多家长知道要重视这个能力的训练，但是在操作过程中又容易急功近利、操之过急，从而对孩子，对自己都带来比较强烈的挫败感。比如我最常听到家长抱怨的就是："孩子做作业怎么就这么慢啊，他怎么就是快不起来呢？"

  有一次，一个爸爸几乎崩溃地跟我诉说孩子的事情，说那天晚上做完其他作业已经10点了，可还有篇作文没写，爸爸就问："你自己说吧，需要多久把这篇作文写完。"孩子想了想说，"4个小时。"爸爸就抓狂了："天哪，他居然说4个小时，他知道4个小时后几点了吗？他知道第二天上课要几点起床吗？这样他只能睡几个小时，难道他不知道吗？"

  我让爸爸稍安勿躁，然后当着他的面，问孩子："你想过4个小时后几点了吗？"孩子摇摇头，我就问："那你为什么回答4个小时呢？"孩子说："因为作文太难写了，说的时间长一点，我可以慢慢写。"

  所以，家长在电光火石之间把时间都算了一圈的时候，孩子压根就没想到这方面。我又问孩子："那么，晚上10点，过4个小时，是几点？"孩子计算了一会儿，回答："第二天2点？"我继续问："你一般几点起床？"孩子有点懵，回答："我8点上课……"所以你看，孩子并不清楚需要几点起床，我接着问："如果你7点起床，可以睡几个小时？"孩子又算了好一会儿，回答："5个小时。"我问："5个小时睡觉够吗？"孩子完全没有概念了："可能够了吧？"爸爸在一旁听得哭笑不得。这就是典型的，孩子基础的时间概念都还没形成，你如何让他做到有效的时间管理和时间计划呢？又如何能让他有高效学习的时间观念呢？

举这个例子的目的在于强调,发展时间管理能力有关的技巧策略是循序渐进的。家长也许会一口气看完整本书,但是落实到每个技巧,却要放慢脚步,逐个练习。每1~2周,甚至1~2个月就练习一个技巧,直到完全掌握,熟能生巧之后,再开启练习下一个技巧。千万避免因为觉得简单而跳过不练,这样到后来难的时候就很难掌握了;也要避免因为觉得困难而躲过不练,这样就没法发展进步了。

技巧1:知道现在是几点。

时不时询问一下孩子,现在几点了。

时间观念是做事有效率,不拖沓的前提和基础,而有时间观念的前提则是拥有正确的时间知觉。如果你觉得孩子这方面完全没问题,就请当作一个热身小练习去完成;如果你通过这个任务发现孩子认时间很困难,那么可能意味着你得留心教孩子学会认时间了。

任务可以随时随地进行,你一旦想起来了就可以问问看。注意不是让孩子猜现在几点,就是让他看钟表,然后能认出来,从而意识到现在大概几点就可以了。

如果孩子在辨认指针的时钟比较困难的话,也可以给他看电子钟表。

技巧2:知道自己完成某个任务需要多久的时间。

在孩子进行某项活动或任务时,让孩子记录开始进行和结束完成时的时间,计算自己花了多长时间来完成这个任务。

当我们已经让孩子学会了如何认时间之后,接下来的目标就是让孩子练习培养对一段时间长度的正确理解。

安排的任务活动不要过于冗长,太冗长的任务不利于培养孩子对于时间长度的理解知觉。学龄前的孩子可以安排10分钟以内的任务;小学生的任务控制在15~30分钟;初中生可以尝试半小时左右的任务。

让孩子计算时间间隔,这既锻炼了时间知觉,也练习了计算能力。比如,8点开始做拼图,8点17分拼完了,这样就是一共花了17分钟完成拼图。一开始可能小年龄的孩子会感到略困难,鼓励孩子,陪孩子一起计算。

技巧3:估计自己完成某个任务需要多久时间。

在孩子进行某项活动或任务之前,让孩子先估计自己需要多久完成,然后记录真正的开始完成和结束完成的时间,计算自己实际花了多长时间。

很多孩子作业拖沓,或者拖到最后一刻才肯写作业,有一方面的原因就是孩子对于自己究竟还剩下多少时间,完成手头的作业到底需要多少时间,并没有概念。因此,能正确估计自己完成任务的速度能够帮助孩子更好地做出计划安排。

尽量选择之前尝试过的任务。这样的话,孩子对于自己完成这件事大概需要多久已经有一定印象，做出估计也会更准确些。比如，之前拼图时，孩子已经记录过，拼完一副图需要17分钟，那么下次拼图之前，先让孩子根据图案大概估计下，可能需要多久。如果觉得比上次容易，可以估计15分钟；如果觉得比上次难，那么可以估计20分钟。

慢慢逐渐扩展任务的种类，让孩子对于自己生活中大多数事情，如起床、洗漱穿衣、收拾书包、准备出门、写作业等，分别需要多久来完成都有个概念。

这个任务，尤其对于小年龄孩子来说，偏复杂和枯燥。因此家长可以给予一定的帮助，比如可以问孩子："你估计长针走几格，你可以完成洗脸刷牙？"在孩子估计时间和实际用时非常相仿时，要给予夸奖赞赏，甚至可以给予一定的奖励。

技巧4：增加任务紧迫感。

在某件任务的末尾安排一件孩子非常、非常、非常感兴趣的事情，从而巧妙地增加时间紧迫感。

需要注意的是，任务末尾安排的事情必须是孩子非常非常感兴趣的事情。举个简单的例子，孩子最喜欢看的必须不能错过的动画片是7点开始，晚饭是6点半开始，平时孩子经常吃饭很磨蹭，经常边看电视边吃饭，那么你可以尝试告诉他："如果你能自己在7点之前吃完饭，那么就可以看动画片。"

注意要言出必行。如果孩子在规定时间内完成任务，如7点前吃完饭，那么满足他，让他看电视。反之，则不能满足他，一开始孩子可能会哭闹或者纠缠，甚至发脾气，家长都得坚持原则，否则就没有效果。这个策略仍然是符合前文提到过的奖惩原则。

家长在帮助孩子培养时间概念的时候，需要提供一定的线索帮助和鼓励支持。你是和孩子在同一战线上攻克任务，帮助孩子一起成长，而不是一味地逼迫孩子去完成任务。因此可以把任务变成一种游戏的感觉，家长和孩子是站在一条战线上的，陪孩子一起和时间赛跑，因此可以给孩子加油，如："你真棒，还剩5分钟了，你一定可以按时完成的！"

如果能够按照这几个技巧依次练习下来，我们就逐步培养了孩子的时间概念，从而为发展专注高效的行为模式打下基础。从教会孩子认时间，到教导孩子计算时间间隔，从而根据时间长度培养孩子的知觉概念，然后能够估计自己完成某项活动需要的时间。家长可以在某项任务的末尾安排一个孩子特别感兴趣的活动，增加时间紧迫感。

时间观念形成了之后，我们就可以进一步培养孩子的时间计划能力，从而进一步提高时间效率。

还有两个使用倒计时在时间观念能力培养中的技巧。

第一个：用倒计时来缓冲。

在需要孩子去做某件事之前，用倒计时的方法给他缓冲时间。因为突然改变孩子的活动会容易引起不满和抵触：如果没有任何提示，突然要求孩子停下手头的事情，去做另一件事(比如，不要再玩游戏了，快去洗澡)，会容易让孩子烦躁不安，从而引发争执吵闹。因此要给予一定的时间缓冲，比如"再玩5分钟游戏，然后去洗澡"，会得到孩子更好的配合。

可以持续地给予时间线索，比如，提前5分钟告诉孩子："还有5分钟你就应该去洗澡了，准备停止游戏，保存进度。"然后提前2分钟时可以再次提醒孩子："还剩下2分钟了，你应该保存好进度，准备关电脑了。"

确保按照说好的时间实施，确保孩子知道，当你说5分钟后需要停止游戏，那么五分钟后，无论如何都必须停止游戏，无论他是撒娇纠缠，还是哭泣吵闹，都不允许额外延长时间，这样慢慢地，他就能领悟，当你说停止的时候，是会真正停止的。这样孩子才能慢慢在倒计时的练习中锻炼时间知觉，并培养在规定时间内完成相应要求的能力。

第二个：使用倒计时让孩子学会等待，即让孩子等待一段时间再给予满足。

延迟满足能力非常重要，孩子等待一段时间再得到自己想要的东西，这个能力叫做延迟满足。帮助你的孩子学会等待是非常重要的，还可以改善他耐心听完指令的能力，从而也改善了孩子与伙伴及大人之间的关系。练习耐心等待时，也练习了自控力，而具备了良好的自控力，才能更好地抵抗干扰，从而更加专注。

从小事开始练习等待的能力，比如孩子想要吃饼干，而晚饭在10分钟后就要开始了。你可以回答："10分钟后就该吃晚饭了，你可以在晚饭后吃饼干。"然后可以提出建议："你觉得做些什么可以帮助你更好地度过这段等待的时间？是画画，还是玩乐高？"

设定合适的等待时长，你可以询问孩子："今天你觉得你可以等多久？"当然你也需要考量这个目标是否合适，按照支架式教学的方法，根据平时孩子能够等待的时间，稍微让他再等久一点点。

七、情绪调控能力

情绪调控能力无论对孩子还是对大人而言，都是非常重要的一项能力，尤其在为了完成某个复杂任务时，管理调控好自己的情绪，可以展示出更恰当的行为策略。

　　这里说的管理、调控情绪,并非指一味地压抑、隐忍,比如宫斗剧里最常见的敢怒不敢言,有事憋心里,电视剧的话,总有出头之日的一刻,那时就可以敢怒敢言,新仇旧恨一起结算,看得观众心里过瘾。然而压抑隐忍不良情绪是有坏处的,万一哪天 hold 不住了,还是要爆发。更何况,真实的人生不是电视剧,未必就有"出头之日"一直压抑隐忍不良情绪,总有一天,要么炸伤了别人,要么憋坏了自己。

　　情商高,不是指有能力憋着不良情绪不表达,而是指,能敏锐地识别出自己的不良情绪,用恰当的方式表达出来,以及逐渐地调整自己不至于过于频繁地产生不良情绪。本书的第四章整个章节其实都是在介绍情绪调控相关的能力培养。在这部分章节里,再继续补充一些相关的技巧策略。

　　在孩子完成习得这些情绪调整的技巧之前,作为大人仍然可以做到一些调整,帮助孩子减少情绪波动带来的麻烦。包括以下这些。

　　(1) 大人对即将到来的困难做出预期,并帮助孩子做好准备。比如孩子和小伙伴们准备一起开始玩游戏了,你知道孩子如果输了会容易生气,那么游戏开始之前你可以把孩子拉到一旁额外嘱咐,如果万一输了可以做些什么以便让自己不感到那么生气。或者密切留心孩子们游戏的状况,一旦孩子情绪有波动时,可以及时介入,提议重新开始下一轮游戏或者端上一些点心让孩子们分享。

　　(2) 大人学会修整或控制环境从而尽量避免问题发展到不可控的程度。比如孩子如果人来疯,那么一开始尝试只邀请一两个小伙伴到家里来玩,等孩子逐渐适应了,再逐渐增多玩伴的数量。直到孩子在人多的社交场合也能不至于过分兴奋,再带孩子参加生日派对等热闹拥挤的活动。

　　(3) 大人可以将孩子即将完成的任务分解成一个个小步骤,每次让孩子完成一个小目标,如果孩子需要帮助,可以给予指导和陪伴,要孩子觉得任务是可以完成的,从而避免产生太强烈的压力感。在完成任务的过程中,如果出现挫折的话,那么允许孩子休息一会儿,或者采用恰当的方式宣泄挫败情绪,待情绪平稳后,再次投入任务中。

　　(4) 教会孩子一些恰当的疏导不良情绪的策略。如深呼吸、肌肉放松等,还可以进行自我积极对话来帮助自己控制情绪。比如在开始一项任务之前,大人可以给孩子做出正性对话的示范,你可以教孩子这样对自己说:"我知道这件事对我来说很难,但我还是会坚持尝试着去完成,如果我努力之后还是无法解决困难的话,我可以向大人请求帮助。"

　　(5) 在孩子可理解的程度上,与他探讨情绪。可以是孩子自己的事情,也可以是大人的经历。当大人自己遭遇了引发负性情绪的事情时,与孩子讨论这件事以及自己如何处理这件事的,本身就是个示范作用,示范给孩子看如何表达及处理负性情绪。不一定要事无巨细,用孩子能理解的表述方式即可。比如:"今天爸爸被老板指责了,实际上爸爸只犯了一个小错误,被同事故意打了小报告,爸爸感到很生气,也很委屈,因此心情不是很好。但是,无论同事做得对不对,我自己毕竟犯了个小错误,以后更小心一点,避免犯错就好了。现在回家了,跟你和妈妈说说话,心情慢慢就好了。"

(6)大人也可以留心一些文学影视作品,通过它们来教会孩子控制情绪。有段时间,我在教青春期的孩子们管理愤怒情绪时,会用到《天下无贼》中的一个片段,葛优以为刘德华将他的货物调包了,因此非常生气,他说:"黎叔很生气,后果很严重。"于是我让孩子们以后生气时都用这个句子来表达,如:"小明很生气,后果很严重。"结果这句话本身,就化解了一半的愤怒情绪。

除了这些之外,继续再介绍两个略微复杂点的有助于情绪调节,从而提高情商表现的技巧。家长最好是将一个个技巧尝试慢慢地教给孩子,掌握了一个再教下一个。再次强调,这些技巧需要平时反复练习,在遭遇困难时提醒和引导孩子使用和练习,当孩子使用技巧后要给予鼓励和赞扬,从而促进孩子下次遇到类似情况时会更愿意使用这些技巧。

大人和孩子时不时需要回顾和总结下技巧的使用,看看技巧是否使用到位,是否练习熟练,最重要的,是否对自己管用。通常而言,这里介绍的技巧策略,对于大多数孩子,甚至大多数大人来说,都还是适用的。

策略1:换位思考。

一个人为他人着想和顾及他人想法和意图叫做认知换位思考。对于他人的内在情绪状态和感受的理解叫做情绪换位思考。

换位思考已经被认为是青少年社会关系认识中的关键认知要素,并且可以通过许多方式获得。攻击性儿童和青少年把不友善过分地归于别人身上,使得他们总是很快就认为他人怀有不友善意图,然后在臆断出的威胁基础上更加表现出攻击性。有愤怒管理问题的孩子总是表现得以自我为中心,对社会问题认知扭曲。换言之,攻击性孩子似乎很快假设其他人会对他不友好,更加可能在不准确预测的威胁基础上做出攻击性的回应。因此我们需要提供机会帮助孩子处理这些扭曲,帮助他们提高对于他人情绪和感受的理解,即换位思考。

我们可以采用漫画或空凳子的具体形象的方式,帮助孩子更好地练习换位思考。引导孩子思考,对方是怎么考虑的,重点在于强调,每个人看待问题的方式可能是不一样的,你有你的出发点,别人有别人的出发点,关键是,虽然大家看待问题的想法不一样,但可能各有各的理由,并无绝对对错之分。

用空凳子来举例子,假如孩子今天在班上闹情绪了,因为他觉得自己在课堂上表现很好,但老师表扬了很多其他的同学,却没有表扬自己。回家后,我们摆两张椅子,一个贴上孩子的名字,一个贴上老师的名字。如果有照片当然更好。

第1步:不着急,放轻松。让孩子坐在自己名字的凳子上,先把自己当时想说的话,在心里说一遍,比如:"老师您偏心,故意跟我作对!"等,把想做的事放一放,如闹情绪、跟老师对着干、争吵等,都先放一放。想办法让自己放松下来,怎么放松?深呼吸、肌肉放松的技巧需要用上了。

第2步:换位子,新视角。让孩子自己坐到老师名字的凳子上,假设自己是老师,为什么这么做?有什么理由?可能是有偏见,就是不喜欢你;可能是虽然你表现不错,但其他同学表现更好;可能是希望你再接再厉,怕你骄傲今天先不表扬你;也有可能原本想表扬来着,说着说着就给忘了。

第3步:回位子,新想法。重新回到自己的座位,思考一下如果老师是因为刚才的那些想法没有表扬自己,而并非一定是偏心跟自己作对,是不是就不会这么生气了?是不是就可以更容易体谅老师的做法,从而争取下次表现更好一些。

策略2:情绪管理单。

制作一张属于孩子的情绪管理单。情绪管理单上的内容,只要是积极的、适合孩子的、对孩子管用的、有积极调节作用的即可。这么说可能很抽象,也正是因为很抽象,没有引起大家的重视。如果我现在问各位家长,孩子做什么事时显得比较放松和开心?相信很多家长一时间会有些懵圈。那么可想而知,在孩子体验到负性情绪的时候,家长也就很难有心思和余力去寻找或者去执行管理情绪的方法了吧。

究竟孩子做什么事时会显得比较放松和开心?你得有个答案,滚瓜烂熟的答案。得能秒答,为什么要能够秒答,因为当孩子被负性情绪笼罩的时候,你的思路也会被影响得已经开始不清晰了,这些帮助排解负性情绪的方法,必须能自动启动,才可以发挥作用,替你排忧解难。

因此,需要真的列个单子出来,比如:当孩子因为作业而感到挫败烦躁时,深呼吸5次;当孩子在学校被批评了不开心时,练10分钟跆拳道;当孩子想玩手机被拒绝了不开心时,让他尝试拼一组新拼图;诸如此类。

实际上说穿了,比较恰当的管理情绪的方式,没想象中那么困难和复杂。比如运动,可以是各种球类,也可以是游泳、武术等,哪怕遛狗散步也算,运动会产生让人大脑里产生愉悦的化学物质;再比如,中华传统的琴棋书画,颐养情操,自然改善负性情绪;还有唱歌、跳舞、搭乐高、做陶艺等等。带孩子去尝试,去感觉,最后总结出哪些方法对孩子有效。

不建议使用看电视、玩手机、打游戏等方法。虽然短期内这些方法可能奏效,但长期并没有办法帮助孩子建立积极的情绪体验,反而更容易引发更多的负性情绪。

带孩子多接触新鲜事物:有句话是,心灵或身体,总得有一个在路上。实际上,当身体在路上行走,人生经历越丰富,情绪体验也能越丰富。

讲到最后,突然想唱个反调,其实,情商也没有你想象中那么重要。做自己,最开心。如果非要逼孩子演成一个别人眼里的高情商者,那么他本人也未必幸福感爆棚。不要怕孩子有负性情绪,要相信,即便是孩子,他也有能力演化出自己的应对机制。所有的痛苦,其持续时间不会像你预料的那么长,所有的幸福,其价值感也不会如你想象的那么高。最终,我们都会回到属于个人自己的那个知足水平,包括孩子。

八、社交知觉能力

提到社交知觉能力,有句俗话很容易引入脑海,那就是人见人爱花见花开车见车爆胎。然而实际上,每个人,包括每个孩子,社交需求及表现形式是不一样的。

不一定内向话少的孩子社交就一定差,朋友就一定少。典型的比如《灌篮高手》里的流川枫,俘获万千少女的心,但人家就是个几棒子也打不出一句话的人,走耍酷路线。但他和队友们情比金坚、相互信任、相互合作,并不比聒噪的樱木花道朋友来得少。

就算朋友少,社交少的人,未必就幸福感很低。比如现在一些宅男宅女,他们喜欢享受独处的空间,自己做自己喜欢的事情,并不喜欢凡事都有人插入进来,这样可以很好地完成自己的工作,必要的时候也能聚个会聊个天,但大多数自由控制的时间,他们更愿意自己待在家里晒晒太阳发发呆、打打游戏撸撸猫、看看电影刷美剧等,这种生活,未必就比成天奔波在外,三五成群结队玩耍的人,幸福感来得低。

有些家长可能担心孩子不会结交朋友,社交能力差,影响将来找工作,或者影响职场人际关系。实际上,与其费尽心思扭转孩子的性格,不如尝试引导孩子寻找一份适合其性格和社交能力的工作。实际上,在网络极其发达的当今社会,面对面社交能力的需求在退化中。因此，大可不必花费太多力气去培养孩子所谓的社交能力，尤其不要去参照"人见人爱花见花开"的标准。

但为什么我们仍然要讲社交能力？因为有一部分孩子确实在这方面是存在困难的。什么情况下我们需要重视和培养社交能力呢？当孩子想和伙伴打交道，却总是因为其言行举止导致麻烦或碰壁，甚至影响到伙伴关系、师生关系、亲子关系等，进而影响了孩子的心情、自我评价、自尊心等情况，那么，我们就不能视而不见，需要帮助孩子提高他们的社交能力，帮助他们更好地实现他们想达到的融洽社交关系。

那么具体社交能力包括了哪些具体的技能？

第一，情绪的识别和调整能力。这是达到良好社交关系的基础，越能够良好地识别分辨出自己的情绪，并且以恰当的方式对不良情绪予以调整疏泄，就能越好地保证在社交过程中，不至于爆发不良情绪，从而损坏社交互动。这部分内容前文已经详述过。

第二，知道自己的表现对他人带来的影响，换言之，就是察言观色的能力。当你说一句话，做一件事，知道自己正在说什么，做什么，也知道自己做得怎样，还知道别人对自己的言行评价是什么，这其实是执行功能的成分之一，叫反省认知。

有的孩子一看大人脸色不对，心想自己的言行可能不招人喜欢，于是会收敛一点。有的孩子则会一直我行我素，除非大人咆哮怒吼起来，他还觉得委屈，不知道究竟自己哪一点惹人不高兴了。

因此当我们发现孩子在某些方面存在困难后，要教会他们学会自我反省与这些困难相关的问题。比如有的孩子跟伙伴玩耍时容易失去界限，经常过分热情地搂搂抱抱，那么当其他孩子表现出皱眉、后退、闪躲甚至推开的举动时，教会孩子自我询问："我是不是靠得太近了？"然后让孩子回忆事先交代给他的正确答案，"妈妈告诉我说，应该和别人保持一个手臂的距离。"就这样引导孩子调整自己的表现："我现在离得太近了，应该离得远一点。"

第三，能够恰当表达自己想法及情绪的能力，尤其是负性情绪。很多孩子，包括大人，在平常交流中可能没问题，但如果遭遇负性情绪时，很容易以爆炸的方式发泄出来，这样会很容易伤到对方。

有个比喻是，你每发一次脾气就相当于在墙上钉了颗钉子，事后道歉就相当于拔掉钉子，虽然钉子可以拔掉，但墙壁上的窟窿却留下了。因此，如果每次都以发脾气的方式疏泄不良情绪的话，最后对方的心就如同那面墙壁，被伤得千疮百孔，再好的关系也很难修复如初了。

因此，我们提倡在表达自己负性情绪的时候，用"我语句"。举个例子，当你想说话时，对方却一直说个不停，你觉得很厌烦，这时如何表达自己的想法？大多数情况下，我们下意识会指出对方的不足之处，比如："你能不能听我说会儿啊，你怎么说个没完啊，你就不让别人说话吗？"这些表达方式，将不良情绪都指向了对方，让对方感到惹你生气了，如果对方害怕你，那么可能诚恐诚惶闭嘴了；如果对方不怕你，那么可能会讨厌你，同样感到生气，更加不配合你的要求。

如果用"我语句"来表达，那么是这样的："我很想说话却一直没法说，我感到有点等不及甚至不耐烦了，所以你能听我先说完吗？"这样的表达会让对方感到，虽然他有做得不好惹你生气的地方，但你仍然尊重和理解他，因此对方会更少产生对立的负性情绪，也就更愿意配合你的要求产生改变。

具体我语句的方法就是，第一部分，以"我"开头说出自己的情绪感受；第二部分，提出对方当时的具体行为，即简单解释你为什么有那种感受，就事论事，只针对本次行为，而不是责备对方；第三部分，可以提出你的建议。

第四，非言语沟通技能。要知道，社交沟通中，语言交流所占的比例仅占7%，还有93%是通过非言语来传递的。因此，会说话不等于会社交，因为非言语传递的信息要远远大于言语。

有的孩子，其实只是在陌生环境下有些沉默，但是当其他人说话时，会给予关注的眼神，表示出认真倾听的神态，当被提问时，会积极地用肢体语言给予回复，这时候尽管尚未开口，但通常不会给人留下社交不好的印象，慢慢给予时间适应，孩子自然而然能开口使用言语交流。如果，此时催促或指责孩子，反而加重孩子的压力，让他不适应，带来额外的社交困难。

与之相反，有的孩子可能言语表达没问题，但非言语沟通方面会带来一些麻烦。儿童时期需要注意的非言语沟通技巧主要是距离、语气，然后是微笑、眼神和手势。

距离在之前提到过，通常我们建议孩子保持一臂左右的距离是比较放之四海而皆准的，慢慢长大了，可以再教给他们与不同程度亲密关系的人保持不同远近的距离。

语气只要注意避免吼叫发脾气即可，不一定非要要求孩子保持平静冷静的语气。当有负性情绪想要宣泄时，用我语句来表达，在很大程度上就能避免吼叫发脾气。

微笑是很有魔力的一种表情，无论男孩女孩，无论内向外向，无论扮酷还是耍帅，微笑不仅让对方开心，也会让自己情绪舒畅，哪怕是假笑。因此要教孩子露出8

颗牙,咧嘴巴,眼睛弯弯的眯起来,即使只是做一个笑容的表情,也能引发不少正性情绪。

交流时,尽量和对方保持眼神接触。因此平时在和孩子沟通时,如果孩子眼神飘忽不定,可以告诉孩子"请看着我",如果孩子很小,难以配合,大人可以蹲下来,保持和孩子同等高度,轻轻托着孩子的下颌,固定他的脸,帮助孩子与你保持眼神接触。

手势方面,儿童期间需要强调的是,尽量避免不必要的肢体接触,因为孩子容易出手没轻重,推推搡搡、拉拉扯扯之间,难以掌握分寸。因此告诉孩子,哪些场合,可以用怎样的手势触碰对方。比如,对方难过时,可以用手掌轻轻拍拍对方的背。嘱咐孩子避免使用手指戳和点,一方面是一不留神,危险系数比较高;另一方面,孩子长大后留下手指戳点习惯的话也不好,因为,别人就算需要你的指点,也不需要你的指指点点。

第五,知道不同场合说不同的话。这个技巧比较高大上了,不用强求去培养,但如果孩子社交技巧还不错,可以给予引导。在不同的环境下,或者与不同的人相处时,知道应该有不同的言行举止。

比如,在宠爱自己的祖父母那里,可以"造次"一点,但必须明白,如果是在陌生人多的场合下,自己那些耍宝耍赖的言行举止就应该收敛一些。

因此,如果孩子缺乏对场合的判断,那么建议大人们最好一视同仁,都按照公开集体环境下的要求去要求孩子,这样孩子才能更好地适应。

比如,有的孩子经常对爷爷奶奶说:"你们脸上怎么那么多皱纹,实在太丑了。"爷爷奶奶不计较,乐呵呵地包容了,甚至还觉得孩子说得对,观察细致。长此以往,孩子在路上,也会对陌生人说:"这个人怎么这么丑啊!"如果大人觉得反正陌生人不认识,得罪算了。等上学了,孩子就会对同学说:"你太丑了!"或者直接对老师说:"你怎么长那么丑啊?"尽管不是什么大事,尽管是童言无忌,但实际上,谁能真的不忌讳?

第六,学会倾听。想要有良好的社交能力,除了培养主动进行社交沟通的技巧之外,做一个良好的倾听者,也能在社交互动中加分不少。有道是"此时无声胜有声"。

我们天生是喜欢表达自己,让别人倾听的,再内向的人也是如此。因此,孩子和我们,毕生需要学习的技能就是,倾听,认真倾听,耐心倾听。具体的细节包括倾听时不插嘴、不打断对方、保持眼神接触、发自内心地去感受对方的表达、做出恰当的回应。

在社交技巧之后,还想在这个话题下额外强调几点:

(1) 品格比社交重要。培养一个品行端正的孩子,比孩子是否在交际场合游刃有余更重要。良好的品格包括诚信,以及学会分享。有句俗话是"吃亏是福",但不用强迫孩子去赠送自己喜欢的东西,家长可以提供一些机会,如拿出点心零食或者玩具,鼓励孩子去与伙伴分享。家长要避免在分享过程中,过分注意到物质价格层面,而对孩子做出点评,比如指责孩子:"你怎么那么傻,你的玩具汽车那么贵,怎么跟人换了个气球回来呢?"

(2) 放手。当孩子遇到矛盾冲突时,要引导他们去分析问题,寻找解决方案,自己做出决定,然后去尝试,之后进行自我总结。避免直接告诉他们该怎么做,或者直接帮孩子去处理矛盾。

(3) 家长以身作则。无论是家庭内部相处,还是在外面与其他人相处,家长的言行举止具备言传身教的作用,你说的一百句道理不如你切实的一次表现。我见过有的家长,前脚抱怨孩子喜欢与人争执,后脚就与旁边插队的人大声争吵起来。

最后,还是希望大人能尊重孩子的社交个性和社交需求,避免强求,避免用自己的标准来要求孩子。要知道,社交能力,够孩子自己用就行,他自己觉得舒适和快乐就行。

根据评估章节,大人一致决定首先促进孩子执行功能发展的成分是:_____。

为了促进该执行功能的发展,填写需要练习的技巧策略和计划练习的时间:

技巧策略	练习时间安排	开始日期	结束日期	效果自评

记录每项技巧开始练习的时间,和基本达到效果的结束时间。

第四节 分　　心

并非孩子的错，那么到底怎么破

有句话是"分心不是我的错"，这是正确的。我们每个人都很难做到"两耳不闻窗外事，一心只读圣贤书"。更何况，家长要明白，注意力集中更多与孩子大脑内部的化学物质，如多巴胺、去甲肾上腺素密切相关。因此，并非是孩子故意偷懒磨蹭，也并非纯粹靠外界的训练督促，就能改变大脑内部神经递质的浓度。这就是为什么，分心明显的儿童，如注意缺陷多动障碍儿童，会需要药物的帮助来集中注意力。这部分内容会在下一章解析。

困难，不代表我们完全无能为力。我们需要做到的是，避免一味抱怨，切勿操之过急，坚持采取恰当的方法，日积月累，长期坚持，以期望慢慢取得效果。

首先我们要了解影响孩子分心的因素，从而有的放矢。现在，我需要家长静下心来，冷静地观察下孩子在完成作业过程中出现分心和拖延的情况，不要急于去催促他或者帮助他，而是先观察记录下，引起这个情况的原因究竟是什么。

需要观察些什么？

（1）孩子知识掌握情况如何？当孩子停下不写时，可以询问孩子是否知道这道题目该怎么做。需要注意的是，避免在孩子如实回答"不会做"之后又去训斥孩子："为什么不会做?！上课是不是又没有听?！"这样会让孩子以后不敢如实回答。很多注意力集中困难的孩子，在上课时会漏听课程内容，从而导致完成作业必备的知识点没能很好掌握。

（2）孩子作业记录是否完整？有的孩子当天需要完成的作业记录不全，导致事后家长核对检查时才发现还有作业没有完成，从而造成完成作业的整体时间延长。

（3）发呆走神？写着写着笔就停了，脑子放空了，走神了，神游了，做白日梦了。不用逼问孩子："你到底在想什么？""你为什么又发呆了？"大家自己设身处地想一下，当自己听一场无聊的报告而走神发呆时，你确定知道自己在"想什么"或者确定知道自己"为何"而发呆吗？再者说，就算你帮孩子弄清楚了"为何"发呆，就能阻止发呆了？并不会。斥责孩子发呆，只能加剧完成任务时的负性情绪，而并不能帮助孩子速度快起来。

（4）东摸西碰？没写几个字就开始玩橡皮、玩尺子、玩文具盒、看课外书、抠本子？

观察了解好上述情况之后，再来各个击破。

第一,磨刀不误砍柴工。

写作业之前,将准备工作都做齐全,从而节约完成作业当中磨蹭的时间。

关于作业记录问题,建议使用作业记录本。很多孩子其实已经有家校联系册了,无论有没有,我们都要求给孩子准备一个小本,让孩子将当天家庭作业的内容和要求记录在本子上。

可以的话,让孩子挑选自己喜欢的本子样式,允许他在本子上贴一些喜欢的贴纸或者印一些鼓励他的图案,从而增加孩子记录的兴趣和主动性。

如果孩子经常会漏记作业,那么近期都请家长提前检查一遍看作业是否记录完整,这样可以避免在你以为孩子完成了作业之后,突然发现还有那么几项没有完成,避免因措手不及而临时不得不延长作业时间。

写作业之前,提前复习一遍完成作业所需的知识点是否掌握。当孩子不具备完成作业所需的知识点时,他就无法完成作业,但又不敢不写作业,于是就只好坐在那里发呆神游。

因此大概陪孩子过一遍作业的知识点,如果你发现孩子有不懂的地方,不要急于批评训斥,因为这样下次孩子就不敢说真话了,尽量再开个小灶替孩子补习下知识点,确保孩子懂了,再让他完成作业。

孩子上课掌握的知识点越少,意味着回家完成作业需要再次学习的时间花费越长,因此家长仍然需要采取一些措施帮助孩子提高上课时的学习效率。在这里提个醒,如果你发现孩子漏掉的知识点非常多,那么可能提示着孩子在上课的时候注意力状况是不尽如人意的。应尽快和老师取得联系求证下孩子上课的专注程度,如果确实与同学相比,存在明显注意力不集中的情况,那么你可能需要考虑获得专业人士的帮助,判断孩子是否存在注意缺陷障碍,具体请参考下一章。

如果家长实在没时间,条件允许的话,可以考虑为孩子请一位靠谱的家庭教师,这种一对一的师徒关系,可以帮助弥补课上学习的不足,也能帮助孩子更专心地复习一遍知识点。同时可以针对孩子每天知识点掌握的情况,达到多少比例则给予奖励。

第二,都是环境惹的祸。

心理学某个分支有一种观点是,人做得不够好,是因为环境不够好,环境是可以改造得尽可能减少人们犯错,帮助人们做得更好的。因此,我们需要改造环境以尽可能地帮助孩子更好专注,更少分心。

有的家长可能会说,不是应该培养孩子"两耳不闻窗外事,一心只读圣贤书"的专注力吗? 问题是,在没干扰时,孩子的专注程度尚且不足呢,何必急于求成去培养有干扰下的专注力呢？

清空桌面是非常简单却也非常有效的方法之一，尤其适用于写作业时容易东摸西碰从而磨蹭拖延的孩子。每次完成一项作业之前，只给孩子必需品，其他的物品全部收起来放在课桌以外的、孩子接触不到的地方。比如这项作业不需要直尺，就不要给尺子；比如孩子使用橡皮后会抠着玩，那么家长就保管橡皮，需要擦除时再给孩子，等孩子用完后马上没收掉。简而言之，课桌上摆放的东西只是完成当下这个作业的必需品，其余的东西，一律挪走。

究竟在哪里完成作业最佳？这个问题的答案就因孩子而异了。对于大部分孩子而言，相对安静不受打扰的环境是比较理想的。因此在家里找到一个远离电视电脑、远离孩子玩具的角落，这些东西容易分散注意力。空间相对宽敞些，允许孩子完成一段时间作业就起来活动一下。最好家长即便保持一定距离也能看到孩子，这样方便掌握孩子的专注情况，以决定是否需要提醒。

保证安静是很重要的。孩子完成作业的期间，家长避免看电视、搓麻将、玩电子游戏、大声喧哗，争取尽量减少来回走动、开关门窗、说话聊天，可以的话，家长可以坐在需要的位置，自己安静地读书看报，或者陪伴孩子完成作业。

陪伴作业过程中，除了必需的督促提醒外，一定要避免过分频繁的唠叨斥责，如频繁的"快点写啊""刚教过的怎么又忘了""这么简单的题怎么不会呢""你再发呆我就一巴掌"之类。

有一小部分孩子，是在有一定背景声音的情况下，专注情况更好。如果太安静，孩子容易昏昏欲睡，打不起精神来。家长需要不断尝试，适合孩子的空间。可以试试在厨房旁放一张桌子，伴随着你准备晚饭时，锅碗瓢盆发出的相撞的声音，烹饪时菜肴发出的声音，这些声音既提供了一定的背景声音，保持孩子警觉，但又不至于分散孩子注意力。而且，你一边做饭一边也可以留心孩子写作业的情况。

第三，小动作多怎么破。

小动作多的孩子，就像一个小发动机一般，几乎无时无刻都在东摸摸西碰碰。你让他手别玩橡皮，他腿就开始抖，你刚制止他的腿，他就开始摇椅子。有的家长会抱怨说："就算给他一张纸，他都能翻来覆去玩半个小时。"到最后，家长马不停蹄地制止，孩子持续不断地被制止，这些个分心的小动作折腾得双方都疲惫不堪。

家长需要理解，让小动作多的孩子，完全静止下来，是不太现实的。甚至从某种程度上，我们需要理解孩子的小动作。正是因为他们坐不定，无法安静下来完成作业，但他们又不能离开，必须坐在那里完成作业，所以他们就不停地做小动作。这算是一种孩子帮助自己保持坐在那里继续写作业的机制。

理解这一点后，我们可以给孩子一个特别的小玩具，让他拿在非写字的手里玩，但又不至于导致太多分心。如小软球、橡皮泥，或者桌子底下沾一个尼龙搭扣。这样的话，孩子可以被允许做一些反复的小动作，但又不至于弄出太大动静，反而更利于孩子坚持完成作业。

讲到这里，可能有家长会表示，写作业的时候要姿势端正，不写字的手应该扶着作业本，这样写字才又快又好看。但如果说孩子小动作多到很难专心写作业的程度了，那么家长可能需要在"帮助孩子专心写作业"和"要求孩子姿势端正"两个目标之间做个取舍了。

很多时候，家长容易舍本逐末。为什么？因为不打紧的小目标可能具备更容易被掌控的假象，如坐端正、手扶本子、脚不抖、不咬手指甲等。但实际上归根结底，这些要求意义何在？如果一个孩子手上允许他有点儿小动静，他反而能安心坐得住写得久，那么是否应该先追求这个本质的目标呢？

第四，白日做梦怎么破。

做白日梦，神游太虚的孩子，10分钟的作业可能60分钟还写不完。大部分时间，孩子的注意力都不在任务上。他们要么看着窗外，要么盯着某个字母，脑海中很可能一片放空。

帮助走神孩子的一个方法是使用提醒系统，注意这和平常家长采用的"催促""唠叨"提醒不是一回事。

提醒方式要合适。家长尽量和孩子一起发展出双方都比较受用的、恰当的提醒方式。

需要注意的是，提醒方式可以不仅仅只是言语。虽然最容易想到的提醒方式是言语的督促提醒，如"专心写""别走神""快一点"等，实际上这类提醒方式如果过于频繁的话，会增加家长和孩子双方的精神疲惫感，且时间一长容易引起孩子的对立情绪。因此我们可以挖掘更多的提醒方式。

— 声音提醒：除了直接的言语提醒之外，可以设定一个特别的声音信号作为提醒机制，如特殊的铃音、假装咳嗽、敲打桌子等。

— 触觉提醒：提前与孩子商议好的，接触某个身体部位表示提醒，如轻拍背部、捏捏手臂、戳戳大腿等。

— 视觉提醒：将一些特殊的醒目的物品在孩子眼前晃动以建立提醒，如在其眼前摇晃手掌、摇一面小彩旗、摇动一支彩色的笔等。

提醒方式要尽量是孩子愿意接受的。因为如果孩子反感的话，容易引起负性情绪，日积月累既会影响孩子的学习兴趣，也会容易引起孩子的对抗情绪，从而导致最终提醒失效。

提醒方式尽量强度逐渐减退。合适的提醒力度是,只要能保证孩子能回过神来的最温和的提醒方式,过一段时间后可以尝试再降低提醒力度,逐渐拉远家长坐在孩子身边的距离,从而逐渐培养孩子独立完成作业的能力。

这个过程相当漫长,不要操之过急,但始终要记住去尝试降低一点点提醒力度,避免一直依赖家长。

有的家长可能会说,如果不无时无刻地提醒,而采用这种提醒机制,可能孩子根本做不完作业的。这也是有可能的。但问题是,如果一直靠无时无刻的提醒,什么时候是个头呢?而且如果孩子对学习越来越抵触,总有一天,就算无时无刻地盯着,可能孩子也不写了。

因此,如果一开始采用这种机制,孩子写不完作业,就写不完吧。大多数孩子是不愿意没写完作业就去学校的,这也是让孩子自己学会承担作业没完成这个责任的机会。但是注意别让孩子感到过分害怕。家长可以跟老师联系一下,说明情况。如果有必要,可以尝试减免部分作业,让孩子找到自己可以胜任完成的感觉。同时也注意避免让孩子觉得有机可乘可以逃避任务。因此作业未按时完成的时候,时间不能用来看电视/玩电脑,也不能大肆出游玩乐。仍然需要抽空将作业补回来。

第五,自我提醒要专心。

我们需要让孩子练习发展出走神后,尽快自己提醒自己回过神,继续专心完成作业的技能习惯。

容易分心走神和大脑里的一些化学物质有关系,因此不要揠苗助长,期望短时间内直接让孩子从一个容易神游的状态,快速进步到能自己提醒自己专心的状态。但家长仍需了解这些技巧,当孩子需要大人监督的力度逐渐减少时,就意味着需要加入这些自我提醒的技巧了。

何时加入自我提醒技巧的练习呢?当孩子需要大人提醒的力度比较低,比如你咳嗽示意一下,或者你拍拍他,就能回过神来继续完成手头的作业;以及当孩子需要大人提醒的频率比较少时,比如可能 10~20 分钟才需要你提醒一次。这意味着你可以着手让孩子练习自我提醒了。

自我提醒方法如下。

书写提醒:在旁边专门放置一个本子,当孩子分心被大人提醒时,先在这个本子上书写"我分心了"或"我要专心"一次,然后再回到手头的作业上。

语言提醒:当孩子分心被大人提醒后,自己对自己说一遍"我要专心"或"我分心了",然后再继续专心完成作业。

需要注意的是,上述书写和语言提醒,只是建立孩子自我提醒的机制,并非一种惩罚。家长要避免将其演变成一种惩罚,因此提醒孩子时要态度淡定,避免过分苛责。且应该在孩子被他人提醒后立即执行,以建立对分心的自我认识和自我提醒机制,而非等写完作业后以"罚抄"的形式进行。

观察记录孩子完成作业出现停顿发呆时的情况,及填入对策。

孩子作业记录是否完整?	如果不完整,对策:
孩子知识点掌握了吗?	如果未掌握,对策:
孩子容易玩桌面上的东西吗?	如果是,对策:
孩子容易被声音干扰吗?	如果是,对策:
孩子容易发呆吗?	如果是,提醒对策:
这个提醒方式孩子愿意吗?	如果不是,调整为:
这个提醒方式可以淡化吗?	如果是,尝试淡化
淡化的提醒有效吗?	如果无效,调整为:
如果有效,坚持下去。	

第五节 活 动

促进专注力和自控力的游戏任务

有句话叫"陪伴,是最长情的告白"。它同样适用于亲子关系中。很多时候,家长,尤其现在年轻家长,确实工作很忙,上有老下有小,养家糊口的重担不是闹着玩的,在单位也是上有领导下有员工,既要服从又要管理,忙得不可开交。每天和孩子相处的时间弥足珍贵,好不容易有点儿相处的时间,也不忍心拿来做规矩或者训练。但如果能够在日常任务及游戏活动中,帮助孩子更专注,发展更好的执行功能,何乐而不为?

因此,这一节内容应该是我最喜欢的一节,毕竟,爱玩之心人皆有之。在这一节里,会提供一些生活中就可以操作的小游戏或者小任务。合适的游戏其实对孩子帮助很多,通过陪孩子一起游戏,不仅可以改善和孩子之间的亲子关系,享受娱乐的时光,感觉到开心,而且还能帮助孩子学会如何和他人一起玩耍,如何参与到集体活动中。通过恰当的游戏方案和规则,还能够帮助孩子锻炼注意力、记忆力,懂得轮流次序,以及学会如何应对游戏失利等等。因此,每天花 5~15 分钟,陪孩子一起游戏吧。

我们仍然按照不同执行功能成分来介绍可促进的游戏活动,抑制能力和工作记忆首当其冲,以及组织条理和灵活转换。关于情绪调控和社交知觉的游戏在前面促进章节里均已提到,而计划和时间管理由于比较复杂高级,很难有匹配练习的小游戏。此外一起介绍两个与执行功能密切相关的认知功能,空间知觉和眼手协调的锻炼方法。

一、抑制能力

1. 木头人

所需道具:秒表,现在手机多半也具备这个能力,在计时结束后最好有声音提示。

游戏方法:大人先做出一个姿势,最好是那种可以较长时间维持稳定的姿势,因此要避免单腿站立或深蹲这种,可以是假装举了一面旗帜,或者假装倒水。然后让孩子模仿你姿势的细节,如左手贴在身体旁边,前臂和大臂呈直角,握拳,右手行少先队礼,目光注视前方,坚持 2 分钟不动,假想自己是个木头人。

这个游戏练习的是肌肉、姿势的自我控制能力,尤其适合小年龄的孩子。如果想加大难度,家长可以时不时制造一些干扰,比如咳嗽一下,或者将某个东西掉在地上发出声响,或者笑两声,看看孩子在干扰下能否抑制住去一探究竟的冲动,依旧保持不动的状态。

2. 大王说

所需道具:一块空地,提前想好的一些指令。

游戏方法:家长任意给出一些指令要求,如果指令前有"大王说",孩子则需要按照指令去做。如果没有"大王说",孩子则需要控制住自己不按照指令去做。比如,如果家长说:"大王说,两手叉腰。"那么孩子就马上两手叉腰,如果只说"两手叉腰",那么孩子就得保持不动,不能去叉腰。

家长可以提一些古怪的指令从而让游戏变得更有趣,比如:"大王说,立即变身为奥特曼。"因此只要稍微用点心,这个游戏通常可以充满欢声笑语，况且又是让孩子不断地活动当中，不需要一动不动地待着很久，孩子通常会很愿意配合的。

况且，这个游戏不需要任何道具，也不需要太大的场地，只要你和孩子在一起，随时随地就能玩起来。可以抽任何时间间隔来玩，因为没有时间限制，所以如果你和孩子都有时间和兴趣，可以玩个10来分钟，如果时间有限或者没兴趣了，就玩个2～3分钟。

强调一点，为了更好地在游戏中训练抑制能力，最好是连续几次指令都用大王说，突然插入一次不加大王说的指令，这样对自控力的要求更高。不要以为这个游戏很简单哦，我经常在现场讲座时，邀请全场的大人一起玩"大王说"，基本每次都会有几个人会犯错呢。

如果家长一开始对这个游戏有点摸不着头脑，那么现在找片空地，邀请孩子甚至家里其他的大人站过来一起玩"大王说"，接下来你所需要做的就是按照下面这个清单读下去就好了。

大王说：伸出左手。
大王说：两手叉腰。
大王说：扭扭屁股。
拍拍你的右腿。
举起右手。
大王说：右手挠挠头。
大王说：变身蜘蛛侠。
赶紧蹲下。
大王说：敬礼。
往后退一步。
大王说：双手捧脸卖萌。
大王说：揉揉自己的肚皮。
大王说：右脚点地两次。
热烈鼓掌。
大王说：嘟起嘴巴。
大王说：向前鞠个躬。
用力甩甩胳膊。
左手握住右手。
大王说：给妈妈一个大大的拥抱。

二、工作记忆

1. 托盘游戏

游戏道具：一个大托盘(烤箱盘就可以)，4～8个小物件(尽量是不同类型的，如汤勺、铅笔、钥匙、饼干、耳机等)，一个可以盖住托盘的餐布。

游戏方法：在托盘里放几件物品，让孩子观察30秒，然后用餐布盖起来。接着用手指不同的位置，让孩子尽量回忆这个位置放的是什么物品。

需要注意的是，放置物品的数量要根据孩子具体情况来定。家长可以先试玩几次，对孩子能够记住的物品数量心里有数。一般来说，7岁以下的孩子从4件开始尝试，7～10岁的孩子从5件开始尝试，10岁以上的可以从6件开始尝试，如果孩子可以很轻松地记住这个数量的物品，则逐渐增加物品数量。

托盘中的物品可以就地取材，在家里随处搜罗一下就可以找到很多可用的物品，不用绞尽脑汁去找，也可以放一些孩子平常不太用的、安全的、有趣的物品，如爸爸的名片夹、妈妈的发夹等，既增加趣味也增加难度。

2. 配对游戏

所需道具：内容成对的卡片。

游戏方法：这些卡片是两两一样配对的图案，可以自制。大一点的孩子不嫌枯燥可以用扑克牌，但只能用半副扑克牌，即两个A，两个K，两个Q就是相互配对的牌。

将牌混乱后，依次以矩阵的形式，背面朝上摆出来。让孩子翻开任意两张卡片，如果这两张卡片的图案或数字是一致的，那么卡片会保持翻开的样子。如果不一致的，卡片则要重新关闭回去。因此孩子需要记住某个位置的卡片上图案是怎样的，从而保证能够连续两次翻开同样图案的卡片。

需要注意的是，要选择适当的卡片数量开始尝试，建议可以7岁以下从10张卡片开始，7～10岁从12张卡片开始，10岁以上从16张卡片开始尝试。如果孩子比较轻松地完成当前数量卡片的配对，不觉得挫败和烦躁，那么可以进入下一个数量级别。

可能有的家长已经察觉到，这类游戏有现成的卡片卖，手机上也有类似的游戏，因此可以考虑在电子产品上装个类似的游戏，当孩子获得电子产品的使用权利时，可以让他们玩这类游戏，比其他游戏相对有益一些。

3. 找相同

所需道具：一些类似的图片中有两张是相同的。

游戏方法：在一些类似的图片中，可以仅有两张是相同的，比如下面这些睡觉的小猫，只有两只小猫是一模一样的。

也可以是在一些类似的图片中，两两相互之间是相同的。比如下面这张图中，某两件上衣是相互一样的，将相同的上衣配对连起来。

总之都是要求孩子将两个相同的图案匹配挑出来。为了做到这一点，需要教会孩子按照一定顺序观察目标，提取并记住目标的主要特征和细节特征，然后当类似特征第二次出现时，能够回想起来，并且回到之前类似的目标去进行比对，从而确定是否完全一致。

由此可以看出，执行功能并非相互割裂开的，而是相辅相成的。虽然这个游戏以锻炼工作记忆为主，但实际上注意力、条理性、空间知觉、细节比对等能力都包含在内了。

4. 找不同

所需道具：两张比较类似的图案。

游戏方法：比较两幅图，将不同之处挑出来。

需要注意的是，年龄较小的孩子，同时呈现两幅图，让其左右或者上下对比观察，教他按某个顺序一一对应同一个位置去比较两幅图，从而发现不同之处。

年龄较大的孩子，可以尝试先观察一幅图 30 秒，然后撤掉第一幅图，只出示第二幅图，让孩子尝试回忆出，这幅图与之前那幅图不同的地方有哪些。

5. 捉对儿

所需道具：扑克牌。

游戏方法：将扑克牌洗好后，分成两堆，家长和孩子一人一堆，交替翻开最上面的一张牌，当依次出现的两张牌是相同数字时，最先拍桌子喊"捉对儿"的人赢得这两张牌。一直进行下去，直到一副牌发完为止，清点谁赢得的牌最多，谁获得胜利。

这个游戏比较简单，对学前幼儿来说还是相当不错的注意力和记忆力训练游戏。需要注意的是，游戏时长根据孩子可坚持的情况定。不同的孩子坚持专注于游戏的时长不同，观察你孩子可能坚持的时间，鼓励他稍微坚持久一点点。记住这是一个游戏，不是一场竞争，你的目标是帮助孩子能够坚持一项活动更长时间，以及在活动中去锻炼他的注意力，而不是真正的游戏的输赢。

此外，还有一款桌游《通缉令》可能适合年龄大一些的孩子，并且人数多一点的时候比较有意思。说实话，我觉得家长也会享受这个游戏的。我和研究生们试玩的时候，每个人都超级聚精会神，生怕一走神就输了，而且特别开心。

游戏包括警察、小偷、劫匪、法官和职员几种身份，有正确的身份牌，即每个角色的头像和身体是匹配的，也有错误的身份牌，即头像和身体不匹配。每个人轮流翻出最上面的一张牌，如果是正确身份牌，则需要作出和身份对应的动作，如小偷要举起双手投降、法官要敲击桌面等，如果是错误的身份牌，则需要保持原地不动，不做任何动作。由此可见，这款游戏需要投入注意力、观察力和自控力。

6. 图片记忆

所需道具：一幅图片（任意）。

游戏方法：出示任意一幅图片，当然是孩子感兴趣的类型最好，最好多包含一些内容。现在手机上网很便利，随时随地有数分钟的空当，就可以搜个图来玩这个游戏。让孩子观察图片30秒，然后撤走图片，询问关于图片的一些细节信息。

记住这是一个游戏，避免拷问孩子。如果孩子答出来了，表示开心夸奖；如果孩子没答出来，提醒他，然后鼓励他下一次多留心。始终记得这是个游戏，无论孩子是否回答正确，在配合你玩的过程中，他就已经在不断锻炼记忆力了。

更何况，游戏未必像你想的那么简单。我来举个例子，如下图，自己观察30秒，然后挡住图片，依次回答下列问题，看你能答出多少。

是白天还是晚上？桌上一共有几个人吃饭？谁在给谁递碗？爸爸戴不戴眼镜？爸爸在喝什么酒？桌上一共几碗饭菜？妈妈上衣有什么特点？小孩的发型是怎样的？电视机里的英文字母是哪3个？家里一共有几盆花？窗台上猫的尾巴有什么特点？

7. 记住顺序

所需道具：数个玻璃杯(不同颜色更好)，装上不同程度的水，两双筷子。

游戏方法：将玻璃杯装入不同程度的水，假如有 6 个杯子(ABCDEF)，家长先用筷子敲一个顺序，比如 DCFA，然后让孩子重复敲一遍。杯子的声音和位置，或者颜色都是帮助孩子记忆顺序的线索。

跟之前的游戏一样，杯子的数量和敲击的数量，根据孩子可胜任的情况不同而不同。一般来说，学龄前的孩子从 4 个杯子试起，学龄期的孩子从 6 个杯子试起。逐渐地增加杯子数量，或者敲击的数量。

8. 格子游戏

所需道具：白纸和笔。

游戏方法：画两个一模一样的格子，在其中一个格子里散乱填上一些数字，或者文字，或者符号，让孩子观察 30 秒，后挡上然后要求孩子在另一个空白格子里回忆出来。只有内容和位置都正确了，才算对了一个格子。

学龄前的孩子可以从 3×3 的格子开始尝试起，里面填入 3～5 个信息，一开始要么都是数字，或者都是文字，避免混搭，慢慢孩子熟能生巧了，记忆负荷可以慢慢加大。增多格子，增多格子里填写的信息，可以混搭不同的格子内容，增加难度。

例如下面这个 4×6 的格子，是适合小学生年龄的中等难度版本。

个		8	百	
	2			万
		十	6	
千		0		4

9. 仔细听

所需道具：一段文字。

游戏方法：告诉孩子："接下来我告诉你一件事，希望你注意听，讲完后我会问你一些小问题。"然后语速尽量缓慢地给孩子念一段话，念完后询问这段文字里的细节。

孩子越小，或者平时记性越差，你念的内容要越短，然后逐渐增加内容的长度。

比如，对一个学前的孩子，你可以说："张浩和姜凯昨天晚上去看了电影《驯龙高手》，这是他们半年来第一次看电影，坐在了中间的位置，电影结束后，他们去楼下一边喝果汁一边讨论，张浩喜欢无牙，姜凯喜欢嗝嗝。"

然后依次提问：他们是指谁？昨天晚上他们去了什么地方？电影的名字是什么？他们有多长时间没看电影了？他们坐的位置在哪里？电影后他们去哪里了？做了什么？他们分别最喜欢谁？

对于一个上小学的孩子，如果你带孩子正在逛动物园，可以在任何一个简介牌前停下来，将某个动物的简介念给他听，就地取材。比如："云豹属于哺乳类的猫科动物，是大型猫科动物中体形最小的一种，躯体只有 1 米长，体重 30 千克左右。主要分布于亚洲的东南部。云豹名字由来是因为豹皮有云状斑点。云豹是高度树栖性的物种，经常在树木上休息和狩猎，但是它们在地面上的狩猎时间要比树上的更长。云豹灰色的爪子和弯曲的腿使他们非常适合爬树。云豹齿尖比例较长，故使它有小剑齿虎之称。"

然后依次提问：云豹属于什么科？一般多长，体重多少？主要分布在哪里？为什么叫云豹？云豹在树上时间长还是在地上时间长？为什么它们很能爬树？云豹因为什么有别称？

由此可以发现，这个游戏的素材随时随地都可以找到。如果你陪孩子在公交车站等车，也可以在附近的广告海报上找一段文字念给他听，然后询问其中的细节。还可以在陪孩子看完某集动画片后，或者年龄较大的孩子看完电影后，询问剧情中的细节，从而促进孩子养成注意细节的习惯。

比如，很多家长都带孩子看过成龙的《功夫之王》，在观影结束后，可以询问下列细节问题。家长也可以顺便考考自己，难度还是有点儿大哦。

问题：杰森最开始做梦惊醒时，电视里放的节目是什么？杰森掉到古代后，大娘端给他喝的是什么？玉疆战神在天庭担任的职务是什么？杰森的家住在哪里？孙悟空被玉疆战神陷害后，变成石像的姿势是怎样的？电影中所谓的长生不老药含有哪些成分？加试题：鲁彦和默僧在庙里打斗时出现了哪些拳法？如何相互克制？开放题：电影中的人物，你最喜欢谁？为什么？

10. 我去超市

所需道具：无。

游戏方法：家长和孩子轮流说去超市，买了某样东西，但是要不断地把之前买的东西叠加起来全部复述后，再说一样新东西。下面的示例是家长先开始。

家长说："我去超市，买了矿泉水。"

孩子说："我去超市，买了矿泉水、薯片。"

家长说："我去超市，买了矿泉水、薯片、雨伞。"

孩子说："我去超市，买了矿泉水、薯片、雨伞、拼图。"

家长说："我去超市，买了矿泉水、薯片、雨伞、拼图、牙膏。"

……以此类推。

这个游戏几乎可以说是我最喜欢的游戏之一，因为不需要任何材料和准备，而且耗时很短。一般的话，儿童叠加到 6 个以上物品时，就很难完全复述出来，可以重新再来一轮。因此游戏随时随地就可以玩起来。

当家长牵着孩子走路时、带孩子坐车时，都可以见缝插针地玩起来。尽量说具体的物品名称，可以"买"一些不常见的物品增加趣味性，但前提是孩子理解这个词的意思，如买了自拍神器、圣诞树等。

工作记忆分为视空间工作记忆和言语工作记忆，前 8 个游戏，都是训练视空间工作记忆的，多多少少需要一些道具。最后这 2 个游戏，都是训练言语工作记忆的。

三、组织条理

1. 分类游戏

组织条理能力的基础就是归类能力,因此平时做一些归类游戏,锻炼分门别类的能力,有助于为打造良好的组织条理性奠定基础。

学龄期的儿童可以直接尝试使用词汇进行本质属性的分类,之前在组织条理促进中介绍过。学前幼儿可以先尝试分类图片,从比较简单的属性开始。如下图,可以让孩子按头部的朝向分类,按身上的花纹分类,按眼睛状态分类等。

2. 大侦探

所需道具:相应书籍。

游戏方法:这个游戏需要一类搜索物品的游戏书籍,其中最具有代表性的,也是我个人比较喜欢的,叫《I SPY》,即《视觉大搜索》。将某张图片出示给孩子看,让孩子想象自己是个侦探一样,按照下方文字中的要求,在图片中依次找到所需的物品。

需要注意的细节是，要给孩子额外提一些要求。如孩子必须找全了所有的物品后，按顺序一一指认给你看，才算过关。只有这样，才能更好地锻炼到条理性、工作记忆和抑制能力。

如果不按照顺序乱找一气，可以不予回应，或者提醒孩子："全部找完后按照顺序指给我看。"如果孩子就缺1~2件物品找不到，可以陪他一起寻找，帮助孩子完成任务。

逐渐提高游戏难度。注意观察你的孩子一开始可以独立找到几件东西，或者坚持专注地完成任务多久。开始的时候，如果孩子需要帮助，则提供帮助，让孩子保持游戏的兴趣，慢慢地再逐渐地提高要求，鼓励他独立完成任务。

3. 超市寻宝

所需道具：特制购物清单。

游戏方法：游戏具体的操作方法是，将你们今天去超市购物的3~5件物品事先列出来，要具体到细节，如五月花阿狸200抽喜庆版盒装面巾纸，孩子必须认真核对货架上的物品，将一模一样的商品找到才算过关。

对于年龄小的孩子，可以事先将商品的标签或外包装保留下来或打印出来，减低任务难度，增加任务趣味。建议7岁以下的孩子，给3件商品任务，7~10岁的孩子从5件开始尝试，10岁以上的孩子从7件开始尝试。当孩子能很好地记住并完成后，再逐渐增加任务数量。

如果说前面都是为了游戏而游戏的话，那么这个游戏，几乎是化生活任务为娱乐了，且寓教于乐。很多家长带孩子去超市购物的时候，都有着头痛的体验。孩子可能到处跑动，或者看见玩具货架就挪不动脚，或者没有耐心陪着你选购商品，但是如果采用超市寻宝这个游戏的话，可以让孩子不枯燥地跟随购物全程，且锻炼了孩子对细节的注意、核对能力以及记忆能力。

实际上，作为家长，对于孩子的教导是贯穿在生活中各个细节的，可以以各种丰富有趣的形式呈现的，而不仅仅在于你辅导监督他功课的枯燥的几个小时内，并且也不要

超市寻宝

轻柔牌原木抽纸
200抽/盒 * 3盒

营养盒装全脂牛奶
1升/盒 * 1盒

解闷牌黑麦面包
500克/个 * 2个

畅动牌樱桃酸奶
250毫升/杯 * 8杯

柠萌牌柠檬味饼干
家庭分享包 * 1包

觉得除了做功课以外就应该让孩子自娱自乐而无须你的引导。你对于亲子之间花费的心思，最终会以更加丰厚的形式，回馈在孩子身上，回馈在你们之间。

四、灵活转换

1. 视错觉

所需道具：视错觉图片。

游戏方法：指导孩子通过不断地转化视角，观察到不同的答案。

实际上，网上出现视错觉图片时，大多会以其他的方式出现。有的就是惊呼"好神奇的图片"，有的甚至称"看到什么代表智商是多少或者代表什么性格"，其实并不是这么回事。

这类图片怎么利用呢？一般来说，视错觉图片会看到不同的东西，比如下面这幅图。

你可以问问看孩子："你看到了什么?"通常来说，孩子会告诉你："看到了一个人脸，还有一个花瓶。"

重点来了,继续问孩子:"如果看作花瓶的话,(指花朵)这儿是什么?"(应该回答:"一大束花。")"那如果看作人脸,这里又是什么?"(应该回答:"人的头发。")

再继续:"如果看作花瓶的话,(指瓶子)这儿是什么?"(应该回答:"花瓶。")"那如果看作人脸,这里又是什么?"(应该回答"人的鼻子。")

明白了吗? 就是在两种视知觉加工方式之间不断切换。视错觉图片比较可遇不可求,家长也不用太过在意。遇到了这类素材了,知道怎么去利用图片玩起来就好。

2. 转换游戏

所需道具:可被分类的物品。

游戏方法:让孩子先按一个属性归类,归类一段时间后,再要求按另一个属性归类,孩子要迅速切换归类的模式。

继续拿这个归类游戏的图片举例子,可以要求孩子"指出头向左的猫咪",孩子指了3~4个之后,要求"指出眼睛圆圆的猫咪",孩子就得切换寻找指认模式,指了3~4个之后,继续变化要求"指出有胡须的猫咪"。诸如此类。

五、空间知觉

所需道具：积木/乐高/拼图/魔棍。

儿童常见的玩具，积木、乐高、拼图都是促进空间知觉等相关能力发展的工具，鼓励陪伴孩子进行这类活动。

这几个玩具我想大家都比较熟悉，魔棍可能陌生一些，那我就安利一下吧，我觉得有些大人可能接触后都会爱不释手。魔棍对空间感以及手部动作协调性的要求还是比较高的。只是一根分节的棍子，但是通过恰当的扭曲组合，最后能变化出千变万化的物品出来，特别神奇。其扭曲的模式有特别简单的，也有特别复杂的，因此适合各个年龄段的孩子。

六、眼手协调

所需道具：迷宫/填色游戏。

这两个游戏也是家长比较司空见惯的，相关的素材也非常多。嘱咐两点，第一点是选取难度合适的游戏。还是支架式教学那个道理，选取游戏难度太低，故步自封，难以促进；选取游戏难度太高，容易挫败，丧失兴趣。找到自己孩子目前可以胜任的游戏水平，稍微提高一点点难度，陪伴鼓励他一起完成。

第二点是，大家都知道迷宫填色怎么玩，这里想叠加一些额外的要求，以便更好地去促进执行功能的发展。关于迷宫，不用要求走得多么快，而是要求走在路当中，不要出格。关于填色，如果你不是正在培养孩子美术绘画能力的话，只是使用这个游戏帮助促进执行功能发展，那么就要求孩子按照保护圈的方式填色。具体操作方法是，沿着需要填色的部分最外围，紧贴最外围涂一层颜色，称之为"保护圈"，接下来在保护圈里，即不超过保护圈，按照同一个顺序，一笔挨一笔地填满。

这两个游戏很简单，主要适合学前幼儿锻炼专注力和自控力。最一开始，有些很冲动的孩子很难做到停留在保护圈内，会乱七八糟满纸任意胡乱涂抹。必要的时候，大人可以握着孩子的手，带领他去涂保护圈，去一笔笔紧挨着填色，不重复，不遗漏。在握涂了一段时间后，尝试轻轻松开手，如果孩子能继续按照要求，那么就可以继续拿开手。看，还是支架式教学的理念。

用"保护圈"方法给猫咪填色

每天争取至少选择一个游戏,陪伴孩子玩 10~15 分钟。可以选择不同游戏,时间也可以拆开。如上午玩一个游戏 10 分钟,下午玩一个游戏 5 分钟。记录下你们玩游戏的情况。

	游戏时间	游戏项目	锻炼能力	孩子当前水平	你给予的支持	孩子的感受	你的感受
星期一							
星期二							
星期三							
星期四							
星期五							
星期六							
星期日							

第六节 效 果

保证游戏能发挥效果的基本要素

上一节花了一整节的内容向家长介绍了形形色色的游戏,甚至建议家长每天都要陪孩子玩10～15分钟的游戏,不知道家长作何感想。有的家长可能觉得"学习都不好,怎么能想着玩""学习的时间都不够,哪有空玩游戏""我忙得要死,哪有空陪他玩游戏""这些游戏太弱智了,我很嫌弃,我估计孩子也很嫌弃""孩子自己玩游戏就好了,干嘛要大人掺和"等等。

关于孩子的玩耍,确实我们大人容易陷入上面这些误区。

当听到家长抱怨孩子只想玩不想学时,我有时会问一句:"那么您自己呢?"家长这时才会嗫嚅着回答:"我也不爱学习,但是,我已经是大人了,不用学了。"谁说的？不是有句名言叫"活到老学到老"吗？所以,作为大人,作为依然需要学习的成年人,我们自己还贪玩呢,更何况童真的孩子们,爱玩是他们的天性。

爱玩是孩子的天性,越小年龄的孩子,越多的时间是在玩耍中度过的。然而,随着孩子的成长,他们需要进行学习、社交、解决问题、管理任务等多种事情,这些技巧能力是不会忽如一夜春风来,千树万树梨花开的。这些重要的技巧,早在孩子非常小的时候,就在玩耍的过程中,不断习得和养成了。

综上,家长参与陪伴孩子玩耍,并且在玩耍过程中帮助孩子发展将来所需的各项技能,是非常重要的事情。如果看到这里,家长仍不觉得陪伴孩子玩耍很重要,那么就再多列举一些陪伴孩子玩耍的益处如下:

— 促进建立温暖的亲子关系。
— 家长和孩子都感受到了放松开心的情绪。
— 帮助孩子发展解决问题的能力。
— 帮助孩子发展语言能力,更好地交流沟通。
— 孩子能更好地表达自己的情绪、需求和想法。
— 孩子学习关于等待轮流、分享物品、察言观色等重要的社交技巧。
— 促进孩子自尊感和自信心的养成。
— 帮助孩子更具备想象力创造力和同理心。

当然,不乏有家长充分认可陪伴孩子玩耍益处多多,但可惜的是,并不清楚到底该如何陪伴孩子玩耍,才能玩得高端大气上档次。我不想提什么所谓的"高质量陪伴",但我认可,如果在陪伴孩子玩耍的过程中,知道如何引导如何支持如何帮助,从而能更好地利用这段时间,寓教于乐,促进发展,双方都感受到更多正性的情绪,那么我觉得,这就是最高质量的陪伴了。

前面在介绍游戏任务的时候,一些注意事项也都提到过了。这里在汇总一下,到底怎么陪伴孩子玩耍,才能最大程度地发挥促进孩子发展的效果。

一、跟随孩子的引导

很多家长一旦参与到陪伴玩耍的过程中,就忍不住"指导"孩子去玩耍。比如,拼图应该怎么才能拼对,积木怎么搭才能成为一个城堡,橡皮泥怎么捏才能成为一个动物,等等,我们大人的逻辑就是,如何将这件事做"正确"。

诚然,有些游戏是有规则的,我们也要训练孩子遵循规则。但也有很多玩耍,没有绝对所谓的正确,如果孩子总是被指导或纠正,那么他很有可能会停止创造性的玩耍,或者会产生对大人的抵触情绪。

比如:小A在涂色,她拿起了蓝色的笔准备涂太阳,小A妈妈这时候纠正说:"太阳是金色的!"然后递给孩子橙色的彩笔让她涂太阳,接二连三,小A妈妈可能继续指导,花朵是红色的,大树是绿色的。这种情况下,小A可能会不再自己主动思考关于颜色的问题,只是一味顺从完成涂色;更有可能的情况是,小A觉得这个游戏不好玩,呆坐在那里,即便妈妈递过来彩笔也拒绝完成。假如妈妈让孩子引导这个游戏,小A可能将图画涂成不一样的颜色,然后说这是她想象的一个外星球。

因此,陪伴玩耍的第一步,记得,无伤大雅的情况下,先做到陪伴,主要是陪同孩子玩耍。如果你忍不住总想着指导和帮助孩子,那么就尝试每天至少有10分钟左右的时间,以孩子为主导,让孩子在游戏中说了算。这种孩子主导的游戏时光,其实可以更好地发展他们的想象力和独立性,也更好地发展大人和孩子之间的亲子关系。

有的家长说,有时候不自觉就卷入进去了,比如看着孩子拼图毫无头绪,内心就叫一个捉急呢,并非故意去教导孩子,只是自己忍不住就投入进去了。然而,如果你卷入过多的话,要么孩子就依赖你的帮助,要么就反抗你的介入。

如果孩子并未表现出明显的求助需求的话,那么建议大人想象自己是在观看现场话剧表演,但是可以进行现场解说的那种话剧。坐在一旁,仔细留心孩子的举动,表示你在关注他,对于他恰当的表现,努力的热情,投入的玩耍,表示肯定和赞扬即可。

假如你自己真的很好奇那个拼图、积木怎么玩,或者很想自己发挥去填一幅秘密花园,那么等孩子不在家的时候,你大可自己享受自己的娱乐游戏时光。但是,当你陪伴孩子玩耍的时候,请尽职尽责,以孩子为中心,陪伴他。

二、注意孩子的节奏

孩子,尤其小年龄的孩子玩耍时,有可能进度比大人想象中慢很多。有可能是掌握不熟,因此要慢慢来;有可能是太喜欢了,重复玩很多次都不腻。其实大人设身处地想想看,你自己有没有特别喜欢的什么事,百玩不厌,但是其他人很难 get 乐趣点?

因此,假如孩子对一个游戏活动掌握得慢,或者重复玩耍时,即使你已经很厌倦了,麻烦也请耐心迁就孩子的节奏。如果你过快地让孩子去玩一个新游戏,那么孩子可能觉得难以胜任,有挫败感;或者觉得上一个游戏尚未尽兴,有沮丧感。

通常来说,孩子转换游戏活动的速度,比大人慢,他们会花更多的时间去适应手头的游戏,充分感受其乐趣,不要因此感到不耐烦。当然,注意力不集中的孩子可能相反,会过快地转换游戏种类,虎头蛇尾,这种情况下,就需要帮助孩子延长玩一个游戏的时间,避免过分迁就孩子的三心二意。

留心孩子在玩游戏时的一些细节表现,比如他表现得无聊了,那么你可以提供一些新游戏的选择,尝试新的活动。如果在新活动中,你觉得已经解释得够清楚了,但孩子就是一脸懵圈地看着你,那么可能他就是对游戏规则的理解存在困难,你得继续想办法解释或示范。

记住让孩子引导游戏,选择他感兴趣的,用他自己的方式和节奏去玩耍,这个过程中,只要他思考、创造、探索和感受了,即可,不一定需要按照大人的意愿和方式去完成某个游戏。

三、使用描述性语言

在促进孩子思考时,我们提倡使用开放式提问的方式。比如小 B 正在搭建一个动物园模型,爸爸可能会提问:"这个动物是什么啊?""它有多大啊?""它应该在动物园的哪个位置?""你是给它做几条腿?"等等,通过提问,我们促进了孩子思考和学习。

但是!过犹不及。尤其在玩耍中,过多过频繁的提问,可能会导致孩子紧张或反感。尤其当大人有时候提问,是真的在提问,考查孩子是否知道答案,指导孩子按照正确答案去执行。这种情况下,反而阻碍了孩子在游戏中发挥自己天马行空想象力的机会。建议如果需要提问的话,避免在游戏过程中,可以放在游戏完成之后。如等到孩子已经搭建动物园模型完毕了,再去询问他上述问题。

在提问时,还有一点要注意的是,通常大人记得提问,但不记得反馈。孩子回答不够正确时,可能会忍不住纠正指导。但是当孩子回答得正确时,却经常忘了肯定和表扬。比如,当爸爸问:"这是什么动物?"小 B 回答说:"豹子。"这时爸爸应该给予反馈:"哦,原来你是在做一只豹子啊,而且还是一只粉红豹呢!"记住在提问后,若孩子回应你,要给予正性反馈。

如果不频繁提问的话,陪伴孩子玩耍时,究竟说些什么呢?建议使用描述性语言。什么意思?家长可以想象自己是足球比赛的解说员,你不会一直提问运动员打算怎么踢球对吧?你也不会过于频繁地去评价运动员的表现,你做的就是客观地将运动员的表现描述出来。比如之前的游戏,可以说:"哦,你用黄色的橡皮泥在捏一个动物""它比刚才的小马大""你在它的额头写了个'王'字""你把它放在假山中了"等等。

这种描述性语言是一种新的沟通方式,看上去是孩子在做,你在说,但实际上你帮助孩子扩展了语言能力,逐渐的,孩子会模仿这种方式,有声或者无声地描述自己的行为,这样不仅增强了表达能力,也增强了孩子对自己行为的内省能力。

同样,如果你不仅描述孩子的做法,还描述孩子的努力,比如:"哦,我看到你在调整豹子的尾巴,希望它能站得稳,你真是太能想办法了。"这个时候,孩子会因为你的肯定而感到开心,以及自我肯定,逐渐的,以后当孩子为某件事付出努力时,他自己也会学你一样,去肯定自己的付出。

四、假想和扮演游戏

我们长大后,就很难再玩假想和扮演游戏,说白了就是过家家。尤其父亲,如果让陪着孩子给娃娃穿衣打扮,估计尴尬病都犯了。当大人陪伴孩子过家家时,确实都会觉得尴尬和愚蠢,不止你一个人如此。

但回想下,我们小时候都会玩过家家,如果一个小孩不会玩过家家游戏,甚至提示着他可能存在一定问题,这就足以说明假想扮演游戏的重要性。

假扮游戏不仅促进孩子的想象力和创造性,促进思考讲述故事,还可以帮助孩子理解和调整自己及他人的情绪感受。假扮游戏帮助孩子对抽象的物品赋予有意义的假象,如将地板砖的线围成一个泳池。角色扮演让他们尝试去体会他人的情绪想法,如假装一个上班快迟到的大人,感受时间来不及时的火急火燎。

一般 3 岁左右的孩子就能进行假扮游戏,有些想象力和言语力发展早的孩子,1

岁半左右就能尝试假扮游戏了。到了儿童期之后，孩子对假扮游戏的兴趣就开始逐渐减退。因此如果你家宝宝开始玩假扮游戏的话，打起精神来配合一下吧，而且通过假扮游戏，孩子也更容易将他的内心世界、情绪感受通过讲故事的方式分享给你。

五、鼓励孩子自己想

由于游戏对于大人来说通常比较简单，很容易去纠正孩子。比如小C正在拼图，爸爸陪伴鼓励了一会儿，眼瞅着小C拼对了一块却又拆开了，然后反复尝试错误的拼图块，各种踌躇不前。爸爸看着那叫一个干着急，就指导说："这块是不对的，你看图案拼不起来啊，这块才是对的，你看，放这里不就拼好了吗？"

爸爸可能觉得自己是在帮助小C更好地玩游戏，但实际上，玩游戏的目的不在于"成功"，不在于"正确"完成，而在于这个过程中孩子的不断探索，尝试自己去解决问题，去应对困难。如果大人习惯于指导纠正，或者帮助代劳的话，要么孩子容易抵触反感，要么容易无助依赖。

一定记住，游戏的目的是什么？再重复一遍，关键在于孩子去探索怎么玩，遇到问题怎么尝试去解决，而不在于最终成功地完成这个游戏。

在游戏当中，不要太过关注孩子"完成"得如何，而要观察孩子各种恰当的行为，予以鼓励和肯定。比如："你在一块块地尝试，看哪块能拼在一起，真是太棒了。"

当然，有的孩子太小，如果独立完成某个游戏又无法胜任的话，可能会有挫败感，从而影响了玩耍的心情，尤其当孩子可怜巴巴地求助时，这时候家长不忍心不出手相助。这种情况下，也要避免完全代劳，建议可以"一起完成"。比如爸爸可以提议："要不我陪你一起寻找正确的拼图块？""我觉得正确的可能在这3块当中，你看看哪块能够拼对？"通过这种方式，大人并没有完全代劳，因此还是在促进孩子独立思考和解决问题的能力，从而避免给孩子带来"我不能完成"的印象。

还有一点希望家长们明白的是，有时候孩子向你求助，未必真的是需要你的"帮助"，有可能只是需要你的"注意"，需要你的"加入"和"陪伴"而已。这个时候，哪怕你没有真的出手相助，只需要显得更深层参与和孩子互动的游戏中，表达更多的支持和鼓励，以及对孩子能力的信任，通常孩子最后是能自己完成的。

六、边玩边练习学习

在游戏当中，我们通过前面提到的描述性语言，去引入关于颜色、形状、大小、长短、方位、数字等概念，这些都是小年龄孩子需要储备的学习概念。比如小 D 正在搭积木，妈妈可以说："哦，我看见你把这个大大的黄色三角形放在了蓝色长方形的上面。"与其另外找时间枯燥地教导，不如融在游戏当中，边玩边习得学习概念。

对于大一点的孩子，我们可以描述他们在"游戏任务"中的表现，对于正性表现给予肯定，而这些表现，是我们希望他们在"学业任务"中也同样呈现的。如认真思考、努力尝试、独立解决、坚持不懈、开动脑筋等。与其跟孩子所谓的谈心，尝试教导其良好的学习习惯，不如在游戏活动中，强化孩子良好的行为表现，边玩边培养学习习惯。

七、玩耍中培养情商

延续上面的技巧，我们还可以使用描述性语言，去描述观察到的孩子的情绪表现。比如小 E 乐高一直搭不成功，感到很挫败，愤懑地将乐高扔来扔去，爸爸可以说："感觉这个乐高有点难哦，我觉得你也感到了困难，所以有些挫败和生气，但我发现你有很努力地尝试不发脾气哦。"

这种做法的好处之一是，帮助孩子了解自己的情绪，很多孩子生气了，都不知道自己生气了。第二个好处是帮助孩子扩展了表达情绪的方法，我们可以通过描述观察到孩子的平静、开心、骄傲、兴奋、担心、烦躁、紧张、挫败、生气等情绪，丰富孩子本身的情绪词库，从而帮助孩子将来更好地表达情绪，而不是一直靠行为演出自己的情绪。第三个好处是，大人通过描述孩子的情绪，实际上是在和孩子在情绪情感上有交流沟通，这加强了陪伴的亲子情感联结。

八、促进同伴的互动

很长一段时间中国的孩子都是独生子女，因此孩子很难在玩耍中学习与同伴互动的技巧。现在已经越来越多的家庭有两个孩子，即便独生子女，也可以邀请朋友家年龄相仿的孩子一起玩耍。玩伴是很重要的，无论孩子年龄多大，他们都可以在同伴互动中不断磨炼社交技巧。

如果你的孩子在和玩伴互动中没有问题，那么你可以使用描述性语言，将你观察到的好行为描述出来，给予肯定和赞扬。包括轮流等待、分享物品、帮助他人、好言好语、礼貌请求、客气建议等。

如果你的孩子存在一些社交互动的困难，那么和玩伴玩耍的时候就是你指导支持孩子习得社交技巧的最佳时机。你可以在恰当的时候，提出一些关于分享或者轮流的建议，然后鼓励孩子去尝试，并且在孩子尝试后，要给予充分的赞赏和肯定。

比如小 F 比较内向，家长希望她能在同伴互动时，显得热情友善一些。这天小 F 的朋友小 G 过来和她一起画画，小 G 很快画出了一个萌萌的长颈鹿，秀给小 F 看，小 F 看了眼没吭声，这时候小 F 妈妈可以尝试提议："你看，小 G 画了个长颈鹿，你觉得怎么样？好看吗？……那我们尝试夸夸小 G 的长颈鹿？""可以怎么夸？""我们要不就说，'你画的真好看'。"

很多时候，大人会觉得，这不都是稀松平常的事情吗？为什么还要教？虽然说即便你没有刻意教，孩子也会在潜移默化中习得这些技巧。但如果家长留心了去教导，孩子的习得便会事半功倍。更何况有些时候，孩子本身在这方面存在一定的困难，更需要家长的专门教导。因此我们建议根据孩子目前的水平去教，有时候甚至就需要一字一句去教孩子该怎么说，亲自示范该怎么做，让孩子通过模仿练习，来掌握所需的社交技巧。

九、避免过分的竞争

有时候，家长在陪伴孩子做竞技类的游戏时，自己太投入了，或者希望孩子能有一定的好胜心，将游戏变得太有竞争性，对输赢看得太重。例如，当小 H 做填色时，刚填完一只老虎，就拿去秀给爸爸看，结果爸爸说："哪有紫色的老虎，你怎么连老虎是什么颜色都不知道呢？"或者"动物园还有这么多动物没完成呢，这么久你就涂了个老虎！"或者"你看涂色都跟长了毛刺似的，我看隔壁老王家孩子涂色可干净了。"这样，小 H 很可能会觉得自己做得不够好，觉得这个游戏没意思，甚至觉得放弃算了。

诚然，我们希望寓教于乐。小年龄的孩子，通过游戏学习遵守规则，遵守指令，练习眼手协调性，大年龄的孩子，通过游戏活动进一步锻炼反应速度、肢体协调性、思维逻辑能力、情绪调整能力等。但游戏始终是游戏，别太当真。毕竟孩子生活中其他方面的任务和活动，都是在严格遵循大人的要求。因此，短暂的游戏时间，任由孩子天马行空，去探索去创造。只要孩子在游戏当中的行为是恰当的，就可以。

十、关于好行为和坏行为

不少家长对孩子游戏有着时间限制的担心，担心玩起来就收不回来了。但这种担心大可不必。关于游戏时间，建议每天 10～15 分钟，最长不超过半小时。家长也每天抽出一些时间,陪伴孩子进行游戏,然后只要你留心了上述几个策略技巧,会让你的陪伴时间,对你对孩子都受益良多,物超所值。

那么怎么控制好时间呢?首先在一开始,就做好时间限制的设定。可以告诉孩子:"我们的游戏时间是半小时。"开始了之后就计时,小年龄孩子使用沙漏,大年龄孩子直接使用时钟。在25分钟左右时提前告知:"还有五分钟我们的游戏时间就结束了,开始进行收尾的准备吧。"

当到达结束时间时,如果孩子很配合,那么给予肯定和赞扬。如果孩子出现撇嘴抱怨等行为,可以尝试建议其进行其他活动任务分散注意力,或者给予忽视。如果孩子出现发脾气、扔玩具等明显不良行为,则需要给予暂时隔离,或给予后果惩罚,比如:"如果你再扔玩具的话,那么我就没收这个玩具一周。"

对于孩子在游戏中的行为,有好有坏,要有心理准备。保持淡定,应对方法和其他时候的行为是一样的:好行为,给予充分肯定;不具备破坏性的坏行为,给予忽视,或给予其他的选择建议;具备破坏性的坏行为,给予冷处理,或者后果惩罚。这些行为管理技巧都还记得吗?不记得的话,要翻回书的前面,去复习一下哦。

1. 孩子积木总是搭不稳,你明知道是拿错了积木块,哪个做法不太合适?
   A. 纠正他,告诉他使用正确的积木块
   B. 询问他是否需要帮助来搭稳积木
   C. 描述现象"你想用椭圆形盖出一个稳稳的屋顶来……"

2. 你介绍一个新游戏后,孩子没玩2分钟就要求换一个游戏,哪个做法不太合适?
   A. 鼓励孩子再坚持多玩一会儿
   B. 询问孩子什么原因导致他不想玩
   C. 跟随孩子的节奏,按他的要求换一个游戏

3. 家里6岁的女孩子不喜欢玩假扮游戏,喜欢玩乐高,哪个做法比较合适?
   A. 鼓励陪伴她尝试假扮游戏
   B. 鼓励陪伴她搭建乐高游戏

4. 孩子拼图一直拼不对,哭了起来,向你求助,哪个做法比较合适?
   A. 描述"你一直拼不好,感觉到有些挫败了"
   B. 询问"你一直拼不好,需要我一起帮忙吗"
   C. 安慰"拼不好没关系啊,这没什么大不了的,你看,这个拼这里就成功啦"
   D. 斥责"拼不好有什么可哭的啊?自己动动脑筋啊"

5. 隔壁老王家的孩子魔棍玩得可溜了,自家孩子怎么都教不会,哪个做法比较合适?
   A. "人家一学就会,你怎么都教不会,太笨了"
   B. "算了,你就不是这个料,换个别的玩吧"
   C. "你已经快成功做出一把钥匙了,再接再厉"

参考答案:
1. A;2. C;3. B;4. A和B均可;5. C。

第六章
注意缺陷　多动障碍

第一节　关于多动症你需要知道什么？

一、什么是多动症？

多动症是一个俗称，它的全称是注意缺陷多动障碍（Attention Deficit Hyperactivity Disorder, ADHD）。我本人是真心不喜欢多动症这个俗称，因为它带有一个误区，就是似乎 ADHD 孩子就等于好动，这会让大约一半的 ADHD 孩子可能因为这个误区而错失接受干预治疗的良机。因此，请允许我在解释了这一点之后，本文后面开始，能够用 ADHD 来代替"多动症"这个俗称。

什么是 ADHD？ADHD 是一种常见的心理行为问题，主要表现包括注意力欠集中、过分好动和行为冲动。

关于注意力：主要是指在孩子进行一些需要完成的任务和活动时，在需要付诸一定努力的情况下，集中注意力的情况。因此大多是考虑上学听课时，完成作业时，按照要求绘画或搭建积木时的注意力，而非看电视玩电脑时的注意力。这一点我们在本书开篇就甄别强调过。

关于好动和冲动：孩子年龄越大，肯定越能坐得住，越少好动，但不意味着小年龄时的好动就一定是正常的调皮现象。要和同龄孩子相比，观察孩子好动冲动的表现是否更加明显。以及要看孩子在一些特别需要坐得住、保持安静的场合，比如图书馆，是否能够做得到。因此好动冲动虽然确实是一部分小孩的天性，但如果好动和冲动的水平超过了同龄孩子的程度，或者好动和冲动的表现不分场合、不合时宜，那么还是要考虑孩子是否存在一定的问题。

除了比较明显的注意力欠集中、好动冲动之外，ADHD 孩子还可能有粗心马虎、发呆走神、拖沓磨蹭、东西乱放、丢三落四、心不在焉、前说后忘、精力充沛、坐立不安、小动作多、话多插嘴、缺乏耐心等表现，还有自我情绪调节管理能力欠佳、遇到困难挫折时易放弃、情绪波动大、易招惹小伙伴、言行显幼稚、动作欠协调等或这样或那样的一些表现,这些表现在某种程度上都属于 ADHD 的症状或者与 ADHD 存在一定关系。

很多家长喜欢从一些渠道了解到"感觉统合失调"或者"读写障碍"诸如此类的定义,就觉得自己孩子不是 ADHD,被误诊了,而当国内专业人士没能下一个上述诊断时,就感慨国内医学不够发达。实际上,无论感统失调还是读写障碍,都是某个领域的人士提出的一些看法,这些看法是有道理的,只是尚未被认可到 ADHD 这样一个规范的程度。或者这样比较好理解,ADHD 儿童中存在运动协调能力不足,即感统失调表现得非常多,ADHD 儿童也很容易因为不专心而阅读时串行漏字、学习字母或汉字左右颠倒、书写时精细协调能力不足。

二、为什么我孩子不好动,也被诊断为多动症?

如果对上面那个问题的答案完全了解了的话,这个问题的答案也就呼之欲出了。

ADHD 分为不同的类型:注意缺陷为主型时,主要表现为注意力不能长时间集中、易走神分心、跟其说话心不在焉、做事粗心马虎、回避用脑、丢三落四等;多动冲动为主型时,则主要表现为过分好动、坐不住、小动作多、话多、易插嘴、难以等待等;以及上述两方面表现均明显存在的混合型。

所以,如果孩子是注意缺陷为主型的话,那么可能并不好动,但仍然符合 ADHD 的诊断。注意,ADHD 的全称是注意缺陷多动障碍,只是在国内被简称为"多动症"。

男孩比女孩更容易出现 ADHD 问题,一般来说,ADHD 儿童中,男女比例为 3∶1 左右。但是,实际上很多医生认为并非女孩更少出现 ADHD,只是她们往往以注意缺陷为主要表现,因此在年龄还小的时候,不会像男孩那样呈现出难以控制、招来麻烦的行为表现。现在,越来越多的专家们发现,ADHD 对于女孩的影响,和男孩其实是一样的。因此,越来越多的存在注意缺陷问题的女孩会被识别出来,尽早获得诊断和治疗。

三、注意缺陷多动障碍的孩子多不多?

大约有 3%~8% 的学龄期儿童存在 ADHD,也就是说每 20 个孩子当中会有 1

个孩子遭受着 ADHD 的困扰。这就意味着，在一个 30～40 人的班级中，如果和同班同学相比，孩子上课时注意力的表现、完成作业的效率和正确率，以及遵守教室规则的行为，属于比较明显的表现欠佳的 3～4 个孩子之一的话，那么很有必要带孩子诊断，明确是否存在 ADHD。

有些家长会担心越来越多的孩子被诊断为 ADHD。实际上这个疾病的发病率并没有太多变化，只是也许因为现在学习生活对孩子注意力的要求越来越高，以及大人们对于孩子注意力缺陷、过分好动、自控力差的表现越来越重视，所以更多的遭遇 ADHD 问题的孩子能够被甄别出来。

尽管大家对于 ADHD 的认识普遍提高了，但实际上仍有大概一半的饱受 ADHD 问题困扰的孩子没有得到正确的诊断和治疗，家长没有及时带孩子就诊，或者诊断后家长因为种种原因没有为孩子采取干预措施。

大部分 ADHD 儿童在刚刚入学时就会被发现并且被诊断，因为 ADHD 的这些症状会明显影响孩子的行为，进而对他们这个年龄段儿童的学习生活各方面的功能造成了拖累。

如果很遗憾没有在儿童期得到恰当的干预，长大成人后可能会持续遭遇注意缺陷障碍（ADD）的困扰和拖累，不少成人 ADD 在诊断和干预后都会发出类似的感慨：人生的很多时间都消耗在处理 ADHD 症状导致的各种问题和困难中，很难想象如果我的 ADHD 早点治好了，我的人生会是什么样子的。

四、为什么会出现 ADHD 症状？

导致 ADHD 的原因非常复杂，确切的病因并没有完整精确地被揭露。目前可以肯定的是 ADHD 的一系列症状源于脑部的某种异常。出现 ADHD 症状的脑部的某些化学物质，称之为"神经递质"，存在失衡。这些神经递质包括多巴胺、去甲肾上腺素等。神经递质失衡导致了一系列 ADHD 的症状。

这样解释对于非医学专业的人来说也许过于抽象了，因此我尝试描述得具体些并打个比方。我们能够专心致志、心无旁骛地完成某项任务，如"两耳不闻窗外事，一心只读圣贤书"；我们能够自我控制，自我约束，如做到"三思而后行"，做事不鲁莽。要做到这些，大脑功不可没。其实所谓的专注、不分心、自控力好，这些都是大脑功能。而大脑怎么发挥它的作用呢？在每个大脑细胞之间，通过一些化学物质来实现（图片中的圆形和五边形）。我们需要一定数量的这些物质来保证大脑功能的正常运行。但可惜的是，ADHD 患者大脑中的这些物质浓度不够，失去了应有的平衡,从而导致之前说的那些大脑功能不足,继而引发一系列不专心、好动的ADHD症状。

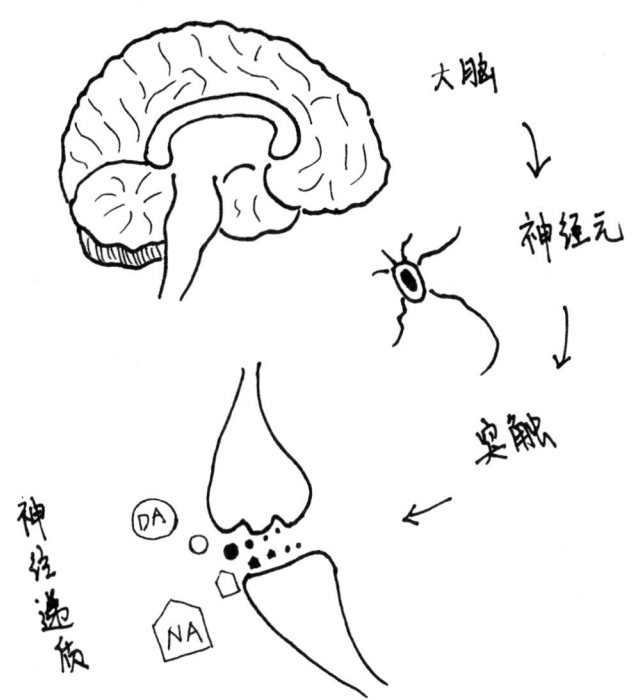

打个比方,一间工厂想达到某个指标的话,需要100个工人待在工厂里干活。工厂有个大门,门口有人监管,不允许人随便出入。所以100个工人只好待在里面干活,发挥作用,完成任务。这就是正常人的状况。而ADHD患者是什么情况呢?他们相当于工厂还有个无人看管的后门,工人可以任意出入,因此很多偷懒的人都从后门偷偷溜走了,真正干活的可能只有60个人,这样的话,肯定就没法完成任务了,发挥不出正常的应有的水平来。

通过这个比喻,我们还可以继续说明3件事。

其一:ADHD诊断不靠血液检查。

因为注意力不集中,三心二意,小动作多,自控力弱,这些都是大脑的功能,出问题的部位在大脑,而不是血液。所以没办法靠血液检查评估孩子的注意力和自控力。

其二:大脑的功能异常靠一般的检查也很难看出来。

比如头颅CT或磁共振(MRI),这些检查只能看到大脑的结构,相当于工厂的外观造型或房间面积，而这些通常都是没问题的，出问题的是工厂里干活的工人少了。

或者再举个手机的例子，通过扫描即使可以看到内部零件的组成，但是具体这些零件的功能如何，再强的透视检查也看不出。必须通过使用，才能知道性能如何。

究竟什么样的医学检查能查到脑部的功能状况呢？一个是功能磁共振（fMRI），这种检查对设备要求很高，要求孩子头部保持静止不动，且检查时间很长；还有一个是功能性近红外光谱技术（fNIRS）。目前这两项检查均未应用在临床中，相对来说，fNIRS因操作更便利，对孩子配合的要求更低，可能将来能更快应用于临床当中。

国内外一些对ADHD深入研究的团队会在科研中进行功能磁共振检查，结果都说明ADHD的大脑功能是与正常孩子存在区别的。

注意，某些机构会打着可以测试大脑功能水平的幌子来进行一些高收费的检查（收费一高就会让人们觉得高大上了），但实际上空无一物，甚至真实性也令人怀疑。

其三：药物可以改善大脑功能。

治疗ADHD的药物之所以有效，都是作用于上面提到的，与注意力、自控力有关的化学物质，将这些物质的浓度调整到正常水平，从而促使大脑发挥正常的功能。

继续沿用工厂的比喻，药物相当于守门员，堵住工厂的后门，想溜走的工人无法钻空子，只好留在原地，好好干活，于是就能如常发挥水平，完成任务了。

因此，药物不会像一些家长担心的，影响孩子的大脑发育，相反，会保护孩子的大脑功能不受ADHD的拖累，尽可能发展得更好。而国内外ADHD的研究团队通过功能磁共振研究的结果也证实了这个结论，坚持接受药物治疗的ADHD儿童，缩小了与正常儿童的大脑功能差距。

五、什么原因造成了ADHD？

了解到ADHD症状与大脑内部的神经递质浓度失衡有关之后，有的家长可能还想追根问底：到底什么原因导致我的孩子出现这样的情况呢？是因为什么让他大脑的工作方式与同龄儿童不一样呢？是怀孕时吃错了东西？是小时候太宠了或者管得太严了？是规矩做得少了？

这就涉及最根本的，ADHD病因的答案了。目前官宣的结论是"多个微效基因的共同作用，并且与环境交互作用"，导致了ADHD。

什么意思呢？简单点说，ADHD大多是由基因遗传决定的，大多是多少？70%左右。因此不是孕期吃坏了东西，不是因为剖宫产，不是因为家教问题，这些孕产期及婴幼儿抚养期的林林总总的危险因素，加在一起，只贡献了30%的原因，而70%的原因是在受精卵的那一刻，由孩子继承到的基因决定的。

这时候家长的问题又来了，我们夫妻两个都没有注意力或者好动的问题啊，怎么孩子会有呢？这个时候需要澄清下，由遗传决定的疾病，和遗传病是两个概念。ADHD不是说由1个2个基因说了算的，是由很多个基因，每个基因起了一点点微小的作用，加在一起，导致了ADHD的发生。这些微小的导致ADHD的诸多的基因，则来自孩子的诸多个血缘相关亲属，而并非简单地从某一位家长那里遗传到某一个基因决定了ADHD。事实上是，与ADHD有关的基因非常多，每个基因发挥着不同的作用，最终导致了ADHD的行为表现，而这些也正是当下科学家们致力研究的问题。

总结一下，ADHD是因为孩子遗传到了很多个微效基因，加上环境中林林总总的不利因素，包括早产、母亲怀孕期间吸烟饮酒、脑外伤等，叠加在一起，导致大脑里与注意力自控力有关的神经递质浓度失衡，从而产生了ADHD的各种症状。

关于遗传有一些数据可供参考，比如76%的ADHD儿童会有一个亲属也同样存在ADHD问题。31%～44%的ADHD儿童的父母中至少有一个也是ADHD，因此，大约有1/3的家长其实和孩子一样，承受着ADHD带来的困难。如果家长在专注、计划、组织条理、自我控制方面存在困难的话，那么帮助孩子会事倍功半，因此希望有这类困难的家长，一方面多多设身处地体谅孩子的不容易，另一方面也努力改善自己，从而让自己能够更好地帮助到孩子。

了解到ADHD大多由基因决定后，有3点需要强调一下。

其一，对于二胎无须过分担忧。

家长可能会担心，既然我们家族有制造ADHD的相关基因，再生一个孩子会不会又是ADHD？或者自己ADHD孩子会不会将来有个ADHD孙子？再次强调，ADHD是遗传相关的疾病，但不是这样简单的遗传病，因此无须太过担心。目前研究的结果提示，ADHD的兄弟姐妹患有ADHD的可能性是其他正常儿童的2～3倍，ADHD家长有54%的可能性将ADHD遗传给后代。

其二，抚养方式调整仍很重要。

了解到ADHD的70%由基因遗传决定后，很多家长可能会蹦出一个念头，既然跟我抚养方法没多大关系,那我还折腾个什么调整抚养方式。实际上,由环境决定的那 30%,这个比例并不低。家长通过改善管理帮助孩子的方式,用更适合 ADHD 孩子的方法来与他们互动,能够很明显地帮助他们改善 ADHD 症状,应对 ADHD 带来的问题。

全球顶尖的科学家 R Barkley 教授对于 ADHD 的治疗方式非常挑剔苛刻,在他看来,只有两种靠谱的治疗方法:一种是药物治疗,另一种便是接受过科学验证的家长行为管理训练。由此可见,家长复习调整抚养方式去帮助孩子,是可靠的、有效的、重要的方法。

其三,基因检测目前尚未用于临床。

尽管 ADHD 有着明确的基因遗传特点,但是目前为止,基因检测并不能够为诊断 ADHD 提供任何更有价值的信息。基因检测目前并未常规用于临床检查,而是更多应用于科研当中。原因还是上面说的,毕竟,影响 ADHD 的基因非常多,且目前到底哪些基因具体发挥怎样的作用从而导致 ADHD,科学家们尚在努力的研究当中。

当然,国内一些深入研究 ADHD 的团队,拥有遗传实验室的话,是能够通过血液检查筛查出相关的基因位点的。我们鼓励和欢迎家长和孩子为科研贡献一份数据力量,这样有助于科学家更好地了解 ADHD 从而研发出更好的治疗方法。但是,也希望家长明白,如果你接受以科研目的而检测基因的话,对方应该与你和孩子签署知情同意书,并且结果是用于科研的数据,不应该向你收取检测费用。

六、怎么确定我的孩子有 ADHD?

通过前文我们了解到,ADHD 没有办法通过大脑的检查(如头颅 CT 或磁共振等)及血液检查(微量元素)来诊断,即便是大脑功能的检查或基因位点的检查,在目前的医学背景下,同样无法确诊 ADHD,那么,到底如何确定孩子是否患有 ADHD 呢?

家长需要带孩子去见一个有经验、有资质、经过专业训练的医生,来获得对孩子的评估和诊断。一般来说,正规医院的儿童精神科、儿童心理科、发育行为儿科,及接受过专业培训的儿保科医生,都可以帮助你判断孩子的行为究竟属于 ADHD,还是属于一般的调皮好动或者幼稚不成熟。

关于上述医院和科室又需要强调几点。

其一,医院靠谱最重要。

在挑选专家医生之前,请先选择正确的医院。就目前来说,一个正规医院里的医生,哪怕是刚刚上岗的小医生,其靠谱程度都远远优于不正规医院的看上去经验丰富的老医生。

如果你找到了靠谱的医院,那么基本上医生就是靠谱的了。接下来你的任务就是为孩子找到一个适合他的心理医生,不见得是最好的医生,但得是适合你和你家孩子的医生。家长可以带着孩子,跟医生接触一下,看看自己和孩子是否适应医生的治疗风格,是否觉得给自己带来了帮助。不同心理医生的风格是不一样的,有和蔼温暖的,也有一针见血的。

其二,关于精神科。

精神科的含义很广,如果通俗点来理解,我们人类大脑所有的活动都归为精神活动。因此,能否专心做事,能否调整好心情,能否自我管理好行为,能否发挥自己的聪明才智,其实都属于精神范畴。

因此要避免觉得,精神科就只是管"精神病",或者"精神病"就是疯癫不可理喻的那种状况。广义上的"精神科问题"包括认知功能问题、注意力问题、行为问题、情绪问题等。因此,对 ADHD 的研究和探讨工作主要是由全球的精神科人员(Psychiatrist)在积极从事中。

其三,关于心理科。

心理科目前在国内有点一言难尽。先从整体上说,各个医院的心理科背景相互并不一样,有的综合医院心理科,其专业背景就是上述的精神科;有的医院心理科,背景是内科或儿科医生转行的。

同样,心理医生(Psychologist)也各不一样。有的是医学心理学背景,具备一定的医学概念;有的则是教育学背景;还有的可能是参加过心理咨询师考试而已,我曾经参加过一个心理咨询培训班,全班 20 多个同学,仅有 1~2 个是医学或心理学背景,其他人则是企业老板、家庭主妇等因为感兴趣出来学习,参加培训班考试过关很可能就会拿到心理咨询师的资格。所幸的是,现在我国对心理咨询这一块领域逐渐规范化管理起来,但仍然是路漫漫其修远兮。

我个人的建议是,如果遭遇的问题是具备生物学医学背景的,如儿童期常见的 ADHD、还有抽动症、孤独症,成人期常见的抑郁症、焦虑症、强迫症,那么最好选择精神医学背景的医生,或者医学背景的心理治疗师。如果遭遇的问题是社会因素占多,比如恋爱择偶的亲密关系处理,压力之下的适应问题,那么选择心理咨询师慢慢帮助调整,也是可行的选项。

其四,关于发育行为儿科及儿保科。

由于儿童精神专科医生比较匮乏,加上大众始终对精神科这个名词存在忌讳,逐渐的，部分儿保科医生通过进一步学习儿童心理发展领域的内容，也可以承担一些儿童心理发展相关问题的初期筛查和初步干预工作。其中专门发展出了发育行为儿科，关注儿童的身心发展及一些不良因素影响下导致的行为发育问题。

言而总之，诊断 ADHD 有赖于一个接受过专门培训的医生。

最关键的是，这位医生会询问家长很多关于孩子平时表现的问题。因此如果你碰到的医生在你表述"孩子上课不专心"之后，还继续询问其他关于孩子学习生活中表现的问题的话，那么千万别不耐烦，这恰恰说明你找对了人。

在采集完孩子情况之后，可能会建议孩子完成一些相关的检查，包括：

— 问卷/量表评估调查孩子平时的状况；
— 针对注意力的任务测试；
— 针对各种认知功能的测试；
— 智力检查评价孩子的学习潜能以及观察孩子在完成任务时的注意力情况；
— 可能还有脑电图排除躯体问题，血液检查排除营养问题。

最终，医生会根据家长汇报的情况和转述老师反映的情况，结合孩子在诊室内的表现，以及孩子在各种测试中的成绩，综合评价，得出孩子是否存在 ADHD 的结论。

难不难？非常难，所以才说有赖于接受过专业培训的医生。

可能有家长会觉得，看上去似乎有赖于医生的"主观"判断。也对，也不对。实际上，不仅 ADHD，几乎所有的精神科范围内的疾病问题，都有赖于接受过培训的专业医生的判断。但是不是纯主观的呢？并非如此。为什么我会一而再再而三地强调是"接受过培训"的"专业医生"，就是因为，一名合格的精神专业医生，必须通过大量的专业学习和训练，才能做到从貌似主观的信息当中，尽量做到客观的权衡和判断。

难不难？当然难。因此，家长也就无须去探讨研究诊断的过程了，找一家正规的医院，找一个专业的医生，信任对方，与对方合作，大概也许是最佳决定。剩下的精力，用来学习作为一个家长，可学习、可掌握、可运用的内容。

七、ADHD 孩子长大了都会自然好吗？

老一辈的家长，经常会给年轻的家长建议说，孩子小时候调皮是正常的，长大了就老实了；或者孩子小时候不认真是没开窍，长大了就好了。那么如果孩子达到了 ADHD 的诊断，长大了都会自然好吗？

答案是否定的。

在 ADHD 的儿童中，只有大概 1/3 的孩子进入青春期后症状会自然缓解，还有约 1/3 的孩子在进入成年期后症状会自然缓解，仍有 1/3 的 ADHD 症状会一直持续到成人期。注意，这里说的是"症状"缓解，也就是表面看上去，这个大孩子或者大人，坐得住了，不乱跑了，也能勉强按时完成布置给他的任务了，但是他的认知功能，与同等智力水平的人相比，仍是受损的。如缺乏行为自控力，情绪的调节管理能力欠佳，缺乏组织条理性，时间观念比较薄弱等等。

在所有的成人中，约有 4% 的人遭受着 ADHD 带来的问题。很多家长会觉得，在成人中很少遇见这类情况。可能的原因是，遭受注意力缺陷问题的成人，将来择业时会倾向于选择对注意力要求低的工作，避免注意力问题给自己的工作带来麻烦。还有个可能的原因是，ADHD 的一个显著特点是，自控力较差，因此其中一部分成人很容易出现违法犯罪行为，或者出现意外危险伤害，导致进入监狱或成年早亡现象。

八、如果不治疗会怎样？

ADHD 不经治疗的潜在后果：学业失败或者辍学的风险更大；更容易出现各种行为问题、违纪问题；人际交往不良，家庭成员冲突；容易发生意外事故，导致受伤；吸烟或酗酒风险增高；罹患抑郁症等其他精神问题的风险增高；在就业方面困难重重；容易出现驾驶事故；容易出现意外怀孕；犯罪，违法及被捕的风险增高。

为什么不治疗会有这么严重的后果？很多家长会觉得 ADHD 不经治疗的潜在后果有些危言耸听，因为看上去明明就是个"小毛病"。关键问题是，这个儿童期的"小毛病"，影响了"执行功能"的发展，其中一个关键成分就是自控能力。而恰恰就是这种自控能力的缺乏，容易给他的生活带来各个方面的极大的困扰和影响。

通过这个比喻，我们就不难理解，为什么未经良好治疗的 ADHD 儿童到青春期或成人期时，会出现一系列更加严重的问题，如物质滥用（违法药物和酒精等）、反社会行为、逃学、无法维持固定的工作、很难与他人融洽相处、驾驶事故、冲动违法犯罪等。

九、哪些治疗 ADHD 的方法是有效的？

为了帮助家长更好地做出重要的治疗决定，美国国家精神卫生中心执行了一项大型深入长期的研究,旨在探讨究竟什么治疗方法对于 ADHD 更有效。这项研究的名称是 ADHD 儿童多模式治疗方法的研究(MTA)。

这项研究最后发现,哌甲酯(常见的 ADHD 治疗药物之一)无论单独使用,还是联合行为治疗,都是有效的。如果孩子的治疗方案中包括了药物治疗,比单纯只使用行为治疗,对于 ADHD 症状的改善要有效的多。尤其当药物治疗的剂量由专业医生密切监测及调整时,这就意味着孩子应该有规律复诊,定时复查评估,并且由专业医生根据孩子的具体情况将药物调整到合适的剂量。

不仅 MTA 研究,还有其他大量的针对 ADHD 治疗的研究,结果都说明一件事:药物治疗在 ADHD 的干预中扮演着十分重要的角色,无论是对于儿童、青少年还是成人 ADHD。

尽管药物可以减轻 ADHD 的症状,但是 ADHD 儿童在学校生活、家庭生活及自我行为管理方面缺乏相应的技巧来应对 ADHD 症状带来的问题。因此,药物治疗联合心理行为治疗的话,可以帮助孩子更好地改善功能,从而达到更好的缓解效果,也能够帮助家长更好地管理和帮助 ADHD 孩子,减少疾病给孩子带来的不良影响。药片无法建立这些技巧策略。除此之外,心理行为治疗可能可以帮助孩子使用较少剂量的药物,达到更好、更持久的治疗效果。关于 ADHD 的非药物治疗会在本章第六节详细阐述。

一说起药物治疗,可能很多家长会忌惮"是药三分毒",心理治疗虽然没有副作用,但需要投入大量的时间精力,正规的心理治疗并不会夸张鼓吹存在"神奇的疗效",家长会有种付出太多短期内收获太少的错觉,于是乎,总期望寻找一些捷径,从而轻信那些道听途说的神奇治疗方法。

家长需要记在心里的是:目前,全球所有的 ADHD 科研及临床人员均未发现根治或治愈 ADHD 的任何方法。英剧《Hustle》里有一句台词:"如果一件事美好得令人难以置信,那么就请别轻易相信它。"目前为止,但凡保证可以"治愈"ADHD 的方案都是虚假的,而那些简单快捷、美好神奇的治疗方法,极有可能也是虚假的。

十、家长怎样才能帮助 ADHD 孩子?

首先,家长需要保证健康稳定的情绪状态,这是最根本的基础!

实际上,关于 ADHD 治疗的效果,将来症状或者功能是否能够缓解,其最大的、最明显的影响因素就是家长的情绪状态。所以如果家长感到情绪低落、倍感挫败、想法绝望的话,你再努力,你孩子的治疗效果也会打了折扣再打折扣,而你孩子好起来的过程也会阻碍重重,步履维艰。所以,如果希望照顾好孩子,那么请一定要先照顾好自己。

然后,家长要学习恰当的亲子抚养技巧,有些技巧是通用的,如应该如何恰当地表扬孩子;有些技巧是专门适用于 ADHD 孩子的,如采用特殊的听与说的方法促进孩子更好地听从指令,更好地发展言语能力等。

这些具体的策略技巧其实就已经贯穿整本书当中了,当然在下一节内容里,我会专门再强调几个与 ADHD 孩子相处的原则及细节。

十一、ADHD孩子还会同时出现哪些其他的问题?

事实是,约有 2/3 的 ADHD 孩子不仅存在注意力和好动的问题,还同时患有另外的心理行为问题。如同诊断 ADHD 一样,诊断其他的心理行为问题,医生也需要通过询问家长关于孩子的情况,孩子完成相关的评估测试,最终做出判断。

可能你的孩子就只患有 ADHD,也可能患有其他的问题,还有可能是同时患有 ADHD 和其他问题,这些其他的问题在医学上称为共患病(Comorbidity)。

存在共患病的 ADHD 治疗起来会更加棘手,并且也会让家长和孩子应对 ADHD 问题时遭遇的麻烦和挑战更多。通常,如果治疗 ADHD 的药物不能很好地帮助孩子改善症状的话,那么很有可能孩子是存在共患病的。这时很可能需要联合其他的药物或心理治疗来处理共患病。常见的 ADHD 共患病如下。

1. 对立违抗障碍(ODD)

大约有一半的 ADHD 儿童同时存在 ODD。表现为容易发脾气、挑战权威、故意不听大人的话,喜欢招惹他人等。孩子共患 ODD,会使得 ADHD 的治疗更困难,也会拖累 ADHD 的缓解康复。

孩子出现对立违抗的原因,虽然和孩子的天生脾气秉性有关,但也和家长的抚养模式密切相关。目前研究发现,家长经常当着孩子面争执、家长管教方式不一致、持续不当严厉训斥,是和孩子呈现对立违抗密切关联的抚养方式。因此,缓解孩子对立违抗的表现,主要从家长调整抚养方式着手。

2. 品行障碍(CD)

罹患 CD 的儿童,其行为问题更加突出和显著,如频繁挑战违背社会规则的事,即偷窃、逃学、打架斗殴、虐待小动物等。品行障碍是一种严重的精神心理问题,合并有品行障碍的儿童,比单纯的 ADHD 儿童,更容易出现危险行为,甚至会出现违法犯罪行为。

存在对立违抗障碍的孩子,如果未及时干预,随着年龄增长,容易发展为品行障碍,此时纠正难度更大,如果继续未能得到良好改善,进入成年后容易发展为反社会人格障碍。

因此千万不要小觑孩子在小时候频繁顶嘴、逆反、发脾气、违抗原则性规则、挑战多个权威大人的表现,避免认为这就是孩子"太有个性"或者"青春期逆反"而一直纵容。如果逆反违抗的程度超出了同龄孩子的水平,给孩子的家庭学校社会生活带来了麻烦和困扰,那么建议高度警惕,及时就诊。

3. 学习障碍(LD)

约有1/4～1/3的ADHD儿童同时存在学习障碍,可能由于智力水平不足引起,可能由于具体的学习技能欠缺引起,如阅读障碍、书写障碍等。如果能给这些孩子提供额外的学习支持,对于较弱的学习技能予以反复训练和辅导,那么孩子也能获益匪浅。

4. 情绪问题

约1/3的ADHD儿童存在焦虑或抑郁等情绪问题。焦虑的孩子表现为总是忧心忡忡、思前想后、顾虑较多;抑郁的孩子表现为总是开心不起来、打不起精神、因为很小的事就长时间不高兴等。

近年有一个新提出的情绪问题,叫破坏性心境失调,发现与ADHD,尤其ODD共患的情况非常高。表现为频繁的容易生气、大发雷霆、持续地闷闷不乐。

还有一个与ADHD很容易混淆的严重疾病是双相情感障碍(BPD),如果孩子存在以下表现的话,那么需要及时反馈给医生知晓,以帮助医生鉴别诊断。例如孩子会有一段时间,注意不是持续的,而是某一段时间,通常在3～5天左右,处于一种超乎寻常的、过分开心的情绪中,自我感觉特别良好,夸夸其谈、精力旺盛,同时可能又非常敏感,一点就燃。BPD和ADHD重要的一点区别在于,BPD的情绪波动像"过山车"一样,起伏波动很大,时涨时落,欠缺稳定。

根据孩子情绪问题的具体情况,医生可能会需要采用药物治疗来改善情绪,以及让孩子接受情绪管理训练,或者个别的心理治疗,从而帮助孩子应对情绪问题。

5. 抽动障碍

抽动和多动并存的概率非常高,又经常让家长分不清。抽动表现为某块肌肉不自主地运动,如眨眼、吸鼻子、撇嘴巴、点头、摆头、耸肩膀、甩手或者发出某些固定的音节等。

关于抽动,如果只是轻微的动作,家长无须太过紧张,在药物的帮助下通常抽动症状都能得到较好的控制,坚持治疗一段时间,大多数孩子的抽动都能彻底缓解,不再反复。

鉴于抽动在紧张高压的环境下更容易加重,反而建议家长放松心态,避免吹毛求疵,对孩子指责苛刻。同时也要避免因为抽动症状而一味纵容体恤孩子,过分减少他本该完成的任务。尤其合并多动的孩子,对于多动的表现,仍需加强行为管理。

上述共患病,和ADHD一样,只有接受过精神科专业培训的合格医生,才能帮助孩子明确诊断,其行为表现是由ADHD,还是其他共患问题,又或者是ADHD及共患病一起导致的。家长接受全面的询问,孩子接受全面的评估,都是帮助医生得出确切诊断的必需过程。而只有明确诊断了,才能选择对孩子最有利的治疗方式,包括采用何种药物,联用哪些其他非药物治疗方式等。要知道,如果诊断尚未明确就急于随意用药的话,很可能会让孩子的情况变得更加糟糕。

对错判断
1. 孩子看电视以及从事他非常喜欢的事情时能专注很久,就说明注意力肯定没问题。(　　)
2. 孩子坐得住,基本不乱动,肯定不是多动症。(　　)
3. 孩子注意力如果比同龄儿童明显不集中,也有可能被诊断为多动症。(　　)
4. 多动症的简称是ADHD,全称是注意缺陷多动障碍。(　　)
5. 多动症是因为缺锌,或者铅中毒导致的,排铅或补锌治疗就可以了。(　　)
6. 多动症是因为大脑里的神经递质浓度失衡,导致大脑功能欠佳所导致的。(　　)
7. 一些高端的大脑检查可以诊断多动症。(　　)
8. 有经验的医生通过询问家长情况、观察儿童表现、参考评估结果来诊断多动症。(　　)
9. 多动症大部分与遗传因素有关。(　　)
10. 多动症可以通过基因检测诊断并可以判断二胎的风险。(　　)
11. 大部分从事多动症的专业医生是儿童精神科背景。(　　)

12. 多动症儿童长大了自然就好了。（ ）
13. ADHD 之所以要尽早干预是因为损害了儿童执行功能的发展。（ ）
14. 学龄期 ADHD 应该首选药物治疗,是安全且有效的。（ ）
15. 孩子所有的问题行为都和多动症有关,治疗后应该全部都好转。（ ）

参考答案:
1. 错；2. 错；3. 对；4. 对；5. 错；6. 对；7. 错；8. 对；9. 对；10. 错；11. 对；12. 错；13. 对；14. 对；15. 错。

第二节　家长可以做什么来帮助孩子?

实际上,这本书整篇都在讲家长可以做些什么来帮助孩子。这一节尝试将一些更加针对 ADHD 儿童的亲子原则单独拎出来再强调一下。

在描述家长可以做些什么之前,仍然先嘱咐 3 件事。

其一:治疗 ADHD 不靠单打独斗,而是一个团队作战。

虽然 ADHD 有着通用的生物学基础和发病机制,也有着通用的更合适的亲子技巧,但归根结底,每个 ADHD 孩子的情况各有千秋,家庭背景、症状表现、功能缺陷、合并症等都各不相同。

这世上不可能有一种灵丹妙药可以解除一个孩子所有的 ADHD 相关困难,同样也不可能有一种灵丹妙药可以帮助世上所有的 ADHD 孩子。

真正有效的、合适的 ADHD 治疗方案是个体化的,针对这一个孩子的具体情况来制订,通常包括药物治疗、家庭治疗、父母培训、心理行为治疗等,各种治疗按照患儿的个体情况进行恰当的安排,这样才能取得最佳治疗效果。

因此可以看出,ADHD 所有的治疗方式形成了一个"队伍"结构,父母家庭、学校老师、医院医生组成一个协调的治疗队伍,根据孩子的具体情况,采用最适合孩子本人的多种方式相结合的治疗方案,每个人都能做到对孩子的 ADHD 情况心中有数。

其二:家长是治疗队伍的"首领"。

在帮助 ADHD 儿童的团队中,家长是和每个成员密切联系和沟通的桥梁,因此只有家长,才能管理协调好整个队伍以使治疗效果达到最佳水平。

父母是孩子最亲密的人,也是对孩子行为影响最大的人,尤其在家里的时候。因此,父母参与着孩子治疗的每一个阶段,从检查到诊断再到决定采用哪种治疗模式,父母都起着重要的作用。父母就像是个网络中心,既向下执行治疗措施,又向上及时反馈病情信息,协调着治疗ADHD的每一个步骤。

因此,家长要和医生、和老师、和孩子,处在相互信任、合作的同一条战线上,一起帮助孩子应对注意力问题。

其三:学习技巧只是为了成为更出色的家长。

建议家长学习一些亲子技巧,并非是说家长之前的抚养模式不够好。实际上,大多数家长都是好家长。只不过,当孩子有注意力问题,或者还有好动的问题的时候,我们要争取从好家长升级为出色的家长,学习更多专门帮助ADHD儿童的技巧,从而帮助孩子能够开心快乐地成长,适应当前和未来的生活要求,以及在需要的时候能够安稳平静下来。

当你阅读本书至此,练习掌握了前面的技巧之后,你已经是位非常用心的好家长了,离出色的家长只有一步之遥,勤加练习,将那些技巧融会贯通到自己的亲子互动中,以及稍微留意以下一些要点,就可以修炼成为更出色的家长。

要点1:接受孩子不完美的现实。

承认自己的宝贝孩子在某些个方面略微有些"不正常"是件非常困难和痛心的事情,但如果不能用较好的心态去面对这一点的话,或者作为家长自己就对ADHD存在避讳、羞耻和歧视的话,那么孩子实际上是会感觉到家长对疾病的怨恨抵触气息,从而产生无助绝望之感。这些负面情绪氛围,都不利于孩子发展出恰当的自尊感和自信心,令他们无法快乐、健康地成长。

说到底,没有哪个人会是完美的,孩子再可爱,也有不完美之处。也许就跟孩子可能个子有点矮,视力有点不太好,对花粉容易过敏,跑步不太快……一样,ADHD的孩子就是自我控制注意力有点不给力,这只是一个问题而已。

尽可能地去爱你的孩子,不要只是爱你心目中想象的那个孩子。如果孩子的某些行为不尽如人意,可以帮助他重塑行为。但是,要爱你的孩子。

只有当家长对于孩子充满恰当的信心时,孩子才能感觉到被接纳和被支持。

要点2:这个问题严肃但不绝望。

当你从医生那里听到,ADHD对孩子生活的各个重大方面发展可能都存在拖累时,当你从老师那里听到,孩子反应拖沓懒散跟不上同学节奏时,确实感觉很糟糕。但是请别灰心丧气,我相信,无论医生还是老师,将孩子目前的问题和困难反映给你听,目的不在于叫你放弃,而在于希望引起重视,从而花更多的力气去帮助孩子。

举个例子,如果孩子有近视眼看不清黑板从而无法学习时,你会放弃吗?如果孩子有哮喘,季节变换时容易呼吸困难,你会不让他去学校了吗?不,并不会。你会不遗余力地去带孩子配戴合适的眼镜矫正视力,或者去医院就诊,配上合适的治疗喷雾让孩子随身携带。

同样的道理,当孩子的 ADHD 影响他的学习生活时,无论现在困难有多么艰巨,都是可以通过药物和心理治疗,调整他的学习环境和抚养方式,帮助他拥有和其他孩子一样的学习能力,呈现出更好的生活状态。

要点 3:讳疾忌医需要尽量避免。

ADHD 是一个拥有生物学基础的疾病,可以说它是心理行为问题,也可以说它是医学疾病问题,但总之,要避免否认它是一个实实在在的问题。也许会有很多人,非常讨巧地口若悬河地表达一些看法,如"假如不用上学就不存在 ADHD 了"借此否认事实,或者给你一个虚幻的承诺"孩子长大了自然会好的",这会让你暂时觉得轻松了许多。但是对问题的回避,不代表问题本身会消失。

随着时间的日积月累,更大的可能性是问题像滚雪球一样越来越大,而不是日趋缓解。等到那时候,当初告诉你"这不是问题"或者"长大了会好"的人,并不会为你的孩子负责。最终,为孩子状况买单的人,只有家长,还有孩子自己。

有些 ADHD 孩子长大成人后自己意识到问题的存在,自行就诊,都会发出这样的感慨:"如果爸妈当时为我治疗就好了,我没法想象,在没有 ADHD 困扰下,我会成长出怎样不同的人生。"

要点 4:药物很重要但并非足够。

确实,ADHD 有着生物学基础,学龄 ADHD 儿童通常需要首先考虑药物治疗,恰当的药物治疗在很大程度上能明显改善孩子的注意力、行为自控力、学习状况和认知能力。但这并不代表,仅仅药物治疗就足够了。

药物只是帮助孩子的大脑神经递质恢复到正常的水平,让孩子具备如常的注意力和自控力水平去完成学习和生活中的各项任务,然而完成这些任务所需的策略、技巧,不断习得的知识、能力,努力培养的兴趣、爱好,都需要家长不懈的支持督促。只有如此,药物才能保持好理想的效果,有朝一日,也才有望停药。

避免将孩子所有的行为表现都跟药物挂钩。当孩子表现好,就觉得是药物的功劳,孩子和家长的努力实际上功不可没;当孩子表现不好,就问他:"你是不是今天忘了吃药啊?"如果总是传递这种信息的话,逐渐孩子就丧失了主动努力的动机,他自己也会觉得,自己是靠药物表现好的。

因此避免吓唬孩子:"你表现不好就给你加量了啊!"或者嘲讽孩子:"你再这样就需要一辈子吃药了。"药物治疗是医生根据孩子情况进行综合判断的一件严肃的事情,只是一种治疗方式而已,并非孩子表现好的全部因素。

要点5:对孩子期望目标要适切。

目标的制定在第三章第三节专门讲过,在这里仍然需要强调一下,因为ADHD孩子通常可能比同龄孩子显得略微幼稚一些,这就说明当我们制定要求时,并不能完全参照同龄孩子的水平,以及我们想象的这个年龄应该达到的水平,而应该根据孩子当前的实际水平。

除此之外,在制定目标时,要把ADHD的特点考虑进去。如ADHD的表现之一就是似听非听,因此大人的指令需要三令五申甚至吼起来才能去执行。

举个例子,你跟孩子说:"关掉电视过来吃饭。"可能叫了五六遍都没有反应。怎么办?吼他骂他惩罚他?实际上,我们先要理解,孩子对指令置若罔闻有可能是ADHD似听非听、心不在焉的表现,尤其在有干扰的情况下。如果去惩罚孩子的ADHD症状,从某种程度上来说是不公平的,也注定让双方都感觉很挫败。最终的结局是,孩子干脆放弃了,破罐子破摔,孩子和家长之间的关系会逐渐紧张恶劣,孩子会真正地开始变得故意不服从,违抗大人的指令。

回到这个例子,更恰当的处理方式应该是给对指令,这里面的很多细节在第五章第二节中已经解析过,如关掉电视,走到孩子面前,进行目光接触,保证获得孩子注意后,给予清晰的短指令:"过来吃饭。"如果孩子做到了,可以在饭后奖励他额外10分钟的电视时间,如果孩子清楚听到了你的要求之后,故意违抗拒绝服从,这时候你可以给予恰当的惩罚。

要点6:时刻要记住对事不对人。

家长需要牢记在心的是,你是在应对ADHD这个问题,而不是在对付你的孩子。你和孩子是在同一条战线上,从某种程度上来说,孩子也是受害者。当你与孩子站在同一条战线上去解决ADHD带来的困难问题,去挑战ADHD相关的不良行为时,你就应该让孩子知道,尽管他有着这样那样的缺点,但他是被爱的、被支持的、被给予力量去克服困难、挑战问题的。

但如果当你把ADHD的困难及问题和孩子捆绑在一起去评价时,孩子的自尊会因此而受伤。如:"我跟你说了那么多遍,怎么还是记不住,你真是有病啊,难怪需要吃药!"或者用"懒惰""愚蠢""我恨你"这样的负性情绪词汇去评价你的孩子,请及时制止自己说出这样伤害的话。虽然你没有体罚孩子,但这样言语虐待的伤害也是很深刻的。

每一次，当你崩溃抓狂时，去评价事情本身，不要去评价孩子本人。比如："我说了很多遍玩具要放回原位，但你仍然放得乱七八糟，看上去很脏乱，也容易把人绊倒。"或者"你又一次隐瞒作业量，如果是确实没记住，我们想个办法记全作业；如果是故意撒谎，我觉得很失望，需要惩罚你3天不许看电视。"

要点7：好行为多给予正性关注。

在第三章行为管理中，先阐述对好行为的正性关注，夸奖表扬，再阐述对不良行为的忽视和惩罚，为什么？因为良好行为模式的塑造，不是依靠对坏行为的穷追猛打，而是靠对好行为的鼓励扶持。

在抚养ADHD儿童的过程中，有时候家长疲于纠正孩子的不良行为，而往往错过了鼓励孩子良好行为的机会。于是家庭里长期笼罩着负性评价气氛，最终对孩子的各个方面可能都会产生一定的影响。

希望家长尽量保持对于孩子良好行为的关注，捕捉孩子表现好的那一刻，赞扬他。当你具体地说明孩子哪个行为表现好，并因此得到表扬时，你也就告诉了孩子，怎样的行为是你希望看到的。

要点8：所有大人均要保持一致。

这里的一致包括两个意思。一个是，孩子身边的大人，如父母、祖父母等，保持对家庭规则、对孩子要求的一致。如果对于如何管理孩子，大人意见不一致，尤其经常当着孩子面争执的话，会很难取得什么进展或效果，还可能会导致孩子对立违抗或情绪方面的问题。

当孩子身边的人，都保持对于孩子的要求一致时，孩子就明确地知道自己被期望表现出怎样的行为，逐渐的，孩子所处的环境越保持一致，越有可预测性，孩子和大人一起的整个家庭也会越应对自如，越开心快乐。

保持一致的另一个意思是，尽量保持家庭生活的常规和规律。孩子在规律一致的环境中都会表现得更好，ADHD孩子尤其需要规律和一致。如果事到临头发生变化，或者孩子平常熟悉的节奏被打乱了，都可能让孩子觉得突如其来，导致慌乱不安。因此最好是提前做好安排计划，然后尽量遵守这个安排计划行事。

要点9：自己承担也要学会求助。

勇敢地承担起孩子的责任，别推卸责任。诚然，也许当下社会的风气、学校的要求，可能对于ADHD孩子来说并非最佳，但是我们最终的目标还是让孩子能适应社会，能独立良好地生活，且发展自己成功的人生。

因此避免帮助孩子去寻找借口，如："现在老师都太麻烦了，不愿多管孩子。"或者:"如果好好跟孩子说话,他是不会发脾气的。"或者"确实班上有几个孩子很爱招惹他,所以才让他表现不理想。"家长总是将孩子的不良行为归咎于别人的话,孩子也会学会这种模式。

毕竟,把错误推给别人,或者别的事上面,相比自己承担责任容易多了。而且这样一来,既然不是自己的错,还有什么可改的,也轻松多了。可问题是,这样的方式于事无补。

但话又说回来,虽然说要自己承担责任,家长也是帮助孩子治疗 ADHD 队伍的首领,但是并不是指,所有的事都要一己扛起。如果家长一直单打独斗,最后很容易把自己陷入精神上、情感上和身体上均精疲力竭的状态。

建立一个支持系统,言下之意就是,当你的"个人"系统负荷过载或者运转失灵时,其他的"支持"系统可以赶紧开始运转,作为你的后备力量发挥作用,帮助你重整旗鼓。

支持系统中纳入哪些人很重要呢?

— 适合孩子的医生,帮助你制订调整治疗 ADHD 的干预方案;

— 其他的患儿家长,交流学习关于 ADHD 的相关正确知识,分享有用的信息;

— 适合孩子的老师,可以是在校老师,也可以是理解孩子 ADHD 情况的补课老师;

— 适合家庭的其他支持人员,毕竟 ADHD 不仅仅只影响学习领域,而是存在于生活中各个方面,因此信任的保姆、家政,也许都需要纳入你的支持系统。

当你觉得个人系统超载时,就请暂时把事情交给支持系统,自己想办法放松一下,享受个人空间,舒缓负性情绪,就好比清理内存,释放空间,然后再重新启动。

要点 10:以身作则做一面好镜子。

家长就像一面镜子,孩子无时无刻都在观察、可能模仿家长的言行举止,毕竟家长是孩子身边最亲密的大人,具备很大的影响示范力量,因此你的一言一行都请仔细思量。

如果你自己沉迷电子产品不热爱学习,如何要求孩子好好学习呢?希望孩子热爱学习的话,最好的方式就是示范给孩子看,你是如何对学习充满热情的。

如果你对于自己的情绪和行为都无法自控,那么何以能期望你的孩子去练习和发展自控能力呢?

对孩子怒吼,或者当着孩子面对他人怒吼,是最糟糕的方式之一,这无疑是给孩子示范糟糕的情绪处理方式。很多家长觉得,如果不生气,嗓门不够大,孩子就不会听自己的话,但实际上这招不管用,就算暂时一段时间管用,将来总有一天会失灵。当你大嗓门怒吼时,孩子唯一感受到的就是愤怒,这时候到底该如何解决问题,根本不在考虑之中。

确实 ADHD 孩子的某些行为容易让人生气,但不代表就可以随便发泄愤怒。当孩子做了任何事让你感受到怒火中烧时,可以用"我语句"表达自己的情绪,进行深呼吸,或者离开孩子身边,进入安静时光,帮助自己平静下来。当你向孩子展示了自我平静的技巧时,其实你也教会了孩子如何管理自己的情绪。

想要成为一名出色的 ADHD 家长,要记住哪些要点? 把你有印象的写下来:

_____
_____
_____
_____
_____

核对下方要点,如果有漏掉的要点,那么再温习一遍。

出色 ADHD 家长十要点

- 接受孩子不完美的现实
- 这个问题严肃但不绝望
- 讳疾忌医需要尽量避免
- 药物很重要但并非足够
- 对孩子期望目标要适切
- 时刻要记住对事不对人
- 好行为多给予正性关注
- 所有大人均要保持一致
- 自己承担也要学会求助
- 以身作则做一面好镜子

第三节 不要抗拒,药物治疗

一、药物治疗是学龄 ADHD 的方案基础

对于大多数 ADHD 学龄儿童来说,药物是他们治疗计划中的基础。

一个国家(如中国、美国),或者整个欧洲,关于某个疾病最顶尖的专家定期都会汇集在一起,根据现有的证据,讨论出对于一个疾病治疗的规范来。那么,对于 ADHD 的治疗规范是,学龄期儿童,首选药物治疗,联合一些有效的非药物治疗(父母培训、团体治疗、行为干预等)。

为什么学龄儿童药物治疗是基础?之前我们用一个工厂工人的例子解释过 ADHD 是怎么回事,还记得吗?药物相当于堵住后门的守门员,将工人都留在工厂内好好干活,从而发挥正常的效率。

ADHD 儿童大脑内发挥注意力、自控力的工人叫神经递质,主要包括多巴胺(DA)和去甲肾上腺素(NA)。这两种神经递质和大脑的多种功能相关,如集中注意力、记忆、情绪、精力等。

ADHD 之所以呈现注意力欠集中、容易分心、好动坐不住的表现,是因为大脑里的相关神经递质浓度失去了平衡。药物帮助调整这些神经递质的浓度恢复如常,从而发挥如常的注意力和自控力水平。

一位成人注意缺陷障碍的患者在服药治疗后形容:"感觉多年来在一间黑暗笼罩的屋子里摸索碰壁,使用药物后的感觉就是突然照进来一束阳光。"

二、决定药物治疗前需要做的准备

首先,保证诊断是正确的。

药物是符合 ADHD 诊断的学龄儿童的治疗方案基础,这意味着如果孩子是学龄前幼儿,或者虽然存在分心拖沓的表现,但并未确诊为 ADHD,那么都不应该轻易尝试药物。

如何确定孩子的 ADHD 诊断呢?除了儿童精神科/心理科医生,以及接受过专业训练的发育行为儿科医生之外,没有人能告诉你,孩子是否符合 ADHD 的诊断,包括经验丰富的老师、热心洋溢的七大姑八大姨,等等。

其次,保证诊断是全面的。

这意味着家长要尽可能诚恳地向医生汇报所有的情况。包括家里是否有人曾罹患其他的精神障碍，或者存在严重的躯体疾病如心脏病等，以及孩子既往的真实情况。

有时候家长避重就轻，漏掉孩子既往更严重的一些症状表现，导致诊断不够全面，这样反而对孩子的治疗不利。不同的共患病，可能在药物方案的制订上会有所不同。

ADHD容易合并抽动症，有时在接受药物治疗后，抽动症状会呈现出来，要及时告诉医生，这时可能会需要联合治疗抽动，可能会需要调整药物。

癫痫需要谨慎对待。癫痫的孩子可能因为影响大脑功能发展，呈现出ADHD的表现，治疗ADHD的药物存在降低癫痫阈值的风险，因此如果家长在就诊时未提供既往癫痫病史的话，就会提高癫痫发作几率。癫痫儿童若存在ADHD，治疗时需要精神科和儿童神经内科医生一起商议，密切监测。

有些青少年ADHD，既往如果有过度兴奋、躁动、易激惹的表现，或者曾经有过凭空耳闻人语、想法荒谬、疑人被害，或者曾有物质滥用情况的，请一定如实汇报给医生，这在诊断和治疗时至关重要！

最后，选择能帮助你监测药物疗效的医生。

大多数情况下，尤其治疗稳定时，也许可能并不需要特别密切的监测。但规律的复诊，及时汇报孩子的情况，可能会提供宝贵的信息。有时候对于孩子治疗细微的调整，就能帮助达到最佳的治疗效果，从而促进预后。

不要认为"我不看病，就开个药"的成功插队，迅速拿到药方是一种胜利。不要认为配合这样行为的医生是为病人着想的"好"医生。恰恰相反，你需要为孩子寻找会帮助一起监测药物疗效的医生。

通常情况下，医生应该在复诊时询问至少以下两个问题：治疗效果怎么样？有没有什么特别不舒服的情况？

三、治疗ADHD的药物选择

目前治疗ADHD的药物主要分为兴奋剂和非兴奋剂两大类。不过不建议从字面上去理解揣测药物的作用机理，因为，真的不是字面意思那样。

兴奋剂类药物，如哌甲酯和安非他命，治疗ADHD的效果十分显著。这类药物通过兴奋大脑的司令部，即前文提到的执行功能脑区，从而发挥良好的自控力。两种药物已经用于治疗ADHD长达50～70年之久。大量的研究结果证实这类药物在治疗身体健康的患者,并在医生的监督下使用时,是非常安全和有效的。

唯一一个 FDA 批准用于治疗 ADHD 的非兴奋剂类药物是托莫西汀,研究同样显示该药对于治疗 ADHD 非常有效,有些家长因为个人偏好,或孩子存在一些合并问题时,可能会选择非兴奋剂治疗。同时,有少数儿童对于兴奋剂治疗效果不明显时,也可以选择非兴奋剂治疗。

寻找到最适合自己孩子的 ADHD 治疗药物及剂量是需要一定时间去尝试的,目前没有办法预测到某个孩子一定对哪个药物有效且无明显副作用。有的药物仅需 1~2 周时间观察疗效,有的药物可能需要 2~6 周的时间。因此,如果孩子在使用了某种药物治疗,但疗效不够理想的话,那么需要不断调整剂量至达到目标剂量,而如果疗效仍不满意,则需要考虑更换为另一种药物。

目前国内常用的药物,一个是哌甲酯缓释剂,一个是盐酸托莫西汀。它们在起效时间、作用效果、持续时间方面略有不同。对于有选择困难的家长,有一点你需要放心的是,如果孩子单单就只有 ADHD 问题,而不伴有其他问题的话,这两种药物对绝大部分孩子都是有良好效果的。

如果你的孩子尝试了目前所有的常规药物治疗,效果均不明显的话,那么也还有一些 FDA 尚未认证的治疗方法可能对 ADHD 症状也有所帮助。如正规的中成药、可乐定、膳食补剂(DHA、PS)等。

四、药物多久可能发挥作用

首先,不要期望很快就能找准最佳的治疗药物。

ADHD 的药物治疗有效率,在所有的精神科甚至躯体疾病中,都已经算是非常高的,但仍然不可能是百分之百。目前发现,可能有 30% 的 ADHD 儿童对某种药物均疗效欠佳。

哌甲酯缓释剂一般在服用后 30~90 分钟开始起效,但由于其有效时间持续 8~12 小时,有的孩子放学回家后可能效果就消退了,家长需要在周末的白天观察孩子表现,或者通过询问老师孩子上课表现,来判断药物是否有效。

托莫西汀大多数情况下需要 2~6 周逐渐起效,因此需要耐心等待一段时间来观察。

其次,药物的剂量并非一成不变。

ADHD 的药物剂量,一般都是从小剂量开始,每隔 1~2 周增加一些剂量,直至没有明显的副作用,但疗效达到最佳水平为止。这个过程叫"滴定"。因此孩子的治疗剂量不是完全由年龄、体重、病情严重程度决定的（这些是作为参考），而是依靠滴定的过程找到最佳治疗剂量。

增加剂量，并非完全意味着孩子病情更重，也并不代表药物副作用会更大。权威研究（MTA）提示，只有滴定至最佳剂量治疗ADHD，维持孩子良好的缓解状态，才能促进孩子更好的功能发展，换言之，越治疗彻底，缓解越彻底，孩子受ADHD拖累越小。

哌甲酯缓释剂，一般从18毫克（mg）开始，逐渐调整至36毫克，有时可达54毫克甚至更高。

托莫西汀胶囊，一般从10毫克开始，逐渐调整至25毫克，40毫克甚至更高。

注意，不同药物之间的剂量数值不存在可比性！

最后，家长如何判断药物的治疗效果？

正如ADHD无法依靠大脑或者血液检查确诊一样，ADHD的治疗效果也没法通过这些检查得知。我们判断药物治疗的效果，依然是通过平常学习生活中观察孩子的表现，以及定期复诊评估注意力和行为状况来得知。

家长可以观察孩子做作业时专心的情况、仔细的程度、完成的速度；以及根据生活中行为自控的情况、指令的听从情况，来帮助判断。询问老师孩子上课的表现，也是药物治疗效果的重要判断信息。

家长不一定事无巨细告诉老师孩子的诊断或服药情况，可以每隔2~4周询问下老师几个简单问题收集下相关信息：

— 上课的注意力是否与同班同学差不多？
— 分心走神的情况有没有减少？
— 完成作业所需要的时间是否与同学差不多？
— 粗心马虎的错误（不是不懂不会的错误）是否与同学差不多？
— 是否比以前坐得住了？
— 小动作有没有减少？
— 插嘴、打扰人的情况有没有减少？
— 总体而言，老师觉得在学校的情况有所进步吗？

通常来说，大部分ADHD儿童在使用药物治疗后，很多症状可能都随之得到缓解。但并非意味着，ADHD症状会百分百完全消失，有时候，会有部分ADHD症状顽固不化挥之不去。并且，ADHD症状缓解只代表孩子具备专心学习的能力，不代表直接增加了孩子的学习技能，因此，在能够专心学习的基础上，还得孩子真正去专心学习掌握知识，才能体现为学习成绩的进步。此外，药物不会改变孩子天生的性格特点,当然也许会相对减少孩子涣散的活动量,以及让孩子更专注些,但仅此而已。行为、学习、生活方面的良好习惯,并不会随药物神奇地出现。这就是为什么 ADHD 儿童除了药物治疗之外,应该联合心理行为治疗,帮助彻底缓解症状,学习技巧,培养良好习惯。

为什么药物治疗效果需要家长来观察收集呢?

因为对于小学生而言,有时候他们很难自己意识到或表达出来,但有的孩子也能描述得很清楚,包括"更能集中注意力听课写作业""感觉更平静了"等。

五、药物多久可以治好 ADHD

先不说答案,因为并没有特别标准统一的答案,并且答案可能会吓到家长。因此先说另一个相关话题,药物可以治愈 ADHD 吗? 或者用中国的方式问,药物是治标还是治本?

尽管刚刚提及的药物在医生的指导下,可以很好地管理缓解孩子的 ADHD 症状,但遗憾的是,ADHD 的治疗不像肺炎等感染类疾病,抗生素在感染痊愈后即可不再使用。ADHD 的治疗更像是糖尿病患者使用胰岛素,哮喘患者使用激素,或者近视眼患者配戴眼镜一样,药物只是帮助控制症状,调整到他们的注意力满足平常学习和生活的要求水平,从而能够如常发展更高级的认知功能。

从这一点可以看出,一旦不用药,症状则会卷土重来。即只要 ADHD 症状在,就需要一直需要药物帮忙调整。

家长可能就会不高兴了,治标有什么用? 我们需要治本。遗憾的是,目前没有任何药物或其他方法可以治愈 ADHD。因为 ADHD 的本质是什么? 是多个微效基因的共同作用,现在的医疗技术还没有办法去逆转基因。

了解这一点后,有的家长可能灰心丧气了,因为前文提过,ADHD 症状不仅局限在儿童阶段,到青春期,甚至到成年以后,ADHD 症状可能一直存在,难道这一辈子就需要使用药物吗? 如果你的孩子很不凑巧,症状一直如此顽固不退,那么答案还真是肯定的。

先别绝望悲观,大家还需要知道两个事实。一个是,有 1/3 的孩子症状在青春期之前是能缓解的,还有 1/3 的孩子,症状在成人期之前能得到缓解;另一个是,当症状控制得比较稳定,孩子一直处于注意力和自控力比较好的状态时,同时家长能够教会孩子发展合适的技巧策略,就可以固化为一种良好的行为模式,通过行为模式而非药物,来应对 ADHD 带来的问题。

这时候的问题就在于,到底治疗和训练孩子多久,才有希望稳定下来变成一种行为习惯,从而可能在停止用药之后,孩子的ADHD症状不再死灰复燃呢?

这个时候希望家长千万别提"21天培养一个好习惯"这茬,21天谁也培养不出一个好习惯。家长可以自己回想下,如果你想养成运动的习惯,或者想养成不抽烟的习惯,或者想养成看书的习惯,需要多久才能习惯成自然?21天,估摸着差远了吧。

拿数据来说话。有研究显示,一个行为演变为一个习惯至少需要6个月。而针对ADHD的一项研究显示,通过行为治疗,如果想达到与药物治疗相匹配的效果,至少需要18个月。权威ADHD研究团队MTA的结果提示,坚持用药(一周7天,一年365天)治疗24个月,孩子的获益是持续的,比不持续用药的孩子明显进步更多。

因此,需要坚持用药治疗多久?目前并没有铁板钉钉的说一不二的绝对标准的答案,但看到这里,家长应该大约有个感觉,这个时间不会太短。

国际顶尖的ADHD专家Rusell Barkley教授曾经给予的回答是:越久越好,最好坚持用到成人期,评估症状、功能是否得到了缓解,再考虑停药。

MTA研究团队的建议是:至少持续不间断用药2年,因为这段时间孩子的治疗效果是不断提高的,获益是持续明显的,在2年后,根据孩子的具体情况,再决定是继续持续用药,还是间断用药,或者是尝试停药。

英国的David Daley教授在给中国家长的讲座中回答是:至少应该坚持半年到一年,观察孩子对于药物治疗以及行为管理的效果如何,凡是短于这个时间期限的,基本上可以说,对于ADHD并没有太多的长期的帮助。

汇总一下,目前业内的建议是,希望家长们在孩子服药治疗有效,且副作用不明显的情况下,最好能够坚持不间断用药1~2年。如果孩子症状自行缓解得快,行为习惯建立得好,也许能够早些顺利停药。反之,则可能需要更长期的治疗。

六、服药后家长需要做什么

有些家长可能觉得已经采取药物治疗了,一切交给药物帮助孩子,这是不合适的;也有些家长在使用药物之后,天天盘旋着"是药三分毒"的念头,如坐针毡,担心各种副作用,这也是不合适的。

在孩子服药治疗ADHD后,家长需要做的是,遵医嘱按时按量督促孩子服药,观察孩子表现并反馈给医生。家长避免做的是,过分研读说明书,以及询问医生之外的所谓有经验者关于药物治疗的建议。

DO：遵医嘱按时按量督促孩子服药。

下面我会提及国内常用药物的常用服用方法，但仅供参考，以临床医生根据你孩子个体情况的建议为准，当然前提是这个医生是专业的。

哌甲酯目前我国国内仅有长效制剂，为胶囊状，需<u>晨起整粒吞服</u>！

整粒吞服。不可掰开，不可嚼碎。对于吞咽整粒胶囊有困难的儿童，可以包在食物内让其尽量尝试咽下，如果仍旧存在困难，则可能需要更换药物。千万别自作主张切开服用，尤其有些家长认为吃一半比吃整粒剂量小，大错特错，具体药理机制我就不详细阐述了。

晨起服用。哌甲酯缓释剂的作用时间是 8~12 个小时，因此万一早上漏服或者睡懒觉起太晚了，当天就算了，避免中午或下午补服哌甲酯缓释剂。

当然，可能有个别的 ADHD 患者，服药后个体差异的关系，以及经验特别丰富医生针对个体特殊情况的治疗需求，可能会在其他的时间，或者拆分使用哌甲酯缓释剂。这都是特例，是在经验丰富医生的指导下进行的。

哌甲酯除缓释剂外，还有短效制剂，作用维持时间 4 小时左右，一天当中需要服用 2~3 次以保证治疗的稳定性。目前国内并无短效制剂。

托莫西汀通常来说每天早上服用一次。

如果服用托莫西汀后白天出现困倦瞌睡，则可换至晚上服用。如果服用托莫西汀后副作用较明显，可以拆成一天两次服用，一次早上服用，一次下午或傍晚服用。

很重要的一点是，无论使用哪种药物治疗，均不要故意漏服或自行停药。因为任何一次漏服药物，都会让孩子失去了药物的治疗保护作用，而让 ADHD 症状重新席卷而来。

DO：观察孩子表现并反馈给医生。

按照之前描述的观察要点，观察药物的效果，包括你担心的不良反应，在复诊时反馈给医生。

当孩子出现其他躯体疾病需要药物治疗时，也需要反馈给医生，有些药物确实会影响 ADHD 药物的治疗表现，如苯海拉明可能会让 ADHD 儿童表现得更兴奋。一些含解充血剂（缓解鼻塞）的感冒药、一些哮喘药物如舒喘灵，在和 ADHD 药物同时服用时，可能会出现轻微的、但让孩子感觉不适的晕乎乎的感觉。建议尽量错开这些药物的服用时间。

当你打算采用一些营养补剂帮助孩子时，也请询问下药剂师或者医生，这些补剂和 ADHD 药物之间是否适合联合使用。如维生素 C 也会影响药物吸收,因此补充复合维生素时,或者饮用橙汁/葡萄汁时,要和服用 ADHD 药物拉开时间间隔(尽量 1~2 小时)。

DO NOT：过分研读说明书。

药物说明书阐述的是整个群体的总体情况,具体到每个孩子身上,可能会有所不同。比如,哌甲酯缓释胶囊的有效时间是 8~12 个小时,但也有个别孩子 6 个多小时后就没效了,这是完全有可能的。

说明书上的副作用是列举了所有的可能性,哪怕极小的概率。鱼如果有一份说明书的话,可能也会注明吃鱼可能因卡刺导致食管血管损伤,引起大出血或是窒息等。但众所周知这个概率非常小,因此我们照旧在吃鱼。无须因噎废食,只需密切监测。

DO NOT：询问医生之外的人关于药物治疗的建议。

研究清楚药物的作用、副作用及可能的个体化差异及应对方法,这是医生的必修课。掌握相关信息最全面的也是医生,而非其他人。

其他人给出的建议,更多是基于对自家一个孩子的了解,或者基于自己的揣测。因此可以相互交流,但别轻易听信其的医疗建议。

七、药物有哪些副作用？

俗话说"是药三分毒",实际的意思就是,药物总归有副作用。总的来说,治疗 ADHD 的药物,其副作用通常是比较轻微且不具备危险性的,随着药物的坚持使用能逐渐消退的,或者经过医生调整治疗方法后是能够被缓解的。并且,相对于药物能够给孩子带来的正作用相比,其副作用大多是微不足道的。

在列举 ADHD 药物副作用之前,还想说明两点：第一,该药物最早用于 1937 年,距今已经经受了多少年的考验,可以算一算,这么多年经历几代儿童的考验都证实安全有效,还不放心吗？第二,家长可以翻翻感冒药的说明书,越是靠谱的药厂生产的药物,说明书写得越是详细,哪怕极小概率的不良反应都会如实交代,但这不代表这些副作用一定全部都会出现在你孩子身上。

药物常见的副作用是什么？哌甲酯最常可能出现的副作用是食欲下降、体重减轻、睡眠问题、头痛、肚子痛和易激惹。托莫西汀可能导致的副作用包括恶心、食欲下降和体重减轻。小部分孩子可能在服药后会觉得白天犯困或者易激惹。有些孩子在刚开始服药之后会说有些奇怪的感觉,但又说不清楚。

通常这类副作用都比较轻微，随着坚持治疗，孩子对药物逐渐适应，绝大部分不良的感受在 1~2 个月后都会逐渐减轻至消失。

无论出现任何副作用，你应该做的是，复诊时告诉你的医生。如果副作用比较轻微或者逐渐消失，可能无须特别处理；如果副作用持续存在，医生会根据孩子的具体情况，采取应对方法，或者调整药物服用时间或方法，或者调整药物剂量，甚至可能调整药物种类，来帮助减轻不良反应。

避免因为服药初期出现的轻微不良反应而轻易做出停药的决定，甚至彻底放弃治疗 ADHD。退一万步说，即便就是不愿意药物治疗 ADHD，仍然可以尝试非药物的方式帮助孩子改善 ADHD。

除了这些常见的轻微副作用之外，有没有一些不常见但严重的副作用需要留意呢？ADHD 药物非常罕见但却严重的不良反应包括：心脏相关的问题、幻觉和兴奋躁动、自杀想法、肝功能异常。

心脏相关问题：实际上关于心脏的危险情况非常罕见，经过调查后发现，如果病人在服药治疗期间出现了心脏方面的危险事件，多半是因为在治疗前他们本身就存在心脏疾病。现在基本上可以明确的是，如果孩子本身是健康的，不存在心脏方面隐匿的疾患，那么服用 ADHD 药物是不会增加心脏相关恶性事件的风险的。如果孩子本身存在心脏方面的健康问题，那么医生在处方 ADHD 药物时需要谨慎一些。

幻觉和兴奋躁动：出现这类情况的概率非常低。如果用药治疗前，孩子就出现过凭空耳闻人语、过分多疑敏感、容易躁动不安等状况，那么在用药治疗后出现幻觉和攻击行为的风险会相对高一些。

自杀想法：虽然非常罕见，但如果出现则非常危险。如果药物治疗之前，孩子就存在一些情绪问题的话，在药物治疗初期则可能会出现。尽管概率很低，但仍然强烈建议在药物治疗的初期，或者改变药物剂量的时候，对于孩子的内心想法和情绪感受多给予一些关注。

肝功能异常：药物经由肝脏代谢，偶尔有患者会出现肝功能损害的情况。如果孩子出现了皮肤瘙痒，右上腹疼痛，尿色加深，皮肤或眼睛巩膜变黄，或是无法解释的感冒样症状，那么则需要警惕肝功能是否异常。

建议是，在启动药物治疗之前做好下列事。

— 向医生如实汇报孩子的既往躯体和精神情况；
— 向医生反馈孩子直系家属中罹患精神疾病或严重躯体疾病的情况；
— 对孩子的躯体健康状况做恰当的评估；

— 治疗过程中,定期评估孩子的躯体状况。

当孩子出现以下表现时,要立即就医。

— 孩子心悸明显,胸口疼痛,呼吸急促;

— 孩子头晕目眩几乎要跌倒;

— 皮肤痒,右上腹疼痛,皮肤或眼睛巩膜变黄;

— 表现得过分兴奋躁动,有明显攻击性;

— 出现幻觉;

— 表现得情绪低落明显,提及自杀想法。

八、ADHD 药物有成瘾风险吗?

很多家长会担心服用兴奋剂治疗 ADHD 会导致成瘾,其实这是对于兴奋剂类药物最大的一个误解。只要在医生指导下合理服用的话,治疗 ADHD 的兴奋剂类药物是不会导致成瘾的。

事实上是,根据美国药物滥用国家研究所的报告来看,服用药物治疗的 ADHD 儿童在长大后,比那些未服药治疗的儿童,出现药物滥用的风险反而要小很多。

当然,也可能存在一些人过度处方或者倒卖 ADHD 药物的可能性。涉及这类情况的药物多数为短效兴奋剂,国内目前使用的长效兴奋剂,因为其缓释作用,且很难碾磨成粉末,加上每天仅早晨服用一次,家长便于监管,所以基本不会出现上述情况。

有些青少年或者成人会滥用兴奋剂类药物,以便在学校能够取得更好的表现(如"通宵复习")。正因如此,家长或者监护人应妥善保管此类药物,并且监测孩子的服用情况。如果孩子出现不恰当服用药物的情况,家长应向主治医生说明。

正是因为上述隐患,药监局要求严格管理兴奋剂类药物的处方。因此反复提及药物治疗需明确诊断、需严遵医嘱。

有的家长还会担心药物一旦使用了就停不下来,实际上,我们建议不要随便停药的原因是因为坚持服药有利于 ADHD 的长期缓解,而并非真的药物"成瘾"而"停不下来"。

九、药物会影响孩子的身高体重吗?

关于 ADHD 药物是否影响孩子的生长发育已经经过了多年大量的研究,近期的研究结果提示,药物可能在治疗的前1~3年会引起非常细微的生长发育速度减缓(主要是胃口下降导致的体重下降),尽管如此,大部分研究证实这种下降是暂时的、短时期的,并不会对孩子的最终身高体重带来影响。

关于孩子的健康状况,家长其实是最佳的观察和监测人员。因此家长可以留意下孩子在药物治疗后,胃口、身高体重方面的变化,还有孩子的生长速度。

如果家长发现孩子胃口和体重明显下降,那么你应该告知医生。医生可能会考虑联用其他改善胃口的药物来减轻副作用,或者考虑调整药物的剂量或服用方法。而家长也可以通过改变饮食习惯和饮食构成来帮助孩子保持正常范畴的体重。

重视饮食的质,而非单纯的量,对保证孩子的营养摄入,从而促进健康生长发育更有效。本书专门有一章介绍大脑健康饮食,记得不仅要阅读,还要付诸行动。除此之外,再嘱咐一点,早餐尽量避免含过高的脂肪,即油腻的食物,这会影响药物的吸收。

十、复诊只是配个药吗?

当孩子使用某种药物干预ADHD后,都需要不断地调整药物治疗剂量,直至症状及功能完全缓解,只有达到这样的治疗效果,坚持长期的一段时间,才有趋于稳定的可能性。因此治疗初期的复诊,需要医生"滴定"治疗剂量,不只是照旧配个药而已。

如果尝试某种药物一段时间后,治疗效果仍不满意,则可能需要调整药物治疗剂量,甚至从一种药换成另外一种药。必要的时候,可能需要联用不同的药物来达到最佳的治疗效果。因此复诊时,应该将治疗效果的相关信息反馈给医生,从而帮助判断是否需要调整治疗方案。

用药期间出现的任何让你担心的情况,都可以汇报给医生,不要轻易认定就是药物引起的,也不要大意忽略掉。家长只需要将这些特别情况如实汇报就好了,医生会给出针对性的建议。

即便药物治疗效果理想,症状控制稳定,也不代表每次复诊就只是配个药而已。定期复评估治疗情况,可以帮助家长和医生更好地掌握孩子的ADHD治疗情况和躯体健康状况,从而优化调整下个阶段的干预方案。

一般来说,治疗尚不稳定时,复评估时间为1~3个月一次;治疗比较稳定时,复评估时间可以3~6个月一次。

十一、如何处理药物常见副作用？

前文提到的药物治疗可能出现的副作用，出现时要及时与医生沟通，取得合适的应对建议。以下也提供一些关于常见副作用的通用应对方法，可以尝试使用这些方法去减轻副作用带来的问题。

1. 食欲下降

可以将药物放在早饭后服用，这样孩子至少早餐期间是感觉饥饿的。推迟晚饭的时间，或者晚上 8 点左右再加一餐，因为这个时候有些药物的有效期已经消退了，意味着孩子的胃口有所恢复。给孩子准备一些健康的点心，以便孩子饿了时随时加餐。

更理想的做法是给孩子安排好饮食的营养健康结构，在此基础上尽量保证合适的高热量密度，从而弥补因摄入热量不足导致的体重下降。

如果食欲下降的情况十分明显，且持续较长的一段时间没有出现缓解，那么医生可能会根据情况来给出建议，如联用一些开胃的营养补剂，必要时也可能会建议周末或假期减少药量或者停药。

2. 睡眠问题

ADHD 孩子很容易本身就存在一定的睡眠问题，而有的治疗药物可能也会引起睡眠问题。无论导致睡眠问题的原因是什么，给孩子设定一个规律的、合适的上床入睡流程，总归都是有助于孩子培养良好睡眠习惯的。这个流程包括洗漱、刷牙、睡前阅读、上床准备入睡等工作。睡前半小时左右全家降低说话音量，调暗灯光，让大脑安静放松下来，以做好入睡前准备。

入睡前尽量避免一些容易让孩子兴奋的活动，比如入睡前应该尽量避免玩电子游戏、玩电脑、看电视等。

如果孩子既往睡眠习惯很好，在使用兴奋剂类药物治疗后，睡眠出现了问题，并且上述建立良好睡眠习惯的方法没有奏效，那么可以将这个现象反馈给医生，医生可能会建议你将服药的时间提得更早一些，也有可能尝试减少药物剂量，或者联用其他的辅助药物来帮助缓解孩子的睡眠问题。

如果孩子在服用托莫西汀后白天出现了昏昏欲睡的现象的话，那么医生很可能会建议你将药物调整至晚上入睡前服用，而非早起后服用；或者将药物剂量拆开成两次服用，而非一次性服用；或者可能减少服药的剂量，从而尝试减轻困倦瞌睡的副作用。

3. 症状反弹

有些服用兴奋剂类药物治疗的孩子,在下午或晚上药物治疗效果消退后,貌似可能出现更易激惹、ADHD症状更明显的表现。这种"反弹"现象可能与药物作用开始消退有关系。为了解决这个问题,医生可能会建议使用更长效的治疗药物,或者在下午的时候及时联用其他的药物,帮助改善这个现象。

十二、不上课/假期里可以不吃药吗?

如果家长读到这里,已经了解了药物作用的原理是什么,知道了坚持治疗的目的是什么,那么这个问题的答案,应该是心里有数的。

答案是:不可以!不是不上课就可以不用吃药!不是一放假就可以停药!重要的事情要说3遍。

ADHD是不会场所识别的,它们就像忠实的仆人一样,24小时全天候跟随孩子,无论孩子在学校里,还是在玩乐的时候,还是在家里,都如影随形。只不过,这些症状在学校里给孩子带来的麻烦相对更显著,而在家的时候,家长们只用管理一个孩子,以及长时间习惯了自己孩子的行为方式,学习任务也不及在学校那么紧迫,因此,ADHD带来的麻烦相对可忍受一些。但这并不意味着,ADHD给孩子带来的损害就不存在或者减少了。

ADHD注意力不集中的症状,看上去虽然是主要影响了听课效率,但实际上是拖累了孩子执行功能的发展,而执行功能随着孩子的长大,会日渐在学习之外的场合发挥重要作用,包括工作成就、亲子关系、伙伴关系、个人成长、婚姻关系、经济收入、社会地位等。人一生中的各个重大事件就像是千里之堤,决定于执行功能,然而很容易被毁于注意力不集中这个蚁穴。

即使不上课,不代表孩子的执行功能都停止不用发展。实际上,每一天,每时每刻,孩子的能力都在潜移默化中慢慢地推进着。如果不上课就不服药,那么就相当于,别的孩子,一周正常发展7天,你的ADHD孩子,一周正常发展5天,停下来甚至后退2天,如此日积月累,孩子得被ADHD拖累多少啊。更何况,ADHD不是这样简单的算术,很多家长会发现,一个假期停药下来,孩子的行为会退步得连治疗前都不如。很无奈,ADHD就是这么无情不讲道义,你努力坚持帮助孩子,坚持每天治疗,进步是小小的、波动的,但一旦你放弃了,停下来了,退步却是大踏步的。

很多家长说,不上课,孩子就是玩而已,注意力不需要那么集中啊。那么我举个例子,有个研究比较了两组孩子在动物园玩一整天(当然,布置了一些巧妙的任务)的情况,然后发现ADHD孩子经常脱离路线,远离目标,玩起来东一榔头西一棒槌,结果是玩也没玩好,任务也都没完成。这就意味着,即便是在玩的过程中,有无ADHD的孩子们,其收获的执行功能发展,都是大相径庭的。

前文曾提到,ADHD治疗需坚持较久的时间,这就是怀揣着期望,孩子保持较长时间的良好状态后,能够变成一种良好的行为习惯模式。既然如此,那么如果间断服药,逢假期就停药,孩子好几天糟糕几天,起起伏伏,反反复复,如何变成一种固定的良好行为模式的习惯呢？有句俗话是"三天打鱼两天晒网",形容做事没有恒心,因此很难获得较好的成就。其实ADHD的治疗也是这个道理,贵在坚持,养成习惯。

当然,是不是说一锤子定音,所有的ADHD小朋友都不允许周末停药或者假期停药呢？不是这样的,如果孩子符合下列几种情况,家长也请和医生沟通,确定更合适的服药方式:

— 孩子服药有明显的,很难耐受且无法改善的副作用。这种情况下,孩子无法耐受每天服药,只好退而求其次,选择周末或假期停药。请注意,这里说的是,出现了不可耐受和不可改善的副作用,但大多数时候,副作用是轻微的,随着坚持服药,或者在医生指导下应对,副作用会减轻甚至消失。

— 孩子已经坚持服药1~2年,行为习惯建立得不错,在不上课的时候,其注意力的程度符合日常生活需要,经过医生系统评估后,可尝试周末或假期停药,促进孩子在非药物状态下,努力保持较好的注意力和自控力状态。

十三、什么时候可以停药?

在过去,也许有医生会建议孩子在不上课时或在假期里停药,但现在,随着治疗证据的积累,医生通常会建议孩子全年无休地连续用药,从而保证孩子即便在家、在玩的时候也不受ADHD症状的困扰。

这点对于稍微年长些的儿童尤其青少年格外重要,药物可以帮助他们哪怕在学校之外的环境中也保持较好的自控力,从而在面对是否做出冲动行为、是否跟风学习危险行为等情况下,做出更正确的决定,以及帮助他们在完成其他生活中的事情时,更好地集中注意力,更有效率更有条理。

那么,究竟什么时候孩子可以尝试停用ADHD药物呢？首先一个原则是,当你有停药的想法时,应该与其他家长、孩子,甚至老师商量沟通,最终与医生商量决定。因为一旦停药,孩子周围的大人们对其恰当的行为管理,就显得更加重要了。

并且,停药后,仍然需要带孩子定期随访复诊,以观察是否还有 ADHD 症状残留。

然后,有的 ADHD 孩子,他们始终有那么些 ADHD 症状难以摆脱,持续地为他们带来困难和麻烦,在这种情况下,他们需要坚持使用药物治疗直至成人期,帮助他们控制症状。与之相对的,有些 ADHD 孩子,随着年龄慢慢地长大,可能更加"成熟"以至于 ADHD 症状逐渐减少甚至消失,或者有些孩子逐渐掌握领悟了应对 ADHD 症状的策略和方法。这样就有希望尝试停药。

当孩子出现以下情况时,说明看到了降低 ADHD 治疗剂量甚至停止用药的曙光:
— 在药物的帮助下,孩子至少 1 年基本不再出现 ADHD 症状。
— 没有增加药物剂量的情况下,孩子仍然持续表现为不断地进步。
— 孩子在集中注意力、行为自控力方面发展出了恰当的策略方法。
— 在尝试周末或假期停药时,孩子的行为表现和服药时一样保持良好。

十四、如何向孩子解释需要服药?

首先家长要理解为什么 ADHD 需要药物治疗,家长要坦然平静接纳孩子 ADHD 的诊断,这样才不会将病耻感传递给孩子,从而造成孩子的抗拒。

孩子拒绝配合服药多半是因为病耻感,尤其对于青少年而言,让他们服药,可能意味着"不正常"或"有病",这会引起他们的抵触情绪。因此,当孩子具备理解力的时候,最好是能够在孩子的理解范围内,尽可能科学地让孩子明白,ADHD 是什么? 为什么自己要服用药物? 这个药物是如何帮助自己的?

本章后面会有一节更详细地提供一些可供家长参考的内容,让家长可以更好地与孩子沟通 ADHD 问题,取得孩子在治疗方面更好的配合度。

1. 决定药物治疗之前,应做好的准备是(多选):
   A. 从医生处获得正确的诊断
   B. 向医生汇报全面的情况,包括家族其他人罹患的疾病和孩子既往患病情况
   C. 多向周围有经验的老师、家长打听一下
   D. 一些难以启口的疾病不用向医生汇报

2. 如何选择药物治疗,正确的是:
   A. 其他家长都用哌甲酯,我也用哌甲酯
   B. 起效慢的药肯定副作用小,我选起效慢的
   C. 我汇报治疗的意愿和要求,其他遵守医生的建议
   D. 纯食物调整就能治疗 ADHD

3. 关于药物治疗的任何疑问:
   A. 上网查看资料,自行判断
   B. 询问有经验的老师或家长或亲友
   C. 询问专业医生

4. 使用药物治疗后,应该做的是:
   A. 全部问题交给药物解决
   B. 逐字逐句阅读研究说明书
   C. 观察孩子表现并反馈给医生

5. 药物会成瘾吗:
   A. 会
   B. 肯定不会
   C. 遵医嘱使用药物的情况下,不会

参考答案:
1. A、B;2. C;3. C;4. C;5. C。

第四节 如何选择,非药治疗

首先再次强调,已确诊的学龄 ADHD 儿童,药物治疗是基础。但是在这个基础上,药片无法建立技巧,仍需有效的心理行为治疗,帮助孩子学习技巧、形成习惯,从而强化、稳定药物治疗的效果。因此,学龄 ADHD 儿童最佳的治疗方式是包

括药物和非药物一起的个体化综合治疗方式。

此外,对于学前ADHD幼儿,以及不符合ADHD诊断但又存在注意力不集中、自控力较弱的儿童,应该首选心理行为治疗。

以及,ADHD孩子合并存在的情绪自我管理不足、亲子关系欠佳、故意对抗不听话、学习动机不足、学习习惯欠佳等问题,都不是单单靠药物能解决的,同样需要心理行为治疗的帮助。举个例子,权威的MTA研究发现,在所有的治疗方式中,只有纳入了心理行为治疗的孩子,在学业表现上的进步才更明显,如完成作业的投入度、效率和质量等。

目前被认可的非药物治疗方式包括:行为训练、认知训练、家长培训。

目前研究提示有益的干预方式包括:脑电生物反馈、平衡仪训练、感觉统合训练。

目前有部分研究提示可能存在帮助的方法包括:饮食调整、运动锻炼。

还有,不得不提的是,目前未被认可但听上去非常神奇的治疗方法。

先说最后一个。因为这一部分的方法,通常宣传很美好,操作很简单,投入也很少。也许正因为如此,就很吸引人,"看上去很美"。很多用意不良的人或机构也正是抓住了家长们"谈药色变"及"求治心切"的心理,钻了空子。

现在网络信息十分发达,家长检索到阅读到的信息良莠不齐,甚至可能是虚伪欺骗的。有些家长道听途说了关于ADHD的"神奇"治疗方法,通常它们都会有非常动听的高大上的名称,什么"基因靶位定向治疗""生物调序回收疗法"等等,多半还冠以"无毒无害无副作用"或者"3个月一个疗程保证痊愈"的美好保证。

关于ADHD的现实确实是不美好甚至略残酷的,这就是为什么你会不喜欢你从专业医生那里得来的答案,大概这就是忠言逆耳吧。

虚假的治疗方法名称是层出不穷的,隔段时间改头换面又会重新出现。因此大家要擦亮眼睛,拥有一双"慧眼",把这骗局看得清清楚楚明明白白真真切切。

前文中已经多次提到,这里再强调一下:目前,全球所有的ADHD科研临床人员均未发现治愈ADHD的任何方法。因此任何保证几个疗程可以治愈ADHD的方法,完全可以扭头就走。这绝对是骗人的!我很少用"绝对"这个词,但这个场合,我会这么说。如果这样说都拉不住你往坑里跳,那么最终只能说一个愿打一个愿挨了。

如果家长熟悉PubMed检索(www.ncbi.nlm.nih.gov),那么可以去搜索一下训练方法和方案发展者的名字,因为这大概是最严谨的一个医学文献搜索引擎。如果一项ADHD的治疗技术被认可的话,那么技术的开发者是会迫不及待发表论著以全球共享进展的。

但文献检索真的是太为难非专业人士了。因此，找一个靠谱的专业医生，帮你甄别一下自己找到的训练机构、训练师是否可靠，也是非常可行的。

讲完了不被认可的方法，希望家长绕坑而行，接下来细数一下各种被认可的方法。

一、改善注意力的神助攻

饮食调整、运动锻炼、绿色环境以及古典音乐，这些对于改善注意力方面，我称之为神助攻。

需要明确的是，这些都是助攻，稍微有一些帮助，它们帮助的力度通常达不到治疗的效力，因此算不上治疗方式，只能算是辅助方法。

为什么是神助攻呢？因为这些方法确实在日常生活中就能做到，一日三餐改变下食谱、生活事项中加入运动安排、接触环境中多安排点绿色植物、买个古典音乐CD，就做到了。只要留个心做点调整，基本就是吹灰之力。

并且从事这些活动，对身体健康、颐养情操、缓解压力、培养兴趣都有建设性的益处，此时此刻，再对注意力有些改善帮助，也就是锦上添花了。正是从这个层面来说，可谓神助攻。这也就是为什么本书开篇就详细介绍了这部分内容。

二、物理训练

1. 脑电生物反馈

脑电生物反馈是近50年来用于ADHD的一种非药物治疗方法。科学家们制造出一种仪器，使用它的时候，只需要在头顶上安装几个电极片，再把这些电极片和治疗仪相连，并且连接到一台电脑上。我们自己脑波的情况就可以和这台电脑的声音、图像产生联系。更有趣的是，这些声音和图像是以电子游戏的形式表现出来的。

当我们处于注意力集中的状态的时候，大脑中的某些脑波（如 α 波、β 波等）产生的比较多，这时候电脑图像也变得有趣，我们将会看到小猫走出了迷宫，拼图顺利拼凑成功，树木成长花朵盛开等等，同时在游戏中会得到很多分数。

与之相反，当我们大脑中这些注意力集中的脑波不够多，或者昏昏欲睡、走神分心的脑波（如 θ 波等）太多了时，电脑画面就会卡住，游戏不能顺利进行下去，无法顺利得分。

因此,为了游戏顺利进行,为了得到较高分数,被训练的人必须使自己更多地维持在注意力集中的状态中,这样的反馈练习周而复始,就会促使注意力越来越集中。

目前脑电生物反馈治疗技术在国内外都已经比较成熟了,国内有不少医院和机构都开展了此项治疗,也有个别家长自己购买了家庭版治疗仪在家训练。然而,训练效果不仅仅取决于仪器,还取决于任务时间、类型、难度的设定。对ADHD以及治疗理论越熟悉的治疗师,越能够根据孩子的具体情况设置任务,从而越能提高治疗效果。

通常建议7岁以上的学龄儿童考虑这类治疗,因为年龄太小的孩子很难理解这种"反馈"机制。每周训练2~4次,每次30~40分钟。频率太低或时间太短都很难发挥治疗效果。如果脑电生物反馈对孩子有效的话,一般会在20次左右出现改善,40次左右改善更加明显。

如果治疗到40次有效,那么可以考虑中止,因为继续治疗到60~80次时,进一步改善的空间就比较小了。如果治疗到40次无效,那么也可以考虑中止,这可能说明孩子对这种训练方式并不敏感。

2. 平衡仪训练/感觉统合训练

有些家长可能会察觉到,自己的ADHD孩子在运动协调性方面显得有些笨拙,在跳绳、拍球的运动中,学习系鞋带、扣纽扣的过程中,以及上学后写字的握笔姿势、字体书写的端正情况,都不是那么理想。

这些家长可能对"感统失调"会有所耳闻,实际上,有一部分医学家确实提出了"感觉统合能力失调""运动协调能力障碍"等的说法,而ADHD儿童中有很大一部分(60%~80%)孩子确实存在这类情况。

因此,感统训练以及平衡仪训练应运而生。

感统训练是针对4~12岁的儿童,使用平衡木、秋千、爬行板、球等道具,进行训练。每周需要训练3~6次。平衡仪训练则是需要通过相应的仪器,将孩子的重心轨迹显示在电脑上,孩子通过控制调整重心的位置,来完成一定的任务,从而达到改善平衡功能,进而间接改善注意力。每周需要训练2~4次。

两种训练的时间都是每次60分钟左右,需要坚持20次左右观察治疗效果。

关于脑电生物反馈和感统训练/平衡仪训练,需要交代3点。

其一:这是正规的训练方式,也有一些研究者发现,确实对部分ADHD儿童存在帮助。但也有一些ADHD领域的专家,认为这些研究还不够说服他们支持这些训练的效力。如R. Barkley教授,他对该类训练持保留态度。

其二：在这类训练发挥效果的研究中，通常都提示需要治疗师非常专业，能够对训练方案的设置、训练任务的安排、训练难度的调整，都做到位，才更有可能发挥训练效果。这就是为什么一些训练机构也引进了脑电生物反馈仪，甚至有家长自己买来在家对着说明书操作，收获却是微乎其微，接近于零。原因在于缺乏强大的理论知识背景，也就无法很好地设置好任务，训练也就只是走个形式而已，电脑项目能运行，不代表在发挥训练效果。

其三：目前，ADHD 可靠的物理治疗方法，只有脑电生物反馈和感统训练/平衡仪训练。有的家长可能听说了经颅磁刺激，这种治疗方法可以用于成人的其他精神疾患，确实也有研究者在尝试用于治疗 ADHD，但既然是尝试，就说明是科研。如果家长愿意为科学探索贡献一分力量，那么无可厚非。但如果对方告诉你，经颅磁刺激是安全无害的有效治疗方法，至少目前这个说法尚不可靠。英国的 Daley 教授如是评价："在没有充分证据表明这个治疗方法对儿童安全有效的前提下，换作是我，我更愿意建议孩子参加行为矫正、认知训练，以及家长训练。"

三、心理行为训练

目前提示有效的心理行为治疗包括行为干预、认知训练、家长培训 3 种。

1. 行为干预

行为干预的原则很简单，做得好奖励，做不好惩罚。这句话眼熟么？书读到这里还会有家长内心呐喊"奖惩不管用"么？如果还在呐喊不管用的话，那么我需要你回到第三章去重新阅读一遍。

行为干预原则虽然简单，成败却在于细节。这就像郭靖练降龙十八掌一样，刚开始的时候，运气不对，姿势不对，就很容易发不出招来。而炉火纯青的洪七公，则百发百灵。有经验的行为训练师，会带领家长制定合适的行为治疗方案，调整方案中的小细节，从而促进治疗有效。所以如果家长单靠阅读书籍自学仍觉得收效甚微，那么是时候考虑找个靠谱的心理训练师帮助你了。

学龄前 ADHD 幼儿，首选的治疗方法就是行为管理。学龄期儿童，即便在使用药物治疗，也应该联合行为治疗，因为既可以帮助孩子塑造更良好的行为模式应对 ADHD 的困难，又可能可以减少药物的使用剂量。

问题是，有时候药物治疗短期内效果太好，家长通常就忽视了行为干预。可长此以往，药片没法建立良好的行为习惯，当药物剂量再怎么上调都难以调整好孩子的行为状态时，那时候家长才想起来，哎呀，得好好管理下孩子的行为了。这样就晚了。记住,行为干预越早,效果越好。所以,千万别等,马上行动起来。

2. 认知训练

认知训练主要分为电脑任务形式的训练和现场互动形式的训练两种形式,各有利弊。

— 电脑任务形式的训练

最早开发的工作记忆训练任务,不同游戏任务的设计旨在训练工作记忆,任务的难度会逐渐提高,从而促进工作记忆的发展。研究发现对70%～80%的学龄期儿童工作记忆有所促进,这个效果可以理解,因为认知能力通过反复不断的练习是可以提高的。

电脑软件可以安装在家庭电脑上,心理训练师通过远程监控任务完成情况,酌情调整任务难度设置,从而使得训练可以在家进行,非常便捷。

电脑任务训练也存在一些不尽如人意的地方。

其一,国外这类训练软件的价格是1 500～2 000美元一套,一般家庭承担不起。

其二,因为需要达到一定的训练负荷和强度才能有所效果,所以训练内容格外枯燥,并不如想象中那么有趣,学龄前的孩子基本无法坚持。

其三,认知训练的效果很少有跳跃效应,意思是训练工作记忆,通常只能提高工作记忆,对其他执行功能的效果很微弱。因此如果想更好地帮助ADHD儿童,需要开发包括更多执行功能成分的综合训练任务,国内外目前均有团队在开发研制当中。

其四,电脑任务训练认知功能,可以提高在测试中的执行功能成绩,但是对真实生活中的能力改善有限。只有在现实生活中教授孩子技巧,以及布置现实生活中的练习任务,才能锻炼到真实生活中的执行功能水平。

— 现场互动形式的训练

现场互动形式的执行功能训练,主要弥补了电脑任务训练的后两个弊端。现场训练通过教导孩子执行功能,并设计一些任务作业让其不断练习,联合教导家长在家安排一些任务,通过这些任务帮助促进孩子的执行功能发展,从而达到培训目标。这种方式虽然需要家长和孩子付出更多的时间和精力,但对于孩子真实能力的改善更有效果。

现场训练可以一对一深入单个家庭的生活中进行指导,这种模式国外有采取,心理训练师需要跟随某个家庭生活,以提出适合该家庭的指导方案。国内多采取团体训练的形式,这也是我主要从事的擅长领域。在Pub Med上可以检索到我开发的执行功能训练,如下图。

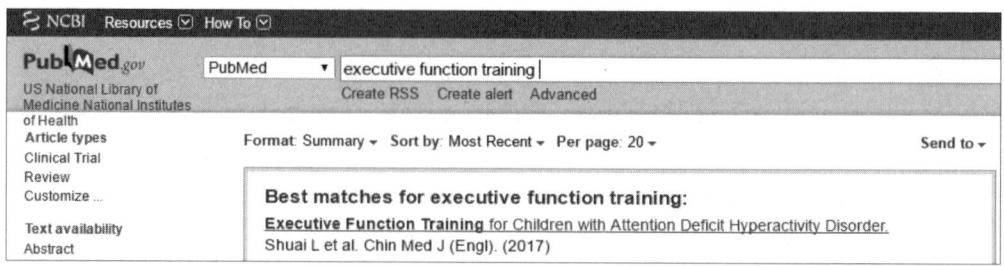

3. 家长培训

很多时候,家长觉得,是孩子注意力不集中,自控力差,我把孩子交给你们训练就好了,怎么非得让家长来学习呢?

就目前大多数有效的心理行为治疗方案而言,要么是儿童+家长一起,要么是单纯教授家长亲子管理技巧。如果你遇到一个方案是只需要送孩子过来上课做训练,完全无须家长学习调整抚养模式,那么你得打个问号了。

虽然 ADHD 的问题行为在孩子身上,我们的最终目标是改善孩子的行为和注意力,但是!学习方法的重任在家长身上。家长通过学习更适合 ADHD 儿童的抚养方式,在与孩子互动的过程中去传递教授能改善 ADHD 的策略技巧,从而让孩子在学业、亲子、伙伴等各个方面的表现得到改善。

因此,想改变孩子,家长得先学习改变自己。认识到这一点,是进行心理行为训练的基础,否则再好的方案,再牛的训练师,也束手无策。

当然,家长接受教养训练的意思并不是说家长的教养方式不好。大多数家长都是好家长,但如果孩子存在注意力或者好动的问题,仅仅是"好"家长就不够用了,你得超越"好"家长,做一个"出色"的家长才行。

从普通的"好"家长到适合帮助 ADHD 儿童成长的"出色"家长,需要调整某些抚养技巧,以及改变某些和孩子互动的方式。家长培训就是通过教授家长这些抚养孩子的技巧,帮助孩子的策略,从而改善孩子的注意力和好动等行为问题。

实际上,家长培训对于 ADHD 症状改善的程度,并不亚于孩子本人接受训练获得的改善。很多全球领域的 ADHD 专家,比如 Rusell Barkley、David Daley 都在著作中提及,他们认可的 ADHD 儿童非药物治疗方式,就是合适的家长教养方法培训。

这时候问题就来了,哪些是合适的、正规的、可靠的家长教养方案呢?市面上亲子教养的书那么多,公说公有理婆说婆有理,看宣传个个都是大咖,该如何选择呢?这个真的有点难以回答,因为国内在管理治疗方案的体系方面并不严谨和成熟。任何机构都可以随便取个花哨的名称,随意宣传。这也是很无奈的一件事情。

不过既然家长读到了这本书,我还是略感荣幸和欣慰,至少,我希望传达的亲子教养方法,已经被你阅读到了。

对于 ADHD 有治疗效力的正规方案,还是介绍一下。目前国际上比较受到认可的亲子教养训练方案主要包括:家长儿童互动训练(PCIT)、正性教养方案(3P)、难以置信的岁月(IY)、新森林父母教养方案(NFPP)。其中难以置信的岁月拥有的方案相对来说覆盖年龄最广,涉及人群最多。而新森林父母教养方案中,更加针对 ADHD 的核心问题。

国内目前接受正规考察的心理治疗方案主要包括:基于 Barkley 的亲子成长八步法(针对 2~12 岁孩子的对立违抗行为);学校生活技能训练(针对学龄儿童的学校行为);执行功能整合训练方案中的家长教养指导。

4. 如何挑选训练机构

目前据我所知,从事发展注意力训练的专业人员,大多仍在三甲医院任职。因此正规三甲医院开设的训练课程,可靠度相对高很多。

不过现在的趋势是,确实有一些正规的社会训练机构,聘请医院的专业人士来培训教授方案,可惜的是,哪些机构获得认证,国内现在并无严谨的管理机制。

家长可以采取的一个技巧是,假如你查询到某家训练机构的话,将其介绍材料带到正规医院,让医生帮忙甄别一下。

就跟买食物记得看成分标签而不要看广告宣传一样,挑选训练课程时,记得看具体内容介绍。靠谱的训练课程会有相对具体的介绍,如大概会是什么形式、需要谁来参与、大概能做些什么等,并且不会对效果有过分夸张的保证,毕竟心理行为治疗虽然非常关键重要,但短期治疗 ADHD 的有效率并不十分乐观。

不靠谱的训练课程,会在广告上下更多工夫,介绍主要是天花乱坠词语的堆砌,吹捧干预效果,实质上需要家长和孩子做些什么,基本不太提及。

5. 如何挑选训练师

注意看训练师的学术背景,尽管如此,学术背景也别被国外、海归、博士等字眼迷住。无论是国内外哪所大学,都可以检索一下,是否为正规的优质大学。即便是真大学的真博士,还要看看其学术专业是否对口。

目前全球,对 ADHD 负责钻研发病机制和治疗效果的人员主要是儿童精神科医生。临床工作中会有儿童心理学家、发育行为儿科医生、相关领域的护士社工的参与。其他学术背景的专家,都要多考察一番。

我曾经听一个国内一流大学的博士、国外一流大学的博士后、海归后在有记者在场的情况下如是评价 ADHD:"如果把学校炸了就没有 ADHD 了,不学习就不会有

ADHD。"这简直荒谬至极。ADHD的基础核心损害是执行功能受损,只不过作为学龄儿童,更突出的困难体现在学习中。这些孩子在生活中,以及长大成人后的工作和人际相处时,仍然会被ADHD所拖累。说出这样的话,既没有基本科学知识,也相当不负责任。

按理说读到博士学历,最基本的科学素养就是说话(尤其当众说话)应该讲究事实,自己不了解的领域不会随心所欲信口开河。然而可惜的是,即便名校博士也不能保证一个人的水平和素养。

跟训练师接触之后,可以看看训练师具体做些什么,从而判断这位训练师进行的训练课程是否可靠。

训练师是否与你讨论亲子技巧策略,如恰当的正反馈、支架式教学、恰当的惩罚机制以塑造孩子的行为?训练师是否与你讨论与孩子互动时一些更有效的技巧,从而保证孩子的注意力,以及促进互动更正性?训练师是否会布置家庭练习,包括一些任务、游戏、活动,要求课后时间家长和孩子完成?(这点很让家长觉得很烦,因为都下课了还被追着做练习,可是越烦着你在家做练习的训练师,越是负责的好训练师。)训练师是否能够根据家庭的具体情况来提供指导?

是不是有些字眼又觉得眼熟了?比如支架式教学、正性互动即夸奖、家庭游戏活动等。是的,这本书的前面几个章节,其实都将所需的技巧落笔为字了,家长即便阅读自学很难掌握这些技巧运用的精髓,至少在甄别训练师可靠程度方面,可以有所帮助。

总而言之,心理行为训练,从去伪存真,到投入时间精力,到发挥改善注意力和自控力的效果,都不是一蹴而就的,更不是一件简单的事,但其获益是显著而深远的。

即便短期内不一定像药物一样,显著明显地改善ADHD症状,但是无论家长还是孩子,学到的技能策略是完全收归己用的,没有失效期一说,甚至随着时间的推移,如果多加练习的话还能继续发挥出更深远的作用来。

1. 打听到任何神奇的ADHD治疗方式,应该:
   A. 不遗余力地为了孩子去尝试
   B. 看宣传介绍,看成功案例的报道
   C. 向周围有经验的老师、家长打听一下
   D. 向专业医生求证

2. 当孩子的治疗师要求家长上课学习时：
   A. 好奇怪，拒绝，没时间
   B. 有可能是靠谱的，为了孩子投入时间精力去学习

参考答案：
1. D；2. B。

第五节　ADHD孩子长大之后会怎样

一、ADHD孩子长大后会如何？

很多人都误以为随着孩子慢慢长大，ADHD会逐渐消失。但经过这么多年的调查研究，发现事实是，只有约1/3的孩子在青春期的时候，部分ADHD症状会有所减轻，大部分孩子会一直被ADHD症状纠缠不休。对于某些人来说，ADHD是会终身受累的一个难题。约有3成的ADHD儿童在长大成人后仍需继续接受治疗。

目前已有很多研究提示，ADHD儿童的大脑发育轨迹与其他儿童存在一定的偏离，这就意味着，疾病在拖累大脑的发育，从而影响生活中各个重要方面所需能力的发展。而接受良好干预的个体，其大脑发育轨迹与正常个体之间的差异是缩小的。

因此，普遍担心的"吃药是否会让孩子将来变傻"是不存在的，与之相反，药物会保护孩子的大脑功能正常发展，让孩子"变傻"的罪魁祸首是ADHD，无论孩子、家长、还是医生、老师，应该联手，尽一切努力帮助孩子，奋战ADHD。

总之，早期诊断，早期干预ADHD，可以帮助孩子们学会如何应对ADHD症状，如何管理ADHD带来的麻烦和问题，从而不让ADHD成为自己人生获得成功的绊脚石。

二、如果不治疗会有什么后果？

ADHD如果不经治疗的话，将终生影响一个人生活的各个方面，包括学校、家

庭以及社会上的各种功能。

很多家长会觉得这大概有些危言耸听,因为一个小年龄的多动症儿童看上去就是调皮一点,心不在焉一点,似乎就是不懂事而已,按理说长大了就应该慢慢好了。然而,事实是,即便随着年龄长大,ADHD 症状有所减轻了,但是在孩子执行功能飞速发展的黄金时期里,ADHD 造成的损害已经广泛而深远了。

全球顶尖的 ADHD 专家 Barkley 教授曾有过一个很形象的比喻,执行功能是地基,而孩子慢慢长大去构建的学业成就、事业成就、婚姻生活、抚养后代、人际关系、经济社会地位等等,都是在地基之上添砖加瓦。如果这个地基没打牢的话,即便勉为其难盖出了几层房子,总免不了有轰然倒塌的隐患。

通过这个比喻,我们就不难理解,为什么未经良好治疗的 ADHD 儿童到青春期或成人期时,会出现一系列更加严重的问题,如物质滥用(违法药物及和酒精等)、反社会行为,逃学,无法维持固定的工作,很难与他人融洽相处,驾驶事故,冲动违法犯罪等。

也许家长觉得自己天使般可爱的孩子,只不过就是容易发点呆,或者有点过分调皮,还是很难,也不忍把他与如此不堪的结局联系起来。其实我们作为医生更加不愿意 ADHD 走向那个结局,因为等到合并了严重的品行问题、情绪问题的时候,我们治疗起来也更棘手,甚至没有很好的心理行为治疗方法能帮助他们回到正轨。当孩子的问题还仅仅只是注意力不集中、好动、冲动的时候,我们有很好的治疗方案(药物的、非药物的)来帮助他们。

三、举个例子现身说法

这是一个美国的小孩,他在学龄期的时候,上课总是神游太虚,爱发呆,老师讲的内容几乎都是云里雾里,回家写作业很拖沓很困难,并且这孩子动作不协调,走在路上总是摔跤,偏偏又精力充沛,动个不停。妈妈对此焦头烂额,带他去就诊后被诊断为 ADHD,处方了哌甲酯来治疗。经过治疗后孩子的好动及注意力不集中的症状似乎得到了缓解,但孩子对学习没什么太大兴趣,因此学习方面的进步非常小。

机缘巧合的一天,母亲带他去游泳,发现虽然孩子在陆地上运动不协调,到水里却很协调。而且从不嫌游泳枯燥,能够坚持很长时间。孩子也觉得自己游泳的时候心无杂念,非常专注,非常轻松。于是母亲就更多地带儿子去游泳,自行停止了对孩子 ADHD 的治疗。游泳由于消耗了孩子比较多的体力,因此那段时间,孩子的 ADHD 似乎不治而愈了。然后,他游着,游着,就游到了 2008 年,拿到了 8 块奥运会金牌。他就是菲尔普斯。

菲尔普斯的例子让很多 ADHD 家长看到了希望,也让很多 ADHD 家长在那个夏天把自家孩子扔进了游泳池。很长一段时间,菲尔普斯也都被我们用来作为正面案例:只要对孩子有足够的信心和支持,发掘到孩子的长处,ADHD 孩子照样能获得很好的成功。

然而,随后几年,菲尔普斯的酒驾、吸毒等问题就开始层出不穷,而这两个问题恰好就是 ADHD 成人因为自控力不足,最容易出现的两大困扰,看来飞鱼也没飞过这一劫。

现在我们能更心平气和地看待这件事:ADHD 孩子可能会很聪明,可能在某一方面会很有天赋,如果不治疗,也许短期内通过他的天资聪颖,或者通过家长的大力扶持,可以暂时应对 ADHD 带来的困难,让他一路尚且顺风顺水,甚至能取得不菲的成绩。但是 ADHD 损害的是一个人的执行功能和自控能力,而这个能力对于一个孩子从小到大,尤其是长大成人后,独立做出正确决定,发展出美好人生,是至关重要的。

这就是为什么,ADHD 要及早干预及早治疗。趁着症状还不太复杂,我们应该全力以赴,竭尽全力,争取全面的缓解,将 ADHD 扼杀在摇篮中。

四、ADHD 名人堂

讲完飞鱼的例子,希望家长能心平气和对待 ADHD 的诊断。因为只要我们好好干预 ADHD,不要让其成为孩子发展的绊脚石,孩子的闪光点终究会熠熠生辉的。

如果家长一直为 ADHD 的诊断结果扼腕而不采取行动,或者因为孩子的表现遭受着各方面的批评指责感到自卑无助,那么,请记得,那些批评责难的话和人,最终都会烟消云散,而你们和孩子,却会一直都在。因此别因为现在这段时间的一些负性消息,失掉了对未来的希望。

但是,反过来,也千万别盲目地持有"也许孩子长大了就会好"的想法,而对现在的麻烦视而不见。这样误解的话,对孩子其实是不负责任的。我们只是不要因为遭遇的负性评价而失去信心,而放弃希望,但我们仍需要积极努力地有所作为,去改变那些带来负性评价的糟糕行为,去积极树立良好的行为习惯,从而逆转负性评价。

这一部分，专门收集了一些世界上与 ADHD 及其共患病斗争的运动员、音乐家、演员们。既然他们没有让 ADHD 的诊断阻碍他们事业的成功，那么你的孩子也同样可以发挥出自己的潜力，获得属于他自己的成功。需要说明的是，这些资料来自人物采访或杂志报道，真实性有待考证。但我们需要的，并非他们的诊断都有多可靠，我们需要的是，被他们不放弃的斗志激励一下，不是么？

钱宁·塔图姆(Channing Tatum)

钱宁·塔图姆现在是一个家喻户晓的明星，他在《舞出我人生》《魔力迈克》等电影中，因为其英俊的外貌、惹火的身材、出色的舞技，以及幽默的喜感，俘获了万千观众的心。但他的人生之路并非一帆风顺。钱宁在接受杂志采访时坦言，他直到现在都在学习方面存在各种困难，包括 ADHD，他也接受着药物治疗。"你和孤独症、唐氏综合征的孩子们在一个班级时，会感觉被拖累了；可是当你和正常孩子们待在一个班级时，你又明显和他们不一样。所以最后你无处可去，格格不入。"所幸，钱宁虽然在班级学习时格格不入，现在在演艺之路上却被广为接受。

提姆·霍华德(Tim Howard)

足球明星提姆·霍华德因为在单场比赛中拦截了 16 次进攻而打破了该项纪录，一跃成为世界杯的明星球员之一。提姆在 11 岁时就被诊断为 ADHD，合并抽动症及强迫症。提姆有着不自主的拍手动作，这在外人看起来很奇怪。即便现在，提姆穿戴球赛装备时仍然需要遵守他自己那一套仪式化的流程。但是，一旦他奔赴绿茵场，开始球赛后，他那些注意缺陷以及强迫的症状，就被抛诸脑后了。

贾斯汀·汀布莱克(Justin Timberlake)

注意缺陷障碍和强迫症都无法阻止贾斯汀·汀布莱克创作出"love sex & magic"等耳熟能详的热门曲目，也无法阻止全球人民对贾斯汀·汀布莱克的爱。虽然贾老板并不经常公开谈论他的情况，但是他曾经在采访中毋庸置疑地提起过自己在遭受 ADD 和强迫症折磨时的沮丧无力感："我有强迫症，还有成人多动症，你试试跟这两个毛病相处一下，才能理解我的处境。"

亚当·莱文(Adam Levine)

亚当·莱文是超级热门的组合 Maroon5 的领唱，也是热门选秀节目《The Voice》的评委之一。亚当小时候就被诊断为 ADHD，也接受了相应的治疗，尽管如此，成年后他的 ADHD 并未彻底缓解，时不时地仍会明显影响到他的工作。当他创作歌曲或者录音的时候，注意缺陷的症状有时候会阻挠他寸步难行，那时亚当会寻求相应的帮助。如今，亚当毫不避讳自己 ADHD 的诊断，也一直为 ADHD 患者们发声,鼓励大家一起努力战胜 ADHD。

林丽萨(Lisa Ling)

林丽萨是业内很有名气的记者,她在录制一档关于 ADHD 的节目时,突然联想到自己的种种情况,觉得各种符合,于是怀疑自己是否可能患有 ADHD。于是她前往专业机构去咨询、评估,然后在 40 岁的时候,被诊断为 ADHD。"我的脑子转得很快,很难长时间集中在一件事情上,一点风吹草动就会吸引我的注意力,"丽萨解释说,"得到诊断后我反而似乎轻松了,我总算明白为什么我这么难以专心,长久以来,我都因此感到挫败和纠结。"

威廉(Will. i. am, William Adams)

威廉是黑眼豆豆的首脑人物,著名的音乐制作人,斩获了 7 座格莱美奖和 2 座艾美奖。威廉成功地通过音乐抗争他的 ADHD 症状,他曾说音乐就是他 ADHD 的治疗药物,音乐帮助他更好地专注,更好地自控,更好地平静。

霍伊·曼德尔(Howie Mandel)

霍伊·曼德尔是美国一名著名的主持人,也参演过不少电视作品。从小他就被诊断为 ADHD,因为没有规律治疗,高中时因为过分叛逆的行为被学校劝退,后来就自己做起了推销生意,通过客串一些影视作品和脱口秀,慢慢地霍伊在主持节目中占领了一席之地。成年后霍伊还同时存在强迫症和焦虑症。他毫不避讳谈论自己的病情,有时在节目当中也会表现出来,他希望通过分享自己真实的病情,鼓励其他遭遇同样问题的人,勇敢地去获得相应的帮助。

泰·潘宁顿(Ty Pennington)

如果你有看泰·潘宁顿出演的电视——《改头换面—家庭版》,只需几分钟,你就会发现泰精力过于旺盛的表现。泰从小就被诊断为 ADHD,直至现在,他仍然在使用哌甲酯帮助缓解 ADHD 的症状。泰的妈妈是如此评价的,ADHD 给泰带来了困难,但也正是 ADHD 的特质帮助泰获得了现在的成功。因此她鼓励 ADHD 孩子的家长,要积极处理 ADHD 带来的困难和麻烦,并且不要总是盯着孩子不能胜任什么,要去关注孩子能够胜任什么。

詹姆斯·卡维尔(James Carville)

詹姆斯·卡维尔是一位成功的政治家,但实际上他的职业生涯并非一直战无不胜。詹姆斯在采访中透露,他因为自己的 ADHD 症状没有得到很好的控制,从而无法完成大学学业,半途辍学。现如今,詹姆斯学会了如何让他的 ADHD 症状为其快节奏的政治生涯服务,他称 ADHD 相关的精力充沛、高度活力、变化很快为它的制胜法宝。

贝克斯·泰勒·克劳斯(Bex Taylor-Klaus)

19岁的女星贝克斯自从三年级参加了课外戏剧班后,经历了跌宕起伏的一段长路,终于在热门剧集《绿箭》《谎言屋》《惊声尖叫》中崭露头角。贝克斯也是一名ADHD患者,谈及应对ADHD的经验,她是这么说的:"接受它,悦纳它。也许ADHD是一个麻烦,有时候确实也很难应付,但是你可以学会管理它,控制它。不要试图永远摆脱它。要知道,注意缺陷有什么大不了的,它只是让你在注意力方面很特别而已。"

丹尼尔·科(Daniel Koh)

丹尼尔是波士顿市长的首席工作人员,他从哈佛大学获得了双学位,在26岁时就被选入福布斯的"30岁以下30位俊杰榜"。然而,当丹尼尔还是个孩子时,因为他ADHD的情况一直得不到控制,在教室里很难安静地坐下来,老师曾认为他的学业事业注定没戏了。现在,丹尼尔认为ADHD虽然是一种疾病,但仍然有它积极的一面,他在接受采访时说:"正是因为ADHD,所以我需要花费更多的精力来学会练习技巧和培养良好习惯,因此,它应该是促使我们学习的力量。"

卡琳娜·斯莫诺夫(Karina Smirnoff)

与星共舞的专业女舞者卡琳娜一直饱受ADHD的困扰,但因为直到成人期才明确诊断,因此很长一段时间都没能获得恰当的治疗。现在,她即便在录制节目的过程中,也从不中断和治疗师的定期见面,获得相应的治疗来缓解注意缺陷和冲动的症状。在采访中,她坦言需要服用Vyvanse(右苯丙胺,美国治疗ADHD的药物之一)来帮助自己。ADHD不仅给卡琳娜带来了困难,也同样给她带来了舞蹈中需要的能量与活力。

五、半娱乐:候选职业

我们不期望孩子做个名人,只是期望孩子能够找到适合自己的职业,一展所长。尽管没有说什么职业对什么类型的人就一定是百分百完美的,但是如果我们尽量选择自己优势所在且又有兴趣的职业,那么更容易发挥出潜力,更容易感到自我价值。

有位家长曾经对我感慨:"我觉得ADHD并不是一种疾病,它就是一种特质。"

如果在这句话前面加一个小条件的话,那么我更加百分百同意了:"如果将ADHD管理恰当,不让其给学习/生活/工作带来困扰和麻烦,甚至发挥ADHD带来的长处的话,那么ADHD无非就是一种特质而已,并不是一种疾病。"

事实上,并没有所谓完美的特质。我们每个人都有不同的特质,有时给我们带来麻烦,有时给我们带来力量。当我们长大后,决定要从事什么职业的时候,一方面要考虑自己的热情所在,另一方面也要考虑自己的长处所在。

有ADHD的人多半存在的一些特点就是:好奇心重、充满新鲜想法和创意、精力充沛、热情。这些特点完全可以作为优势而发挥出来。现在我们就来半娱乐地讨论一下,可能哪些职业更适合ADHD的特质呢?

记者

记者这个职业需要不断关注各种变化,及时更新追踪,不同的报道内容需要去不同的场合,跟不同的人打交道。任务总是不断在更新,充满了新鲜刺激感,富有创造性。因此并不需要长时间枯燥地完成同一个任务,不会使有ADHD的人感到无聊。唯一的问题是,将采访的内容转化为文字,以及要赶在截稿时间前完成,这可能是个挑战。因为有ADHD的人通常是有很好的想法但很难转化为书面文字,而且缺乏时间概念会经常导致错过截止时间。

我曾经遇到位有成人ADD的人,选择了法庭记录员的职业,虽然长时间聆听和记录这两件事看上去很枯燥,但是由于她每天听到的都是新鲜的、刺激的、不同的案件内容,她是能够专注完成工作的。

食品加工者

一般来说,食品加工都会有道固定的流程,因此不太需要自己去做太久远的计划安排。反复练习后很容易熟能生巧,因此也不需要太强大的工作记忆去完成任务。相对较短时间内,就能完成加工做出成品,因此能很快看到劳动成果,获得正反馈。一家餐厅的菜单又会时不时更换,从而增加了工作的新鲜感。

有位ADHD成年男性,从职校开始就选择了烹饪方向,后来在一个面包房工作。他说,每一种面包制作的流程就是那几步,每步都不要太久,因此记住并完成这些步骤,不是件太困难的事儿。看着香喷喷的面包出炉,觉得特别有成就感。当过一段时间,你对这个面包感到厌倦了时,就可以换一个新配方,尝试做一种新面包。

时尚行业

这个行业的要求就是推陈出新、不断变化、追求潮流,基本和枯燥不沾边,对ADHD富有的能量和创新也是极好的用武之地。通常来说,接触到的客户也是多种多样的,不需要长期跟同一群人打交道。

我有次做节目,化妆师就坦言自己小时候被诊断过ADHD,但是她现在工作很得心应手。她说:"我跟一个人打交道最长的时间不过1个小时而已,一天不断地跟不同的人打交道,有时候一天连续工作10来个小时,我感觉也是飞逝而过。"

生意主

自己给自己打工的话,时间安排相对会更自由,也就更容易找到自己的热情所在。不过,仍然需要坚持有始有终,以及在算账方面的细心、长远利弊的比较考虑,这些是对有ADHD的人的挑战。

现在网络购物很发达,我就遇到过一个ADD成人开网店专门出售美甲相关的产品,每次复诊,她的指甲颜色都不一样,她说:"每天换一种颜色,心情随之也好很多。"

紧急事件相关工作者

如急救人员、消防员、警察等工作,都需要迅速在第一时间内快速做出反应,无须长时间计划、安排、排序等过程。这类职业一般都需要辗转奔波于各个地点,应对各种各样的突发情况,充满紧张刺激,而这种紧张刺激感可能会帮助某些有ADHD的人更好地全神贯注。

我遇到过一个ADD成人从事急救车上的工作,他曾经连续2个小时滔滔不绝地诉说自己的经历故事,好像话多的情况还是一直存在的。他精力非常充沛,只要任务够新鲜刺激,哪怕别人已经困倦得不行,他仍能一马当先冲在前面。

高科技类工作

电子媒体技术日新月异,更新换代十分迅猛,在这种环境下,无时无刻都充满着新信息的刺激,可能会帮助ADHD大脑更好地激活,发挥功能。无论是电脑硬件相关的工作,还是软件或App开发类的工作,都有机会与不同的客户打交道。多半这些任务要求完成的期限都不会太长,因此不会容易带来枯燥感。

体育行业

有ADHD的人往往精力充沛,在做体育训练时能够保持足够的体力。之前名人堂里不少人就是足球、棒球运动员。

文艺娱乐

文艺娱乐圈的工作节奏都比较快,每天变着花样的翻新,充满了新鲜的挑战,有ADHD的人会如鱼得水。之前名人堂里同样不少人是演员、歌手。

其实上面这番半娱乐性质的讨论,目的只是想说明:扬长补短。当你教会孩子,如何学会发挥他具备的能力,充分挖掘自己的潜能,学会认识并接受自己的真实情况(包括长处和短处),那么就更有可能获得成功。

当一个人的能力遇上了他的兴趣,就会更可能收获成功的职业生涯,而这份充满自尊自爱,自我肯定感的成功,所带来的快乐,是不可比拟的。

孩子的长处是：_____

适合发挥他一技之长可能有哪些职业：_____
_____

孩子的偶像有谁：_____

他们的哪些特点适合用来鼓励孩子学习：_____
_____

第六节　如何与孩子沟通 ADHD 问题

很多家长不想让孩子知道自己存在 ADHD 问题，因此会一直隐瞒。向孩子隐瞒 ADHD 的诊断，在某种程度上，可以保护孩子的自尊心，令他不会有心理包袱。但从另一个方面来看，孩子可能会觉得疑惑，为什么自己总是很难表现得令人满意，为什么自己在学习生活中存在诸多困难，换言之，不告诉孩子他有 ADHD 不代表孩子不遭受 ADHD 的困扰。

因此，必要的时候，建议还是应该和孩子做好关于 ADHD 的沟通，帮助孩子更好地了解自己，从而更好地应对困难，而避免因为被扣上疾病的帽子而自暴自弃。

在跟孩子沟通 ADHD 问题的时候，可以注意以下几个方面。

一、开诚布公

这是最高原则。为了做到真正的实话实说，自己首先要接受正确的科普宣教，保证自己了解到的关于 ADHD 的信息是正确的，再把这些信息以你的孩子能懂的方式讲给他听。

不要只是拜托专家解释给他听，甚至要求专家配合你一起欺骗孩子。你是孩子最亲近的人，你最了解怎样的解释方式最适合他，因此你的解释应该是最适合你家孩子的。但，再次强调，你的解释务必要真实、诚实、科学、清楚。

如实回答孩子的疑问。不要不着边际地打马虎眼儿，避免用不正确的词语遮遮掩掩或吓唬孩子，尤其要避免说谎欺骗。要记住，无论你怎么说，孩子都会留下印象。因此，如实地真诚地回答孩子的疑问。

与此同时也不要害怕承认不知道，如果确实你不确定正确答案，那么陪孩子一起去找专家解答，或者一起阅读书籍，寻找答案。

二、扩大宣教

除了对孩子开诚布公之外，对孩子身边的其他人，也尽可能做好健康宣教，包括其他家庭成员、老师或同学。为了让孩子得到合理的对待，最有效的工具就是科学知识。尽量传播关于 ADHD 的科普知识，因为很多人都对 ADHD 存在误区。

让其他人知道孩子的 ADHD 情况，目的并不是在于让大家一起一味包容孩子，而是在于获得大家的支持和合作。向大家展示出，你陪着孩子一起坦然面对困难，努力克服困难，这不是丢人的事情。取得大家的支持合作，能够帮助孩子一起进步。

教孩子回应别人相关的问题，原则仍是开诚布公。你可以和孩子做角色扮演，假装有同学嘲笑他有多动症，他应该怎样回应，这样可以有备无患。比如孩子可以回应："我确实很难管住自己，但至少我在努力，比如被嘲笑了我很生气，但我努力管住自己没发脾气。"

三、找到长处

一定要让孩子知道，ADHD 并不代表他愚蠢，或者是个坏孩子。只是说明自己集中注意力的能力有些不够理想，我们每个人都有长处也有短处，难以集中注意力就是孩子需要克服的短处之一。

可以告诉孩子一些 ADHD 的典型人物，如"飞鱼"菲尔普斯、贾斯汀·比伯等，从而让孩子明白 ADHD 只是一种特质，如果能克服好 ADHD 带来的困难，照样可以发展出自己的长处来。

四、避免借口

不要让孩子拿 ADHD 做借口。有的孩子会以自己有 ADHD 作为表现不良的借口，要严肃地告诉他，ADHD 只是一种解释，不代表你有理由继续保持不良行为，你仍然需要为自己的行为负责,并且代表着你需要付出更多的努力来应对困难,来获得更良好的行为表现。

五、药物治疗

可以参考的一种解释方法是将 ADHD 比喻为近视眼,这个比喻既正确又没有负面情绪。视力不好,看黑板就一片模糊,影响了学习效果,同样,注意力不好,听课时容易分心,影响了学习效果。而服用药物就好比戴眼镜,戴眼镜可以帮助我们看得更清楚,ADHD 药物则帮助我们注意力集中得更好,行为自控得更好,从而能更好地学习,与其他人交往,完成自己的任务和活动。

其他一些可以参考的解释如下。

— 这个药就好比是维生素/钙片一样,维生素/钙片帮助你的身体更强壮,这个药帮助你的头脑更强壮。

— 很多人都需要由医生开药来长期治疗,比如说过敏体质的人要长期服用抗过敏药,防止流鼻涕或者出皮疹;哮喘病人需要长期服用激素,防止呼吸不通畅;糖尿病人需要长期使用胰岛素,从而维持血糖正常。而你需要服用这个药物来帮助注意力更集中一些。

青春期的孩子可以直接让他阅读这本书的相关章节,更好地理解 ADHD。

当我准备和孩子沟通 ADHD 问题时:

我确保知道关于 ADHD 的科学知识,万一孩子的问题我不知道答案,可以去哪里或者向谁寻找科学的答案:_____

肯定孩子的长处:_____

用这个名人的例子激励孩子:_____

决定采用这个比喻来向孩子解释为何用药物治疗 ADHD:

( )ADHD 好比近视眼,药物有如近视眼镜。

( )维生素/钙片让身体更强壮,这个药物让头脑更强壮。

( )哮喘病人需要长期用激素喷雾帮助呼吸通畅,你需要这个药物帮助注意力集中。

(　　)糖尿病人需要长期用胰岛素控制血糖,你需要这个药物维持更好的注意力。

    除了孩子,还需要向这些人_____科普ADHD知识。

    如果孩子用ADHD做借口,严肃地告诉他:_____
_____

第七章
改善学业　老师助力

我在写《Executive Function Training for Children with Attention Deficit Hyperactivity Disorder》(注意缺陷多动障碍儿童的执行功能训练)这篇论文时,提及执行功能训练能提高孩子的学业表现,论文被评审时,国外专家的提问是"为什么这点很重要",于是我专门找到了参考文献来说明学业表现的重要性,即良好的学业成绩对于家长而言是非常重要的事情,因为在中国文化中,良好的学业成绩不仅代表着孩子成功的垫脚石,也代表着光耀门楣。

尽管大家也渐渐开始认可,学习成绩好不代表一切,并开始注重孩子多元能力的发展,但不可否认的是,适应学校生活要求、表现出良好的在校行为、发挥出潜力获得应有的学业成就,仍然对孩子的自我评价、伙伴关系、自尊形成等各个方面存在重要影响。

为了达到这个目标,很多家长采用的方式仍然是填鸭式教学,采取一切手段将课本知识往孩子脑子塞,越塞越费劲,越塞越抵触。学习确实不是件快乐的事,但是也不至于如此痛苦。

因此,这个章节着重讨论一下,除了积累书本知识之外,可以做些什么保持学习动力,建立学习习惯,培养学习技能。

第一节　开学前准备,好状态迎接新学期

一年之计在于春,一日之计在于晨。一个学期之计在于开学伊始。不知道家长有没有发现,有的孩子在假期过后,突然恢复上学的节奏时,会有那么一段时间很难进入状态。其实不难理解,家长对应下自己上班的感受,在春节国庆等小长假后,突然恢复紧锣密鼓的上班节奏,有时是否也会有点不适应?现在有个词儿叫"长假综合征",其实是确有其事的。

那么,如何预防长假综合征呢?有个超级简单的方法,就是不要有长假就是

了。哪怕国家放假,单位放假,我们自己不放假,坚持处于工作状态。这虽是个玩笑话,但实际上不全是玩笑。

因为对于一些人而言,生活节奏较大的变化,可能会导致明显的不适应。而对于儿童而言,他们对于生活常规变化的适应程度,不如大人们那么灵活。即儿童的灵活转换、适应能力都还在发展当中。这就是为什么,生活常规对于儿童,尤其重要。因此,尽管学校放了长假,孩子的生活节奏调整为假期版,但在开学前2周左右的时间,家长都要帮助孩子,提前做好调整准备,让孩子在长假后以最佳状态,更轻松地迎接新学期。

一、设定好这学年的目标

很多人喜欢新年新愿望,虽然容易陷入"虚假希望综合征"。实际上,任何一种努力的尝试,都无须一定要在新年,或新学年开始,而是何时开始都可以。然而,大多数人会觉得随着日历上崭新篇章的开始,似乎自己的努力也会随之拉开崭新的帷幕,直到发现现实与之违背后,就又重新陷入放弃的泥沼,等待下一个新年或新学年再重新开始"希望"。

所以我们不可以只是单纯"希望",尤其陷入不切实际的希望,我们得设定合适的目标。比如回顾下,上学年孩子最主要的学业方面的困难在哪里。逐一列出来,然后所有的大人,包括孩子一起,讨论其中哪一条最重要或最关键,然后将其设定为本学年攻克的目标。具体定怎样的目标才是合适合理的,第三章第三节详细阐述过,如果忘记了那么就请温故而知新。

除了回顾困难之外,也要记得回顾孩子上学年的长处所在,从而鼓励孩子在新学年里继续保持,再接再厉。

二、陪孩子一起建立条理性

带孩子一起去文具店,看看这学年为了更好地整理好东西,需要点什么辅助工具。如不同颜色的文件夹、标签纸、马克笔等。通过这些工具可以锻炼孩子的组织条理性,别过分相信网传的"桌子越乱越有创造力"的说辞,实际上是"课桌越整齐,学习越给力"。

第六章执行功能里,提及了可以通过收拾书包、收拾书桌等任务来促进孩子组织条理能力的发展。需要注意的是,家长为孩子选择的分类、标记、整理工具,其复杂度和难易程度要适合自己孩子的水平，可以帮助他独立地整理、管理好自己的学校物品。如果不确定的话，可以尝试下看看哪个工具或方法更适用。

固定位置。给孩子的书包各个口袋或者书桌的各个抽屉贴上标签，告诉他固定的位置放置哪类固定的物品。

分文件夹。有的孩子会很容易混淆已完成作业和有待完成的作业，从而漏掉作业没做，或者忘记上交已完成的作业。准备两个区分明显的文件夹，一个专门放置老师布置的需要完成的作业，一个专门放置已经完成的需要上交的作业。

颜色编码。用不同颜色的标签纸或者文件袋用来帮助孩子区分不同的材料。可以不同科目选取不同的颜色，比如语文用绿色，数学用红色，英语用蓝色等，所有科目的书、参考资料、作业材料全部都采用同一个色系，可以帮助孩子更快找到所需物品。

回家清单。如果孩子放学后收拾书包总是丢三落四的话，那么给他一张书包收拾清单，甚至可以每天一张，提醒他放学后要将哪些东西放入书包内，比如作业本、水杯、文具盒、字典、校园卡等。将清单放在书包醒目的位置，放学时对着清单一个个整理。

定期整理。书桌或储物柜要设置定期整理的时间，如每周一次，至少也要每月一次。

视觉提醒。对于孩子而言，图片的视觉提醒作用相对文字或者言语更有效，也更有趣得多。可以将整理好的书桌或者储物柜拍张照片，打印出来压在桌面上或者贴在柜门里，让孩子明白，有条理性的桌子柜子是什么样子的，他自己需要按图索骥从而将物品按部就班地放置好。这样会让收拾变成一种有趣的游戏。

积极反馈。如果孩子经常丢三落四，书包书桌杂乱无章，忘记上交作业等，那么可以将提高孩子的组织条理性的某个具体行为设置为行为目标，比如，如果孩子按照清单一样不落地将东西都放入书包带回家，或者如果孩子主动独立收拾好自己的书桌，那么就奖励一颗星。

三、计划该学期的课后活动

提前计划下这学期孩子的课后时间如何安排？跟其他大人一起商量下，看看大家接送陪伴孩子的时间是否安排得过来。记得也要问问看孩子的兴趣所向，孩子有兴趣有动力配合是良好的起点。

很多课后活动，对于孩子的注意力是有所裨益的。比如要不要增加运动项目，游泳或者舞蹈？要不要进一步发展孩子的兴趣爱好，画画或者弹琴？要不要带孩子参加一些专注力或执行力的训练项目？这些活动都有不同的时间安排，提前安排好，以便更好地安排孩子的时间。既要丰富多彩，又要注意安排均衡，避免孩子太累。

四、示范孩子制作家庭日历

向孩子示范，如何预期即将到来的事件以及如何安计划安排，这既向孩子展示了计划能力，又提前告知了孩子一些预先安排的事情，到时候孩子配合的可能性会更高。

这些安排包括比较长远的，比如："如果这学期你达到了我们设定的目标，暑假我们考虑去香港玩。"也包括中期的，比如："四月份开始我们每周末要去参加一个专静训练营。"以及眼前的，比如："再过一周就要开学了，这周我们要去做些准备工作。"

五、寻找合适的作业辅导员

如果你觉得孩子今年可能仍难独立完成作业，或者家长们都没有时间在孩子放学后管理辅导功课，那么要提前为其寻找家庭教师、托管机构或作业辅导员。

在假期里就试着与候选者见面，让其给孩子试着上1～2次课，观察下老师的性格和技巧，是否适合自己的孩子。这样的话，开学后从第一天开始，孩子的学业进展及作业完成就有保障了。

六、请与孩子好好沟通一下

避免纯说理、纯嘱咐，如："五年级很关键，再不好好努力，毕业就来不及了。"或者："这个学期上课一定要好好听讲。"说管用的话，还需要这本几十万字的书干嘛？说不管用的话，又说它干嘛？沟通既不是不重复说理，也不是不唠叨嘱咐。那么沟通什么呢？

1. 沟通长处

如果孩子在学校里存在一些困难，如注意力很难保持集中、小动作多、易招惹小伙伴，那么无论师生关系还是同伴关系，可能都会让孩子感到受挫，从而影响其自尊心。虽然一方面需要强调规则的重要性，让孩子知道他的行为和学习表现，应该努力达到大部分同学的标准。但也不要因为暂时的、某些方面的达不到而让孩子觉得自己格格不入。

当大人期望孩子们变得更好时，初衷是没错的，但很容易长期聚焦于孩子的缺点，而忽略了他们的优点，要跟孩子强调他的长处所在。当然，家长们可能会头痛地说："不行不行，ADHD小娃实在让我太头痛了，我找不到他/她的优点。"实际上，任何特点都是利弊相辅相成的。

如果实在觉得找优点困难，后面附录表里我提供了一些伴随ADHD特点很可能存在的优势，对号入座一下，看看自家孩子有没有这些长处呢？有的话，赶紧扬长避短，好好发挥表扬一下。

附：好动分心孩子可能存在的长处大收集
- 也许想法很多，其中不乏好点子
- 可能会生出很多富有创造力的新点子
- 充满兴趣和好奇心
- 对于新鲜事物都愿意接受
- 精力比较旺盛
- 也许在体育方面存在一定长处
- 内心是热情的，希望与小伙伴们打好交道
- 可能拥有独特的个性特点
- 大方，无所谓浪费金钱或时间
- 随心所欲，不受拘束
- 无所畏惧，愿意冒险
- 有自己推理的逻辑道理（尽管也许别人不太能理解）
- 万一没睡好也不会精力不济
- 随遇而安
- 加油启动可能很快（同时可能刹车不给力）
- 经常会找到意外放置的物品而感到惊喜
- 也许很会搞笑
- 关心大人的事
- 也许很愿意交流谈心

- 对电子产品的使用充满动力
- 相信一切皆有可能(也许是不切实际的幻想)
- 对现状不满,总想改变
- 关心同情他人
- (对他想要的东西)坚持不懈
- 可能对美术、音乐等创造性活动比较擅长
- 可能擅长某项体育运动
- 有着与众不同的见解(可能不管他人的看法)
- 充满斗志(在他认为重要的事情上)
- 擅于激励他人(达成自己的愿望)
- 做事非常高效有条理,乐于暂时牺牲享乐活动而去完成枯燥但重要的任务!
  ……

好吧,我承认,最后这条不是真的。但做到这条本就不容易,所以不要因为孩子做不到而批评他,毕竟我们大人自己也未必能做到呢。这本书的初衷就在于帮助大人陪伴孩子一起朝这个目标努力。

2. 沟通朋友

孩子也许需要你的帮助来识别和班里的哪些同学更容易发展出良好的伙伴关系。这里并不是说去干涉孩子交朋友。比如可以让孩子描述下自己对班里同学们的印象或看法,这时你对孩子同学的性格、喜好等特点大概有个了解。

有一些同学可能比较欣赏孩子的气质秉性,与这些同学相处,孩子觉得自己被接纳被认可,更有利于发展伙伴关系。但在这个过程中,仍需要鼓励孩子发展自我控制,注意界限的社交技巧。还有一些同学,可能自带专注和平静光环,如果这些同学以及孩子之间关系尚可的话,鼓励他们多相处,孩子也能从同伴相处中耳濡目染到专注和平静的力量。

3. 有关尊重

告诉孩子重返学校,最基本的一个要求是:尊师重道。很多孩子视老师为大敌,因为老师总是带来无穷无尽的作业,还对学习有着"吹毛求疵"的要求。因此对老师掺杂着害怕,不得不听话,但又不愿意甚至不屑听话的情绪。

一方面,要教导孩子尊师重道,尝试去发现老师作为一个人,他值得我们尊重

的长处和能力是什么？比如英语老师的板书特别漂亮，语文老师的朗诵特别激昂，数学老师特别能歌善舞等。另一方面，要引导孩子与老师合作，老师并非敌人，我们还没有掌握的知识难点才是敌人，老师和学生是站在一条战线上，共同攻克难点。如果孩子能想："老师她是挺严厉的，但她也挺酷的，遇到困难时我还是能指望她的。"那就实在太好了。

七、请与其他大人沟通一下

不仅与配偶，包括平时生活中孩子密切接触的其他大人，都要好好沟通一下。为什么呢？因为现在年轻父母承担了太多经济压力，所以经常囿于工作时间的关系，放学后的很长一段时间，孩子是由祖父母陪伴和管理的。

需要记住的是，与孩子相处的所有的大人们，只有对孩子采取一致的态度和要求，行为管理才能起到效果，才能齐心协力帮助孩子发展得更好。如果全家一共6位大人，即使仅仅是1个人的不合作，也很有可能抵消其他多个人的努力。

也许有的大人尚不能理解孩子遭受的困难，如很难专心、很难坐得住、很难记得住学习的知识。可以让孩子跟大家描述下自己的体会，以及讲述自己需要怎样的帮助。要知道，也许其他的大人不会因为你的一己之见而同意，但如果出发点是为了帮助孩子，你们就会同意你的做法。

新学年，孩子的课程安排和课后活动时间可能都会有所变化。提前与家里其他大人沟通一下大家的时间安排。哪天由谁接送，哪个活动由谁陪伴，与老师或医生的沟通分别主要由谁负责？这样大家都有章可循，避免乱了阵脚。

八、请与老师提前沟通一下

在开学伊始，就与老师聊一聊。尤其当老师是新接手孩子的班级时，更需要提前约见老师。向老师大概介绍下孩子的情况，不一定要提及确切的诊断，可以只是提及孩子在课堂上可能会出现的一些特点，比如有时会走神，希望老师给予怎样的提醒；有时会好动，希望老师给予怎样的帮助；有时可能不听话，或者情绪起波动，哪些招比较好使，分享给老师。

很多家长担心，提前把孩子的不足之处都交底儿了，老师会不会戴有色眼镜看待孩子。问题是，如果你不事先沟通好，等老师自行在课堂上发现这些表现时，这有色眼镜估计戴的更深。

沟通孩子的不足之处,目的在于与老师探讨解决和应对方案。你可以把你从专家那里学到的技巧,分享给老师。注意只是分享,不是指导。老师在授业解惑、管理课堂方面有着更充沛的经验,心理专家在管理发展孩子行为表现方面有着更科学的经验。两两结合,对孩子才更好。

当然也可以跟老师汇报下孩子的长处,客观汇报孩子在哪些方面也许会做得比较好,老师可以考虑酌情安排,这样更促进孩子的自尊心。

开学一个月后左右的时间,建议家长再次与老师沟通一下。不要等到家长会,也不要等到老师无可奈何了通知家长的时候。问问老师,孩子这个月的表现如何,包括专注的情况、细心的程度、做事的效率、对指令的遵守情况、同伴相处的情况、对学习的兴趣、情绪的大体情况等等。这对家长和老师都能起到回顾作用,验证这个月采取的策略方法,对孩子是否有帮助。

这样,家长也展现出了一种保持开放交流的态度。现在网络很发达,这样的交流如果面对面很难实现,通过邮件、微信等方式也都可以。

附:一位家长开学前给新老师的一封信

王小明的老师:

您好。

这个学期,王小明将是您班级的一名学生。我希望在开学之初,跟您介绍下小明的情况。王小明想法很多,愿意尝试各种新鲜的活动,而且富有幽默感。如果开学后有活动或者任务能让其发挥这些长处,我相信他是乐意至极的,而且会给他带来极大的快乐。

王小明上课时很乖,能安静地坐在那里,但是他有时候会注意力不集中,走神的现象比较明显。我们一直在进行各种努力帮助孩子更好地集中注意力,以便提高小明的学习效率。容易走神可能会让小明在学业方面存在一些困难,因而可能需要您的帮助。

此外,小明对批评比较敏感,尤其当众被训斥的时候,有可能会情绪爆发,以前有过少数几次哭泣不止的时候。即便有时候他忍住了,在学校里表现得无所谓,但熬到回家之后,就会近乎崩溃掉。他对于批评的耐受度不如一般的同学,我们也在努力帮助他调整中。

新学期即将开始,小明既感到很兴奋,充满期待,同时又觉得害怕,他担心自己会"表现不好"。我们尝试了一些小技巧,其中有些对小明很管用,附在下面,供您参考。

（1）安静角落：小明很容易受人影响,尤其是没有老师密切督促的情况下,其他同学的窃窃私语、窗户外面的动静很容易吸引他的注意力,而耽误了自己手头的任务。如果可以的话,能否将小明的座位安排在一个相对安静的地方,比如远离门窗的地方,可能会好一些。

（2）闪电休息：小明很难坚持专注一整节课,到后半节课时就容易神游太虚。如果频繁提醒他,他可能会变得烦躁抵触。上学期我们发现闪电休息是个比较管用的策略,当您发现小明很难继续保持专注的时候,能否给他个小任务,比如让他去教室后面帮您拿个东西,或者让他帮忙把某个东西放到教室外再赶紧回来。这样的闪电休息,能让小明以更好地专注状态上完后半节课。

（3）单独批评：小明特别渴望表扬,不过我想孩子可能都如此。有时候他做一件事,可能好坏参半,但他通常只意识到自己做得好的地方,希望这种情况下,能先肯定他表现好的那部分,然后再指出他的不足时,他的情绪会更平稳。小明目前为止对于当众被批评的接受程度还不是很理想,因此如果可以的话,能否尽量单独找个时间或空间批评他？

（4）当众阅读：迄今为止我们发现小明当众阅读完成得仍然不理想,他会感到紧张,担心读不好,尤其如果真的没读好被同学指出的话,他会感到尴尬甚至生气。如果可以的话,当众阅读时能否尽量给小明一些短的文章,剩下的阅读任务布置为家庭作业。我们会在家里完成,并且模拟同学给出不好评价的样子,继续帮助小明练习以更平静的情绪接纳负性评价。

（5）拆分作业：上学期我们发现,小明完成数学题目,尤其应用题的极限是3～4道,如果超过4道题,小明会觉得太多了难以完成,这时哪怕跟他说先做第1道,他也会一直感到焦虑紧张,导致不能开始动笔。我们尝试的策略是,将卷子折起来,折到只能看到一两道应用题的大小,然后让他开始完成,这对他很有帮助。

（6）最佳时段：上学期的老师们通过观察,帮助总结出小明注意力最集中的时间段大概是在上午9点～12点。下午3点之后,尤其是临近放学前,他很可能就心不在焉了。因此,如果可以的话,课堂作业能否安排在上午让其完成。下午3点以后的课堂作业,小明很可能非常拖沓或者粗心马虎。如果需要留堂,尽管留堂。如果可以的话,也可以让其带回家来,我们会督促他继续完成。

(7) 家校联系：小明记性一般，老师布置的作业或者嘱咐的事情，他有时候会记不完整。因此我们给他准备了一个专门的本子，让他将每天老师布置的作业记录在本子上。如果可以的话，能否麻烦您帮忙检查下，他的作业是否记录完整了。或者能否给他安排一个作业搭档，让这位同学帮其检查作业是否记录完整。我们针对小明在学校的表现，设立了奖惩机制。如果他当天在学校表现很好或很差，值得书面表扬或批评，请在联系册上注明，我们会在家里给他相应的奖励或惩罚。

非常感谢您的耐心阅读。接下来的新学年里，如果您在和王小明相处的过程中，发现任何对于提升他自信心和专注力，帮助其情绪稳定，提高其学业成就的任何想法和建议，诚挚迫切地希望得到您的反馈。

您可以直接拨打我的电话：************，也可以给我发邮件：******@***.Com，也可以给我发微信：******。如果您觉得需要面谈，请告诉我们您有空的时间，我们会尽量前来会面。

我们，和王小明，都非常期待在新的学期里，与您一起努力。

此致

敬礼

王小明的父亲　王大明

九、自己也和自己交流一下

挑个空闲的时间，找个安静的角落，以一个舒服的姿势，自己和自己对个话。

过去这个学年，你为了孩子，学习了哪些关于促进儿童发展，帮助集中注意力，帮助行为自控力的知识和技巧？你和孩子遭到了哪些学业上的困难？你们一起是怎样克服这个困难的？还有哪些障碍横亘在面前，阻碍了孩子更好的学业成就？这些障碍该如何解决？

即将到来的新学年，孩子可能会遇到哪些新的挑战？你在什么时候，应该做些什么，帮助孩子更好地应对这些挑战？新的一年，孩子又长大了一岁，对于你和你的孩子,哪些技巧策略可能继续有效?或者需要哪些调整才能帮助孩子,更加平静,更加专注?

上述问题,你内心知道大概的答案吗?如果知道答案,那么就坚定地朝那个正确的方向行进下去。如果不知道答案,那么至少也要知道该去哪里寻求答案。

开学前准备

(孩子姓名)_____ 本学期的目标是:_____

准备工作:

1. 组织条理:我们采取的策略是:_____
2. 课后活动:本学期课后活动安排是:_____
3. 家庭日历:我们家制作家庭日程的固定时间是:_____
4. 孩子沟通:聊孩子的具体长处:_____

             聊孩子的某个朋友:_____

             聊孩子的某个老师:_____
5. 与大人沟通:_____
6. 与老师沟通:_____
7. 与自己沟通:_____

第二节 作业攻坚战,各个难题一一击破

帮助孩子应对好家庭作业问题是很关键的,因为家庭作业完成的情况在很大程度上决定了孩子对知识的掌握情况,以及老师同学对其学业情况的判断。

然而提及作业,无论家长还是学生,估计都会觉得写作业难,难于上青天。气从心来,恨之不及。记得看过一个学生的吐槽:"床前明月光,我在写作业。举杯邀明月,我在写作业。垂死病中惊坐起,今天还没写作业。"搞笑的同时,也让我们意识到,无论学渣还是学霸,几乎对学生时代的记忆,就是不断地写作业。只不过区

别是,完成作业时的感受略不一样。

有些家长几乎每天督促孩子完成家庭作业都是一场硝烟弥漫的战争,一定要记住,作业如果变成了对家长和孩子的一种耗竭,那么即便暂时完成了眼前的作业,牺牲的却是孩子的学习兴趣、家长的平静情绪和亲子的良好关系。

希望家长在研究各种帮助孩子完成作业的方法之前,先冷静想一想,如果你采用的方法,是让孩子对作业感到憎恨厌恶,唯恐避之不及,那么当未来有一天,你无法继续"逼迫"孩子写作业时,你猜孩子会自觉学习,还是全盘放弃?如果方法使用不当,这一天终归是会来临的,因为我见过不少大孩子,直言不讳地表态:"我就不想学,你能怎么着?"这时,家长通常都是哑口无言的。各位家长可以试想一下,如果孩子真的就是不想学、拒绝学、不愿学,你能怎么办?答案是,没有办法。没有办法叫醒一个装睡的人,没有办法靠逼迫让一个人真正爱上学习。

请注意,这并非是说放弃现在的问题不去解决,我只是希望大家不要采用毁灭将来学习主动性的事情,去解决当前的问题。什么意思呢?就是不要采用唠叨、催促、叫嚣、讽刺、斥责、怒吼、殴打等方法。虽然这些方法似乎可以帮助孩子完成当下的作业,但是终有一天,会让孩子彻底拒绝学习,顺带还损害了亲子关系,那么这般做法意义何在?

因此,采取方法之前,请冷静思考该方法是否是饮鸩止渴?是否只是解燃眉之急反而埋下了长期隐患?如果是,那么请停下,然后请耐心去学习探索新的方法。这一节就会汇总很多关于提高作业效率的技巧策略,希望家长阅读后耐心尝试。在此之前,我想先介绍两个家长的感受。

有的家长觉得方法很管用。比如欢欢,之前他每天放学回家先看1小时电视,他的理由是,不给看电视就心情不好,就不给写作业。家长说,确实不看电视孩子就拒绝写作业,并且孩子上了一天学也累了,家长心疼,也让想让孩子先放松下。然而看完电视后,孩子仍是半推半就地完成作业,并未像他自己保证的那样,会安心专心写作业。我明确告诉家长和孩子,看电视是必须用完成作业这个好行为来交换的。如果放学累了,可以在小区里活动一会儿,或者吃点健康小零食,尽量在放学后半小时内启动作业。如果拒绝写作业,那么照样没有电视看,第二天自己去向老师解释道歉。家长一开始半信半疑,可仅仅尝试了一天,就发现孩子乖乖赶紧写作业了。而且家长制定了,一旦超过9点完成作业的话,当天看电视权限取消,孩子便大多数日子里都能在9点前写完作业了。家长感慨:"早知道该这么做就好了。"

另一个孩子曼曼的情况非常类似,家长于是也尝试了同样的做法,但曼曼仍然写不快。家长说,一个字有时就要写1分钟,握笔姿势教了很多遍也不管用,看着孩子写字那个速度就捉急。而且同样的题目，不会举一反三。教了这道题，下道题稍微换了几个词，就卡壳不会做了，家长必须重新再教一遍。

当欢欢和曼曼两个孩子的家长无意碰到一起时，就出现了以下场景，第一位家长说方法管用，第二位家长则觉得不管用。

俗话说知己知彼，方能百战百胜。我们需要了解，究竟什么原因让孩子写作业慢，然后针对性地去解决这个原因，才能有效果。否则就算神农尝百草，但没一个方法是针对出问题的那个原因，也就无济于事。

究竟哪些因素决定了孩子的写作业快慢速度呢？

首先，和孩子的动力意愿有关。很多家长会疑惑，怎么做作业那么磨叽，但是打起手机游戏来反应敏捷，十指飞快呢。道理说穿了就很好理解，做越喜欢的事，自然是越给力越带劲。尤其孩子越大，自己本身的主观意愿占的比例越大，简而言之就是之前提到的"即使我可以快点写，但我就是不愿意写，你奈我何"。这种情况下，要避免一味地唠叨斥责，不然会将孩子的学习动力进一步消磨殆尽。当务之急，是激发学习动力，培养学习兴趣。最好的选择是，从最一开始，就不用损毁学习兴趣的方式，去逼迫孩子写完作业。因为学习动力非常重要，在接下来一节会专门详述。

然后，当然是和注意力密切相关，越专心致志，速度越快；越三心二意，速度越慢。这一整本书都在讲如何提高注意力。如果觉得书籍的帮助还不足够，那么可能需要考虑带孩子获得专业的评估和干预训练。

最后，作业效率还和孩子的学习能力和已获得的学习内容有关系。比如，我现在要求大家都去完成以下题目：引力波测试仪器的原理是什么？我相信大家应该和我一样，抓耳挠腮十天半个月也不一定能写完，但是换作一个物理学科班出身的人员，可能也就是个把小时的事。同理，不同的孩子，对于学习的理解领悟力，反应的速度敏捷性，都是千差万别的。

回到前面的例子，我建议曼曼测试了下智力水平及感觉统合能力，发现都不是特别理想，这也就是导致了孩子掌握知识很费力，笔头书写很费劲，从而速度很慢的主要原因。

并且，同一个孩子，对于不同的学习内容，其效率也是存在差别的。有的孩子可能数学作业完成得还可以，一到语文的作文就跟挤牙膏似的，通宵达旦也挤不出来。

在了解了作业效率高低，和孩子是否愿意做、是否集中注意力做、是否具备能力去做都密切相关后，家长应该明白一点，作业不是仅单单靠催，就能催快的。家长需要对孩子完成作业的情况，有个恰当的目标，只有目标是适当的，再结合适当的方法，才能保证有效。我们需要观察孩子完成作业的真实的、客观的、目前的能力水平如何，再根据它制定出恰当的目标。

很多时候，家长会根据自己希望的、臆想的能力去要求孩子，这实际上会给孩子带来额外的更多压力，即便在某一段时间，孩子勉强跟上了你的要求，长此以往，家长和孩子都会疲惫不堪。我们不希望原地踏步，但是也不愿意揠苗助长，因此，制订合适的要求和方案的前提是，了解孩子真实的、客观的、目前的水平。

建议家长静下心来，回顾下之前一段时间，冷静地观察下孩子目前独立完成作业的能力究竟如何。很多家长会抱怨说，如果让孩子单独完成作业，就根本写不完，交不了差，老师会批评。但如果日复一日地陷入孩子拖延—家长督促—孩子抵触—家长生气—孩子更拖延的恶性循环中，问题何时能彻底解决呢？

究竟需要观察、了解些什么？观察如下情况：

— 孩子目前独立完成家庭作业需要多久？如果这个时间特别长，几乎影响到了睡眠时间的话，那么家长最好先和同班同学的家长们沟通询问一下，其他同学完成家庭作业大概需要多久。如果只是自己的孩子作业时间过长，那么家长需要评估其作业困难的问题所在，然后有的放矢地解决问题。

如果全班孩子做作业的时间都普遍过长，那么建议家长们一起和老师友善地沟通一下，看是否能减轻作业量。美国教育协会及家长教师联盟对不同年龄孩子每天进行不同科目作业的时间都有相应的建议，比如，六年级儿童晚上完成家庭作业的时间应该大概在 1 小时左右。不知道中国教育部门是否有类似的建议，但总归不能过分影响休息时间吧。

— 孩子独立完成一定量的作业究竟需要多久？比如写篇作文大概需要多久？抄完一页单词大概需要多久？完成 10 道数学题计算大概需要多久？等等。

— 孩子独立完成作业时，最长自己能坚持多久？不要说 1 分钟都没有，我们需要具体的时间，即使 1 分钟都不能坚持，那么是否能坚持 30 秒？观察到具体的孩子能自己坚持专注的时间。

— 孩子完成最快的和最慢的作业是哪一门功课？孩子最愿意和最抵触完成的作业是哪一门功课？

— 你在督促孩子做作业时，是如何提醒他维持注意力的？喊他名字？催促他"快点快点"？发脾气？打孩子？

当你确定能全面客观地了解上述问题的答案后，说明你准备好继续帮助孩子提升作业效率的旅程了。请记住这些观察到的现象，在后续的技巧使用时，都需要根据你观察到的孩子具体客观的情况来有的放矢。如果不能准确回答这些问题，那么请插入书签，暂时合上这本书，用接下来一周的时间，仔细耐心观察孩子的情况，等万事俱备了再乘东风飘扬前行。

建立良好的学习行为习惯，可以帮助孩子更好地应对学习生活。尤其随着孩子年级慢慢上升，学业越来越复杂困难，良好学习习惯是他们获得良好学业表现的前提和基础。否则，家长和孩子就会陷入一个逼、一个逃的僵局中。等到某天孩子突然发现，如果他不学习，大人也不能奈他如何的时候，家长再怎么逼，也无济于事了。

如何建立良好的学习行为习惯呢？我们从做作业入手，家长可以一步步尝试看看。哪一步卡壳了，就放慢步骤，反复多练习几次，待熟练掌握了之后再进入下一步。

第 1 步：做好准备工作。

很多孩子将每天布置的作业记录清楚，将完成作业需要的相关资料带回家，都还困难重重。可以给孩子一本家庭作业记录册，鼓励孩子将当天的作业记录下来，跟孩子的老师商量，让孩子放学前交给老师过目一遍把把关。如果你的孩子确实经常漏记作业，那么回家后你再跟老师或其他家长核对一遍作业，也是非常有必要的。

第 2 步：设定作业常规。

这个设定包括完成作业的常规时间和地点。一般来说，越固定、越规律、坚持越久，越容易形成稳定的习惯。那么问题来了，设定怎样的作业时间及地点相对来说更合适呢？

研究发现，在到家半小时，不超过一小时之内开始启动完成作业是最有效率的。孩子这个时候可能还处在规律学习的状态中，对于服用药物治疗的孩子而言，这个时间，可能还在药物发挥效果的时间段。以及孩子尚未完全投入家庭娱乐活动中，也更容易进入学习作业状态。

因此，如果你家的时间安排允许的话，等孩子回到家，吃点健康小零食，稍做休息调整，就可以开始写作业了。有的家长可能会说，孩子回家时我们还没回家，祖父母管不住，孩子非得熬到我们回家了逼着才肯写作业。要解决这类现实生活问题，就看家长的决心如何了。如果家长下定了决心，希望采取一切方法让孩子的作业完成进入良性循环，那么就需要采取一切措施来尝试各个技巧的实施。如说服祖父母督促孩子写作业，或者放学后直接进入托班完成作业等。

有一点需要注意的是，这个作业时间设定，对小年龄孩子比较有效，如小学生们。如果孩子已经进入中学了，建议按照他们自己的节奏来。进入青春期的孩子，按理说,对于怎样的时间安排更适合自己,应该有独立的判断。假设你在小学阶段,对孩子的时间管理、学习习惯培养得还不错的话,中学期间,孩子应该能自己管理好作业时间。

除了时间之外,在哪里写作业相对最佳呢?这个问题的答案就因人而异了。对于大部分孩子而言,相对安静不受打扰的环境是比较理想的。因此在家里找到一个安静的角落,光线良好,作为孩子完成作业的专属空间。该地点周围的环境要尽量简单,避免过多刺激源引发孩子分心。因此应该远离电视电脑、远离孩子玩具。空间应相对宽敞些,并允许孩子完成一段时间作业就起来活动一下。最好家长即便保持一定距离也能看到孩子,这样方便掌握孩子的专注情况,以决定是否需要提醒。

第 3 步:协助孩子安排。

孩子一到家,首先与孩子一起浏览一遍作业记录册,记得与老师或其他家长核对,作业是否记录完整。然后帮助孩子将作业分割成各个小部分,与孩子一起决定每部分作业需要多久来完成。每完成一小部分作业,你需要帮助孩子检查一下,保证确实这小部分都全部完成了。在作业记录册上打钩或做其他的记号,带领孩子一起感受这个过程。这部分内容的细节在执行功能的计划能力和时间管理中有详细描述,记得温故而知新。

第 4 步:协助进入状态。

有的孩子,尤其小年龄孩子,启动任务比较困难,因此可以陪孩子一起读作业的要求,提示任务要求的关键词,与他讨论该如何完成这个任务。一旦孩子开始着手完成作业了,你就可以尝试撤销一些监管力度,争取让孩子独立完成这部分作业。但一开始不要急着离开,让孩子知道你就在附近,随时可以提供帮助。对于容易分心的孩子,你可能需要一直待在他旁边,但要注意提醒督促的方式方法。

第 5 步:赞许孩子努力。

当孩子做出努力的时候,一定要赞扬他的努力,这样才能强化孩子的行为,使他能更加努力地去完成作业。在亲子教养的过程中,任何时候都请记得,先对孩子表现好的地方给予正性关注,给予有力的夸奖,从而强化孩子的好行为。留心去发现孩子在作业过程中付诸的努力,避免总是盯着孩子表现不足之处。夸奖的技巧在本书开篇就详述过了,比如:"我发现你今天写字很留心大小不要出格,这样显得更加工整,真是太棒了。"

第 6 步:使用计时工具。

计时工具是帮助孩子延长专注时间的神器。先观察一下孩子目前独立可以专注的时间是多久,比如5分钟,那么就将计时器设定为6～8分钟,鼓励他在计时器响起之前专心投入写完一部分作业。想象为在和计时器赛跑,将完成作业变成一场比赛游戏。如果孩子逐渐地可以很好地专注6～8分钟了,你再将计时器调整为10分钟,让孩子坚持专注得更久一点。

第7步:记得劳逸结合。

一般来说,学龄期儿童需要坚持专注的时间达到20分钟就可以了。因此,避免和孩子打疲劳战。鼓励孩子在一段时间内(5～20分钟)专心写完一小部分作业,然后让孩子活动3～5分钟,喝点水,在房间里走走、蹦蹦跳跳、站在窗前伸个懒腰等。大的肢体活动有利于提高警觉程度,从而促进下一轮作业的专注度。

第8步:变着花样提醒。

如果孩子是在规定的时间段内发呆了,那么肯定就需要提醒他。但是提醒不要仅仅是言语上的,比如:"嘿!别发呆了,快写作业!"尤其到最后家长疲惫得也没好语气了,越提醒越烦躁,孩子就容易感到烦闷,甚至对抗起来。与孩子商量下,更喜欢什么样的提醒方式。可以尝试一些更委婉的提醒方式,这样其实更有助于让孩子摆脱对你提醒的依赖。如轻拍他的肩膀、轻轻敲敲桌子、在他眼前晃晃手指等。

第9步:安排相应奖赏。

根据孩子完成作业的情况,安排一定的奖赏。比如孩子特别喜欢玩手机,那么可以设置为,晚上8点以前完成作业,可以玩10分钟;晚上7点以前完成作业,则可以玩20分钟。奖赏除了当天有效之外,也可以设计为连续的。比如一周中每天都能在8点以前完成作业,周末额外叠加奖赏手机时间20分钟。很重要的是,如果孩子没能做到要求,那么无论如何哭闹纠缠恳求,都不可以有玩手机的机会。

第10步:发现问题根源。

当孩子实在完成作业很困难时,要去发现问题根源所在,这样才能解决问题。比如,孩子的作业确实量太多了吗?孩子作业慢是因为分心还是因为不懂?孩子愿意配合快点写作业吗?还是从内心抵触厌恶写作业?观察到问题根源之后,就要进一步开始攻坚战。

接下来,针对作业中常见的困难,包括丢三落四、无限拖延、分心走神、抵触提醒、潦草应付、沮丧崩溃和领悟较慢这7个最艰巨的困难,逐一攻破。

困难1:丢三落四。

有些孩子在保管好自己的学习用品方面存在一些困难,因此回家时书包里总是一团乱麻,要什么材料找不到什么材料。刚开始坐下写作业不到1分钟,就得去书包里找东西找个5分钟。最后可能发现忘了带回家,于是还得找同学借或者打电话向老师询问。有的孩子好不容易把作业写完了,但却不知道放哪儿了,甚至可能就忘了交。

丢三落四,不仅仅是找不见东西或者遗失物品这样的表面现象,它反映的是缺乏组织条理性。别相信坊间传为"桌子越凌乱代表越有创造力"这样的说法,实际上更多的调查发现,学生的书桌越整齐有条理,其学习效率越高。试想一下,如果东西都放置得没有条理,那么如何指望做事的时候能有条理?没有条理意味着东一榔头西一棒槌,这样的情况下自然拖沓,如何谈效率?

如何锻炼组织条理能力,对抗丢三落四的混乱状态?组织条理性实际上是执行功能的一种成分,在执行功能的章节里介绍了促进组织条理性发展的方法,适用于孩子的方法,归根结底,通俗点说,就是有序收拾和分类整理。

比如一个最简单的任务,每天只需5分钟左右来练习——收拾书包。写完作业后,给孩子一个步骤列表,让孩子对着步骤,自己尝试一步步地将书包收拾好。记住,偶尔为之是很难有成效的,需要坚持不懈的练习。当然如果孩子某天实在没时间,你代劳了也没关系。其实只要大概能有"五天打鱼"那么就算"两天晒网",孩子的组织条理性也能逐渐培养起来。

周末或者假期的时候,你可以带着孩子一起收拾书桌,或者收拾衣柜。主要是让孩子领会到以下技巧:按照步骤顺序一步步完成,分类归类,以及有序归置。

组织条理和高效有序是一对密不可分的双胞胎,带领孩子练习收拾书包、收拾书桌、收拾房间的活动,可以帮助孩子养成组织条理的好习惯,从而帮助孩子在学校也能将自己的学习材料管理得井井有条,促进更好的学业表现。

困难2:无限拖延。

有些孩子很难开始着手写作业,家长感觉就差上前握住孩子的手帮忙写了。无论家长怎么心急火燎地催促,孩子总是似乎无动于衷地呆在那里,不耗尽最后一秒,不能开始写作业。

表面上看,似乎这类孩子"不想"写作业,不否认有一部分对学习已经产生抵触情绪的孩子可能是如此,但还有一部分孩子,其实他们是"想"完成作业的,他们也能明白早点写完可以早点去玩,但就是没法开始动笔。原因是,他们内心深处,总觉得作业太多了做不完,或者自己做不好。

成人如果有严重拖延问题的时候,其实心理也是一样的。有时候你心知肚明这事儿很重要,但如果你觉得任务太麻烦太困难,或者你觉得自己做不好,你就会回避它。

这种情况下如何帮助孩子呢？你所要做的就是降低任务难度门槛，让孩子觉得这任务不那么可怕，是可以胜任可以完成的。具体怎么做？

分割任务。将大任务分割成很小的部分，只要求孩子完成其中一小部分。比如，如果作业是写一篇作文《我的春节》，可以要求孩子只写第一段，可以先把春节当天的天气是晴是雨，是温暖还是寒冷描述一下。假如作业是要求抄写 20 个单词，可以只要求先抄完 2 个单词，就只抄 2 个，抄多了都不同意，得休息一会儿，后面的任务再继续安排。

分割时间。计时器或者沙漏是很好的道具，这让孩子可以直观地了解自己需要坚持多久就可以了。低年级的孩子我建议尝试 10~15 分钟，高年级的孩子可以尝试 15~20 分钟。但，总体还是根据自己孩子的实际情况来制定。然后将每个时段的任务假想为一场比赛，在 10 分钟里抄完一段文章，就胜利了！陪着孩子一起欢呼雀跃，在房间里蹦跶一下，左三圈右三圈，甩甩胳膊抖抖腿，再进入下一个回合。

很多家长尝试过，如果你按时写完作业，我就让你看 1 小时电视的方法，发现不管用。有时候奖励如果需要等太久才能得到，即便很诱人，也很难激发孩子的斗志。可以试试在每一小部分任务，或者每一部分规定的短时间内，达到目标的话，就给个小奖励。如奖励一个小零食、玩 5 分钟玩具等。不太建议将玩 5 分钟手机等电子产品的使用作为奖赏，因为通常很难控制住时间，而当你喊停的时候，孩子因为不愿意而闹情绪，反而影响后面的任务完成。

困难 3：分心走神。

分心走神有两种表现形式，一种是小动作多，东摸西碰，还有一种是神游太虚，做白日梦。首先家长要理解，注意力涣散，容易走神，很大程度上与大脑内的神经递质浓度有关，并非完全是孩子故意的，也并非完全是学习习惯。因此，我们可以努力去帮助孩子，但也必须清楚，必要的时候，仍需要药物的帮助来改善孩子的注意力。

当然也并非完全没有办法去尝试帮助孩子。这一部分内容在执行功能的"分心怎么破"章节里已经提到过。

小动作多怎么理解？怎么破？

发呆神游怎么理解？怎么破？

还有印象吗？不记得了的话，就需要翻阅温习。实际上，记住答案内容并不重要，重要的是，阅读一部分内容之后，要在现实生活中去反复练习，直至熟能生巧。

有些稍微大一点的孩子可能会说，边听音乐边写作业注意力更集中。同样留心观察真实情况,如果孩子在他自己要求的音乐声中,作业效率确实提高的话,那么就允许他听音乐。一般来说,有助于专心的音乐多数是纯音乐,没有歌词,而且外放即可,无须塞耳机。

至于电视、电脑等电子媒介产品的声音,对于注意力是有害无益的。

困难4:抵触提醒。

如果家长还记得困难3中应对孩子分心的技巧的话,那么就知道其中之一是建立提醒机制。很多家长容易将提醒操作成"催促"或者"唠叨",又或者有的孩子因为自身情绪或学习动力的关系,比较抵触大人的督促提醒,从而发展为抵触作业学习。

可以尝试在作业开始之前,家长根据以前的情况,跟孩子商量,"今天你做作业,需要我提醒几次?"比如当天作业可能需要30分钟,按往常经验,孩子顶多坚持5~6分钟就会走神,那么就给他5次提醒机会。如果孩子坚持只同意被提醒3次,那么也可以只提醒3次,或者折中定为4次。

孩子完成作业时,如果出现走神的情况,家长可淡定地提醒他:"你正在完成数学作业第5题,继续专心完成。"孩子会回过神继续写作业,片刻后孩子再次走神,那么给予再次提醒:"这是第二次提醒了,加油。"当孩子第三次走神时,告诉他:"这是最后一次提醒了,接下来靠你自己完成剩下的作业了。"

这样的提醒机制,将一般的"催促""唠叨"转变为一种更好的策略,让孩子更愿意接受,且更能为自己的专注度负责,以及对自己分心的状况更有意识。

困难5:潦草应付。

有一些孩子,为了尽快把作业做完好交差,会字迹潦草,龙飞凤舞,也不在乎是否做得正确,马虎大意,他只在乎,用最短的时间把作业赶紧做完了事。

解决办法是,给孩子设定固定的作业时间。比如目前孩子的作业需要30分钟左右才能较好地完成,如果孩子10分钟内涂完了,家长可以说:"无论你是否声称作业已经写好了,你的作业时间就是30分钟,剩下的时间你仍然需要待在写字台旁完成学习任务,你可以练习计算,也可以阅读。"

另一个办法就是,根据孩子作业的正确率或整洁程度,给予奖惩机制。

还可以鼓励孩子在完成作业后自己检查作业的正确及整齐情况,如果能将错误都自查出来,也要给予鼓励。

家长注意,孩子只要愿意完成作业,就是值得肯定的表现,哪怕他再怎么做得不好,毕竟他去做了这件事情。千万不要出现,因为作业错误太多或字迹太潦草就撕掉作业或全篇划叉的现象。这实在太打击写作业的积极性了。

困难6：沮丧崩溃。

有时候，作业对于孩子来说，貌似是件不可能完成的任务。作业带来的压力、烦恼、沮丧，堆积到一定程度，当孩子难以承受时，可能会哭喊、吵闹，出现情绪爆发的现象。

当孩子情绪爆发的时候，可以按照之前介绍的冷处理的办法。不要去说理，孩子情绪爆发的时候，一切都是情绪在引导，主张逻辑、道理的脑区是不活动的。而且，这时候说理其实是很闹心的。不要去哄慰，如果每次孩子情绪爆发都需要靠哄哄抱抱，安抚安慰来好转，以后怎么办？

家长保持冷静，可以大概这样说："我能看出来，你觉得压力太大了。你慢慢平静下来后，我们再想办法继续。"

如果平时家长有尝试和孩子练习调整情绪的技巧，那么这时候，命名情绪就是个很管用的策略了。情绪一旦被准确地感受及表达出来，就不太会以崩溃般爆发的情况演出来。家长可以尝试说："你在大喊大叫，你觉得作业太多了，所以你觉得很生气。"或者："你写了这么久还没写完，所以觉得很沮丧，因此就烦恼地哭了。"

待孩子情绪慢慢平复后，不要取消作业任务，也不要完全不管，而是相比之前，稍微给予更多一些的帮助，陪伴孩子一起完成作业。

如果孩子是因为作业太多而沮丧，那么帮助孩子分割作业，一段时间只设定一小部分作业的目标。如果孩子是因为作业太难而沮丧，那么帮助孩子先完成简单的擅长的部分，陪孩子一起分析困难的地方在哪里，有何解决方案。

我们还可以尝试一个技巧就是：先完成容易的、感兴趣的作业，再挑战困难的作业。之前让家长观察过，孩子完成最快的和最慢的作业是哪一门功课？孩子最愿意和最抵触完成的作业是哪一门功课？很多时候家长习惯先啃硬骨头，觉得把难做的作业做完了，后续的作业相对轻松些。但实际上，这样容易将孩子的精力、兴趣消磨殆尽，反而不利于整体的作业效率。

先完成擅长的作业以传递成功感，强化他对于完成作业的信心和兴趣，这是他愿意和能够去挑战困难课程的基础。比如孩子很好地完成了数学作业，你就有机会大力赞扬孩子："你看，数学作业完成得又快又准确，相信接下来语文作业你也能同样做到的！"这样就能将孩子能高效正确完成作业的自信感和成功感传递到他不擅长的作业部分。

此外，完成擅长作业的过程中，可以将除了注意力之外的其他影响因素降到最低，并且是刚开始写作业，时间相对比较充沛，孩子的状态也是最好的，这时候练习新的提醒或自我提醒技巧,无论家长还是孩子,都更容易接受。

困难7:领悟较慢。

如果作业内容是没有很好领悟和掌握的,那么花再多的时间,也没办法胜任和完成。因此要留意孩子对于知识点的掌握情况。

要避免在孩子真诚回答"不懂"时予以训斥。有个笑话是这样的:

家长责问孩子:"你上课到底有没有认真听讲?"

孩子回答:"认真听了。"

家长问:"认真听的话,怎么这道题不知道怎么做,你实话实说!"

孩子回答:"没认真听。"

家长发飙:"你为什么上课不认真听讲?!"

孩子害怕,只好说:"我认真听了……"

循环往复。所以训斥孩子"不认真听"以及"没听懂",只会让孩子害怕承认这一点,而没有任何弥补效果。孩子以后不敢承认不懂,于是遇到不懂的题目就只能耗费时间"冥思苦想",可是不懂的知识,花费再多时间"冥思苦想"也不可能有答案啊。

家长需要明白的是,孩子的学习能力就跟身高一样,千差万别。有的孩子听一遍秒懂,有的孩子需要反复教导还难以触类旁通。有的孩子过目不忘,有的孩子在家里背熟了的内容到学校默写就忘得一干二净。

了解并且接纳孩子的学习能力,这些能力在正规的机构也能得到评估。如果不凑巧,孩子的学习领悟力比较慢的话,那么需要加强辅导,最常见的就是额外补课,如一些课后辅导班,就是用来弥补课堂学习内容吸收不足的。

如果孩子具体的学习技能,如书写速度慢、计算速度慢,那么平时就需要多加练习,熟能生巧。除了作业之外的时间,练习写字、绘画、填色、连线、数数、计算等相关技能。

最后,关于提高作业效率,还有两个细节值得注意。

一个是,在生活事件中锻炼效率。如果孩子在平时生活中都很拖沓,如刷牙洗脸吃饭等,那么要求他唯独在作业中高效运转起来自然是件很困难的事情。这就意味着,可以在平时某个特别的生活场景中,去开始着手练习孩子的速度。慢慢地养成孩子能快速完成一件事、两件事……一直到大多数事情的习惯。比如先练习1分钟内刷完牙,只要今天做到这一条了,就给予有力的表扬和奖赏。更多的细节可以参考执行功能的计划能力和时间管理的训练。

另一个是,抓大放小,避免舍本逐末。有个比喻是一个桶能装多少水是由最短的那根木条决定的,这也是根本问题之所在。很多家长经常在根本问题,如作业拖沓来不及完成,还没解决好的时候盯着另一个细节问题不放,如字迹潦草不够端正。

所以这厢孩子还在三心二意地写作业,刚写了几个字,根本来不及按时写完,那厢家长却认为字迹不够端正而把好不容易写出来的几个字擦掉了。尽管家长可能有自己的理由,如孩子的字太潦草了看不清楚,又或者学校老师要求字迹要端正到有顿笔有笔锋等。但不管怎样,家长要记住,无论什么理由,你当下很可能只能达到一个目标,要么按时写完作业,要么字迹工整。因此,如果提高作业完成效率是当务之急的话,暂时需要把对作业的质量放一放,问题需要逐个击破,不能眉毛胡子一把抓。

最后,在强调了一整节抓紧时间高效完成作业的最终,想唱个反调。如果上述方法都尝试过了,也使用对了,孩子作业速度仍然很慢,那么你就深呼吸,Let it go。找个安静的角落待一会儿,扪心自问"急个啥?"对,到底在急什么?也许你的脑海中会浮现成千上万个理由,但归根结底,有哪一个理由真的值得如此着急,如此生气吗?

所谓旅途的终点不重要,重要的是在旅途中的过程。同理,其实作业最终的那一本内容并不重要,重要的是孩子在这个过程中收获的学习能力和开发的大脑能力。而火烧火燎的着急,不仅徒增了压力,也损坏了学习的兴致和收获。实际上,我们不仅催孩子写作业急,我们日常生活总是急急忙忙赶往下一站,去银行、去医院、去超市,只要排个队就急不可耐,然后匆忙赶往下一站,究竟是什么?似乎人生永远在赶路,在着急。不如停下脚步,给点时间专注于当下,今天孩子究竟学会了什么?你帮助到了什么?生活中有什么值得欣慰和开心的细节?

通过观察发现,孩子目前独立完成家庭作业需要：_____
这个时间与同伴同学完成作业的时间相比：_____
当下设定孩子完成作业的合适时间目标是：_____

孩子何时开始完成作业(是否为其注意力状态好的时候)：_____
孩子在何地完成作业(是否为其注意力状态好的地方)：_____

孩子完成最快、最擅长、最愿意的功课是：_____（先完成）
孩子完成最慢、最抵触、最困难的功课是：_____（后完成）

孩子独立完成作业的时候,最长自己能坚持多久：_____
将作业拆成需要多长时间完成的部分：_____
在这个过程中,采用何种方式提醒孩子：_____
  有效果吗？孩子喜欢吗？你喜欢吗？
  以上任何一个问题答案为"否"的话请更换一种方式：_____
  这种提醒方式可以逐渐淡化提醒力度吗？_____
  如何帮助孩子建立自我提醒机制？_____

孩子学习能力和学习技巧如何？_____
需要进行额外的补课帮助孩子提高知识点的掌握程度吗？_____
需要进行额外的训练帮助孩子提高某个特定的学习技巧吗？_____

第三节　不喜欢学习,激发孩子学习动机

  关于作业攻坚战来说,最艰难的其实并非上一节的内容。只要孩子还有动力,愿意努力提高作业效率,只是缺乏相应的技巧或能力达成的话,那么家长采取恰当的督促方式,还是很有望达成目标的。

  前面所有的步骤,都是我们在用外力推动孩子。然而强扭的瓜不甜,如果孩子主观上不想走的话,家长再怎么努力推也事倍功半。最让人担心的是,孩子的学习动力如何？如果孩子不愿意写作业,那么就算他有再好的时间管理能力,他也照样会因为抵触而拖延不止。因此我对家长需要千叮咛万嘱咐的一点是,当你采取任何方法督促孩子完成作业时,请先想想看,这个方法长此以往,会让孩子将来愿意高效完成作业,还是会让孩子将来厌恶学习抵触作业？如果是后者的话,那么即使这个方法当前看上去有效,也请及时停止,因为那样无异于饮鸩止渴。最常见的就是打骂孩子从而逼迫孩子按时完成作业。

更糟糕的情况是,在孩子厌恶学习之后,还继续逼迫孩子学习的话,也会让亲子关系越来越紧张,家长的抚养压力越来越大。更有甚者,家长催促到心急火燎,轻者手拍桌子到骨折,重者急火攻心到心梗病危。

因此,除了日复一日疲于陪着孩子一起写完作业应付了事之外,还要想想办法,激发下孩子的学习动力。这是件难、很难、难于上青天的事情,如此困难,以至于我想用文学点的方式来表达一下。

这世上最难的事,大概莫过于让一个人爱上他本不爱的人或事。学习这件事,也是如此,爱,或不爱,学习任务就在那里,不离不弃。

文艺完毕,重回科学。从大人的角度,究竟做些什么,可以促进或者至少不损毁孩子的学习动力呢?

一、理解学习不快乐

学习不是一件快乐的事,至少一开始不是。因此不用欺骗或者强迫孩子乐意学习,我们换位思考一下,有多少家长迈入了觉得学习甚是快乐的境界?

学习的过程,尤其在攻克新知识的时候,是劳累辛苦的,因为这需要不断挑战自己的未知领域。承认孩子学习时付出的辛苦努力。然而,学习所付出的辛苦,实际上也是回报最丰厚的。有句话是,唯有两样东西是别人永远无法从你这里夺走的,一是吃进胃里的食物,一是装进脑子里的知识。

获得知识的愉悦感,征服知识的自我肯定感,是学习的最大正反馈。有的孩子会自然而然进入这个境界,从而越来越愿意学,学得越多,大脑知识体系就越丰富,再接触新知识时知识网络的激活越快,掌握新知识也越得心应手,越来越驾轻就熟。这就是为什么,爱学习的孩子,看上去学得特别轻松。其实并非因为学得轻松而愿意学习,实际是因为愿意努力去学,才越学越轻松。

兜了一大圈,似乎又回到原点,即一开始无论快乐还是痛苦,得去学,越学才能越轻松,越学才能越快乐。问题是,这个理儿,怎么让孩子明白?又或者,这个理,作为家长的大人,你自己相信么?再或者,即便信了这个理,确定面对如此枯燥乏味劳累的一件事,能坚持去做么?

二、给出快乐的条件

既然学习很可能不快乐,那么我们就想办法让孩子将学习和快乐建立起来联系。

只有学习任务完成了,就能获得某些特别的享乐权限。这样,完成任务就和获得快乐建立了联系。这个享乐权限,如电子产品的使用(当然,能够是别的更好),在除了完成作业之外的场合,是无论如何都没法获得的。这样也就促进了孩子为了获得享乐权限而挑战作业任务的动力。

有的家长可能会说,我的孩子什么都不要,只要不写作业就行。在这本书前面关于奖赏的章节我提到过,完全没有动力的孩子非常罕见,如果孩子出现无所谓的态度,那么可能是他不写作业照样也能获得满足,或者就是他不在乎这一项奖赏物。

我曾经见过一个八岁的孩子,据他父母说,只要不写作业,他可以不看电视,不吃零食,不玩玩具,在沙发角落那里两眼发直呆坐一整天。我见到孩子的时候,他的状态确实如父母的描述,呆懵呆懵的,我一度以为真的遇到了一个完全丧失动力的孩子。正当我觉得束手无策的时候,随口问了句:"待会准备干什么去呢?"父母说:"今天反正已经请假出来了,天气也不错,就带他去公园。"我尝试着建议说:"既然作业没完成,不如回家,干嘛去公园。"父母还试着反驳:"带他回家也不可能写作业的,不如去放松一下。"然而,按照父母汇报的既往情况,即使"放松"了孩子也拒绝写作业,因此我坚持建议:"先回家,写完作业才能去公园玩。"突然,一直一副什么都无所谓样子的孩子哇地一声大哭起来,原来,他不是全然无所谓,而是他知道,只要熬着,终归他有玩的机会。那一天,家长半信半疑地采取了这个建议,带孩子回家而不去公园,结果破天荒地,孩子当天完成了作业。

在给出快乐条件,即奖赏物的时候,避免用享乐权限贿赂孩子。比如先给孩子看电视,先带孩子出去玩等,希望孩子开心放松了,能有个好心情,就能配合去写作业。这时候,孩子往往会视作业为享乐的拦路虎,反而更加痛恨学习了。

三、做出正面的示范

在我们要求孩子热爱学习的时候,我们自己反省下,作为大人,我们有展现出热爱学习的态度吗?家长不要说,我们已经过了学习的年龄了。名言有的,活到老、学到老。因此,无论是你工作相关的,还是自身兴趣相关的,有没有去继续保持一种学习、求知的热忱态度。愿意花时间去提升新技能?还是只愿意刷手机玩游戏或者网购看视频?

我有听过一个家长抱怨说,孩子不好好写作业她特别生气,气得她一直骂孩子,以至于刷韩剧的时间都没了。我问她平时孩子如果写作业的话她在干嘛,她理所当然地回答说:"看韩剧啊。"

四、站在孩子这一边

家长切记,你的敌人不是孩子。家长要让孩子明白,他的敌人不是作业。你们相互不是对立面,作业也不是你们的仇人。你们是站在同一条战线上,你们需要一起攻克的是,新知识。作业只是达成这个目标的工具。

五、控制好电子产品

通常来说,电子产品是影响学习动机的。沉迷电子产品的人,很难有良好的学习动力,我们从来都只见过为了玩手机或者打游戏拒绝学习的孩子,从未见过为了玩好游戏、多看视频而花时间学习精进的孩子。

电子产品的使用,从一开始就要做好设置,避免等到冰冻三尺了再想着去钻木取火,要知道非一日之寒形成的问题,哪怕花一年之久也未必能妥善解决得好。至于电子产品如何做好管理,在本书"黑镜"一节里已有阐述,如果目前家里的电子产品管理欠妥,赶紧温习那些建议,行动起来。

为了监管好孩子,家长也应该监管好自己的电子屏幕使用习惯。避免一直开着电视,如边吃饭边看电视,甚至孩子边做作业家长边在一旁看电视。也许你以为电视的声音可以忽略不计,但实际上这种声音是一种噪声,对于孩子而言,这种噪声无时无刻都在挑战着他们的专注力。记住,孩子,需要一个安静的学习环境。

六、别忘了家务劳动

日常生活中,与看电视相反,另一样稀松平常的事情,经常被家长忽略,但却对孩子的学习动机、学习能力有着意想不到的帮助,那就是:家务。实际上,孩子在完成家务的过程中,其具体的动作技能,关键是大脑的认知能力,都得到了很好的锻炼和发展机会,还能培养孩子的责任感,提升孩子的自我价值感,此外,还帮家长分担了部分家务。一箭几雕?数都数不过来,何乐而不为?

七、讨论为什么学习

这一条我一直思索要不要放进来,因为似乎并没有很好的答案,并且很容易变成说理唠叨,反而导致反感。

希望家长在与孩子讨论之前,自己先想一下答案,然后换位思考一下,这个答案能否说服自己爱上学习,爱上作业。如果不能,那么建议考虑更换一下答案,再和孩子探讨。只是探讨而已,避免变成长篇大论的说理。

不知道读到这里,家长脑海中的答案是什么?我听到最多的理由是,"如果作业写不完会被老师骂""如果不好好写作业就是个坏孩子""如果不好好学习将来找不到工作没饭吃"……诚然,也许这是很现实的理由,但孩子心里是完全可以反驳的,老师不一定次次都骂,除了作业之外别的地方表现好也同样是个好孩子啊,至于找工作?找饭吃?啥意思?孩子 get 不了这个点。

当家长自己准备好了之后,可以偶尔心平气和地与孩子促膝长谈一下这个问题,说不定孩子的想法会惊到你呢。在此提供一些讨论要点供参考,可以是简单现实风格,比如:"你现在的身份是学生,学习和完成作业是你的主要任务,就好比家长工作和照顾家庭是主要任务一样。"也可以是高端大气风格,比如:"学习的奇妙之处在于,不仅能使不愉快的事变得没那么不愉快,还能使愉快的事变得更加愉快。"(这个理由反正说服了我,哈哈)

八、压箱底荣誉计划

这个方法很赞,但避免使用太频繁,只能偶尔使用。书中大多数技巧都强调反复多加练习,但荣誉计划这个技巧,需要控制次数,它的效果类似那种冲刺加油,打鸡血。

荣誉计划怎么做?给孩子表现好的学习行为封个名号,如"连续一周按时完成作业奖""完成作业时间提高 10 分钟奖"等。上网找个奖状模板,将孩子的名字和奖励封号写上去,彩打出来。某天找个时间,全家大人聚在一起,下载个颁奖音乐播放着,一位大人扮演颁奖嘉宾,给孩子郑重地颁发奖状,具体描述孩子在学习/作业方面进步的情况,并且采访孩子的感受。其他大人扮演记者,拿着手机咔咔拍照。

通常情况下,孩子都会觉得自我感受良好,这种感觉和他在学习/作业中的进步挂上钩,正性强化,激发学习动力,可以促进孩子以后更加努力。

1. 需要理解孩子的学习过程是:
   A. 尽量快乐教育
   B. 被折磨得太痛苦了
   C. 一开始可能是痛苦的

2. 孩子说"让我看一小时电视我就写作业",你应该:
   A. 既然他这么说了就看呗,看完他应该就写作业了
   B. 告诉他"在规定时间内完成作业可以看15分钟电视"
   C. 写作业是天经地义的事情,不许讲条件

3. 孩子完成作业的时候,你应该做什么?
   A. 陪着孩子,时刻提醒纠错
   B. 根据孩子需要的程度,适当提醒
   C. 忙自己的事,或者一边刷剧一边陪着

4. 电子产品的管理,应该是:
   A. 把孩子监管好就行
   B. 大人也要以身作则

5. 哪一项对于促进学习动力无明显帮助:
   A. 荣誉计划
   B. 家务劳动
   C. 正面示范
   D. 报补习班

参考答案:
1. C; 2. B; 3. B; 4. B; 5. D。

第四节　记忆攻坚战，让背书默写不再难

我们大量的学习内容，需要记忆。有的是需要死记硬背的，如唐诗宋词或者一首现代诗歌，从助词"的"叹词"啊"到标点符号，一个都不能错。有时可能还会让你感慨，让孩子一字不落地背诵这些内容意义何在？个人觉得吧，记忆，是一种必不可少的学习方式。

有的知识虽然以理解为主，但仍然需要很多记忆过程，即便是数学物理也要背公式，化学要背元素周期表。因此，记忆能力对于学习能力起了很大的影响作用。尤其在一些对理解要求并不高的学习内容上，记忆能力好的孩子就特别手到擒来。

记忆能力和一个人的注意力、理解力都有一定的关联，因此改善孩子的注意力，帮助孩子理解需要记忆的内容，都能促进记忆的深化。但即便两个人的注意力、理解力都旗鼓相当，他们的记忆力也仍然可能有天壤之别。有的人过目不忘，有的人转眼就忘。因此，如果孩子在注意力、理解力都尚可的情况下，记忆力仍不够理想，那么可能家长就得帮忙多想点办法，帮助孩子尽可能提高记忆能力和记忆效率。

以下是一些帮助孩子完胜记忆任务的策略技巧。

一、注意力是前提

注意力欠集中的时候，是很难记住内容的。因此要观察孩子，在注意力状态最佳的时间段进行背诵任务。有的孩子是早上，有的孩子是晚上，有的孩子在运动后，有的孩子在吃饱后，每个孩子各不一样，要找到自家孩子注意力、记忆力最佳的时间段。

二、巧用各种联想

有很多介绍记忆技巧的文章或书籍，内容主要就是依靠各种联想方法。如读音、形象、位置等。这个方法对有些内容，如公式会很有帮助，利用口诀记住元素周期表也是个好方法。

我举个自己的例子，当年学习英语"在生日那天"，我总是记不住用"in

birthday"还是"on birthday",后来就想,生日蜡烛要在蛋糕上面(on),因此是"on birthday"。其实是很无厘头的一个联想,但是这道题,此后就没再错过。

三、脑袋不敌笔头

如果光靠朗诵、背诵搞不定,那就一遍遍地抄写。书写过程中投入的注意力和对细节的记忆程度,是比一般视觉阅读和口头背诵要高出一截的。注意,这里不是罚抄,而是通过书写的方式帮助记忆。但很多孩子本身就不爱写字,如何鼓励他们用抄写来帮助记忆,这是个难点。

四、善用遗忘规律

重头戏来了,我觉得最好使的策略在这里,一开始使用会略嫌烦琐,但这是我每次背书考试的压箱底法宝。

这个策略源于艾宾浩斯的记忆遗忘规律曲线,即人接触到新的信息之后,如果不及时复习,就会遗忘,但如果及时复习,记住的时间就会越来越长。

不同的人,记住新信息后遗忘的时间肯定不同,但大体上可能存在以下几个节点:5分钟,30分钟,12小时,1天,2天,4天,7天,15天。根据这个遗忘规律,就可以设计出最合适的记忆复习时间点。一般来说,一次背诵任务会持续30分钟左右。因此接下来的6个复习点应该是12小时后,以及第1,2,4,7,15天后。

综合上面第三个方法,可以让孩子将需要背诵的内容誊抄一遍,然后背诵记住。在誊抄内容的旁边写下接下来的6个复习点的确切时间。每个时间点按时背诵复习了就用标签笔划去。

比如说,某次考试复习,6月15日晚8点识记的内容,要分别在6月16日早8点(12小时后),6月16日晚8点(1天后),6月17日晚8点(2天后),6月19日晚8点(4天后),6月22日晚8点(7天后)及6月29日晚8点(15天后)分别再记忆背诵一遍。

这个方法乍一看挺烦琐复杂,但仍要强烈建议家长们试一试,你会发现越往后,记忆就越轻松且越牢固,不容易忘。尤其很多家长会抱怨孩子前一天背得好好的,第二天到学校就忘得一干二净,或者等考试时就记不起来,这就是缺乏规律的强化记忆。而每一次彻底忘了再重新背,不仅费时费力,而且还记不牢。按照遗忘规律来识记,不仅记忆的时候更轻松,记得也更牢更久。

五、工作记忆游戏

如果总是拿学习内容让孩子练习记忆能力,可能孩子会觉得枯燥乏味,久而久之生出抵触情绪。但有些小游戏小任务也是可以训练工作记忆的,既充满趣味,孩子乐意玩耍,又能寓教于乐。

家长能想起哪些游戏吗?其实前文在执行功能那一章里专门有一节提供了不少有益的任务游戏,其中就有促进工作记忆的,有记得使用吗?如托盘游戏、配对游戏、格子游戏、我去超市、超市寻宝等。

1. 我家孩子记忆力最佳的时间段是:_____

2. 以下哪种方式在帮助孩子记忆方面不恰当:
   A. 帮助联想
   B. 誊抄下来
   C. 背不下来不许吃饭
   D. 背下来可以加餐吃个点心

3. 遗忘的时间节点,即复习记忆的时间节点应该是记忆后的:
   ____小时后,____天后,____天后,____天后,____天后,____天后。

4. 以下哪些游戏有利于促进工作记忆:
   A. 托盘游戏
   B. 配对游戏
   C. 我去超市
   D. 超市寻宝
   E. 以上都对

参考答案:
1. 略;2. C;3. 12,1,2,4,7,15;4. E。

第五节　写作攻坚战,作文轻松顺利搞定

几乎所有的学生,包括我们自己,在读书年代,对写作文为都是退避三舍的。有的孩子并非没有思路,相反,有时候他们文思如泉涌,但是当他们需要开始握笔把想法写成文字,从脑海中联想出与作文题目有密切联系的语句资源,将想到的所有信息组织排列成恰当的表达顺序,最终一个个字一句句话落地成文时,基本他们也就忘了该写点什么了。

尽管,学生容易在完成作文任务时非常纠结,但仍然有一些策略可以帮助他们更好地去完成。这节内容就总结了一些可以帮助孩子更轻松、更好地完成写作任务的技巧。

技巧1:巧用便笺工具。

给孩子准备一沓便笺纸,让孩子针对作文题目,想到什么就在便笺纸上写下什么,包括任何方面的内容。然后孩子可以将便笺纸按照恰当的顺序排列起来,尝试组成一段文字。

比如,作文题是"博物馆游记",孩子在回忆游览博物馆时,可能会东一榔头西一棒地蹦出一些念头,没关系,任何一小块内容都记录在一个便笺纸上,如:

— 阳台上的花儿很漂亮。
— 从阳台瞭望过去,有一栋最高的楼耸入云霄。
— 那天天气下着雨,地面上湿漉漉的。
— 博物馆里有个瓷器可以自己绘制颜色和图案,太好玩了。
— 博物馆院子里有很多猫,下午它们聚在一起吃饭,太有意思了。
— 楼梯上都是马头的造型,特别英俊。

写完之后,可以按照时间—地点—人物,或者按照某个特定的逻辑顺序排列各个便笺纸,组成一个提纲,比如:那天天气下着雨,地面上湿漉漉的;博物馆里有个瓷器可以自己绘制颜色和图案,太好玩了;楼梯上都是马头的造型,特别英俊;阳台上的花儿很漂亮,从阳台瞭望过去,有一栋最高的楼耸入云霄;博物馆院子里有很多猫,下午他们聚在一起吃饭,太有意思了。

这个技巧还有一点特别有效,因为可以根据每张便笺纸上的想法内容,进一步筛选比较,看看愿意将哪一部分展开来详细描述,从而保证在大思路的前提下,有重点的书写一些细节。而不至于为了描述细节(凑字数),而忘了整体的作文框架。

技巧2：从简单开始写。

任何练习都是从简单开始，逐渐提高难度。作文最简单的练习是什么？看图说话，这是写作的初阶任务。但可能有的孩子连看图说话都比较困难，那么就要降低难度，逐步练习。

一开始出示一幅生动的图画，最好选择孩子比较感兴趣的画面，然后让孩子给出一些关键词即可，通常就是时间、地点、人物。我们拿下面这幅图举例子。

第1步：帮助孩子说出图片的一些关键要素即可，如蜘蛛侠、钢铁侠、美国队长。

第2步：尝试说一个句子，可以是描述某个细节，也可以是讲述看到的事件。如："蜘蛛侠用蜘蛛丝牵住钢铁侠和美国队长。""钢铁侠和美国队长各自朝不同的方向走去。""他们3个人都攥紧了拳头。"等，任意一个句子即可，看到什么就可以说，不要求一定理解正确或逻辑连贯。

第3步：根据可能发生的故事，将上面的句子大概排个序。如："钢铁侠和美国队长各自朝不同的方向走去，蜘蛛侠用蜘蛛丝牵住钢铁侠和美国队长，他们3个人都攥紧了拳头。"

第4步：针对某一个句子，将其扩充详细描写成2~3个句子。如："蜘蛛侠用蜘蛛丝牵住钢铁侠和美国队长，尽管他非常努力，但似乎也拉扯不住了，整个人都悬在空中，他戴着面具，看不清表情，但头朝一侧扭过去，显得非常吃力。"

第5步：逐渐地，针对每一个句子，去扩充详细描写，这样文章就逐渐充实起来了。

同理，当书写主题作文时，也是这样逐步递进的练习方式。

我认识一个四年级的 ADHD 孩子，他每次写作文就是一场战争，有时候会通宵达旦地写，陪读的家长到最后熬不住睡过去了，第二天早晨孩子还能乖乖地做好早饭叫醒家长，可作文就是困难地一个字都写不出来。当时就是建议采用这个方法。学校老师也很配合，那学期的语文期末考试，作文不要求 400 字，只要求写完 1 个段落，包含 4 个完整的表达清楚的句子，就给及格分数。然后，破天荒的，孩子的语文及格了。家长老师都很开心，当然，最开心的是孩子。如此一来，大家就都有了继续更加努力的动力。

技巧 3：积累写作素材。

写作文时，比较困难的一点就是针对主题联想出描述的句子来。因此平时帮助积累些素材，是再好不过的应对方法。

给孩子准备一个他喜欢的本子，然后用便笺纸做好标记，这几页积累关于天气的描述，那几页记录关于人物的描述，还有关于动物的、心情的、花草树木的……然后平时阅读诗歌、报纸、杂志、故事书的时候，将相关的素材提取出来，誊抄在本子上（如果偷懒也可以剪下来贴在本子上）。

下一次写作文时，可以这样引导孩子："我们要写运动会的一件事对吧，运动会当天的天气是不是可以描述下？"然后翻开素材本，"我们看看别人是怎么描述好天气的呢。"俗话说"天下作文一大抄"，当然这里不是鼓励抄袭，但是我们都不是大作家，在练习写作的过程中，借鉴的句子多了，慢慢也就有自己组句的经验了。

技巧 4：练习修饰句子。

一篇好的作文得有生动的语言，而这恰恰也是相当困难的一件事。因此可以尝试练习修饰句子，先让孩子平铺直叙把事情写清楚，然后挑出一些句子，看看能如何装饰地更生动一些，提醒孩子尝试加入一些形容词，或者更换一些更生动、更有趣、更具描述性的动词。

如："我今天终于去了迪斯尼，我很开心。"这句话，去了什么样的迪斯尼呢？向往已久的？盼望很久的？到底如何开心的呢？一路上都兴高采烈？或者连蹦带跳。因此，如果是："我今天终于去了向往已久的迪斯尼，我开心得一路都在连蹦带跳。"这句子就被修饰了一番。

技巧 5：练习加入细节。

作文的字数要求一直是件很头痛的事情，说起来，孩子们都天真无邪涉世未深，哪有那么多"最难忘的一件事""最感动的一件事"去写啊。因此，为了达到字数要求，其中一个技巧就是要展开细节描述，而这恰恰是孩子们不擅长的。

不仅写作的时候,平常也可以逮着任何机会,练习细节描述技巧。比如在看完一部电影后,你和孩子轮流描述其中一个人物,然后猜测描述的是谁。或者你送了孩子一个很喜欢的文具/玩具之前,让孩子先详细描述一遍给你听。

彼得·杰克逊导演霍比特人时,不仅要求这几个霍比特人外貌年龄不一样,甚至要求哪怕从剪影上,其身形的总体特征,都必须有所区别,能被观众一眼识别出来。这就是对细节的注意。细节是使整体丰盈的基础。

技巧6:不要太过着急。

这有两个意思。其中一个是,不要太着急催促孩子迅速写完作文。写作文本来就难,如果孩子存在注意力问题,那么就难上加难。因此,如果在家完成作文,一定要预留出更多的时间。如果是考试的话,孩子又确实存在困难,可以与老师商量,酌情考虑给孩子延长作文时间;或者降低作文的要求;或者事后在家长指导下补写。

另一个意思是,不要太着急评价修订作文。孩子写作文如果很慢又很步履维艰的话,家长通常会感到着急,从而催促甚至代劳。如果时间允许的话,建议还是要让孩子尝试独立写完一整篇。不要因为孩子刚开了个头写得不好就赶紧指导修改,或者因为孩子写得不够好而给予批评。毕竟,孩子能成功写出一篇完整的作文,或者哪怕只是开了个头,都值得认同和赞赏。

当然,如果孩子书写速度确实比较慢,那么很可能还没来得及写完,本来还不错的作文思路就已经烟消云散了。这种情况的话,一开始可以让孩子说出自己的念头想法,家长像记录员一样帮助书写在便笺纸上或电脑上,然后一起排序删减,增加细节描述,最后让孩子再誊抄下来。

技巧7:鼓励记录日记。

写日记的目的不在于写多么正式、多么流畅、多么深度的文章,而只要有这个"写"的过程就可以了。可以制定目标为每天至少写10分钟,或者至少写300字,只要落笔为字就能达到练习将想法转化为文字的目的。

可以给孩子准备一个他喜欢的本子,这能增加写作的动力。鼓励孩子把日常生活中发生的事情和自己的想法记录下来。比如去看了场电影、去了趟游乐园、拜访了亲戚、外出吃了顿饭等。如果比较困难,那么可以帮助他开头,或者就描写某样看到的东西,也可以。给孩子准备些喜欢的彩笔和贴纸,促使他更愿意去记录。注意!家长避免偷看日记。

如果孩子不愿写日记,那么可以变成更有意思的一种形式,让他给你发邮件,或者发微信,简短地描述一下。这同样有写日记的效果,而且你还可以光明正大地看内容。

技巧 8：尝试通读作文。

让孩子在写完作文后通读一遍(朗读,读出声来),这样孩子能检查出不通顺的地方或者自己不满意的地方,从而有机会修改。还有一个很重要的作用就是,孩子如果写作欠佳的话,他是很难有机会在班上朗读自己作文的,但实际上,将自己写作的文字朗读出来,本身就是对写作成品的自我肯定感。因此,让孩子把自己的作文朗读给你听(聆听就好,不要急于批评或纠错),让孩子充分感受到"哇,这是我写的作文!"就是好的正反馈。

技巧 9：学演员背台词。

当你带着孩子读一本书,观一部电影,看一场动画片时,尤其当孩子开心地哈哈大乐时,不要就此一笑而过,问问看,究竟他喜欢什么？尤其可以刻意去回忆重复下里面的台词,这是积累词汇量和练习表达方式的天然时机。

技巧 10：养成阅读习惯。

阅读和写作能力是相辅相成的,读的文字多了,写的素材自然也就多了。怎么养成阅读的好习惯呢?

一件事越规律去执行,越能演变成一种习惯。因此,要建立全家规律的阅读时间,如晚饭后或入睡前雷打不动的阅读时间;以及建立全家规律的阅读地点,每个人有各自固定的阅读角落,阅读期间不相互交流,坚持阅读 20～30 分钟后,休息一会儿,可以再继续阅读 20～30 分钟,然后再相互交流。

为了培养孩子的阅读兴趣,可以让孩子挑选他喜欢的书籍,但是家长也需要帮忙甄别或者挑选一下,尽可能涵盖的方面越广越好。阅读的书籍不要完全由孩子决定,这样可能只是好奇和兴趣驱使,也不要完全由你决定,孩子没兴趣的话就会难坚持,可以你提供几本书让孩子选择相对感兴趣的,或者孩子提出他感兴趣的书,你帮忙甄选一下。阅读内容要符合孩子水平,一开始不一定要求阅读整本书,可以只是其中一个小故事。

定期举办家庭读后感汇报,给孩子提供素材,协助孩子制作汇报展板,然后大人们都坐在一起,聆听孩子汇报他阅读这本书的感受,这会有力地激发孩子的阅读动力。

如果孩子目前很难独立完成阅读任务,那么可以陪伴阅读。不要一味追求让孩子阅读更久,观察平常孩子能坚持阅读的时间,然后鼓励孩子在你的陪伴下,坚持更久一点。

陪伴的形式可以是多样的。年龄小的孩子,可以是你读给他听;年龄稍大的孩子,可以他读给你听。阅读结束后,要和孩子交流讨论,通过刚才的阅读,有什么体会和想法。帮助孩子温故，带领孩子知新。孩子通常工作记忆不是很理想，因此读过的内容可能转眼就忘了，询问孩子，帮助孩子回忆以前读过的内容，再开始阅读新内容。

记得控制好电子产品的使用，别说孩子，大人也一样，电子产品使用越多，也越容易忘了去阅读书籍。因此，大人要为孩子树立榜样的作用。如果你都不喜欢阅读，凭什么要求孩子喜欢阅读；如果你都不喜欢学习，凭什么要求孩子喜欢学习。因此，为孩子竖立一个榜样，比再多的口头说教都更有帮助。更何况，阅读，对任何人，都有极大的帮助。

1. 孩子写作文缺乏思路怎么办？
   A. 便笺纸方法，将念头记录下来，再排序整理
   B. 帮助孩子列出提纲，教他写

2. 孩子写作文特别慢，哪种不是合适的处理办法？
   A. 预留充分的写作时间
   B. 与老师商量考试适当延长时间
   C. 做孩子的记录员
   D. 催促孩子快点写

3. 孩子作文字数总是写不够，怎么练习？
   A. 练习修饰句子
   B. 练习加入细节
   C. 从简单开始，逐步扩展内容
   D. 以上都对

4. 平时做些什么，可以帮助提高写作能力？
   A. 帮助养成记日记的习惯
   B. 学演员一样背一段感兴趣的台词
   C. 找个喜欢的本子积累不同方面的素材
   D. 以上都对

> 5. 为了帮助养成阅读习惯,应该做到哪些?
>   A. 建立规律的阅读时间和地点
>   B. 帮助孩子甄选书籍
>   C. 必要时陪伴孩子阅读,讨论阅读内容
>   D. 控制好电子产品
>   E. 以身作则
>   F. 以上都对
>
> 参考答案:
> 1. A;2. D;3. D;4. D;5. F。

第六节　考试前冲刺,好状态考出好成绩

虽然说我们一直对国内的"考分考分,学生的命根"现象嗤之以鼻,对"一考定终身"的高考制度感到千军万马过独木桥一般的忐忑不安,但不可否认的是,目前,这种考试制度仍然是相对公平的一种考查方式。除了大考之外,每个学期的考试也是一场难关。考好了,家长孩子都能有个好心情过个好假期。然而备考期间,通常学习节奏加快、学习任务加重,会让平常勉强还行的注意力状况显得捉襟见肘,从而给孩子家长都平添了不少压力。

既然备考和考试是相对短暂的一段特殊时期,就跟跑步接近终点那一段跑道一样,是可以找到一些保持良好体力和心态的冲刺方法的,不说超水平发挥吧,至少正常发挥出本身具备的能力水平。

先说备考期间。其实大多数原则还是和整本书之前提到的各个要点一致,这里把在备考这段特殊时期的要点单拎出来再嘱咐一遍。

一、提高动力

学习动力是根本。如果孩子对功课毫无兴趣,对考试根本不在乎,那么想让他专注完成复习任务,几乎是不可能完成的任务。当然,学习动机的培养也不是一日

之功。如果家长阅读这本书时已濒临考试,还没来得及采用前面的策略培养孩子的学习动力,那么备考的紧急复习阶段,可以采用哪些策略尝试提高下孩子的学习动机呢?

1. 建立考试复习的专门奖赏机制

今天的复习任务完成了,就可以得到相应的享乐权限。既可以把当天的复习任务分割成一小部分一小部分的,每一部分完成了,都可以得到一个小犒劳,哪怕一个小零食,家长的一句热情洋溢的鼓励都可以算数的;也可以设置考试结束后的大奖赏,坚持每天完成复习任务到考试结束(无论分数如何,因为分数受很多因素影响)就可以得到什么,如出游的机会等。将奖赏可视化,比如可以将出游的目的地图片打印出来,张贴在显眼的位置,只要坚持到考试后,就可以享有这份快乐了!还可以用倒计时的日历图表方式,帮助孩子坚持最后的一段冲刺。

2. 将复习任务分割分批完成

每次的复习目标,只是完成其中一部分,而不是全部所有的任务,这可以从某种程度上,减轻复习任务带来的压力,让孩子不至于觉得"太多了""做不完"从而彻底放弃尝试。实际上,有研究发现,学习记忆知识时,分散时间的学习比持续作战的学习要有效地多。然而现在因为家长工作比较忙,经常是家长好不容易有空督促了,就集中时间打持续疲劳战。疲劳持久战术始终没有劳逸结合来得效率高,因此尽量将复习任务分割成小部分来进行,每完成一部分就稍微活动一下胳膊腿,或者看一眼窗外的绿色环境,让大脑缓冲一下,再进行下一个任务。尤其长时间集中注意力困难的学生,更加需要这个技巧,有的学生可能需要不断变化复习科目的内容才更有利于集中注意力,这个可根据学生自己的喜好和习惯来决定。

3. 先复习擅长的功课以传递成功感

强化孩子对于完成复习任务的信心和兴趣,这是他愿意和能够去挑战困难课程的基础。比如孩子很好地复习了擅长的数学内容,你就有机会大力赞扬孩子:"你看,今天的数学知识点复习得又快又好,相信接下来复习英语时你也能同样做到的!"从而将孩子能高效完成复习任务的自信感和成功感传递到他不擅长的功课。

4. 尝试进一步限制电子产品的使用

非常时期更加需要限制好电子产品的使用情况,根据孩子既往的使用情况,进一步减少使用时间。不要一下子压缩太多时间,否则很可能会引起孩子的对抗情绪。家长最好陪伴孩子一起限制电子产品的使用,不仅以身作则,也表示出你对孩子复习的支持和陪伴。

5. 全家提供备考复习的家庭氛围

这个意思并不是说全家无时无刻都紧张兮兮的表示对考试的担忧紧张,而是指全家大人对孩子复习阶段表现出更多的理解和支持。这样的家庭氛围对于促进孩子的备战动机也是更加有利的。

二、改造环境

心理学中有一种观点是,人做得不好,是因为环境不够好,环境是可以改造得尽可能减少人们犯错,帮助人们做得更好的。因此,我们需要改造环境以尽可能地帮助孩子更好专注更少分心。

1. 固定复习的常规时间和地点

一般来说,越固定,越规律,坚持越久,越容易形成稳定的习惯。因此每天孩子复习的时间要尽量安排固定下来,什么时候复习什么功课。不仅时间要固定规律,地点最好也要固定下来。选择一个相对安静的角落,光线良好,周围的环境尽量简单,避免过多刺激源引发孩子分心。

2. 定期整理甚至清空桌面

桌面上不要堆太多乱七八糟的东西。这就意味着,至少每周都要挑个时间,带孩子一起,收拾整理书桌。整理书桌的过程,既让孩子感受到了对作业地点的重视,也培养了孩子的组织条理性。整齐的书桌,能减少不必要的干扰,从而更促进作业当中的专注程度。这个策略尤其适用于复习功课时容易东摸西碰从而分心走神的孩子。每次完成一项作业之前,只给孩子必需品,其他的物品全部收起来放在课桌以外的、孩子接触不到的地方。如果复习时不需要直尺,则不要给尺子;如果孩子用完橡皮后会抠着玩,就由家长保管橡皮,需要擦除时再给孩子,用完后再马上没收掉。

3. 保证安静是很重要的

孩子复习的期间,家长避免看电视、玩电子游戏、大声喧哗,争取尽量减少来回走动、开关门窗、说话聊天。陪伴复习的过程中,除了必需的督促提醒外,避免过分频繁的唠叨斥责。

三、集中火力

有益于注意力的习惯,平时只需要大部分日子做到了,就可以。但是备考的特殊时期,应尽量保证每天都做到,从而不遗余力地保持良好的身体和心理状态。

1. 饮食管理

最重要的是记得提升优质蛋白质的水平,蛋白质是促进注意力,保持专注的重要成分之一。所谓优质蛋白质,是指瘦肉、鱼虾、鸡蛋、豆类,未过度加工的坚果。虽然建议提升蛋白质水平,但避免突然大幅度提升,以及注意烹饪方式要清淡,否则暴饮暴食,容易造成消化不良。饮食的调整尽量在复习备战阶段,避免考前突然调整。考试当天尽量遵循平时的饮食习惯,而且最好在考前1个小时用餐完毕,避免血液囤积于消化道系统,而使大脑相对缺血,影响考试时的大脑运转。

2. 适当运动

每天尽量能够安排30分钟左右的运动,至少20分钟,合理的运动对注意力和记忆力均存在促进效果。很多家长觉得备考复习时间已经不够用了,没时间去专门运动。这时候可以将运动融入孩子的复习生活中。如晨起后让孩子带着狗遛一圈,或者骑自行车去学校,或者在小区花园里慢跑几圈,都可以很好地促进大脑进入专注学习的状态,缓解不良情绪。如果天气比较差的话,可以跳绳、爬楼梯。

3. 统一步调

备考期间尽量将作息调整至与考试相同的步调。不同的时间段,复习或者模拟练习的科目内容应尽量和考试安排一致,比如考试当天是上午考语文,下午考数学的话,就上午做语文题,下午做数学题,这样可以将孩子的答题兴奋时间调整得与考试协调一致。

4. 保证睡眠

在睡眠时间,大脑会进行吸收、重整和记忆学过的内容,因此,宁可复习内容完不成,也要尽量避免熬夜,更不要通宵作战,这只会损害大脑的学习能力。

5. 冥想放松

每天花5~10分钟时间,给孩子提供一个安静的角落,为他播放一些舒缓的音乐,聆听这些让孩子觉得放松但不至于犯困的音乐,让孩子想象放松安静的场景或时刻。尽量让孩子靠在沙发上或平躺下来,肚子放松,缓慢悠长地一呼一吸,这种放松练习不仅帮助孩子静下心来,排除杂念,更好专注,也能消除紧张情绪。

四、轻松上阵

说完备考的复习阶段之后,就进入了濒临考试前的日子,如何促进孩子在考试这几天以良好的心态、体能、精力和专注力,发挥出实力从而高质量地答好每一题?

1. 强调已经掌握的知识

在备考阶段,复习过程中肯定会发现遗漏的、未掌握的知识点,这时冷静学习,尝试捡漏就好了。避免吓唬孩子:"天哪,你怎么这个都不知道!"这样会无端增加孩子的焦虑恐慌情绪。越临近考试的时候,越多跟孩子强调他已经学会了和掌握了的知识,让他明白今天学会了什么,考试的时候把自己学会的都答出来就好了。如:"看,我们又多学会了一个知识点。"这样能更好地增强考试信心。

2. 强调眼前别担忧未来

备考阶段,主要强调把每天当下的复习任务完成就可以了,就达到目标了,避免过分去忧虑未来,考得好要怎样怎样,考得不好要怎样怎样。因为未来的考试结果是无法确定的,还是个未知数,对未知数做过多假想,容易增加焦虑不安的情绪。只要告诉孩子,我们把眼下的复习任务完成了,就很不错了。

3. 大考重要但并非唯一

我们既要强调这件事的重要性,从而让孩子更认真地投入到备考复习中,但避免一味强调"只有考上重点,将来才有出息"或者"考试失利就完蛋了"这样的绝对观念。因为灌输了这种想法后,孩子会战战兢兢,担心万一考试成绩不理想,就意味着失败、完蛋,对尚未到来的未来充满恐惧。

4. 那些练习过的小技巧

越是临近大考,越要避免自乱阵脚。家长要陪孩子一起,更加留意情绪镇静,复习有条不紊。别忘了那些曾经练习过的小技巧,如放松冥想、合理运动、绿色环境、健康饮食等,不仅对提升注意力有帮助,对缓解焦虑情绪也有着不可小觑的功劳。

5. 提前与老师沟通方案

如果根据你对孩子的了解,很清楚他在考试期间,极有可能会出现来不及完成,或者作文写不出来等情况的话,提前与老师协商下应对方案。如是否可以为孩子延长考试时间,或单独在老师办公室完成,或带回家完成。原则是无论如何这张卷子是要完成的,沟通的解决方案不能是帮助孩子逃避任务。

6. 必要时不要讳疾忌医

如果孩子在备考期间,持续 2 周以上,几乎每天大部分时间都处于紧张忧虑、烦躁不安的状态,有可能还影响了胃口和睡眠,这说明可能孩子在备考期间产生了一些情绪问题,难以自行排解,那么希望家长能够带孩子到专科门诊咨询,寻求专业医生的帮助。

7. 考试结束后回顾评价

考试结束后,回顾这次备考的情况,复习时间是否充分,下次是否需要提前更早开始准备复习。复习策略是否管用,如果有不管用的地方,下个阶段尝试哪个新策略?复习过程中,自己和孩子分别有哪些方面完成得还不错,可以给予怎样的肯定和奖赏?要知道,家长自我嘉奖,会提升抚养信心,缓解抚养压力,提高抚养效能。孩子获得肯定后,会促发其对于学习的动机和信心。

8. 考试后多方相互联系

家长需要与孩子学习相关的其他人联系沟通,从而获得反馈,进而调整下个学期的学业管理方法。跟老师取得联系,回顾这学期孩子的表现。包括上课听讲的情况(包括不同的课程,还有独立的自习课),参与班级活动的情况,与同学相处的情况,完成课堂任务的情况等,有哪些进步?有哪些不足?感谢老师细心的观察和对孩子的帮助,一起制定下学期对孩子的要求和计划。如有需要,将这些情况反馈给孩子的医生,必要时预约好孩子假期的复评估,这些都有助于医生帮助制定接下来的药物或非药物干预计划。

1. 下列哪种备考复习方法更有效一些?
   A. 集中时间持续复习
   B. 分散时间分割复习

2. 先复习哪一类复习任务?
   A. 简单的,擅长的,传递可胜任的成功感
   B. 困难的,不擅长的,先啃硬骨头

3. 有利于提高复习效率的环境是怎样的?
   A. 定期整理桌面,必要的话清空桌面,减少干扰
   B. 保证安静,家长尽量避免看电视、打游戏、喧哗走动
   C. 复习的时间和地点保持固定,养成规律
   D. 以上均是

4. 以前练习过的注意力技巧,备考期间应该如何?
   A. 尽量坚持做到,因为同样有益
   B. 特殊时期先应付考试,无须浪费时间实施这些技巧

5. 考试前夕,复习时发现未掌握的遗漏知识点怎么办?
   A. 天哪,这怎么行,这都不知道怎么考好试?
   B. 幸亏发现了,你又多掌握了一个知识点

参考答案:
1. B;2. A;3. D;4. A;5. B。

第七节 与老师合作,改善孩子在校表现

教室是提供学习的地方,无论老师还是家长,都希望孩子能在这个环境里,吸收尽可能多的知识,获得尽可能大的成长。但是 ADHD 恰恰就会影响孩子自己的学习和成长,不仅如此,甚至可能会影响课堂纪律,打扰其他孩子。

儿童 ADHD 问题不单单是个医学问题,帮助 ADHD 儿童不仅需要医生的诊断和干预方案,也需要家长能遵从医嘱、坚持治疗和努力配合,而如果想进一步提高 ADHD 的孩子在教室里的表现,除了医生和家长之外,也需要老师的共同努力。如果家—校—医能够多方合作,往往能对孩子起到最大的帮助。

学校其实可以很好地配合家长和医生来帮助孩子应对 ADHD 在学校带来的问题。老师通常是首先察觉到孩子的 ADHD 行为表现的,从而能够向家长、监护人或者医生提供相关的信息,从而帮助诊断和治疗。与此同时,老师和家长可以通力合作,共同帮助孩子应对学习问题,支持孩子在家以及在学校的学习表现。不过,可能需要老师了解关于 ADHD 的科普信息,以及掌握一些针对 ADHD 儿童的特殊管理技巧,从而更好地帮助孩子改善在教室里的行为,使他们更有效地学习。

一、家校沟通很关键

家长和老师之间保持开诚布公的交流沟通是很关键的。为什么?答案显而易

见。学龄期儿童每天接触的大人中,除了家长之外,剩下时间最多的就是老师。良好的沟通是家校精诚合作的基础,而这又是帮助学生(尤其是小学生)在学校获得良好表现的基础。

然而,说起来容易做起来难,就跟家长医生保持良好沟通一样。理想很丰满,现实却很骨感。而学校和医生之间的沟通,则难上加难。

在我自己阅读 Barkley 教授的著作《taking charge of ADHD》时,对于里面关于学校沟通的章节,倍感同意的同时又倍感无奈。很多沟通协商的内容是很有意义的,尤其对于 ADHD 学生,更加至关重要。但很无奈的是,在国内目前的教育环境下,实现这样的沟通,达成这样的愿望,几乎没有太多的可能性。尽管如此,我们仍然要怀揣着希望,在有机会的时候,继续推进我国医学、教育、抚养等多个方面的发展,从而更好地帮助学生的学校表现。

当下,我们更多需要努力的,仍然是在适应当前大环境的前提下,做到力所能及的努力。

1. 要理解老师的困境和压力

之前提到的无奈,并非任何人的过错,更加不可能是孩子某个老师直接的过错。因此,要理解孩子老师的压力和困难。老师要管理整个班数十个孩子甚至更多,因此很难与每一个孩子的家长都产生深入的沟通交流。与此同时,每个家长白天也要为了生计疲于奔命,不仅时间有限,精力也有限。因此,老师和家长碰巧都有意愿和精力交流的时间空当,就非常稀少。

如果恰好孩子在学校的表现不尽如人意,甚至可能存在一定破坏性的时候,家长老师的交流就会变得十分尴尬难受。比如一个 ADHD 学生,不专心的话就直接给完成学业任务制造了重重阻碍,而坐不住、话多插嘴的表现会直接影响课堂纪律,冲动和缺乏耐心的表现很容易导致同伴矛盾,如果学生同时还合并了对立违抗或情绪问题的话,那么会给老师的教室管理带来重重挑战。

老师可能会觉得家长不够配合和努力,家长可能会觉得老师太过挑剔和严苛。这些不舒服的感受,可能会让彼此,尤其让家长,回避与老师的沟通。放弃沟通,相当于放弃了帮助孩子重回正轨的机会。最终发展到孩子座位被调到角落,或者老师对孩子的学习状况不闻不问,似乎一副任由孩子自生自灭、放任不管的状态,家长又会觉得格外心酸和委屈,甚至可能生气。

实际上,大部分老师是有他们的无奈之处的,作为一个班级的老师,也很难做到为了帮助好某一个孩子,而放弃其他数十个孩子的教学进度。关键是,也许老师自己也很困惑,对于该如何帮助一个 ADHD 学生也是感到束手无策的。理解老师的困境和压力之后,也许家长会怀揣一个更平和的心态,去争取老师的帮助,而并非去责怪老师的"放弃"。

2. 是否告诉老师孩子的诊断

很多 ADHD 家长在跟老师沟通孩子的学业情况时,都会产生一个疑惑:要不要告诉孩子的老师,孩子存在注意缺陷或/和多动冲动方面的问题,或者孩子被医生诊断为 ADHD 了? 不同的家长读到这里时,自己心里或多或少会有一些相关的想法。

有的家长坚决不愿意告诉老师,理由主要是:担心老师会在对待孩子时存在偏见,戴有色眼镜;不想在孩子成长的过程中被贴上 ADHD 的标签;自己内心依然不太能够接受孩子 ADHD 的诊断。

有的家长则愿意告诉老师,理由主要是:老师如果得知孩子的表现不是故意的,而是因为 ADHD 这个疾病,也许在要求方面更宽容些,或者给予更多的帮助;能更多地理解孩子而不是一直责备孩子。

究竟哪一种想法的家长是正确的呢? 相关的调查研究,似乎带来了一些坏消息。结果发现,如果老师明确得知某个学生确诊为 ADHD 的话,那么确实在看待这个学生的行为时,可能会带有渲染加重的色彩。老师们会觉得他们的行为问题更严重,对教室纪律破坏更明显,和同学之间相处冲突更多。

除此之外,老师在和明确诊断为 ADHD 的学生相处过程中,唤起的负性情绪更多,也就是说他们会更容易觉得心烦苦恼,随之感到压力倍增,且对于该如何管理他们感到不知所措,缺乏信心。

当然,还是有一些好消息的。比如,当老师获知学生被诊断为 ADHD 后,会更愿意为其提供额外的学习支持,更愿意在教室里为其实施一些特别的管理策略帮助孩子更好地适应课堂,以及更愿意配合家长采取的干预治疗,包括药物治疗。

似乎看到这样的结果,大家会略有些心灰意冷。虽然如实告知老师孩子存在 ADHD 问题存在一些正性的方面,比如老师能意识到问题的严重性,从而更愿意陪伴孩子和家长一起,寻求更多的解决问题的方法,尝试给予孩子更多的帮助和支持等。但与此同时,老师获知学生 ADHD 诊断所带来的先入为主的负性影响也是切实存在的。老师如果与孩子相处时负性情绪多且管理信心不足,很容易引起对孩子的绝望和放弃,从而限制对于孩子的付出和努力,继而与孩子的学业成功休戚相关。

读到这里,权衡利弊,是否很多家长选择隐瞒 ADHD 的诊断呢? 表面上看,似乎告诉老师孩子被诊断为 ADHD 确实存在诸多不利影响,但仔细想想,是不是不告诉就等于不存在呢? 孩子的表现就在那里,不会因为你不说,他就不表现为注意缺陷或者多动冲动。孩子的困难也就摆在那里,听课、完成作业、与伙伴相处、与老师相处等等，即便家长隐瞒不说，老师也会根据自己的观察有所判断。所以，与其想办法隐瞒诊断，不如想办法消除老师对于 ADHD 的负性偏见。

所幸是这样的办法是存在的。同样，研究调查显示，老师接触的 ADHD 学生越多，对于 ADHD 的偏见就会越少。这就是为什么越有经验的老师，越能够理解和体贴 ADHD 孩子和家长。这也是为什么，关于"是否告诉老师孩子的诊断"这个问题，没有统一确定的答案，而是要根据具体情况来看。

如果老师对于 ADHD 认识比较科学，比较接纳，不带太多负性偏见，那么告诉老师孩子的诊断，会让老师能更好地理解宽容孩子，并提供更多的帮助；反之，如果老师对于 ADHD 认识欠妥，带有较多负性偏见，那么可能暂时隐瞒诊断是更好的决定。

可惜的是，老师对于 ADHD 的经验是我们不能掌控的。研究发现，对老师进行 ADHD 知识的科普宣教，有利于消除他们对于 ADHD 学生的负性偏见，不至于将问题看得更严重。但这还不够，同时要对老师进行教室里管理 ADHD 学生技巧的培训，同时加入帮助老师缓解压力和减轻负性情绪的方法，接受这样全面的 ADHD 专业培训后的老师，对帮助 ADHD 学生大有裨益，因为可以消除负性偏见，同时增加正性帮助的意愿。

更可惜的是，具备这些专业知识的医生，想与有意愿培训老师的学校对接上，实属不易。目前家长可以考虑的，将这本书里面的相关内容复印下来，或者将重点划出来，送给老师看。至少要包括以下两大方面的主要内容：

— ADHD 的科普知识（第 6 章）
— 教室管理 ADHD 学生的技巧（第 7 章第 7 节）

3. 交流哪些内容更加有帮助

听过一个佳句：学习是最有用的解决方式，抱怨是最无效的解决方式。因此，家长在和老师交流的过程中要避免抱怨。抱怨很容易传染负性情绪，让两个人站在敌对面，而很难统一战线去解决问题。

可以简单解释，也许可能哪些原因造成了现在的麻烦，如："孩子自控力不太好，可能让他坐不住，听课有些走神。"但要避免抱怨，更不能推卸责任，如："孩子还小，总归有些不专心""学习不够有趣，所以才会不专心""孩子在家写作业挺专心的啊"，等等。

建议与老师交流学校的规则、班级的要求、孩子在校的日常安排、孩子作业的常规要求，可能会有助于学生的在校表现。儿童的适应能力还在发展当中，因此当家庭和学校两个环境相差甚远的时候，有的孩子会很容易表现出不适应，从而出现格外回避一个场景。

最常见的情况是，一部分幼儿拒绝去幼儿园，因为在幼儿园不能随心所欲。上课时间就得坐在小板凳上，喝水吃点心上厕所玩玩具可能都定时定点。但是在家，想什么时候做什么就做什么。在幼儿园，如果表现不好，如乱扔玩具、与小朋友推搡等，可能会被指正；在家，如果表现不好，家长可能睁一只眼闭一只眼无所谓。于是，孩子逐渐就拒绝去幼儿园，被约束的感觉太差劲了，宁可待在家里"自由"玩耍。

同理，学龄期和青春期的孩子也有类似情况，而且通常是某次生病之后，发现可以待在家里，无拘无束地玩手机看电视，然而学校却严格限制电子产品的使用。在家里从早到晚就是"葛优躺"，吃吃睡睡玩玩，舒服自在。在学校却是一节课接着一节课，动完脑子学单词就得继续动脑子背元素，太辛苦了。于是乎，拒绝去学校。

因此，要了解学校的生活常规，了解学校和班级对于行为和作业的常规要求，在家里即便休息日，也尽量贴近这些常规安排，遵守这些常规要求，孩子身处的环境越接近越统一，他在切换不同环境时就越轻松。

家长要充分利用见到老师的时间，高效沟通。这里有个总的原则，如果老师汇报好消息，那么记得感谢老师的专注和付出，然后问下一步自己还需要做哪些方面的努力；如果老师汇报坏消息，需要解释的话简单解释，赶紧商议下一步的解决方案，别一直停留在对问题的抱怨或对原因的纠结上，而是要尝试去一起解决问题；如果老师没有反馈，你也可以主动询问关于孩子的一些关于学习表现、伙伴相处、活动参与等情况，从而更了解孩子在学校这个重要的公共场合中的能力水平。

— 孩子在您的课上表现如何？
— 上课时孩子有积极发言，参与讨论么？
— 您觉得孩子掌握现在课程内容还顺利吗？有存在什么困难吗？
— 孩子的家庭作业每天都记得上交吗？您觉得还有什么方面需要改进的？
— 孩子与其他同学相处得还好吗？
— 孩子在班上有好朋友吗？您觉得他与朋友互动还可以吗？
— 孩子在课余时间里比较喜欢进行什么活动？
— 最近一个月，您觉得孩子的表现、心情有什么变化吗？
— 最近学校或者班级有什么活动是需要我督促孩子完成的吗？
— 您觉得隔多久跟您会面一次比较合适？一般什么时间您比较方便会面？
— 我平常日有工作，周末休息的时候有什么需要我参与协助完成的活动吗？

如果您是一位 ADHD 儿童的家长，且老师对于 ADHD 持开放、接纳、学习的态度，那么还要尽可能与老师沟通一些关于 ADHD 的科学知识，当然前提是家长自己获得的信息是正确科学的。

家长需要明白的是,老师虽然接触的孩子更多,接触的ADHD孩子可能也不少,但是大多数情况下,老师并不太会去学习ADHD的专业科学知识。有些老师自己悟性比较好,可能会根据自我经验总结出一套方法,也许管用。但不排除有些老师,可能和家长一样,会对ADHD先入为主地有一些判断,或者道听途说一些不实的信息。如最常见的就是,有些老师推荐家长带孩子就诊,会直接建议查微量元素,或者直接建议配什么药上课时吃。实际上,这并不合适。就好比医生对教育不熟悉,老师同样对诊疗不熟悉,因此相互应该合作,而非干涉。作为家长,应该搭起老师和医生之间的桥梁,在学习知识方面采纳老师的建议,在诊疗疾病方面遵守医生的嘱咐,并且将双方的信息进行传达,从而打成校—家—医三方合作的帮助孩子的最佳模式。

以下是对于ADHD常见的误区,请以真诚交流的方式传达给老师,帮助一个老师走出误区,就相当于帮助了不计其数的ADHD学生。

— ADHD是因为大脑内负责注意力等认知功能的神经递质功能失调导致的,并非因为血液里某个微量元素过多或过少导致的。当然,ADHD儿童可能存在缺锌缺乏维生素D等情况。以及,这种大脑的功能失调当前并没有相应的仪器检查可以查得出。

— ADHD是一种心理行为发育障碍,不是因为孩子性格、智力、教养、品质等情况造成的。当然,可能有的ADHD学生确实智力不好,但也有的ADHD学生很聪明,成绩很好。因此,成绩好坏不能作为判断是否存在ADHD的标准。

— 虽然ADHD是一种疾病,但不是大众口中的"心理有问题",或者有"精神病"。更像是哮喘或糖尿病,需要长期使用某种药物控制症状。或者更像是近视眼,需要配戴眼镜矫正视力。因此,尽可能去理解孩子的困难,他遭遇ADHD的困扰已经很不幸了。

— 虽然ADHD在学生年代仅影响的是上课和作业,但实际上ADHD对孩子的执行功能发展有着深远的影响,而执行功能决定了孩子将来工作生活等各方面的能力。药物是帮助孩子控制ADHD症状从而得到更好的功能发展,不仅仅是应付作业和考试。

— 药物本身并不能改变学习成绩,成绩与孩子的智力、知识储备、具体的学习技能、学习动力各个方面均有关。药物只是帮助孩子在愿意专注学习的时候,有能力保持专注,发挥出其原本具备的能力水平。

— ADHD孩子在教室里通常会出现一些难管的行为,可惜目前国内教育环境并不能为他们专门提供一些合适的特殊帮助,因此不得不需要老师在普通班级里,为ADHD学生尝试一些特别的管理技巧,从而帮助他们表现得更好。

4. 促进家校沟通技巧更通畅

实际上,每个学生或多或少都会在学校里遭遇一些困难,家校的良好沟通能够更好地帮助孩子化解困难,发展更好。以下是一些促进家校顺畅沟通的技巧,可以尝试看看。

重点在解决而非抱怨:这一条几乎是反复在强调的内容,家长自己避免持续抱怨,也避免陪着老师一起抱怨。比如:与其不断抱怨:"孩子最近实在太不省心了。"不如讨论"似乎他最近作业完成的速度非常慢,这确实让人不省心,有什么办法可以帮帮他?"

问题越早提越容易解决:冰冻三尺非一日之寒,但往往小冰块又很容易让人忽略不计。家长可能不想小题大做,或者不愿给老师留下坏印象,于是尽量将孩子的问题藏着掖着。事实是,问题如果没解决,只会一直在那里,是纸包不住的火,是越滚越大的雪球。越早提出来,问题越小,越好解决。

定义行为不要贴标签:接上面,提出问题,只是提出具体的问题行为,不要去给孩子贴标签,这样才会造成偏见。比如可以提出:"孩子在家遇到点挫折就会抱怨放弃,不知道在学校是否如此?"时刻记得你们不是在应对一个坏孩子,你只是在帮助孩子去改变一些可能给他带来更多麻烦的坏行为。

表达具体顾虑和目标:实际上如果做到了避免一味抱怨,能够去定义具体问题行为的话,这一条也是顺理成章的。避免泛指,如:"孩子最近表现太差了!"而是要描述具体的顾虑,如:"他最近作业总是拖到很晚才能完成。"以及具体的目标,如:"我希望能做些什么来帮助他提高作业速度。"

用我语句而非你语句:在之前管理情绪的章节里提到过"我语句"的技巧,这是个很好的表达自己感受、希望和需求的方式,即便在讨论负性事件时,不至于引起太多的敌对感受。比如,与其对老师说:"您让孩子上课时一直站在角落会伤害到他的自尊心。"不如换成:"我听说孩子上课期间一直站在角落,不知道发生了什么,有点担心对他自尊心的影响,请问有什么可以做的,从而将来避免再发生类似的状况?"

理性吸收老师的信息:记住老师也是普通人,他们也有自己的工作和生活压力,有时候在面临学生带来的挑战时,可能会激发他们自己的负性情绪感受。因此老师传递的坏消息,家长要理性吸收。既要重视,不能置之不理,但也要避免诚恐诚惶,觉得灾难降临一般。理性分析老师的坏消息中,到底包含了哪些不良行为,这些行为跟当前实施的行为管理计划,可以做怎样的融合调整。

淡定解释目前的进展:孩子的行为模式不是一朝一夕形成的,当然也无法一蹴而就地发生天翻地覆的转变。只要家长已经在努力帮助孩子改善了,那么就可以向老师冷静地解释现在的进展状况,获得支持和理解。当然这并不是找借口推脱。比如,假设孩子之前行为攻击同学很明显,以至于差点劝退,你对孩子设定了"生气时言语表达而不能动手攻击人"的行为管理系统,并且这一两个月已经取得了明显的进展,孩子已经可以顺利待在班上学习,尽管经常自己玩自己的,不认真听课。老师将孩子自行玩耍的视频拍下来发给你看,表示很捉急。这时候,家长可以尝试解释下,如:"我们目前重点管理的行为是不攻击人,这样他才能顺利待在集体环境下,由于刚刚好转一个多月,治疗师建议说并不足以稳定,因此这段时间我们会向孩子提出好好听课的希望,但可能需要再等待2~3个月,待攻击行为基本消退后,会重点强化孩子专心听课的行为。"

保持希望计划下一步:如果能够很好地解释当前进展的话,实际上对于下个阶段的计划和希望也就顺理成章地表达出来了,如同上面的例子。家长记得,无论如何,自己不要丧失希望。有个词叫"习得性无助",当三番五次地遭遇挫败感的时候,很容易感到绝望。然而丧失希望,只会真的让自己陷入绝望之境。已经掉在坑里了,就不要再继续刨土了。这时候应该爬起坑来,看看目标,尝试继续前行。当然极大的可能是,你会再一次掉进坑里,人生就是如此,起起落落。但只要不是"落落落落",就还是可以一路朝目标前行的。

礼貌尊重老师的付出:家长需要记住的是,绝大多数老师都是好老师,他们不是你的敌人,他们和你一样,都希望孩子能够较好地胜任学业,你们共同的敌人是阻碍孩子完胜学业的那些个困难而已。如果和老师站在了对立面,那么不仅失去了有力的支持力量,还让孩子的学校处境更加艰涩。也许老师说的话不中听,也许老师处理的方式不够理想,但始终,老师是帮助孩子在学校表现的最佳人选。尊重老师的付出,尽可能通过沟通让老师能够更好地帮助到孩子,即便做不到,至少请保持礼貌的态度。

二、请老师协助观察

老师帮助观察学生表现的优势在于,老师是将孩子放在一群同龄儿童中相互比较观察,这样得到的评价也可能相对家长而言,更客观一些。虽然老师不像医生一样具备ADHD的专业知识,但是调查发现,几乎所有的老师在其职业生涯中都教过ADHD学生。据统计,有不少老师,在职业生涯中前前后后能接触过至少20例ADHD学生。因此,老师与ADHD孩子打交道的经验,虽然远不及专业医生丰富,但相对家长而言,还是丰富一些。

孩子大部分生活的时间在幼儿园或学校,有些孩子在家和在公共环境的环境可能存在一定区别,因此,请老师帮忙协助观察孩子的表现,都是非常有参考意义的。那么要让老师帮忙观察些什么呢?

— 上课时候的注意力:上不同的课程,孩子可以专注聆听的情况如何,是否和大部分学生差不多,还是经常游离在外?

— 上课时候纪律的遵守情况:在不同的课程上,孩子遵守课堂纪律的行为如何?是否离开座位,是否有小动作,是否交头接耳,是否招惹其他同学?

— 通常来说,孩子对老师指令的情况如何?会置若罔闻,需要三令五申?或者是否会故意对抗,挑衅不服?

— 通常来说,孩子与其他同学互动的情况如何?是和睦,还是疏离,是否会经常产生言语或肢体冲突,从而导致麻烦?

— 总体而言,孩子的情绪状况如何?如果经常容易大起大落,什么类型的事情容易导致孩子的情绪爆发?

— 学校中午就餐孩子的情况如何?进食量怎样?进食速度如何?是否有明显挑食的情况?

除此之外,其他任何让老师感到担心的行为,都可以请老师反馈给家长。可以提醒老师留心,避免轻率就断言"你的孩子有多动症",尤其要避免确诊之前直接当着孩子的面评价他是多动症,这是不合适的。只需要向家长反馈具体的令人担心的行为就可以了。

如果孩子存在 ADHD 且正在服药,家长又不愿意告诉老师具体诊断的话,那么通过询问老师上面的信息,也能获得药物治疗的效果和副作用等情况。

家长如果在家已经很顺利地实施了行为管理系统,并想通过这个系统管理孩子的教室行为的话,有个方法就是按照需求建立"教室行为日报卡",让老师协助记录日报卡,回到家后根据行为合约来结算相应的奖惩。

比如,5 岁的小唐,主要问题就是在幼儿园上课时坐不住,经常离开座位甚至离开教室,给老师管理带来了麻烦。于是家长跟小唐建立的行为合约是:"只要当天从幼儿园接你时,老师表示你上课期间没有离开小板凳,那么就可以去小超市全场任选任何一样 10 元以内的物品。"说实话,这个奖赏定得不错,"全场任选"四个字非常具备诱惑力,并且家长也很有先见之明地做好了"10 元以内"的条件说明。

再比如,小罗刚上小学 1 年级,上课总是忍不住插嘴,并且布置的家庭作业总是记漏了。于是家长提供了一个作业记录本,拜托班主任老师每天帮助检查一下,如果作业记录全了,就打一个五角星。如果当天上课插嘴不明显,那么就再打一个五角星。小罗喜欢食玩,每2颗星换一组食玩。因此只要小罗每天做到了不插嘴,记全作业,回家就可以玩一组食玩。如果没做到,那么就需要等第二天再好好表现,才能获得玩具。

对于稍大一些的学生,教室行为日报卡就可以设计得相对复杂一些,但记得,锁定的目标行为尽量控制在3~5个。毕竟家里一般也会设有行为目标,目标太多孩子会记不住,感到无所适从。比如妮妮,4年级,目前家长和老师讨论下来,希望她在以下行为得到进一步改善:上课更积极参与发言,被同学招惹时尽量情绪平稳地表达而不是嚷嚷起来,交流时不讽刺挖苦同学,作业字迹工整,课堂作业按时完成。如果做到了老师盖个章或者签个名,每一个章对应1分。积累的分数可以兑换玩手机,买手账本和粘贴画,去公园,看电影等不同的奖赏。妮妮的教室行为日报卡如下:

妮妮教室行为日报卡		
目标行为	老师评价	老师签名
上课积极发言		
被招惹后平静交流		
不讽刺同学		
作业字迹工整		
课堂作业按时完成		

如果孩子在不同的科目表现差别很大,而各个科目老师都愿意配合的话,还能设计成不同科目的教室行为日报卡,如:

妮妮教室行为日报卡					
目标行为	语文老师评价	数学老师评价	英语老师评价	物理老师评价	化学老师评价
上课积极发言					
被招惹后平静交流					
不讽刺同学					
作业字迹工整					
课堂作业按时完成					
老师签名					

三、教室问题解决集

这一章的内容是专门为老师准备的,希望每一个遇到 ADHD 学生的老师,都能敞开胸怀,尝试挑战一下,在常规的教室管理中,为了这部分孩子,做出一点小调整。学生在教室里行为和学业表现更好,提升了班级的好氛围,也会增加了老师的成就感。要知道,你的稍许努力,也许会成就一个孩子的人生。

我接诊过一个成年 ADD,几次接触下来,就发觉其非常聪明。在见到我之前,他为了弄清楚自己身上的问题,几乎读遍了精神科的专业书籍。在和他讨论 ADD 的诊疗过程中,他悟性极高,一点就通,还在很多原本治疗方法的基础上发展出了很多有效的策略,让我也倍感受益。交流中发现其实他的成长过程很曲折,小时候因为其注意力不集中、拖延的表现,被父母责备懒散不用功,长大后合并了焦虑情绪,经常处在一种非常烦躁的状态,更加被家人训斥排挤,父亲以棍棒管教为主,母亲则是辱骂絮叨。之所以能坚持不放弃自己,寻找问题所在,是因为高中时期曾有个老师告诉他:"你是个聪明的孩子,但要想办法把潜力发挥出来。"并且陪伴他想各种办法提高学习效率和管理情绪。虽然并非每种方法都那么管用,但一直给了他坚定的决心,去寻找阻碍自己成功的问题所在,并努力去解决这些问题。

问题 1:过分活跃。

举个例子:小 A 经常在教室里做出一些哗众取宠的行为,大概是为了寻求别人的关注吧,上课的时候也停不下来,会去找邻桌的同学说话,甚至招惹打扰其他同学听课。

教室策略:

— 让学生时不时地给老师帮个忙干点活,如分发这堂课需要的材料,帮忙从教室后面取个物品送到讲台前面,帮忙在黑板上写下老师的要求等。既让他的活跃度有用武之地,也增加了他对课程的投入程度。

— 如果可以的话,安排其与自控力极好的学生同桌,当他无论怎么攀谈都收不到回应时,就会自讨没趣地停止了。这一条采用后要及时考察效果,因为儿童的自控力再好,也仍然是发展阶段,很有可能同桌会被其干扰学习效果,甚至受其影响开始交头接耳。

— 如果可以的话,增加其座位与其他学生座位的间距。这样孩子和其他学生之间的相互干扰都能降到最低。

— 对于幼儿园或低年级学生而言,可以在他桌子周围绕一圈绳子,告诉他只能在绳子的范围内自由活动。注意,后面两个策略都直接让孩子的座位变得与众不同,因此要和孩子及家长沟通好,这样做并非惩罚或歧视孩子,而只是为了给孩子提供更不受打扰的环境来学习。

问题 2:易被干扰。

举个例子:小 B 上课时很难坚持专心听讲,针掉在地上都能吸引走注意力,很难跟上课堂的节奏,听课做笔记总是心不在焉的,写作业东张西望。

应对策略:

— 座位尽量靠近讲台或老师,这样方便老师提醒。同样,这样特殊的座位安排需要告诉孩子及家长,并非出于歧视惩罚,而是为了让孩子更容易被老师观察提醒。

— 座位远离门窗这些容易出现干扰物的地方。

— 与学生建立提醒的秘密手势,作为提醒其集中注意力的信号,或者让学生自己选择提醒方式。如轻轻捏下他的肩膀,或者在他桌上用手指画个圆圈等。之所以建立这种秘密信号,一方面老师不用中断整体课程进度就能完成提醒,另一方面更重要的是,保护了学生的自尊心,这样学生对于提醒更容易接受和服从,而不至于觉得自己被当众批评了感到羞愧抗拒。

— 如果可以的话,安排一位专心且有条理的学习搭档,在需要做笔记时、完成当堂作业时,给予恰当的进度提醒。

问题 3:插嘴抢答。

举个例子:小 C 总是在课堂上脱口而出,不举手就抢着回答,甚至打断其他同学的回答。有时并不需要回答问题的时候,他会接话茬,甚至漫无边际地开始自说自话。

教室策略:

— 如果其插嘴的行为并非很明显很严重,声音不是很大,引发的关注并不强烈,那么就置之不理,视而不见。对于程度不明显的不良行为予以忽视。

— 如果学生某次记得举手或等待发言,立即给予鼓励和赞扬其举手和等待的具体行为表现,并给其机会让其回答。前两条结合起来,就能起到很好的效果。

— 如果其插嘴行为明显影响了课堂进程,则需要及时迅速制止,但要避免陷入和学生的争执,这样反而让学生的插嘴行为越演越烈。

— 可以将插嘴行为写入教室日报卡的行为目标中,让家长配合在家实行系统的行为管理制度。比如每坚持 1 节课能举手回答问题,记 1 分。

— 让家长在家练习孩子等待轮流发言的习惯,避免孩子一张嘴全家大人就都配合其话题聆听讨论的习惯。当大人谈论时,孩子需要举手示意,等待被允许后,才能插入谈话。

问题4：小动作多。

举个例子：小 D 上课虽然不离开座位,但总是坐立不安,要么脚上动个不停,要么手上玩个不停,经常因为这些小动作而影响了听课效率。

教室策略：

—— 首先要理解孩子小动作多并非完全出于故意的,正是因为很难坐定一节课但又不得不坚持下去,所以发展出来这些小动作,帮助他自己能够坚持待在座位上。从这个角度去看待坐立不安的话,也许就不会对学生的状况感到沮丧生气了。

—— 当你观察到学生有些坐立不安的时候,与其制止他,不如给他一些站起来走动的机会,如帮忙分发材料,帮您取样教具等,给他机会离开座位走动一会儿,缓冲一下再重新回到座位上,可能就可以坚持更长的时间了。

—— 如果整节课是考试或练习的话,那么可以考虑中途让他短暂地离场休息一会儿再回来继续完成。

—— 允许学生在桌子下方安置一个不出声的、不太有趣的小物品让他摆弄,例如一截布料、一个小沙包等,帮助其缓解坐立不安的状态,从而坚持更久。

—— 给学生一个特制的坐垫,从而他在坐立不安晃动的时候,不至于因为椅子摇动发出动静而影响周围同学。

问题5：神游太虚。

举个例子：小 E 上课经常神游太虚,虽然他安静地坐着,眼神也看着老师,但可以发现他处于放空的状态,脑海里可能一片空白,似听非听,以至于很难记住或理解教学内容。

教室策略：

—— 在提到重要内容时,给予一些有力的提醒技巧,如"恰好"走到分神的学生面前,敲敲他的桌子,手在他眼前晃个圈,也可以提示"看着我,这很重要"。

—— 可以借用激光笔或彩笔将重要内容圈出来,指给学生看。

—— 教学生用便签纸将重点内容贴出来,或记号笔将重要内容画出来。

—— 使用一些声音提示,如约定课堂上出现这段铃声时,代表讲到重点内容了。

—— 老师需要理解的是,ADHD 学生的工作记忆是受损的,因此嘱咐他们的内容要短小精悍具体。

问题6：拖延作业。

举个例子：小 F 的课堂作业很难按时完成,除非老师一对一盯着,无时无刻地提醒督促，否则他就很容易分心走神，而不能自己独立按时完成，以及很容易就忘了作业的具体要求。

教室策略：

— ADHD学生存在走神、拖延的表现是可以理解的，因此才需要更密切的督促。如果可以的话，给予学生更频繁的提示，帮助其从走神状态回到手头的任务。

— 帮助学生将作业分割成一个个小部分，每次只发给他一小部分。有时候学生觉得作业太多难以短时间内完成，会因为不能胜任的感觉而下意识回避作业。

— 要求学生在15分钟内完成某部分作业，然后拿过来让老师"检查"一下。不一定是真的检查什么，只是这样的话，学生会有小部分作业要按时完成的紧迫感。而且起来交作业再回到座位继续写作业，相当于从冗长的作业疲劳战中稍事休息了一下。

— 如果放学后学校和学生家长都能接受的话，适当留堂以完成作业。需要让学生及家长明白，这并非惩罚，而是因为学生需要更多的时间来完成任务。在最终完成作业后，要对学生的努力给予肯定和鼓励。

— 如果难以采取留堂，或者留堂会让学生情绪更对抗的话，那么允许课堂作业带回家补做。但通常这样会增加家庭作业的负担，因此要根据拖欠的作业量谨慎采纳这个策略。

— 如果确实学生无力完成当前的作业数量，那么酌情减少作业量。毕竟，保持学生的学习配合度和付出努力的意愿更重要。但与此同时，家长和孩子仍继续不遗余力地针对作业速度慢的原因，积极改善。避免让ADHD成为学生拖欠减少作业的借口。

问题7：丢三落四。

举个例子：小G的课桌和书包总是乱七八糟，每次上课要求其拿出什么材料，都要埋头苦找一番，很浪费时间，而且经常找了很久也找不到，不知道丢到哪里去了。

教室策略：

— 让家长配合准备不同颜色的文件袋、书皮、标签纸等工具，不同的科目用不同的颜色做出区别，如数学都用绿色、语文都用红色等。

— 在课桌抽屉和书包口袋都使用醒目的便笺纸，贴上该位置应该放置的材料物品。

— 准备一个记录本，让孩子将当天的待办任务、完成任务所需材料记录下来，并且帮助其检查是否有所遗漏。

— 每天给孩子准备一份放学准备工作清单,包括放学后依次应该完成的任务,如上交当堂作业、归还借的物品、带齐回家物品、带齐家庭作业和所需材料等。让孩子对照清单来逐步完成。

问题 8:互动欠佳。

举个例子:小 H 和同学互动时,很难解读他人的社交线索,因此很难与同学愉悦轻松地相处,总是游离在团体之外,久而久之会影响其自尊的发展。

教室策略:

— 一开始在由老师引领的团体活动中,鼓励学生多参加,辅助引导学生去产生良好的社交互动。

— 在团队活动中,让学生负责一些可以胜任的小任务,如负责向同学收集某样材料等。

— 更重要的是,注重教导孩子具体的社交技巧、情绪管理技巧和问题解决技巧。因为 ADHD 不仅影响学习效率,也会影响社交能力。

— 班级是学生的微缩社会,如果学生的 ADHD 诊断被众所周知的话,那么应该找到合适的机会,避开这个学生,告诉其他孩子,ADHD 和近视眼一样,是一种实在的困难,并不是性格品行有缺点,因此要接纳和帮助他。

问题 9:启动困难。

举个例子:小 I 对于班级的日常事务安排总是慢半拍,启动比较困难,别的同学都在进行中了,他似乎还没摸清楚路数,磨磨唧唧地才能开始。

教室策略:

— 在切换任务,即进入一个新任务时,尽量走到这个学生面前,保持眼神接触后,给予新任务的提示指令。

— 可以一边给指令一边轻触孩子的肩膀或手臂,给予暗示提醒。也可以安排同桌为他的"提醒搭档",在新任务启动时可以碰碰他以作提示。

— 在班级醒目的、靠近孩子座位的地方张贴班级日程表,从而提醒孩子班级的固定日程,以便启动配合。日程一开始尽量只包括少数几个重要的任务活动,促进学生能够在提醒下按时启动完成,习惯自我启动完成后,再逐渐加入更多的任务活动。

— ADHD 学生转换任务相对比较困难,因此如果需要停止当前的一个活动,启动另一个活动,ADHD 学生通常会有些困难。理解这个困难,给予一定的缓冲期。更早为 ADHD 学生做结束上一个任务的准备,如提前 10 分钟口头提醒,提前 5 分钟帮助其开始结束上一个任务以及收拾相关材料,提前 1~2 分钟让其稍微活动一会儿,做好进入下一个新活动的准备。

附：医生给老师的一封信

尊敬的老师：

您好。

如果您的教室里有注意缺陷多动障碍（简称 ADHD，俗称多动症）学生的话，或者有您怀疑有学生正在遭受 ADHD 困扰的话，那么我们希望通过提供一些医学方面的相关信息，而能够对您有所帮助。

1. 及时发现 ADHD 学生

ADHD 的比例在国内是 5% 左右，因此如果您班级上有少数几个学生表现为格外明显的注意力集中困难，或者过分好动的话，希望您能建议学生的家长带其就诊。有一点希望您能注意，就是多动症孩子不一定表现为好动，实际上很多的 ADHD 儿童只是表现为注意力不集中、作业拖沓、容易分心，并不一定出现过分好动。

2. 给家长合适的建议

当您担心某个学生可能存在 ADHD 的话，请建议家长带其到专业机构获得评估诊断。目前可以诊疗 ADHD 的专业机构主要是儿童精神科/心理科，以及接受过相关培训的发育行为儿科。在家长带孩子就诊之前，不要主观判断孩子存在多动症，尤其不要当着孩子的面去这样评价他。请避免直接建议家长去完成什么检查，或者要求医生开具什么药物。

3. 提供学生的相关表现

老师对孩子在校的观察和评价是十分重要的信息，因为这是孩子在一个群体中表现出的状况，与同龄儿童中相互比较后的结果，这些信息无论是帮助医生诊断，还是判断治疗效果，都很重要。如果可以的话，您可以写个小条交给家长带给医生。也有可能医生让家长带些问卷由您填写来评估这个学生，常见的教师量表可能有 SNAP、Conner、SDQ、ICU、BRIEF 等，希望您能抽空帮助评估。

4. ADHD 不是性格或家教问题

希望您能理解的是，学生患有 ADHD 的话，并非是他性格有缺陷，或者家教有问题。ADHD 不是学生故意而为之的，他很难控制住，因此他也是受害者。ADHD 不是家长疏于管教，ADHD 家长反而需要付出更多的努力才能帮助孩子改善进步。导致 ADHD 的原因更多是先天因素，但这并不意味着他的父母也是 ADHD。

5. ADHD 与成绩不完全是一回事

成绩对于学生而言确实是很重要的考察指标，注意力问题在很大程度上会影响一个学生的成绩状况,但决定成绩的因素不仅仅只是注意力。成绩不好的学生可能存在注意力问题,也可能是由别的问题所致。与之相对,成绩好的学生,同样可能罹患ADHD。我们需要关注的是,学生在完成其能力范围内的任务时,维持专注力的情况。同理,如果ADHD学生接受了恰当治疗的话,其学习状况(指上课听讲的专注程度,遵守完成老师指令的情况)可能会有所改善,但不一定代表成绩会突飞猛进。只有那些原本学习能力良好的孩子,在改善了注意力之后,发挥了原本的潜力,成绩才可能显著提高。因此,不要觉得药物能让孩子变聪明,可以考高分,更不要要求考分不好的学生去服用药物。药物是防止ADHD对孩子造成的各方面的不良影响,成绩只是其中一部分而已。

6. 培养ADHD学生的自尊心

ADHD会影响孩子在学校生活的各个方面,容易导致他们遭遇诸多困难,经历太多失败挫折,所以他们的自尊心常常近乎破碎。如果您能挖掘出他们的特长所在(如擅长足球、热心打扫卫生等),那么请多给予些关注和鼓励,这样孩子们的自尊心可以得到提升,反而会有勇气去克服原本的那些困难。

7. 营造接纳的班级氛围

ADHD学生其实是不幸的,他们与ADHD的斗争通常是孤军奋战。由于ADHD不仅给学习,还给课余生活带来了麻烦和困难,ADHD学生很容易遭到排挤和嘲讽。在合适的机会,向班里学生宣教人与人是互不相同的。每个人有各自的优点,也有各自的缺点。有些人视力不好,需要戴眼镜;有些人容易过敏,需要吃抗过敏药;有些人心脏不好,不能上体育课;有些人个子很矮,打扫卫生时够不着高处;有些人存在注意力和自控力的问题,可能学业表现不好,社交时招惹别人,同样需要特殊的照顾。但您不必单独指出谁是ADHD,让班级学生学会相互宽容,这是很重要的一课。

8. 让ADHD学生及其家长组织活动

ADHD不仅影响学生的自尊心,也会影响家长的自尊心。因此某些班级集体活动,比如春游或博物馆参观等,可以让ADHD学生的父母来协助组织。一方面,家长承担集体活动,对于家长和孩子的自尊心,都是有促进作用的;另一方面,家长亲自照顾自己的孩子会更加熟悉与方便,如果孩子过于兴奋好动的话,他们就可以把孩子带到一旁以免打扰其他学生。

9. 别让学生用ADHD作借口

虽然我们要理解接纳学生的ADHD,但这意味着保持克服ADHD困难的努力,而并非让 ADHD 作为学生持续表现糟糕的借口。ADHD 学生及家长都有责任,去努力改善症状,这也是为学生本人负责。通常来说,学龄 ADHD 儿童接受恰当的药物治疗和心理行为训练,家长学习恰当的亲子教养方式,采取恰当的行为管理,能够帮助孩子极大程度地缓解 ADHD 症状。如果这时候老师也采取一些适合 ADHD 的教室管理策略,就能锦上添花了。

10. 尝试适合 ADHD 的教室管理策略

例如合适的座位安排,巧妙地使用提示,采取特殊的任务安排方式,通过教室日报卡让家长协助管理教室行为等,如果老师感兴趣的话,那么可以让家长将更多的信息转达给您。

11. 与人讨论对策

如果自己尝试了以上策略,觉得都不管用,那么也请别着急,别急着责备自己无能为力,别急着觉得学生无可救药,别急着埋怨家长不够配合。先退后一步,您已经为了学生很努力了,先放松下来。可以和同事探讨一下对策。如果您时间能安排得过来,也可以让家长帮忙约见学生的心理医生,这样就能直接家校医三方联动,一起讨论应对策略。您可能在教育方面得心应手,但医生会对 ADHD 这个特别的群体特征更为了解。ADHD 的学习,不仅仅是教育问题,也不仅仅是抚养问题,更是医学问题。

12. 进一步学习 ADHD

您大部分的学生都不会是 ADHD,但为数不多的 ADHD 学生可能需要您极大的支持和恰当的帮助,才能帮助他们可能获得更成功的学业,甚至具备获得更成功的人生的能力。据统计,每个老师的职业生涯中会遇到 20~30 个 ADHD 学生。因此,希望您能和家长,和我们一起,进一步学习 ADHD。您的支持和努力,无论对于孩子,还是对于我们帮助孩子都是非常重要的。如果您能进一步学习了解 ADHD 的科学知识,帮助大家应对 ADHD 错综复杂的难题,那么您是货真价实的最佳老师。ADHD 学生遇到您,是他的运气。

目前孩子表现较好的科目是:_____

目前孩子表现欠佳的科目是:_____

这个科目老师对 ADHD 的态度是：接纳 & 开放学习　　抗拒 & 带有偏见
是否考虑告诉老师孩子 ADHD 诊断：是　　　　　　　否

近期与老师约定的交流时间：＿＿＿＿＿＿＿＿＿
　　交流内容提纲：1. 了解孩子班级生活规则、作业要求
　　　　　　　　　2. 老师汇报了哪些好消息：＿＿＿＿＿＿＿（表示感激）
　　　　　　　　　3. 老师汇报了哪些坏消息：＿＿＿＿＿＿＿（商议方案）
　　　　　　　　　4. 主动询问哪些信息：＿＿＿＿＿＿＿＿＿
　　　　　　　　　5. 老师对 ADHD 存在哪些误区：＿＿＿＿＿（尝试解释）
交流可用技巧：重点在解决而非抱怨
　　　　　　　问题越早提越易解决
　　　　　　　定义行为不要贴标签
　　　　　　　表达具体顾虑和目标
　　　　　　　用我语句而非你语句
　　　　　　　理性吸收老师的信息
　　　　　　　淡定解释目前的进展
　　　　　　　保持希望计划下一步
　　　　　　　礼貌尊重老师的付出

孩子教室日报卡：

教室行为日报卡					
目标行为	语文老师评价	数学老师评价	英语老师评价	物理老师评价	化学老师评价
老师签名					

孩子目前存在的教室问题行为：_____

可以与老师一起商议的解决策略：_____

_____

自己在家可以实施的改善策略：_____

_____

第八章
亲子关系　决定成败

第一节　故意不听话，需警惕对立违抗

孩子不听话，大概是家长抚养孩子过程中最抓狂的问题之一了。不听话往往不像害羞退缩或者过分活跃这样的气质特点，比较与生俱来，从而从小家长就心里有数，比如："哦，我的孩子比较敏感些，在陌生环境或者遇到陌生人需要更多的时间适应，因此要给他更多的时间慢慢熟悉。"或者："哦，我的孩子一兴奋起来就容易失控，今天过节带他去游乐园，我得看得密切一些，避免他惹麻烦。"

不听话，通常是循序渐进越演越烈的。在问题不严峻的时候，家长通常会采用威逼利诱等方式，可以暂时让孩子听话，实在不听，大人妥协似乎也没有太严重的后果。然而久而久之，就会固化成为一种模式，等到孩子在一些重大重要的事情上强烈抗拒不听话、甚至不仅对抗家长，还对抗老师，进而对抗社会规则时，再想去逆转，就非常艰难了。这就是我所谓的，冰冻三尺非一日之寒，解冻更是难上加难。

孩子遇到的第一个权威代言人，就是抚养者——父母，在中国还有祖父母。孩子不听话，除了与孩子本身的特点、孩子的注意力密切相关之外，与亲子关系的状况同样休戚相关。因此，这一节的主要内容，就是帮助家长和孩子建立一个正性的有益的亲子关系，以助于孩子能更配合家长，家长能更好地帮助孩子培养专注、平静的习惯。

在这里，有一个前提，实际上，这是家长尝试整本书的策略获得成功的前提：

— 孩子年龄是 2～12 岁，最好是 4～10 岁。
— 孩子智力发育水平是正常的（韦氏智力测试结果在 70 以上）。
— 孩子没有出现显著的对立违抗行为，以及品行问题。

第一个条件很容易通过计算获得。为什么 12 岁以上不适合？因为进入青春期的孩子会有更多的主见，他们已经开始有自己特有的思维逻辑，很难通过单纯的行为管理获得效果。并且，很多靠文字能介绍的方法、游戏，对于青春期孩子来说

太过简单，很难取得其合作的兴趣。青春期孩子如果存在保持专注平静以及亲子互动的困难，可能需要专业人员的介入。

第二个条件需要通过专业机构的评估测试获得。为什么需要智力发育水平正常？因为很多技巧策略是通过大人的言语来传递的，需要孩子具备适当的理解领悟能力。如果智力发育水平太低，那么建议需要进行恰当的康复训练，注重培养生活自理能力。当然，书中关于保持专注和平静的技巧游戏，原则上都是适用的，家长需要留心评估孩子当前的实际能力水平，设定恰当的目标要求。

第三个条件比较棘手，下方会给出一些家长自助判断的方法，但请记得，明确孩子是否存在对立违抗障碍（Oppositinal Defiant Disorder, ODD）或品行障碍（Conducted Disorder, CD），只能依靠（儿童精神科）专业医生的判断。如果孩子呈现了显著的对立违抗表现，很可能家长需要专业治疗师的帮助；如果被确诊为ODD，甚至CD，那么家长请一定获得专业医生的建议，有可能需要药物干预，有可能需要专业治疗师带领家长和孩子进行认知行为训练、家庭治疗等。

对照下面的条目，如果您的孩子经常出现的话，则做一个记号。一般来说，下列行为一周出现一次，则可被认为是经常出现。

1. 经常发脾气，如尖叫、大哭、摔门、扔东西等。
2. 经常和大人顶嘴争吵，提高音量喊话。
3. 经常故意不服从大人的命令或要求。
4. 经常故意惹别人生气，如恶作剧。
5. 在犯错误时经常指责别人，推卸责任。
6. 敏感，容易因为一些小事而感到生气。
7. 经常不满意，容易怨恨在心。
8. 经常怀恨或想报复别人。

如果您至少做出了3~4个记号，那么建议带孩子寻求专业人员的帮助，以判断孩子是否存在对立违抗障碍的可能性。

请继续对照以下条目，如果孩子在过去一年里出现过哪一种行为的话，请做一个记号。

1. 经常威胁别人，包括口头威胁。

2. 经常动手打架,尤其带有主动攻击目的的动手。
3. 在打斗中曾用过"武器"以造成伤害,如木棒、砖头、瓶子、刀等。
4. 经常撒谎以获得好处或逃避责任。
5. 偷拿贵重物品或200元以上钱财。
6. 对动物残忍,如虐待动物。
7. 对人残忍,捉弄或伤害他人后毫无内疚感。
8. 经常逃课或逃学。
9. 不顾大人阻拦很晚外出,或夜不归宿。
10. 离家出走。
11. 抢劫或敲诈勒索。
12. 故意破坏他人财物。
13. 故意放火。
14. 闯入他人的住所房屋或汽车。
15. 强迫他人进行性活动。

如果过去一年里出现了2~3个上述行为,那么需要警惕品行障碍的可能性,这是不容忽视的。因为品行问题继续发展下去,随着孩子逐渐长大,很容易滋生反社会行为,即违法犯罪,所以要尽早在苗头阶段引回健康发展的路线。这时请家长一定记得带孩子寻求专业医生的帮助,本书的方法并不适合家长自行摸索,刻不容缓,切记!

如何寻找专业的人员帮助?这部分内容在第六章已有所提及。专业人员至少能具备识别和诊断ODD/CD的能力,进而才能带领家长进行干预ODD/CD的治疗方案,或者至少转诊给专门的治疗师来进行干预。

之前的前提条件似乎都是针对孩子的,实际上,决定成败的还有一个重要前提,是针对家长的,即家长自己具备改变的动力和决心吗?很多家长觉得,是孩子出了问题,只要训练孩子教导孩子就可以了。事实却是,孩子出了问题,一部分与孩子有关,另一部分与家长孩子的互动模式有关。然而家长与孩子互动的模式,又受家长自己性格和行为模式的影响。因此,改变亲子互动模式,需要家长做出极大的努力来调整自己。如果家长缺乏这层意识或动力,那么极有可能还是以失败告终。

那么家长你自己改变的动机决心到底有多大呢?可以根据以下的条目帮助判断一下。

以下的描述，您觉得同意的话，就做一个记号。

A.
我需要其他人（如治疗师或医生）来帮助改善孩子的行为。
即使改变我的抚养方法，孩子的行为也不会好转。
我对孩子了如指掌，知道哪些方法对他有效，因此不用学习新方法。
目前我孩子的行为问题并非是我面临的最重要的问题。

B.
我希望我能有更多的主意来帮助我的孩子。
我希望治疗师，或者医生能给我一些有用的建议。
我非常迫切地想从治疗师/医生那里学到新的抚养技巧。
我愿意学习那些帮助改变孩子行为的方法。

C.
我的孩子表现良好对我而言是极其重要的。
我有信心能够改变我的抚养技巧以帮助孩子的行为。
为了帮助我的孩子，改变我的抚养模式是非常重要的。
为了能够帮助孩子，我准备做出一切努力。

D.
我已经在努力改善我的抚养技巧，但我仍愿意得到帮助。
我并非总能成功地改变自己的行为，但至少我在努力改善抚养技巧。
改变说起来容易（做起来难），不过我确实尝试做出一些改变。
我为了改善自己的抚养技巧已经非常努力了。

E.
我能够在家里对孩子使用新的抚养技巧。
无论有多艰难，我都能坚持使用新的抚养方法。
我觉得我能够聚焦在孩子的靶行为问题上。
总的来说，我做事通常有始有终。

看看您同意最多的条目属于哪个模块，从而找到您目前对应的状态。
A：无动机期。目前的您并不考虑做出改变以帮助孩子，您可能需要寻找专业人员的帮助,以意识到改变自己抚养模式的重要性,避免一味只要求孩子改变。

B：考虑期。目前的您正在考虑做出一些改变以帮助孩子,这是非常好的意图。请继续仔细阅读此书,以做好更多的改变准备。

C：准备期。目前的您已经充分意识到改变自己以帮助孩子的重要性,已经准备好开始发生一些改变了,留心那些技巧策略,开始迈入下一步的行动吧。

D：行动期。目前的您已经采取了切实的行动在改变抚养模式,坚持下去,您会看到亲子关系的变化,进而观察到孩子行为、注意力、情绪方面的有益变化。

E：维持期。目前的您已经通过改变抚养模式收获了亲子关系和孩子行为的变化,希望您能在帮助孩子的正确方向上保持前行,继续坚持。

TASKS

通过此节的评估,我的孩子：

存在对立违抗行为的数目为_____

存在品行问题的行为数目为_____

是否需要带其寻求专业医生的诊断和帮助： 是　　否

　　如果是,我寻找到的专业机构是：_____

　　如果否,我将继续通过本书来指导自己帮助孩子

通过此节的评估,我作为家长,帮助孩子的状态是：

　　A. 无动机期

　　B. 考虑期

　　C. 准备期

　　D. 行动期

　　E. 维持期

　　如果处在 A,我做些什么？ _____　（向专业人员寻求帮助）

　　如果处在 B,我做些什么？ _____　（继续阅读,寻求帮助）

　　如果处在 C,我做些什么？ _____　（继续阅读,尝试行动）

　　如果处在 D,我做些什么？ _____　（继续阅读,坚持行动）

　　如果处在 E,我做些什么？ _____　（继续努力,坚持行动）

第二节　孩子不听话，大人要先说对话

如果你的孩子通过上一节的自测评估，没有存在显著的对立违抗行为，并且你作为家长，也做好了调整自己抚养模式的准备，那么这一节，我们就来学习一些技巧策略，帮助建立更合作更良性的亲子关系。

孩子能较好地听从执行大人的合理指令，是良性亲子关系的效果，也是良性亲子关系的基础。然而很多时候家长都会对此有着恨铁不成钢的抱怨：孩子就是不听话，软硬皆施、方法用尽，也无能为力。有时似听非听，左耳朵进右耳朵出，有时置若罔闻，嘴上答应但根本没有行动，有时甚至对抗拒绝，比大人还要凶悍。家长要么火冒三丈，大声咆哮，可是后来就发现，需要咆哮的声音越来越大，最终越来越没有效果，哪怕喊破喉咙，孩子仍然无动于衷，毫不畏惧。家长最终疲惫不堪，干脆放弃，却发现孩子的麻烦越来越多，想重新再管起来，又无奈发现无计可施。

家长们可以回忆一下，孩子不是会从小就不听话的，为什么会慢慢表现得越来越不听话呢？很难单纯用"青春期逆反"来解释，上一节提到过，孩子的对立违抗行为，与我们大人的抚养方式密切相关。

因此，有时候，孩子不听话，可能是因为我们大人没说对话。或者至少，先改变我们作为家长，说话给指令的方式，从而促进孩子能更好地配合，建立起良性的循环。那么，到底怎样才能说对话，从而让孩子更听话？

一、改变指令数量

很重要的一点是，虽然孩子服从大人的指令很重要，但不代表大人有权利事无巨细地去管理控制孩子。指令应该用在原则性的好习惯的培养上，非原则的小事，尽量还是遵守孩子本身的特点，给孩子一片自由发挥的空间。再次重申一遍那个用篱笆墙的比喻：家长给孩子制定的规矩，好比篱笆墙，这道篱笆墙内是有一片院子的，孩子在院子里可以自由奔跑，但不可以冲撞到篱笆墙以外。

继续这个比喻，任何孩子，都会有冲撞篱笆墙的现象，不一定都是真的冲撞挑战，有可能是无心之过，也有可能是想试探大人对界限的维护决心。因此要避免在孩子违规不服从时，就觉得孩子一定是在跟自己逆反作对。要知道，普通正常儿童群体，大概会有1/3的概率拒绝服从大人的要求。作为大人，需要做到的就是，保持对维持规则界限的决心。无论何时何地，无论哪个大人，对于规则界限的维护，

第八章 亲子关系 决定成败

展现出一致的态度。

既然良好的规则不能事无巨细,那么什么叫事无巨细呢?有调查显示,通常情况下,大人平均在一小时内会给出 30 条指令,感到不可思议么?还有更令人大跌眼镜的事实,如果孩子有行为问题的话,家长一小时内平均给出指令的数量会飙升到 80 条。

为什么会有这么多指令?有的家长会事无巨细地指导孩子,比如:"走了该说再见。"孩子说再见后,又有:"要看着对方眼睛说再见啊。"等孩子抬头看对方说再见后,家长还要继续:"声音大一点啊,蚊子点大的声音怎么听得见!"有的家长会在很多不重要的方面提要求,如:"走路看前面""后背挺直,别驼背""别总扯着衣服袖子""冰激凌快化了,快点吃完",有的家长会重复多遍指令,甚至在孩子开始执行之后还在继续唠叨。

指令越多,反抗越多,这个道理想想就明白了,对吧?如果一个小时内,有 80 条指令的话,谁也没法贯彻执行。因此,我常形容,指令要用在刀刃上。尤其对存在注意力问题、对抗行为问题的孩子,指令要避免太过轻易说出口,说之前先想一想是否确实是重要的、原则的、不可挑战的?一旦说出口之后,就要做好坚持到底,要求孩子贯彻执行的决心。

哪些指令是刀刃上的指令呢?

— 有关安全的,如:"在马路边跟着大人走,不要乱跑。"

— 有关更好适应社会环境的,如:"生气时用语言表达,不要动手攻击。"

— 家庭里重要的家规,为数不多,如:"我们家吃饭时将电子产品放在一边。"

尽量减少你的指令数量,必要时你可以预先将自己认为重要的指令整理一遍写下来。

我记得有个家长跟我说:"我对孩子要求不多的,就是告诉她到幼儿园之后,上课时坐着不要乱动,要认真听老师讲话,积极举手回答问题,老师如果没点名就不要插嘴,不要伸手招惹旁边的小朋友,不要随便脱掉小外套,如果有小朋友惹你不高兴了就跟老师说,不要去跟小朋友闹矛盾。"这是一个 5 岁的小女孩,有时当局者迷,现在作为读者的旁观者,你们觉得多不多?

所以把自己对孩子的要求指令写下来,和家里其他大人核对一下,看哪些是重要的,需要一致坚守的。这样孩子也才能明白,在你们家,哪些"精华"指令是重要的,必须遵守的,久而久之,孩子的配合度也会提高很多。

减少指令总数量是一个方面,此外也要减少每次给指令的数量。原因之一是,孩子的记忆力不如大人,尤其有注意力问题的孩子,其工作记忆存在一定的不足,从而很难记住多个指令。另一个原因是，如果大人给多重指令而孩子又记不住的话，那么大人就不得不一遍遍地重复指令，大人会挫败，孩子也焦躁，久而久之，会给孩子传递一个信息就是，第1遍不服从没关系，反正大人会三令五申的，第5遍再执行也不迟。最后一个原因是，如果一次给予多个指令的话，当孩子服从1~2个之后，你很少会去表扬他服从的部分，而会继续批评指正他不服从的部分，长此以往，孩子很可能全盘放弃，干脆都不服从算了。

因此，一次给单个的指令，给出指令后，别急着唠叨催促，给孩子一定的时间去服从执行。如果家长性子比较急，难以等待，那么可以在给出指令后，内心开始默默倒背十个数，利用这段时间观察孩子是否有所行动，而避免急于唠叨催促。

如果孩子能很好地执行单个指令了，那么可以叠加为双重指令，循序渐进。

二、改变指令内容

简而言之，指令内容尽量言简意赅，具体可操作。孩子的注意力、记忆力都不如大人，他们很难从一堆冗杂的信息中很快明白你需要他做的事情。因此，你的指令，要像发短信一般简洁明了，而不要像煲电话粥一样绕得山路十八弯。

话虽如此，实际上容易掉进去的坑还是不少，现在一一列举一下，大家可以对号入座，看看自己比较容易掉进哪些坑，以后下指令时就提醒下自己。比如我自己，有时候会习惯给否定指令或疑问指令，当我意识到指令内容不够恰当时，会吞回去那个问句，或者重塑指令句子，以便练习为孩子提供更易配合的指令。

以下是需要留心的指令内容。

1. 具体可操作的内容

家长通常在失望沮丧时会说："你就不能听话一点！""你就不能自觉点？"问题出在哪里？孩子除了感受到大人的沮丧情绪外，很难知道大人具体让自己去做什么。这是个模糊指令。同理还会有这种情况，大人不断地嘱咐孩子："今天要表现好一点，要乖一点哦。"孩子貌似配合地点点头，通常我一旦追问孩子："知道什么叫表现好一点、乖一点吗？"孩子就会一头雾水，表示不清楚。因此交代给孩子的事情尽量具体，如："到门口把鞋穿好。"就比模糊的嘱咐，如："快点做好出门的准备。"更能让孩子更明白自己该做什么，从而能更好地去执行。

2. 现实可达到的内容

给予孩子的指令内容应是切实可行的，举个例子，如果孩子刚上一年级，确实应该安坐一节课30~40分钟的时间，可是如果孩子存在ADHD，他在整个幼儿园期间就是坐不住,会随意离开座位的话,那么你对他的指令内容,可能就需要从 5~10 分钟尝试起。比如:"看这个沙漏,屁股不离开椅子 10 分钟后,我会给你想要的玩具。"

3. 要求尽量是正面的

在管理问题行为儿童时,我们的注意力通常聚焦在不良行为上,下意识会阻东拦西,这时的指令通常是:"不要大声吼叫""不要乱碰别人东西""不要总看电视",等等,当一个人听多了"不要"如何如何,总是感到被阻止被拒绝,会是什么感觉?设身处地想一想。俗话说,水宜疏不宜堵,不良行为也一样,围追堵截很难完全矫正不良行为,更合适的方法是培养对应的良好行为。想办法找到"要"做到如何如何的指令内容,如:"保持平静的语气好好说话""别人的东西碰之前先获得同意""吃饭期间关掉电视"。

4. 认真说而避免恳求

给指令就认认真真给,拿出会贯彻始终的态度来,久而久之孩子就知道大人给指令不是开玩笑的。认真严肃地贯彻 1 个指令,比唠叨重复好多个指令但大多数都被孩子置若罔闻,效果要好得多。直接认真说出你的指令,避免靠恳求让孩子配合。如:"宝贝,你能不能快点呢?车子要到了呢。"这是个典型的疑问指令,因为你一旦询问了,就给了孩子回答"不"从而不顺从的机会。除非你能接受孩子回答"不",否则别轻易询问。

5. 礼貌说而避免讽刺

如果大人在生气时给指令,通常在负性情绪的支配下给出带有训斥或讽刺意味的指令,如:"我看你确实懒得没救了,根本就快不起来!""你就不能专心把作业早点写完,你非要气死我吗?"要知道,负性情绪笼罩的指令,只会激发孩子的负性感受,当一个人心情不好时,自然不顺从的几率也会增加许多。因此,正面、尊重、礼貌地说出你的指令要求。

6. 直接表达避免争论

家长通常一开始都是并不打算争论,只是打算以理服人的。比如:"你必须马上吃完早饭,否则会迟到的。"这是典型的说理指令,如果说理简单明了,或者偶尔用之,问题不大,但长此以往,有时孩子会找理由或借口反驳,如:"我待会穿鞋快点就不会迟到了。"家长这时为了说服孩子便不知不觉开始了新一轮说理,结果最后就陷入了争论的僵局。避免争论,因为争论对孩子的辩解违抗是一种强化。尽量忽视孩子的抗议或辩解,回到最初的指令要求:"希望你 5 分钟内吃完早饭。"保持简单坚定,如果他做到了你再给予正反馈"太棒了,速度真快!"

7. 提出条件避免威胁

有时候当孩子不顺从时,家长会威胁吓唬孩子:"你再不关掉电视,我就不给你饭吃。"通常这些威胁是做不到的,甚至有时候是给空头支票的吓唬,比如:"你再不好好写作业,你会知道我的厉害。"换个方式,尽量给出正面的要求,可以给这个要求赋予一个条件,即"如果(做到什么)那么(获得什么)",如:"如果你现在关掉电视,那么待会饭后可以选择一个喜欢的点心加餐。""如果能保持这部分作业错误不多于3个,那么睡前可以多5分钟的讲故事时间。"

三、从简单指令给起

亲子关系如果比较恶劣的话,很可能孩子对大人的话是言听计不从,哪怕再小的事,哪怕是原本他自己愿意的事,也不肯听从指令执行,似乎对着干变成了一种乐趣。这种情况下,为了重塑孩子配合指令的关系,可以从简单地易如反掌的指令开始尝试起。

记住是"易如反掌"的指令,通常是在孩子空闲的、心情不错的时候,让孩子帮几个举手之劳,如:"帮忙把那个本子递给我。""帮忙把这个纸巾扔掉。""帮我扶下这个箱子。"等等。指令简单容易,又无伤大雅,孩子通常是会配合的。这时立即给予反馈"太感谢了!""你帮到我实在太棒了!""超级喜欢你这样!"等等。

要注意避免太频繁太明显,一天挑一段时间尝试4~5个指令即可,如果孩子置若罔闻或者故意不从,那么忽略掉,换个时间继续尝试。记住你的目标不是盯着孩子不服从的行为去批评苛责,而是在于抓住孩子配合服从指令的时候,给予正性关注和鼓励夸奖,这样才能强化孩子愿意配合服从指令的意愿。

四、改变给指令语气

合适的指令语气,之前也介绍过,5个字:温和而坚定。避免训斥叫嚣,避免恳求哄骗。具体是什么样的语气呢?我提供3个场景,大家分别体会一下主人公的语气。

第一种。公交车上,售票员火急火燎地维持拥挤的秩序,扯着嗓子喊:"往里面走点,别堵着门,快往里面挪挪!!!"这样的语气急躁叫嚣,会增加孩子对抗的可能性。

第二种。火车上,当你想跟人调换位置时,忐忑地恳求:"您好,我想跟您换个位子,请问可不可以啊?麻烦您了啊,十分感谢!"这样恳求哄骗的语气,会养成孩子说不的习惯,不利于培养孩子遵守规则和纪律的习惯。

第三种。飞机上,遇到气流颠簸时,乘务员要求:"请回到各自的座位不要任意走动,系好您的安全带。"这样的语气温和不叫嚣,同时非常坚定,毋庸置疑。我们在给予指令时,需要练习这样的语气。

有时候,家长会觉得飞机乘务员的语气不够温情,太公事公办。这就对了,商务的公事化语气,其实是很受孩子尤其青少年青睐的,他们会觉得既被尊重,又给出了方向。

五、改变听指令状态

要注意对孩子说话时,孩子的状态是否是在注意听。有个小技巧可以试试,当你想与孩子说话时,走到孩子面前,必要时可以蹲下来,和他保持同一个高度,让他看着你,再说话。如果孩子总是左顾右盼心不在焉,那么可以用手轻柔地托着他的腮帮子,让他看着你。

获得孩子的注意后再给指令,这就意味着,避免在孩子身后喊话,甚至隔着一个房间喊话,孩子很难留心去听你在说什么。同理,如果孩子正在进行某个特别投入的活动,如看电视或玩乐高,那么应该先让他停下手头的事情,再让他看着你,获得孩子的注意后,再说话。

还有一个小技巧可以试试,就是时不时让孩子重复下你的话,如:"刚才妈妈需要你做什么?"或者:"重复遍爸爸刚才的话。"这样可以帮助孩子回忆起对他的要求,也能够帮助你了解孩子到底有没有留心听到你的要求。

六、改变指令后反馈

有时候,当孩子配合服从指令了,大人会觉得是理所当然的,从而忘记了给予正反馈。比如觉得让孩子好好吃饭,好好写作业是为了他自己好,他做到是理所当然的,为什么还要表扬他?!有的大人会感到费解。实际上,就算服从这些指令是为了孩子自己好,但他服从指令的行为依旧是值得嘉奖的好行为。因此,当孩子配合服从指令时,家长需要给出肯定和表扬。

如果孩子拒绝配合怎么办?首先留出一定的遵守时间。要知道有些孩子转换活动比较困难,比如停下玩手机而去洗澡、停下画画而来吃饭等,这时候可以给予一定的倒计时空间,如再过5分钟就放下手机、等沙漏结束了就放下画笔等,在有缓冲的情况下,孩子的配合度会相对高一些。

最终如果孩子仍然拒绝合作怎么办？可以给予有效的警告,"如果(做不到)那么(被扣除)",前提条件是说到要做到,要让孩子知道你是认真的。比如:"如果到时间了还没放下手机去洗澡,那么明天一整天都不让你玩手机。"

七、恩威并济给指令

这一节的主题都是在谈论服从指令,似乎服从和指令两个词用多了,会给人一种专断的感觉？虽然中国传统家长确实走的是专断路线。然而近些年来,教养论调会偏向另一个极端,即"要和孩子做平等的好朋友"。很多家长,尤其妈妈,会在这个观点的引导下,凡事都跟孩子有商有量,好好讲道理,希望孩子通过明白道理来听话。然而通常的结局是,孩子道理都懂,但就是不听。或者,孩子比大人还能讲道理,狡辩起来一套一套的。因此导致问题就是,如果家长跟孩子做平等的朋友了,那么谁来行使家长的引导管教等任务呢？

有的家长很勤奋,阅读很多亲子教育内容,可有时越学越疑惑。有时候说,要尊重孩子的自主性,用平等、尊重的语气和孩子商量,避免一味专断命令孩子;可有时候,又要建立权威感,让孩子学会遵循指令而不是靠哄求让孩子听话。这两个相互矛盾的建议,到底该何去何从？

的确,乍一看,这两个建议似乎是背道而驰的。但实际上并不然。很多事情,当对其了解的深度和广度不足够时,很容易被一些只言片语的信息误导。加之现在都是信息快餐时代,很多时候,信息的传递是知其然,不知其所以然;或者管中窥豹,只见一斑,导致家长们陷入误区。

实际上,无论平等尊重孩子的自主性,还是权威地要求孩子遵守规则,都是与孩子互动的过程中,正确的方法之一。我很喜欢用"恩威并济"这个词来形容一个好的家长态度。一位优秀的家长,应该能够在不同场合、不同事件、不同要求之间做到恰当的切换。

如果在应该尊重询问的时候,总是专断地替孩子做决定,那么很可能孩子会过分依赖,缺乏自主独立性,或者也会更加逆反,凡事都想对着干。

我遇到过这么一位家长,对孩子照顾无微不至,生活中的每一个细节都有着自己认为合理、为孩子好的要求,孩子到了初中后,就什么事都不想听家长的,哪怕再小的事情也不愿配合。比如早上穿什么衣服,只要家长拿好的衣服,孩子就坚决不穿,可是问他自己想穿什么,又并没有明确的想法。家长和孩子还经常就喝凉水争吵不休。家长认为喝凉水会损坏身体健康,绝对不能喝,然而孩子就偏要喝。试想下,当生活中每一个细节都争执不休时,亲子关系如何能够融洽?

如果在应该建立权威的时候,总是征求意见,反复说理,甚至哄求,孩子将来可能会容易狡辩、违抗、挑衅,甚至扩散到对于司空见惯的事情,孩子也会难以配合指令,那时候就头大了。

我见过这么一个少年,家长说的任何话,他都习惯性地反驳诘问。爸爸说:"我希望无论有什么理由,都不能动手。"孩子反驳:"我没有动手啊。"爸爸举证:"你把妈妈推倒在地了,这就是动手啊。"孩子却有道理了:"那是妈妈先过来要推我的,我正当防卫而已。"爸爸只好对我抱怨:"孩子现在就这样,什么事他都有理,我们根本说不过他。"

现在大家知道了,家长对待孩子,应该恩威并济,缺一不可。接下来的问题就在于,何时恩?何时威?这是很关键的。简而言之,原则性的事情,威;非原则的事情,恩。

什么是原则性的事情?这类事情是孩子应该养成遵守的习惯,从而帮助他更好地适应接下来的各种环境。比如,别人的东西不可以未经允许就乱碰。这个时候的指令就应该是:"没得到别人允许,不能随意碰别人的东西。"在孩子做到之后,可以简单说理,如:"别人可能会不高兴。""可能会损坏别人的物品。""可能给自己带来麻烦。"等等。注意,前提是通过权威指令,让孩子能遵守,而不是靠过分说理哄着孩子遵守。为什么?因为很可能将来,孩子会反驳:"你怎么知道别人不高兴""我不会弄坏的""不会有麻烦"等等来拒绝遵守你的指令。

原则的事情上更加不能采取安抚哄骗的方式如:"你喜欢什么就说啊,我们可以去买。"甚至包庇的方式如:"小孩子不懂事碰碰而已,有什么大不了的。"因为如果这样的话,可能一次两次没事,总有出事的时候,比如当熊孩子在餐厅里乱碰其他餐桌上的菜,而那桌的大人不愿容忍时,就会出现替你惩罚熊孩子的现象,并且惩罚的方式还是你不愿看到的。

因此,对于那些可以帮助孩子更好适应生活社会环境的规矩,要通过权威的方式来让孩子养成遵守基本规则的习惯。

相对的,什么是非原则的事情?就是这类事情,孩子答应不答应,你觉得都可以接受的,无伤大雅的,那么你就与孩子平等地商量。如:"我们加餐喝杯牛奶好不好?"注意,既然是与孩子商议,那么就要做好孩子不答应的心理准备,要尊重孩子自主的选择。

八、巧用选择给指令

接着上一个技巧往下说。我知道虽然说,非原则性的要求应该尊重孩子自己的选择,但事实是,家长很难控制住自己的掌控欲,在自己认为正确的事情上,非要孩子遵守不可。这些事情大多也确实是正确的,如不喝凉水、天冷要穿秋裤、不抠手指甲、走路别驼背、每天一杯牛奶等。只不过,这类正确的事情,即便做不到,也并非违反原则。换个角度想,所有有益的正确事情,我们大人都做到了吗?如早睡早起、少玩电子游戏、少吃冰激凌,每周锻炼3次等。因此,我们大可以提出自己的希望,但在非原则的事情上,避免过度苛责孩子。做到了,皆大欢喜;做不到,表示理解。

有一些小技巧可以帮助家长取得孩子的支持配合。举个例子,我遇到一位家长,认为喝牛奶有利于健康(营养师建议每天至少400毫升牛奶),但孩子就是不愿意喝。这种情况,不太适合权威下指令,但如果尊重地询问又总是被拒绝,怎么办?

我介绍的小技巧是:巧用选择。尝试给孩子两个选项,但是选项要设计巧妙,即无论孩子选哪个,最终都是满足了家长的要求。同时,因为是让孩子自己去选择的,也尊重了孩子自己的自主性。

比如喝牛奶,可以尝试问孩子:"你想饭前喝一杯,还是饭后喝一杯?"无论孩子选什么,他都觉得自己为自己做主了,但实际上最终他都是把牛奶喝掉了,最终都达成了家长的要求。这位家长后来自行发展出了很多种选择情形,有时候问孩子:"你想就着饼干喝牛奶,还是就着蛋糕喝?"有时候问孩子:"我们喝水果奶昔吧,你想喝猕猴桃牛奶还是香蕉牛奶?"后来家长还买了两个卡通杯子,让孩子选"你想用猫咪杯子喝,还是用小狗杯子喝?"孩子玩得乐此不疲,家长也就再也没在喝牛奶这件事上和孩子纠结过了。

因此,在非原则性,但家长又希望孩子听从自己建议的事情上,巧妙地给孩子选择吧。让孩子愉快地配合你的要求,减少逆反违抗的可能性,养成更和睦的亲子关系。

举个现实例子,大家解析下例子中妈妈的指令类型。

有次一个妈妈想跟我聊些事情,但孩子一直在围着她纠缠不休,要她包里的巧克力吃。

1. 妈妈说:"待会马上要吃中饭了,吃了巧克力就没胃口吃午饭了,正餐不好好吃会影响长个子的,难道你想一直这么矮吗?"
（指令类型：_____ 孩子可能的反应：_____）
孩子闹:"我会好好吃饭的啦,现在我要吃巧克力。"

2. 妈妈说:"不可能的啦,巧克力吃完就会觉得饱了,会影响胃口的,你本来胃口就差。"
（指令类型：_____ 孩子可能的反应：_____）
孩子继续闹:"谁说的,我吃完巧克力也会好好吃饭的,给我巧克力!"

3. 妈妈说:"我要和医生说会话,你再闹,我就让医生给你打针哦。"
（指令类型：_____ 孩子可能的反应：_____）
孩子开始哭闹:"给我巧克力,我现在就要,不给我我就不让你们说话。"

4. 妈妈有点生气了:"你就不能消停一会儿吗？总是这么闹,真的不想要你了。"
（指令类型：_____ 孩子可能的反应：_____）
孩子开始纠缠妈妈抢夺巧克力,并且大声哭闹起来。

5. 我蹲下来,看着孩子,说:"如果现在不闹,那么中饭后可以得到一块巧克力。"
（指令类型：_____ 孩子可能的反应：_____）
孩子一开始听不进去,仍然尝试伸手抢巧克力。

6. 我将树袋熊一般纠缠在妈妈身上的孩子拉开一小段距离:"如果现在哭闹,那么今天肯定吃不到巧克力。"
（指令类型：_____ 孩子可能的反应：_____）
孩子顿时嘴角耷拉下来,委屈地开始哭。我给孩子一点时间平静下来:"对,保持这样,不哭闹,那么,中饭后就可以得到一块巧克力了。"孩子于是含着泪点点头。

参考答案：
1. 说理指令,孩子会找理由反驳。

> 2. 争辩,会和孩子陷入争论中。
> 3. 吓唬,孩子不一定上当,会继续纠缠。
> 4. 模糊/否认/讽刺,孩子也会陷入负性情绪且不知道具体该做什么。
> 5. 正面/谈条件,孩子至少不会激发太多负性情绪。
> 6. 警告,可能会尝试闹得更厉害以观察大人是否妥协,也可能会尝试合作。

第三节 亲子关系僵,想办法扭转僵局

家长想要帮助孩子,最基础的条件就是亲子关系是良性互动的模式,这样孩子才愿意配合,愿意接受帮助。只要亲子关系还是良性的,无论怎样的问题,终归能看到解决的方向。倘若亲子关系陷入了僵局,孩子对于大人言不听计不从,事无巨细地对抗挑战,拒绝帮助,那么家长再捉急也似乎无能为力。这时候,修复亲子关系,扭转亲子僵局就成了当务之急。

很多家长的疑惑或者担心就是,怎么孩子就一步步地和自己发展为深仇大恨一般的敌对关系了呢?有的家长说:"我对孩子不严厉啊,一直都是爱的教育,怎么抚养出恨了呢?"也有的家长说:"我没有宠溺孩子啊,一直都在严格管教,怎么越管行为越差呢。"

到底怎么爱?爱什么?到底怎么管?管什么?

举个例子。小方从小习惯了要什么就得有什么,要做什么就得做什么,否则就发脾气闹情绪。小时候哭闹、踢腿、跺脚、扔东西为主,家长担心孩子哭闹多了对身体不好,且大多数要求就是买个玩具,看个电视之类的,家长觉得无伤大雅,都是小事,何苦太顶真,大多数时候都妥协了。

后来长大了,小方但凡不高兴,就会拿头撞墙,用手捶墙,家长担心弄伤了身体,只好一而再再而三地妥协退让。然而小方在学校里,也是同样的表现,只要自己的哪个要求同学或者老师没有满足,比如想回答问题老师没有给他机会,想借同学的文具但是被拒绝了,就会大发雷霆。同学和老师不可能像家长一样毫无底线地迁就小方,于是小方只好辍学在家。

如今小方已经16岁了,苹果新款手机上市了就要买,一周后手机丢了,小方要再买一个,家长说:"太贵了,买个便宜的吧。"小方就拿起菜刀架脖子上,大声喊"买

不买?"家长只好同意买。可在买苹果新款的当天,小方看见了华为最新款的广告,于是要求再买个华为,家长说:"你都买了一个新手机了,不用再买第二个了吧。"小方顿时踹公交车的车门,称不给买就要跳车。

小时候似乎都是"无伤大雅"的小要求,就这么一个孩子,宠爱都来不及呢,何必一点点鸡毛蒜皮的小要求都不满足呢?于是选择不计较,为了平息一时的怒火而迁就孩子。但是,将来其他人都会如家长一般宠爱迁就孩子吗?当然不会。这时孩子的怒火该如何平息呢?并且,当孩子逐渐长大,要求开始超出了你的能力范围之外,你该怎么继续"爱"孩子而让他不再发怒呢?所以,不要秉着所谓"为了孩子好"的心,做着"让孩子变坏"的事。

爱孩子,但要管行为。别因为表达爱意,而迁就孩子的坏行为,因为这些坏行为会阻碍孩子将来获得和享受更多爱。也别因为管行为,而去憎恶孩子。你管理的是具体的行为,管行为是出于爱意地帮助孩子发展更好。

有些家长在管理孩子行为时,容易陷入"感情惩罚"的状态。

举个例子。铭铭小学3年级,妈妈对他坐不住的行为一直很头痛。有次上观摩课,铭铭一直东倒西歪,有时还去招惹旁边同学,老师罚他站起来。铭铭被罚站后稍微老实了一些,就这样站着上完了课。妈妈觉得非常丢脸,铭铭看到妈妈生气了,也不敢吭声,默默地把书包收拾好,来到妈妈身边。妈妈推开他:"你这么不争气,不想要你了。"然后扬长而去。铭铭抱着书包,一路紧跟妈妈,妈妈却不断地用力推开他。

如果想管理坐不住这个行为,就针对这个行为先评定孩子当前的水平,比如坐得住10分钟,就设定合适的目标,从坚持15分钟尝试起。给予一定的帮助,让孩子能够更好地坚持坐好。如果达到了目标,就给予有力的奖赏,如妈妈陪他一起搭乐高;如果达不到目标则扣除一定的享乐特权,如当天的动画片时间取消。这样就做到了管理塑造行为,毕竟作为家长,你不喜欢的是那个不良行为,而不是厌恶孩子这个人。学会区分人与行为,爱的是孩子这个人,管理的是具体行为。

似乎有点绕,前思后想,总结一下,大抵应该是:具备原则的深情,不带敌意的规矩。

如果之前亲子互动中没留意到这些,目前亲子关系已经陷入濒临破裂的僵局了怎么办?比如孩子已经呈现了明显的对立违抗障碍,这时可能需要先修复亲子关系,重建良性互动的模式。建议耐心地逐步尝试下面的10个步骤,别着急,慢慢调整,也许会发现你和孩子之间意外的、惊喜的、潜移默化的变化。

第 1 步：从建立正性的关系开始。

这个技巧被我称为"纯正时光"，每天拿出 10 分钟左右的时间，和孩子进行一段纯正性互动的时光。尽量在家里某个固定的位置，进行纯正时光。尽量让这个位置有点仪式感，如专门设置两个特别的坐垫，或者使用一个野餐垫。

在这段时间里，以孩子为主导，尽量选择他喜欢的活动或谈话内容。但注意是有互动的活动，因此一般来说，看电视玩平板不在推荐行列。如果孩子表示："除了玩手机没有其他喜欢的事情。"（这也提示家长需要警惕电子产品依赖的端倪），这时可以让他教你玩，问问孩子为什么好玩，有什么玩的技巧等。

这段时间里，避免负性评价，避免给出建议，哪怕你认为很重要或很好的建议，因为提建议的潜台词就是他做得不够好。避免提学业或行为方面的要求。记住，纯正时光里，家长只是单纯地陪伴和参与孩子喜欢的活动中去。

一开始也许可能有些尴尬，没关系，即便双方略微尴尬地单纯相处一段时间，也会让孩子察觉你陪伴和支持的意愿。

第 2 步：从正性关注好行为开始。

这个技巧可以相应地被称为"纯正关注"，即尽可能多地关注孩子表现好的地方，对于那些表现不理想的行为，只要没有太大的危害性，短期内先予以忽略不计。为什么？因为只有你给予孩子正性关注了，孩子才会感受到你的肯定，相信你的爱意。

注意你的正性关注是纯粹的，别欲抑先扬，别挖苦讽刺。比如："你作业今天写得挺快的，如果字迹能再工整点就好了。"或者："今天居然帮忙收拾碗筷了，太阳打西边出来了吗？"这会破坏正性关注的力量。真诚地纯粹地去留心孩子的好行为，如："今天作业完成速度很快，我很欣慰。""今天帮忙收拾碗筷，非常谢谢你的帮助。"

第 3 步：从简单易行的指令开始。

在改造指令一节里提到过这个技巧，如果亲子关系陷入僵局的话，孩子很可能事无巨细地言不听计不从，这时尝试扭转局面的一个技巧就是，挑孩子状态好的时候给予一些很简单的举手之劳的小指令，如："帮忙把那支钢笔递给妈妈。"如果孩子配合完成的话，立刻给予有力的强化，如："太感谢你的帮助了。"

有的孩子因为不习惯或者尴尬，可能会忸怩表示"这有什么大不了的。"这时不用放在心上，你只需要根据孩子的行为作出恰当的反馈即可。也有时候，哪怕举手之劳，孩子仍然会拒绝配合，如："你自己的事自己做。"此时也不要放在心上，挑下一次，再尝试，只要有一次孩子配合了，就予以肯定。你需要逮着机会去肯定孩子配合大人指令的表现，从而重建你们之间的良好配合关系。

第 4 步：从寻找问题的原因开始。

尝试寻找发现什么原因导致了你们之间的关系恶化。可以自己思考，也可以和配偶、朋友、甚至心理专家探讨一下，问题的原因出在哪里？

孩子是不听自己的话，还是所有大人的话都不听？如果只是跟自己的关系恶劣，那么自己的哪些表现这么招孩子不待见？最常见的原因是唠叨，虽然是出于好意，但孩子拒绝接受，重复唠叨再多遍的好意也形同虚设。

如果孩子几乎与所有的大人都对抗，那么为什么他如此充满敌意？他自己的心情好吗？他对自己的生活满意吗？大多数表现为挑衅不服的孩子，实际上内心感受并不快乐。他们倾向于将整个世界解释为敌意，所以会以敌意去对待整个世界。

如果孩子总是满怀怒意，那么什么原因导致如此？是因为他总是曲解社交线索？还是因为不会恰当表达愤怒的情绪？又或者是因为每次发脾气攻击就得到了自己想要的东西？还是家里也有人喜欢用外化的方式来表达不满？

寻找到问题的原因所在，就可以尝试去解决问题，也可以帮助你发现引发争执的导火索是什么，从而预先做好处理安排。

第 5 步：从设定合理小目标开始。

和设定行为目标一样，改善亲子关系不是一日之功，因此从合理的小目标开始。亲子关系的僵化是日积月累的，僵局的扭转也需要持之以恒。

避免在亲子关系修复之前，同时叠加对孩子行为学业方面较高的目标（尽管也许你认为是当务之急），这样不仅难以达成，还会恶化亲子关系。

第 6 步：从保持自身的平静开始。

如果你要求孩子对你不发脾气，那么你也得做到对孩子不发脾气。竖立在挫折中保持平静的榜样，这也是镜像效应。要做到这一点很难，但为了孩子，必须努力。

假如万一没能控制好自己的情绪，也无须过分自责，我们都有情绪失控的时候。但不要认为孩子表现不好，就是自己发脾气的正当理由。长此以往，孩子也会觉得，自己不满意，就有理由乱发脾气。

因此，可以在自己情绪平静之后，向孩子说明情况甚至道歉，比如："我今天工作很累，当我疲惫地回家后发现你作业居然一个字都没写时，就感到很失望，我催你写作业你却不听，我更加生气了。当然，我不应该对你怒吼，对不起。"从而为自己失控的情绪负责。

本章第七节会专门阐述如果家长在亲子互动过程中情绪濒临爆发的边缘，可以做些什么，帮助自己调整平稳情绪。

第7步：从和孩子统一战线开始。

即便做规矩，管行为，不代表家长就一定是站在孩子的对立面，尝试和孩子站在同一阵线，表示你在乎他的感受，你希望他也感到开心。你制定规则，管理行为，只是帮助他塑造更合适的行为，从而能在更多的时候感到更多的开心。

你陪孩子一起遵守规则，如果违规被惩罚了，你陪孩子一起感到惋惜。比如，跟孩子说好，6点半之前完成作业可以玩半小时手机，如果孩子今天没按时完成作业，却纠缠想玩手机时，可以说："好可惜啊，今天没机会玩呢，明天再争取。"

当你和孩子站在同一阵线时，你们一起去遵守规则，达到目标，而非一种家长强制孩子的形势，那么孩子的对抗挣扎就会减缓很多。比如，给孩子玩电子游戏设定一定的时间限制，与其你口头上去阻止，不如设定计时器，计时器响起之后，就关掉电脑。如果孩子纠缠需要更多时间，可以说："我也希望你能多玩一会儿，但是我们之前说好的时间已经到了，计时器已经响了。"

第8步：从管理好电子产品开始。

曾几何时，电子产品开始成为社交大忌，它们同样也是亲子关系大忌。有的孩子为了使用电子产品，可以和家长闹到六亲不认的地步。最严重的例子里，青春期人高马大的孩子，因为家长拔了网线，能掐住大人的脖子往楼梯下推，最后警察来了，也感到"清官难断家务事"般的无可奈何。即便未到这么严重的程度，很多家长也形容孩子在有了手机之后，简直就天使变魔鬼一般。

在电子产品泛滥的时代，家长依靠塞给孩子电子产品以保持其"安分"已是司空见惯的事情。于是当孩子需要放下手机去写作业时，当需要离开电脑去上学时，矛盾就产生了。学习作业成了接触电子产品最大的阻碍，于是不愿上学、不愿写作业、只愿待在家接触电子产品。因此从一开始就要尽量避免过多使用电子产品，记得培养其他的兴趣爱好。

如果已经弥足深陷，暂时孩子没有其他的兴趣爱好，你又不得不用电子产品作为奖赏物，那么更加需要控制使用时间，孩子不可以有接触电子产品的自主权，只有当孩子表现达到要求后，才可以获得一定的使用时间。记住是先达到要求，再获得使用时间。千万不要反了，很多孩子会说："让我玩够了我就写作业。"然后家长就发现，根本没有玩够的时候。

本书的第二章黑镜一节已经阐述过电子产品的管理细节，记得温故而知新。

第9步：从温和坚定的态度开始。

这个话题之前讨论过，家长就是家长，家长不是孩子的同辈朋友，尽管青春期孩子已经接近成长，家长需要更多地尊重孩子的自主和隐私，但并不意味着家长可以将权威拱手相让，更不代表着家长被孩子控制住。

家长来制定规则，孩子来决定是否遵守。要让孩子知道，他有不服从和不遵守的自由。但是，家长鼓励孩子，希望孩子，帮助孩子来遵守规则。因此，避免孩子一违反你的要求，就去惩罚责骂。而是应该鼓励孩子达到要求，并对他的好行为给予赞赏从而强化。

如果孩子跟你顶嘴："你凭什么管我！""我不要你管！"你可以回答："我也希望你自己能够管理好自己的行为和情绪，你需要为自己的表现负责。如果你希望我满足你的要求，那么请用自己的行为来换取。"

保持温和而坚定的态度，尤其对于青春期孩子，采取一种公事公办的商务口气，更可能取得平静的合作。

第10步：必要时寻求专业的帮助。

当问题还是小苗头时，解决起来是相对容易的。但如果问题根深蒂固了，逆转僵局就会比较困难。这时不要避讳求助他人，尤其是求助专业人士。

如果孩子不愿意就诊，或者担心给孩子带来心理压力，可以考虑以下方式：家长先自行前往咨询（弊端是医生没能见到孩子本人的情况下很难给出确切的建议）；避开医院预约心理咨询（弊端是需要谨慎甄别心理治疗师/咨询师的可靠程度）。

除了避免讳疾忌医，还要避免讳疾忌药。

爱发脾气的孩子，可能由于对自己的情绪自控力不足，自控力不足可能源于注意缺陷多动障碍，这时可以通过治疗ADHD的药物改善自控力，相应地，情绪也会稳定很多。

爱发脾气的孩子，也可能是因为存在情绪问题，如焦虑、抑郁情绪，以及过分敏感（风吹草动的小事容易激发大的情绪反应）等，这时改善情绪的药物，可能会有所帮助。

还有小部分爱发脾气的孩子，发作太频繁，程度太明显，攻击行为给自己和他人都带来了较大的麻烦，那么这时一些小剂量的抗精神病药物也能帮助控制这类行为。

亲子关系也是一种人际关系互动，而互动中必不可少的就是言语交流。言语，可以是一把无形的利器。人们，尤其在压力、失望、愤懑、尴尬的负性情绪下，很容易口不择言。有些平时大多数时候都很和蔼可亲的家长,在与孩子的相处时,仍然可能脱口而出一些话,本着对孩子的爱,也许却伤了孩子的心。俗话说,良言一句三冬暖,恶语伤人六月寒。

举个例子。有次一位妈妈带孩子来见我,孩子比较好动,我桌上其实都是些稀松平常的东西,跟他也没有什么关系,但是孩子就是一会儿拿这个,一会儿碰那个,一开始我只是稍微阻止一下,但孩子东摸西碰的频率实在有点高,我就有点疲于应对了,于是准备给个指令:"我桌上的东西不要碰,坚持到……"

然而我的指令还没说完,家长可能想管理好孩子,也可能因为孩子的行为觉得尴尬了,总之就开始对孩子说:"你动来动去有意思吗?你就不能表现得正常一点?我怎么就生了你这么一个孩子,根本不想管你了,你再动,就给你吃药!"孩子虽然调皮,显得没心没肺,但这段话还是明显戳伤了孩子的心。

我对妈妈说:"你这段话,除了告诉孩子你很失望之外,并没有明确告诉孩子你希望他做到什么的具体信息,换言之,你只是疏泄了你的不良情绪,转移到孩子身上而已,实际上对于孩子的行为,没有具体的帮助。退一万步说,即便你发泄了一通,但你对孩子说了这样的话,其实你内心也不好受。"妈妈顿时泪流满面:"是啊,我也心痛,但我确实不知道该怎么办。"

希望无论家长感到多么生气或沮丧,在亲子互动的言语沟通中,避免不要踩以下这些雷区。

1. "管你是为了你好""爱你才会管你"

这是很多家长管教孩子的出发点。确实没错,家长管理孩子当然都是以爱为出发点,而孩子还是孩子,确实需要大人的管理。问题是,具体管教什么?怎么管教?很多孩子长大到青春期了,家长还在事无巨细地管教握笔姿势、走路身姿、喝凉水还是热水、吃几碗米饭等。诚然,这些细节做好了确实对孩子有好处,但人无完人,我们可以提出好的建议,但无须在每个细节上去苛求孩子做到。因为苛求细节太多,会导致对抗情绪,最终不仅细节孩子做不到,可能原则性的要求孩子也不愿意配合,全盘皆输。

2. "为什么你就不能表现得正常点?""你是不是真的有病啊?"

这样的话语,会让孩子觉得自己不正常。虽然从医学角度上来说,注意力不集中、对立违抗等表现确实可能是一种疾病,是一种非正常的心理行为表现,但不代表我们需要无时无刻地这样去提醒孩子,更何况,这样的提醒对孩子并无帮助。近视眼、糖尿病,都是医学疾病,但如果孩子忘了戴眼镜看不清板书,从而没法誊抄知识要点;如果孩子忘了打胰岛素,血糖波动,头晕乏力,难以继续上课,我们却并不会责备他们:"怎么不表现得正常点?"因为他们的眼睛、胰腺,没法帮助他们如常表现。同样,ADHD或ODD孩子的大脑可能没法帮助他们发挥出恰当的专注力或自控力,无须为此责备他们,只需努力找到方法策略,切实帮助他们。

3. "我怎么就养了你这样一个孩子?""真后悔当初生了你。"

一时的气话会极大地损害亲子关系。说到底,你的孩子只是带来了一些困难,仅此而已。虽然这个困难影响有点多,有点难以克服,但始终,这不是天塌下来的灾难。不要因为一个难题全盘否定孩子,否则孩子也会全盘否定自己。

4. "你丢不丢人啊?""我为你感到丢死人了!"

伴随这样的话语,滋生的是耻辱感和自卑感。经常受到这种评论的孩子,会让他们觉得自己是有缺陷的,没能力的,这种想法有可能伴其一生,在生活的各个方面,这种"为自己感到丢人"的自卑感都会如影随形。当我们面对孩子的任何问题时,都是在应对问题本身,而非是一个有问题的孩子。一定要区分,你要挑战的,要应对的是问题,而不是孩子。

5. "你怎么这么笨?""你实在太傻了!""你简直蠢到家了!"

这类言语会伤害孩子的自尊心。尤其当孩子遭遇到困难的时候,被这样评价的话,他们会恨不得挖个地洞钻下去。将来他们只期望逃离这些任务越远越好,因为他们会觉得自己太笨太蠢,难以胜任这些任务。尽量多用正面鼓励,少用负面批评。这是老生常谈,但也是颠扑不破的亲子道理。当孩子表现不好时,尽量保持平静严肃地陈述出来并给出建议即可,比如:"这道题很简单,你做错了让我很意外,再仔细检查一遍。"

6. "你就是太懒了!""你如果努力点肯定不是这个样子。"

很多时候,尤其在家长付出了200%的努力的时候,发现孩子原地踏步没有进展,就会觉得是孩子没有努力。诚然,大多事情需要努力,努力了也会有进步,但有时候,有些事,不是完全由努力的意志所控制。比如,非要我去和姚明比赛篮球,那么我努力500%希望也很渺茫。所谓自控力,虽然是可以训练的,但不是简单的"多努力点"一句怒吼就可以达到效果的。真正的努力,不应该只是单向地要求孩子做到什么,而是大人也去努力学习策略技巧,教导孩子,陪孩子一起练习。当然,也有可能孩子是真的不努力,就是要偷懒,这个时候,与其责骂孩子,不如扪心自问,为何孩子会这样?

7. "你就跟你爸一样!""我就不该跟你爸结婚。"

有时候单亲家长甚至会说:"早知道就把你给你爸,我不该要你的。"无论父母面临怎样的压力,要知道,孩子是同时爱着父母的,因此当着孩子的面指责另一位家长,只会增加孩子的压力,以及认为自己是引起父母争吵的原因,产生内疚感。有统计显示,父母教养不一致,经常当着孩子面争执,是引发孩子不听话、逆反的重要因素之一。因此,家长争吵时应尽量避开孩子,统一管理意见后,用相同的态度与孩子相处。

8."你看看别人家小孩多好。""你同桌又拿优秀奖状了。""你能赶上同学一半好就不错了。"

这类攀比的言论,家长可能觉得是在激发孩子的斗志,但有可能只是会引发孩子的嫉妒心理或自暴自弃。我们要看别人的长处去学习,但看的是行为过程而非结果,不是每个孩子在每个领域都能取得相同的好成绩,每个孩子擅长的也不一样。因此不需要去攀比结果。不得不承认,儿童阶段最大的事情就是学习,学业成绩是最容易拿来比较和衡量孩子表现的,但我们仍然要提醒自己,更多去关注孩子对于学习的兴趣,对学习投入的程度,以及在学习之外,生活中的行为表现和技能发展。因此,我们可以换个说法,如:"你同桌经常去图书馆,要不我们也去找找感兴趣的书看看。"

亲子沟通过程中,作为大人的我们,不仅是说话的一方,也是聆听的一方。不少家长抱怨孩子不愿跟自己说话,有时候要扪心自问一下,为什么孩子不愿开口说?按照行为矫正的原则,一个行为得到了正反馈就会反复出现,而如果得到了负反馈就会逐渐终止出现。因此,如果希望孩子敞开心扉与自己沟通,那么对于孩子开诚布公的沟通要给予正反馈。所谓正反馈,既包括积极诚恳的聆听,也包括积极诚恳的回应。

避免急于否定孩子的想法和做法,尽管也许确实不太明智,尽管也许你确实出于好意要点拨孩子,但如果太急于提建议,会让孩子觉得,但凡跟你开口说话,就会被否认,那么以后就不愿再开口了。

尽量先做到积极倾听。倾听的时候保持目光接触,放下手机,显示你的兴趣。记住,别只是做出一副聆听的样子,或者只听其话不解其意,而是要真实地用心去理解每句话的含义。这样才能够对孩子的想法及希望有清晰的了解,孩子也会感受到你的尊重和关心。反之,如果你敷衍孩子,孩子也会敷衍你。

有时候,重塑孩子的表达比直接给建议更有效。

举个例子。有一次,一个经常在课堂捣乱的孩子被带来就诊,我问他"你在课堂上是怎样的感受,以至于要大声捣乱?"孩子说:"反正大家都认为我是个坏孩子,那我就坏给你们看,我就证明你们是对的。"我重塑孩子的表达"别人认为你是坏孩子,你就干脆真的坏给他们看,证明你确实是个坏孩子,你希望在大家眼里是个坏孩子?"孩子矢口否认:"不是的!我不是这个意思……嗯,我的意思是……其实我不想被认为是个坏孩子,但我没有办法改变大家的想法,唉。"我追问"所以你现在的做法,比如故意捣乱,有达到你原本的目标吗?还是背道而驰?"孩子摇摇头:"可我不知道该怎么办。"毕竟,孩子并不傻,当他从你的嘴里重新获得了自己的想法和做法时,通常就能自行修正了。

纯正时光

您和孩子的纯正性互动时光一般在什么时间:_____,持续_____分钟。

孩子喜欢的活动是:_____

您是否能做到:不予批评□　不给建议□　单纯陪伴□

您的感受是:_____

孩子的反馈是:_____

第四节　可教导时刻,最高质量的相处

家长在如何陪伴孩子度过时光时,似乎总有点小疑惑。比如,需要陪伴孩子多少时间?当下在国内,年轻父母不仅身为家长,还是家庭经济来源的主要支柱,因此很多时候,孩子交由祖父母一代抚养,"隔代抚养"在国内是常见现象,本章的最后一节会专门说说关于隔代抚养容易掉进的陷阱,以及帮助大家规避陷阱。

如果母亲是全职妈妈的话,父亲与孩子相处的时间就更加稀缺,因此有了"丧偶式抚养"的说法。可能与父亲没有重视到抚养角色有关,可能也与父亲兼顾了家庭收入来源的压力负担有关。

在这里,我并不想强调陪伴的时间长短有多么多么重要,毕竟我相信家长如果愿意花时间阅读这本书来学习帮助孩子的方法,那么就不会是那种会主动去忽视孩子的人。因此,目前对孩子的陪伴,相信你已经尽力了。如果仍然偏少,那么也别急着内疚。如果你感到非常内疚,甚至总是担忧自己陪伴的时间不够,那么我推荐一本书叫《教养的迷思》,作者在书中提出了一个非常有意思的观点,就是孩子的

性格发展除了受先天遗传之外，更多受后天同辈群体环境影响，而非家长的教养环境。这并非说明家长的教养不重要，家长可以决定孩子在家的感受和表现，可以决定孩子进入同辈群体后是进入良性循环从而更好地自我发展，还是进入恶性循环从而自暴自弃。父母是家长，不用做孩子的朋友，应该指导和管理孩子。

在这里，我想说明的是，尽你所能地去陪伴孩子，毕竟抚养孩子的过程也是一去不复返的一种人生经历，值得你去体验和感受。有些时候，父母回到家实在太累了，宁愿自己刷手机或者看视频，不愿花时间和孩子在一起，认为陪伴孩子会让自己更累。然后逮着节假日，带着孩子到处玩耍，认为这样就能弥补平时陪伴时间不足，以及认为"让孩子开心"的纯玩陪伴是最佳的陪伴，这些都是误区。

举个例子。一位很温和的妈妈带着一个很脑脾的女孩来咨询，妈妈说自己人生遭遇了很多坎坷，所以希望自己的女儿幸福，平时但凡有时间就陪伴女儿，尽量满足她的要求，她要玩什么就陪她一起玩什么，什么都是她说了算。可奇怪的是，女儿在学校挺好的，在姥姥面前也还可以，唯独和自己相处时，情绪非常糟糕。

关键是她不清楚女儿到底要什么，比如她让孩子来吃饭，正在玩手工的孩子不愿意就开始哭，她立即妥协："那先不吃饭了，我先陪你玩手工。"孩子却将手工推到地上，继续哭，表示不乐意。妈妈描述，她曾经泪流满面地跪在孩子面前哭诉："我为了你做了一切，为什么你还是这么恨我，我要怎么做才能让你开心？"孩子是给不出答案的，但是事实是，孩子在学校挺开心的。原因何在？很难说清楚。但至少一部分原因是，妈妈虽然觉得她倾尽了所有的努力去陪伴女儿，但她的角色并非一位母亲，缺乏威信和指导，没有规则的孩子是不安全的，没有安全感的孩子是很难放松快乐的。

绕了一圈，说到底，陪伴的时间相对而言，并不如陪伴的质量重要。家长与其纠结要花费自己的多少时间去陪伴孩子，不如多考虑下在陪伴孩子的过程中，可以做些什么。如果你在陪伴孩子的时候，双方都能感觉到放松，同时还能寓教于乐，指导孩子发展些什么能力技巧，这便是最高质量的陪伴了。这样的时刻有个名称，叫"可教导时光"。

好的可教导时光是怎样的？别会错意，这里不是指给孩子讲课补习、督促作业的教导，而更多是指能力技巧的教导，最好是以游戏放松的形式。如果按照这本书前面的章节做过练习的话，那么家长脑海里应该能闪现出很多可教导时光的画面。也就是这本书里提到的任何一个陪伴孩子进行的游戏任务，以及任何一个可以在家长陪伴下练习的技巧策略。

比如安静时光，当你回到家感到比较疲倦焦躁，孩子为作业多感到愤懑不平时，你们俩可以各自进行一段安静时光，你可以向孩子表达你的情绪，比如你会通过深呼吸、想象以前旅游等时候开心的场景,来舒缓自己的压力;再询问孩子会用怎样的方法平复自己的情绪,然后各自待一个角落,进行安静时光,结束后再交流刚才的感受。

还有很多随时随地可以进行的锻炼孩子注意力、自控力、记忆力的小游戏,外出散步的时候,餐厅等位的时候,一起坐车的时候,可以玩些什么？能回忆起来吗？如"我去超市""仔细听"是可以边走边玩的,如果待在某处有一定空间就可以玩"木头人""大王说""图片记忆"等。如果去超市,可以进行"超市寻宝";如果去动物园,可以玩"仔细听"。这会让很多生活中稀松平常的时光,甚至那些等待难熬的时光,变得有意思,成为高质量的陪伴时光。远远比大人和孩子人手一个电子产品打发时间,要有价值得多。

有句俗话是,授之以鱼不如授之以渔。同理,父母想办法为孩子制造快乐,如带孩子度过纯玩的光阴,不如教会孩子感受快乐的能力。什么是快乐的能力呢？这也是一个无解的无底洞话题。但总的来说,有研究显示,幸福感与成就感是密切关联的,不一定和客观的成就高低有关,而是和个体自我感受的成就产出有关。这就是为什么,电子产品的娱乐到最后都是不快乐的,因为缺乏实质的自我成就感。因此,在陪伴的时候,让孩子尝试去胜任一些事情,或者具备可胜任某些事情的能力,这才是帮助孩子具备了感受快乐的能力。

安静时光

您的孩子安静时光练习的时间是：_____ ,地点是：_____

孩子的感受是：_____

可教导时刻

您和孩子喜欢玩的注意力游戏是：_____

您和孩子喜欢玩的记忆力游戏是：_____

您和孩子一起走路时喜欢玩的游戏是：_____

您和孩子一起等待时喜欢玩的游戏是：_____

您和孩子一起购物时喜欢玩的游戏是：_____

第五节　孩子行为出现偏差，说谎偷窃

本章第一节就提到了注意缺陷多动障碍（ADHD）儿童很容易合并的问题，对立违抗障碍（ODD）。ODD会与ADHD相互恶化，影响ADHD的缓解和预后。因此我们重新回到这个话题，看看ODD中的常见不良行为，撒谎和偷窃，可以用些什么办法应对一下。

一、关于撒谎

没有哪个孩子生来就会说谎，也没有哪个人这辈子一句谎话都不说。尝试理解为什么孩子会说谎话，大多数时候，谎话是为了获得好处或者避免惩罚。那么你需要确保的是，孩子不会因为谎言真的获得好处，或者逃掉了惩罚。相反，如果孩子说谎，那么要扣除原本可以获得的好处。比如你承诺孩子，考试全部获得优秀，就给他买一套精品手账素材。现在孩子谎称他获得了全部优秀，可能是为了骗取奖励，也可能是碍于面子。你可以尝试说明："我猜你很想获得优秀，从而获得奖品，但可惜这次事实并非如此，我们可以想想办法，如何真的获得全部优秀的成绩。但这一次，因为你说谎了，所以需要扣掉你的一份手账素材。"

对于逃避任务的说谎，要给予双重惩罚，即不仅要补做任务，还要额外叠加惩罚。比如孩子说："今天作业我都完成了。"但实际上并没有完成，这时不仅需要补做，还要对说谎这个行为予以合适的惩罚，比如叠加家务劳动，扣除享乐特权等。孩子下次想说谎时就会知道，不仅没法侥幸逃脱，可能还会遭受更多的惩罚。

把说谎看作一个不良行为去处理，不要马上升级为人格或品行问题，要采用合适的惩罚，不要去侮辱孩子："你说谎成性，简直就没有道德。"也不要用伤害的方式去惩罚，如打耳光等。

冷静客观地去看待说谎这个不良行为，就意味着不要过于惊慌失措。我知道这很难，尤其对于大年龄的孩子，明知故犯和睁着眼说瞎话的表现，是会让人非常、非常生气的。但所有的生气发火、抓狂暴走，包括说理教育、批评责备，实际上都是对说谎行为的负性关注，并不能消除说谎，反而可能固化说谎。

保持冷静，避免愤怒对峙。如果你确定掌握了事实的话，那么避免和孩子对峙争论，反而可能逼迫孩子坚守谎言。比如你可以冷静地说："我知道今天作业不止三项，还有另外两项，希望你能完成。"而不要逼问孩子："你说到底今天有几项作业,别说谎!"这有可能让孩子继续选择咬牙说谎。

面对孩子说谎的时候,有两个通用的揭穿方法。一个是:"也许你希望是如此,但我们都知道这不是事实,现在麻烦告诉我事实。"比如孩子说:"一只浣熊刚刚跑进去把我的房间弄乱了。"你可以告诉他:"也许你希望这是浣熊弄乱的,但我们都知道这不是真的,现在告诉我事实是怎么回事。"另一个是:"说谎是没有帮助的,不如告诉我事实,我们一起看看有没有什么办法来解决。"比如孩子说:"老师说了这周没有考试,不需要复习。"你可以告诉他:"说谎隐瞒考试是没有用的,不如告诉我事实,我们一起看看能做些什么,既能轻松复习,又能取得好成绩。"

既然说谎需要被惩罚,那么诚实需要被奖励。尤其当孩子已经有说谎的苗头时,千万不要因为孩子说出真相反而去过分惩罚孩子。如果真相确实需要惩罚,那么惩罚的程度需要合适,要避免让孩子害怕到下次宁可冒险说谎也要逃避责罚的程度。比如当孩子告诉你:"我偷了你的手机出去玩,结果弄丢了。"你可以告诉他:"我很高兴你说出了事实的真相,这让我很欣慰。但是偷拿手机是不对的,因此接下来一周你使用电子产品的权利被扣除了。也许你会不高兴,我们可以一起想想办法,怎么度过没有电子产品的一周。下次你再想用我的手机时,也许会想到比偷拿更好的办法。"

家长以身作则是很重要的,如果你在孩子面前示范了一些通过撒谎获得好处或者逃避坏处的事情的话,那么你想管教孩子说谎就必然事倍功半。很多时候,家长可能没有意识到自己在说谎,甚至可能为自己说谎沾沾自喜。比如:"咱俩偷偷吃个冰激凌,待会回去不要告诉妈妈。""妈妈在用手机处理工作,没在聊天。"或者排队时当着孩子面向别人谎称:"我家里有个小娃急需照顾,离不开人,让我先插个队。"等等。如果希望孩子不说谎,按照镜像效应的道理,那么大人也需要以身作则避免通过撒谎来获得好处或逃避坏处。

如果孩子已经有频繁说谎的习惯,那么家长需要设定一个专门针对真话谎话的奖惩机制,并且在很长的一段时间内,对孩子的话进行核实。向其他家长、老师和同学去核实孩子的话,哪怕是无伤大雅的一句表达。但要注意不要让这成为一种不信任的挑衅,可以保持平静地告诉孩子:"并非不信任你,我非常愿意相信你的话,我只是也希望从另一个人那里获得事实。"

二、关于偷窃

尝试理解为什么孩子会偷东西。对于学前幼儿而言,他们有时候还没有东西所属人的概念,因此觉得好玩的可能就据为己有了,这并不算严格的偷窃,用不着去打标签或者道德说教,可以尝试告诉孩子:"我们不去拿不是自己的东西,所以现在我们一起把这本书还给小米。下次看到喜欢的东西,告诉我,我们来商量下怎么获得。"

大一点的孩子在懂了偷窃的概念之后,仍然反复出现偷窃行为,可能家长就比较头痛了。有的家长尝试体罚孩子,或者保证无论孩子想要什么都买给他,发现都不太管用。实际上,现在孩子偷窃很少是因为物质匮乏,有的孩子偷拿的都是零碎的小物件,对于这类孩子,可能某种程度上,偷偷占有他人物品所带来的刺激快感,超越了被体罚的恐惧感和自己买东西的满足感。当然,也有孩子会因为求而不得,去偷拿贵重物品。以及,因为愤怒而产生报复性偷窃,或者因为悲伤而通过偷窃物品去弥补丧失感。

当和孩子讨论偷窃问题时,就事论事去阐明这个行为,既不要害怕担心伤害了孩子的面子,而谈得比较隐晦,甚至表示理解孩子的动机,如:"我知道你很喜欢那个橡皮,你可以告诉我,我买给你,不用拿别人的。"也不要以屈辱孩子人格的方式去斥责他,如:"你就是个小偷知道吗?这实在太丢人了!"你可以参考这个通用句式:"我知道你偷拿了XX,也许你是有理由的,但无论如何,偷窃是不正确、不被允许的行为。下一次当你想偷拿东西时,可以告诉我,我们一起讨论可以通过哪些方式获得这样东西。现在,我们看看,对于你偷拿XX的事,可以如何解决。"

保持情绪平稳,毕竟你想让孩子面对自己喜欢的物品,具备更好的自控力,而不是头脑一热就顺手牵羊,那么你在孩子面前,也要呈现出良好的自控力,即便感到生气羞愧,也要管理好自己的情绪,平静地与他沟通。虽然偷窃确实属于品行问题之一,但不要把孩子看作罪大恶极。虽然偷窃确实有些丢人,但不要因为自己丢了面子、脸上无光,而将感到羞辱的怒火洒向孩子。你的目标在于处理偷窃这个行为,如果过分宣泄自己的情绪,甚至殴打辱骂孩子,并不会让孩子发自内心地感到偷窃错了,而只会让孩子暗下决心,下次偷窃一定不要被你抓到。

发现孩子偷窃后,除了要求孩子归还偷窃的物品并向失主道歉外,还要承担一定的惩罚。可以扣除孩子原本拥有的物品,比如孩子偷了笔,那么可以扣除孩子原本的笔或其他文具,这有点像双重惩罚,孩子会发现,偷窃反而让自己失去更多。有的孩子可能很难接受物品损失,也可以尝试完成家务,或者剥夺享乐特权来作为惩罚。即使事后孩子表达了后悔并保证下次再也不犯错了,这一次犯错的惩罚依然要给,避免觉得孩子痛改前非就既往不咎。下次不犯错,下次不惩罚就是了。

如果孩子对偷窃行为进行撒谎隐瞒的话,那么你需要分别进行处罚。比如孩子撒谎说:"这支笔是同桌送给我的。"那么首先要求孩子归还这支笔并道歉,然后对于撒谎,惩罚帮助同桌打扫一周的卫生;对于偷窃,惩罚一周不给看电视的权限。

如果孩子已经有频繁偷窃的习惯,那么家长需要设定一个专门针对偷拿东西的奖惩机制,并且在很长的一段时间内,对孩子的物品进行定时检查。但凡口袋书包里出现的新物品,除非能提供购买的收据,否则无论是否能找到失主,都应视为赃物,需要没收并予以惩罚。当然,仍要注意避免变成挑衅的搜查,可以保持平静地告诉孩子:"每天出门回家例行检查物品,并非觉得你偷窃了,相反,我非常希望没有偷窃发生,这只是一个家规,从而减少不明来历物品的出现。"

1. 发现孩子撒谎后,恰当的反馈是:
   A. 讲道理,听孩子讲述理由,表示谅解
   B. 无论什么理由,都告诉孩子:"撒谎是不应该的"
   C. 严肃批评孩子:"撒谎是不道德的,人品有问题"

2. 发现孩子经常撒谎后,恰当的应对是:
   A. 批评训斥孩子,抽耳光让他记住教训
   B. 对孩子的话常规找人核实,根据真实与否,予以恰当奖惩
   C. 耐心教导,让孩子明白道理,保证不撒谎

3. 发现孩子偷窃后,恰当的讨论方式是:
   A. 保护孩子自尊心:"我理解你很想要那个东西,你跟我说,我会买给你的"
   B. 摊牌阐明行为:"尽管你有理由,但偷拿他人物品肯定是不对的,我们要讨论下该如何处理这件事"
   C. 严厉训斥教育孩子:"你这是小偷的行为,丢死人了"

4. 发现孩子经常偷窃后,不恰当的应对是:
   A. 每天回家检查孩子的所属物品,所有无明确来源的新物品均视为赃物
   B. 一旦发现赃物,归还失主或予以没收,以及扣除原本享有的物品

C. 一旦发现赃物,如果孩子能说出来源和理由,就可以不用核实及惩罚
D. 将例行检查作为一种家庭常规,避免变成对孩子不信任的挑衅

参考答案：
1. B; 2. B; 3. B; 4. C。

第六节 进食睡觉同胞问题,一网打尽

一、进食问题

中国是饮食大国,孩子好好吃饭好好睡觉好好长身体几乎是家长首位关注的问题,关注身体健康是无可厚非的,但有时候为了哄孩子好好吃饭而采取的一些方法,可能反而恶化了进食习惯,结果越关注越努力越适得其反,孩子反而越挑食越没胃口。孩子的进食也是一种行为,餐桌上让人头痛的问题,也是一种行为问题,这一节先来细数一下吃饭相关的问题及解决方法。

1. 太挑食

孩子的挑食习惯,无论对于其自身的健康成长,还是饭桌上的亲子关系,都是困难重重的阻碍。当你千辛万苦将一顿饭菜端到孩子面前时,孩子是否经常皱起鼻子歪过脑袋,不闻不吃,或则用筷子在碗里拨来拨去挑挑拣拣,就是不往嘴巴里塞？孩子对食物缺乏兴趣通常会引发亲子之间的战争。家长会费解:"你为什么不吃？我按照你要求做的吃的,为什么你也不吃?!"孩子却将碗盘推得远远的:"我就是不想吃!"

通常来说,挑食的现象随着孩子年龄的长大会逐渐消退,大部分儿童会有自己的口味偏好,但是能适应的口味范围会越来越广。

如果你的孩子对部分食材挑食,但是同一类营养成分中有其他的替代食物可以选择,那么建议顺其自然。比如孩子就是不爱吃鸡蛋但是愿意吃瘦肉,总的来说蛋白质摄入是没问题的,那么也就别太强求了。

如果你的孩子挑食程度影响了营养均衡,或者并未随着长大,逐渐适应越来越多的食物,胃口一如既往地刁钻,那么作为家长是需要担忧的,这时候需要采取更

多的策略来帮助孩子应对挑食问题。

需要注意的是,很多挑食孩子的家长,在其小时候,甚至可能现在,胃口也很刁。这说明挑食既有基因遗传的原因,也有环境、抚养等因素的原因。个体在幼小的时候,接触到不同口味、口感、气味的食物种类越局限,长大后发展为挑食儿童的可能性越大。当孩子评价某种食物尝起来"很奇怪"或者"不好吃"时,他说的是事实。我们每个人的味觉是不一样的,要理解孩子的感受。作为挑食的孩子,他们的味觉过分敏感了,因此对于大部分孩子能适应的食物,他们却很难接受。

理解了这一点,我们就应该明白,不要过分责备训斥孩子的挑食现象,他们已经在味觉上难以承担了,就不要在情绪上让他们雪上加霜。但是也不要一味迁就孩子局限的饮食习惯,这样的话,将来挑食的现象只会愈演愈烈。

如何帮助挑食儿童呢？首先家长要保持情绪平稳,鼓励引导为主,避免责备训斥,避免引发餐桌战争。试想一个被训斥得眼泪汪汪的孩子,哪里能来好胃口呢？

总的来说,改善挑食现象的原则是：循序渐进地鼓励孩子尝试和逐渐接受新食材。

第1步：找到孩子喜欢或适应的食材库,将孩子目前喜欢吃的东西列个清单,根据上文中"大脑健康饮食方案"的各个要素,进行选择搭配。如果喜欢的主食(碳水)食材偏少,加餐中可以选择燕麦棒；如果喜欢的蛋白质食材偏少,加餐中可以考虑加入蛋白粉或蛋白棒。

第2步：每段时间只尝试引入1~2种新的食材,待孩子完全适应了之后,再加入下一种新的食材,避免操之过急。

第3步：引入新食材时,一开始量少一些,和孩子喜欢的食物搭配在一起,甚至可以混合在一起,待孩子习惯后,再逐渐增加新食材的量,最终尝试单独烹饪新食材,如果孩子能适应和接受的话,就可以考虑引入下一个新食材。

这个过程中,要尝试寻找孩子抗拒新食材的原因是什么,通过变换烹饪加工方式,改变食材的外形、气味、口感、味道,让孩子更加适应。用豆腐来举个例子。有的孩子可能不喜欢豆腐那种太软的口感,或者豆腥味,那么可以将豆腐捏碎了与肉末、蔬菜碎、玉米青豆粒混成团,煎熟成豆腐杂蔬肉丸,完全改变了豆腐本身的口感和味道,但是豆腐的营养一点儿都没跑掉哦。

2. 胃口小

每个人的胃口天生不一样,顺应孩子天生的食欲,避免强塞。实际上,除非到了营养不良的程度,否则都不用太过在意孩子的进食数量。当前社会,更多的问题是营养过剩而不是营养不良问题,肥胖对于身体健康和大脑发展,都是不利因素。

如果孩子进食量过小，过度消瘦的话，首先避免不健康的零食加餐。很多家长心疼孩子正餐吃得少，胃口小，因此但凡孩子表达对某些食物的热衷，家长便求之不得提供给孩子。实际上，很多零食会破坏正餐的胃口，且营养价值很低，如五颜六色的糖果、薯片、奶油蛋糕、碳酸饮料、冰激凌等。控制好零食的摄入，会有利于改善正餐的胃口。

三餐规律是很重要的，但毕竟每个人的饥饿时间规律可能会不一样，因此留心孩子的饥饿时间，比如有的孩子，尤其 ADHD 孩子在服用哌甲酯缓释剂治疗后，可能在下午 5～6 点这种通常的晚餐时间，并无饿意，却在 7～8 点的时候开始觉得饿。因此家里可以常备一些健康营养的夜宵，当孩子饿了时加一餐。

孩子如果胃口小，为了保证营养摄入，那么尽可能选择能量营养密度高的食物。换言之就是尽量摄入体积小但热量高、营养充分的食物。如瘦肉、牛油果、鸡蛋等。实际上，有些提供给健身增肌人士的蛋白能量棒，体积小，热量高，营养丰富，可以作为加餐零食的最佳选择。

让孩子更多地卷入备餐活动中，从而增加卷入感和投入度，对食物越感兴趣自然也就越愿意进食。比如可以选择自己喜欢的餐盘和餐具，稍微大一点的孩子可以帮忙适当地准备食物，如一起去超市选购食材，顺便认识各种各样的食材；烹饪期间参与力所能及的加工过程，尽量选有趣一些的，如将西红柿做成小白兔、搅拌鸡蛋、捏饭团、制作水果奶昔等。卷入备餐活动不仅让孩子参与了家务，还将进食变成一种有趣的、欢乐的家庭活动，从而让全家人都享受用餐这个过程，而避免变成一种硝烟弥漫的战争。

最后，实在无能为力的话可以寻求医生的帮助，有些维生素或微量元素的补充也有利于改善胃口。

3. 吃得慢

大多数进食慢的孩子，不仅仅是进食慢，而是很多生活事情都比较磨蹭拖延。因此可以尝试限制进食时间，给孩子一个定时器或沙漏，给孩子固定数量的食物，鼓励其在固定时间内完成用餐。完成的话，可以获得相应的奖赏，比如饭后一个小点心；反之未完成的话则没有小点心，且到了时间撤掉食物，一直到下一顿饭为止，不再加餐。就算孩子饿了找吃的，也不能因为心疼而给他加餐。这时候，饥饿就是孩子不好好抓紧时间吃饭的自然后果惩罚。

为了帮助孩子认真吃饭，请避免在用餐时从事其他活动，最常见的就是一边吃饭一边看电视。有的家长为了哄孩子吃饭，就一直开着动画片，趁孩子不注意赶紧往嘴巴里塞一口，这样的做法实际上毁坏了孩子自主进食的行为，这样要喂到什么时候呢？我见过9岁的孩子在家吃饭还得喂的,感到有些无奈。如果连吃饭都不能自主进行,那么还怎么指望学习、工作能自主进行呢？从小从吃饭开始,让孩子为自己的行为负责。

既然要求孩子吃饭时专心致志,那么家长也应该以身作则示范良好的进食行为。有的家长一边吃饭一边按手机,三心二意,这就是不良示范。

最后强调一点,关于进食问题,请放松。孩子不傻,他不会真的饿着自己。有时候家长需要反思一下,为什么孩子吃饭没达到自己预想的标准,就让自己这么抓狂和纠结？为什么自己会如此盯着吃饭的问题不放？请别回答："为了孩子健康着想。"因为你的抓狂、唠叨、催促、斥责或者哄求、强塞等餐桌行为,只会让孩子养成越来越糟糕的进食习惯,反而有损健康。尝试去察觉自己内心的情绪反应,及产生这个反应的原因,能帮助自己更客观地看待孩子进食行为,以及以更平静的情绪去更有效地处理这个问题。

二、睡眠问题

睡眠方面的问题分为3种常见情况:一是入睡困难,包括准备上床工作纠结磨蹭;另一种是夜间醒转,包括夜惊或夜哭;还有一种是夜间尿床。

1. 入睡困难

孩子的入睡困难大多是上床困难,拒绝上床入睡。首先尝试寻找孩子拒绝上床入睡的原因,比如有的孩子,尤其小孩子在刚尝试分床时,可能因为害怕而不愿自己爬到床上去;有的孩子是因为好动兴奋,不愿上床平静下来,还想接着玩;还有的孩子确实是因为没有困意。

无论什么原因,平静地建议规律的上床准备入睡时间。即每天到了这个时间,就应该待在自己床上,躺在被子里。避免要求孩子在几点一定睡着,因为这是不受控制的;但可以要求孩子在几点一定躺在自己床上,这是可以控制的。

在设定上床准备入睡的时间之前,要做好准备工作。提前1小时左右,避免过于兴奋刺激的活动,如看电视、玩电子游戏、讲惊悚的故事、追逐打闹等。提前半小时左右,家里调暗灯光,说话音量降低,可以播放一些舒缓的音乐。提前15分钟左右,提示孩子做好上床准备,可以提供定时器和沙漏,告诉其在接下来的15分钟内,需要爬上床躺下来。

为了让孩子更愿意上床入睡,可以让其选择喜欢图案的床单被罩和枕头,以及喜欢的睡衣和袜子,记住保证舒适度。如果孩子希望有玩偶陪伴的话,或者希望有

5～10分钟的床头故事时间，那么也是可以的。

如果孩子非常害怕黑暗的话，那么可以给其留一盏柔和的小夜灯，不用担心这会影响睡眠质量，或者会让孩子依赖夜灯。慢慢地随着孩子长大习惯了独立睡觉后，是可以摆脱小夜灯的。

只要孩子能够建立规律的上床入睡时间就可以了，避免一直检查孩子是否真的入睡了，这样反而会给孩子带来过多的睡眠压力。有一点需要留心，即严禁孩子将手机或电子产品带入卧室。大一点的孩子可能会拒绝合作，可以尝试设定家规，即："我们家在几点之后将电子产品锁在客厅里，不带入卧室。"

2. 夜间醒转

有的孩子在夜间醒转后会哭闹，或者哭喊寻找父母，或者直接来到父母的卧室里求抱抱。总的应对原则是保持坚定，孩子终归是要学会独立入睡的，对于孩子的反抗，在安全的前提下予以忽视。

对于夜哭，请避免心疼孩子一直哭泣不能入睡，而赶紧去哄，这样会强化孩子的夜哭行为，你会发现越哄越难哄，越哄哭得越久，而当有一天你实在累得不想再哄了时，孩子会哭得更加惊天动地。一般来说，4岁的孩子就可以单独入睡了，只要不是因为温饱之类的问题，在安全的前提下，对于夜哭可以不予理睬。与此同时也要避免被孩子哭闹烦了而训斥他赶紧入睡，孩子需要尝试去体会自我安抚平静下来从而再入睡的过程，训斥只会让孩子距离平静下来越来越远。大部分孩子的夜哭抗议在10分钟之内都会消停下来，当然也有孩子可能持续到1小时左右。不要为了一夜省心而去哄，除非做好了夜夜去哄的准备。

如果孩子以害怕或其他理由哭喊找父母，可以在孩子睡前跟其设立规则，如果他喊叫，那么会坚决不去房间看他；如果他保持安静待在床上，那么父母会每隔10分钟去看他一下。如果孩子能够坚持不叫喊，次日对孩子提出赞赏："你能坚持自己待在房间里睡觉了，成长了一大步，可以获得一个喜欢的零食。"

有的孩子在半夜醒来后会走到父母房间，甚至爬到父母床上，偶尔发生的话，只要温和而坚定地将孩子送回自己房间即可。经常发生，或者孩子拒绝回到自己房间的话，那么需要与其建立对应的规则。告诉孩子，如果他在大人房间待几分钟，第二天就需要提前几分钟上床。这个办法对于学龄期孩子比较管用，因为他们不希望太早上床。如果孩子在被要求回房间时拒绝合作甚至哭闹，那么尽量保持平静但坚定地执行3～5分钟的暂时隔离，一旦隔离结束立即要求其回到自己房间。只要保持一致性地实施这些规则，通常孩子们在一个月内都能养成独立在自己房间睡觉的习惯。家长要避免因为自己一时兴起而去破坏规则，如："今天心情好,赏你跟我睡一晚。"

无论如何请避免将孩子反锁在房间里,这只会加剧孩子的恐惧和反抗。要让孩子觉得入睡是一件放松舒服的事情,而不是一件被迫恐惧的事情。

3. 夜间尿床

孩子一般到 4~5 岁时,基本就可以做到很少尿床了。如果这个年龄还在频繁尿床的话,那么需要考虑是否存在发育落后或躯体疾病的可能性,需要带孩子进行一定的医学评估。

如果孩子已经半年不太尿床,突然又出现了尿床的话,更多的可能性是外部因素引发。家长需要回忆下近期是否遭受了什么压力,或者白天是否玩得太兴奋等。当然,躯体因素虽然概率不高,但也不能完全排除,必要时仍需要检查身体状况。

家长具体可以做些什么来减少尿床呢?

小年龄的孩子,前面说过,虽然尿床次数逐渐减少,但仍然有可能会出现。因此家长需要保持耐心,这时的当务之急是养成孩子如厕的规律习惯,比如睡前去上个厕所。

略微大一点的孩子,如小学低年级儿童,在晚饭后需要限制液体摄入量,以及让孩子学会自行承担后果。比如给孩子准备好干净的睡衣以及小垫单,如果尿床的话,那么自己更换睡衣和小垫单,告诉孩子,尿湿的衣物放在哪里。不要让孩子叫醒你帮忙处理尿床。次日清洗衣物时也要让孩子力所能及地帮助你。不要训斥批评孩子,但是要通过让孩子更多地承担尿床的后续麻烦事务,提高孩子对尿床自控的投入动力。

与此同时,在白天对孩子进行憋尿训练,从而增加孩子对尿意的感受程度,以及膀胱的控制程度。当孩子想要去厕所时,让孩子倒数 10 个数再去,这样可以充分感受尿意的出现。如果孩子憋不住,也可以先倒数 5 个数。在孩子小便时,教孩子有意地尿—停住—尿—停住,这样可以训练排尿的控制力。记住,温和鼓励孩子配合这样的训练,毕竟尿床很麻烦,大多数孩子是愿意配合的,当然,训练取得效果仍需要日积月累,请保持耐心。

如果孩子尿床有一定规律的话,比如总是在半夜 12 点左右,那么家长需要辛苦一点,提前一些时间设立闹钟,如在 11 点半左右将孩子彻底唤醒,让其自己去厕所小便。

三、同胞问题

我国从 2016 年 1 月 1 日起施行《人口与计划生育法》之后,国家提倡一对夫妻生育两个子女,同胞相处也成为越来越多家庭关注的问题。孩子天性各不一样,家长生二娃原意是孩子相互做个伴,结果发现可能有的家庭里同胞相处温馨和睦,有的家庭里同胞相处硝烟弥漫。首先要明白的是,同胞之间打打闹闹,也是正常现象,别太急于干预,孩子有他们自然的矛盾产生和解决的过程,但要把握好原则尺度,比如制定好家规,绝对不允许肢体攻击,尽量避免言语攻击。

家长需要做到的是,尽量保持公正的心态,这一点很难,因为总归不自觉地会有偏爱,但至少在处理矛盾冲突时,要保持公正的心态,应注意以下几个方面。

1. 避免过分纵容告状者

如果因为一些鸡毛蒜皮的事情,一个孩子一告状,你就马不停蹄地去处理,不仅纵容了告状行为,恶化了同胞关系,最终也没让孩子学会解决冲突的方式,同时也会让自己疲于应对孩子间的斗争。当某个孩子找你告状时,判断一下冲突的程度,如果不太需要立即介入,那么可以告诉他:"你想想看可以如何化解这个冲突,告诉我你的解决方案。"但是你需要留心看他是如何处理的,有的孩子告状不成,回去就开始以暴制暴,那么你就需要及时介入,提醒双方更合适的问题解决方式。

2. 避免过分袒护幼者

中国传统是"大的应该让着小的",其实这对大孩子并不公平。一方面我们要理解,年幼者确实更容易犯错和招惹别人,但他们也需要为自己的招惹行为承担后果。

举个例子,姐姐好不容易完成的拼图,弟弟跑进屋一手打翻了,让姐姐好多个小时的努力付之流水。作为家长的处理方式可能是袒护小孩子,如:"你是姐姐,弟弟不懂事,让着他一点。"或者制止大孩子的不满,如:"我已经批评过弟弟了,你再闹也无济于事啊。"或者通过弥补大孩子来息事宁人,如:"我再给你买两盒拼图。"但往往无论哪种方式都不能让大孩子满意,觉得家长不公平。

这时可以尝试,让小孩子为自己的错误行为道歉并且承担责任,在承担责任的时候,可以让大孩子参与进来,如:"你觉得弟弟冒失的行为,应该受到怎样的惩罚合适?"但是家长要对大孩子的建议给予引导,如果大孩子说:"罚他不许吃晚饭。"或者是:"打他三十大板。"家长就可以建议说:"这有些太残忍了,我相信弟弟不是故意的,我们惩罚的目的在于让他吸取教训,而不是报复伤害他。"如果大孩子能在引导下给出一些更有建设性、更利于修复同胞关系的做法,如:"让他帮忙把拼图都捡起来。"或者是:"罚他明天的零食都归我。"那么是可以考虑答应的。

避免重男轻女。这一条在国内环境,无须赘叙。只是可惜的是,会留心做到的家长,无须提醒。做不到的家长,提醒了也没用。

如果可以的话,家长尽量和每个孩子有单独相处的特别时光,这样孩子会觉得获得了你独特的关注,也就不至于采用一些行为去争宠了。从某个程度上说,孩子并不在意你是否公平,孩子更在意的是,他在你眼中是否特殊。因此,可以给予不同的孩子,各自不同的特别关注和待遇,而并非一味追求一视同仁。

再次强调,同胞相处时,对于小打小闹,避免太过着急介入,对于小问题,可以予以忽视。如果你留心发现了互动中一些良好的行为,如协商、谦让、平静的语气表达情绪、支持关心等,要多给予正性关注,这样孩子的良性社交技巧就会得到巩固和发展。

此外,假如有个孩子患有注意缺陷多动障碍(ADHD)问题的话,对于他的同胞该需要额外留意一些注意事项。

(1) 向同胞解释他们能理解的 ADHD 科学知识,这就意味着作为家长自己需要科学理解 ADHD。否则同胞可能会凭想象胡乱揣测陷入一些恐慌或者憎恨的误区。

(2) 向同胞解释 ADHD 孩子需要自己特别的注意,可能会花费更多的精力帮助他们表现得更好一些,这并不意味着自己在更宠溺 ADHD 孩子,只是遭受 ADHD 困扰时,可能需要大人更多的帮助来渡过难关。

(3) 避免因为 ADHD 而对两个孩子要求标准相去甚远,如:"他有 ADHD,你不应该跟他计较。"ADHD 不是坏行为的借口,ADHD 仍然需要为不良行为承担责任和后果,只是需要适度。比如,可能非 ADHD 孩子的标准是"按时字迹工整地完成作业",而 ADHD 孩子的标准暂时是"按时完成作业"。同时可以向孩子们解释:"这并非宠溺谁或惩罚谁,只是希望你们能努力发挥各自的最佳水平。"

(4) 小孩子可能会受 ADHD 同胞不良行为的熏陶,如果这样的话,那么需要对 ADHD 孩子的不良行为做出相应的惩罚规则,对良好行为做出更多的鼓励和肯定。

(5) 当已经上学的孩子和 ADHD 的同胞在同一所学校甚至同一个班级时,他可能会因为同胞的 ADHD 表现感到尴尬丢脸,这时更需要给孩子进行 ADHD 的宣教,帮助他们理解 ADHD 孩子的困境,从而克服尴尬情绪,争取去帮助 ADHD 同胞。

(6) 家长可以将非 ADHD 孩子纳入治疗团队中来,让他们对 ADHD 同胞更有责任心,当他们能够去理解关怀 ADHD 同胞时,其实也学会了对他人的尊重,同时强化了自尊自重。

1. 孩子就是不爱吃西兰花,下列哪种做法是最合适的?
   A. 不能一味迁就顺从孩子,必须吃,大人做什么就吃什么,不允许挑三拣四
   B. 如果孩子愿意吃其他的蔬菜,每天的蔬菜摄入量也是足够的,不吃西兰花无所谓的
   C. 将少量的西兰花捣碎混合在孩子喜欢的食材中,鼓励他尝试,循序渐进地接受

2. 孩子胃口小,缺乏食欲,哪种做法不合适?
   A. 孩子喜欢吃什么就给吃什么
   B. 避免不健康的零食加餐
   C. 选择高能量高营养密度的食物
   D. 让孩子卷入更多的备餐活动

3. 孩子吃饭很磨蹭,哪种做法不合适?
   A. 设定固定的就餐时间和就餐量
   B. 到了时间就撤走餐盘,到下一顿之前不加餐
   C. 让孩子边看电视边吃饭,这样吃得多一些
   D. 让孩子选择喜欢的餐具

4. 对于不愿上床入睡的孩子,如何应对合适?
   A. 给其手机哄其上床入睡
   B. 严格要求其几点前必须睡着
   C. 建立规律的上床入睡时间和睡前准备工作

5. 晚上哭闹找家长的孩子,如何应对合适?
   A. 哄着抱着等其平静再入睡
   B. 保证安全的前提下,忽视其哭闹的表现

C. 将其反锁在房间里

参考答案：
1. C；(B也可以，但最合适的做法是C)；2. A；3. C；4. C；5. B。

第七节 家长孩子心情不好，先照顾谁

整本书似乎都是聚焦孩子，让家长学习各种策略方法，帮助孩子提高专注力和自控力。然而不少家长在帮助孩子应对注意力或其他问题的过程中，常常会心力交瘁，疲于应对，倍感受挫，从而导致或者抑郁或者焦虑一类的情绪问题。这种情况下，强烈建议，家长先为自己去咨询甚至诊断治疗，调整好自己的情绪状态，再来处理孩子的问题。

也许有的家长会说："我不重要，只要孩子好就行。"问题是，事实却是，你不好，孩子基本很难好起来。所以如果家长感到饱受情绪欠佳的困扰，你再努力，你对孩子帮助的效果也会打了折扣再打折扣，而你孩子好起来的过程也会阻碍重重，步履维艰。所以，如果希望孩子得到更好的改善，就请让自己先好起来。

也许这么说，家长依然很难同意，那么我们就拿飞机上万一出现意外时的应对来举例子。几乎每次航行，飞机的安全须知都会千叮咛万嘱咐，当出现意外时，请先戴好自己的氧气面罩，再给孩子配戴。我相信每位家长都能理解，这样的建议并非代表着家长不爱孩子，只是因为，只有家长在安全自救的基础下，才更有机会去帮助孩子。

抚养孩子也是同样的道理。

举个例子，有次一位家长拽着她的儿子来到诊室，哭着说："我孩子最近表现特别差，作业根本完不成，我实在管不了了，我想拉着他一起去跳楼算了。"然后就哭泣不止。我告诉这个母亲："你不想活了，并非因为孩子写不完作业，是因为你自己的情绪出了问题，所以接下来的时间，我建议孩子的问题暂时搁置一旁，至少你不需要去帮助管理孩子，你先处理好自己的情绪。"

后来经过交流，发现，其实孩子的爸爸长年出差在外，基本不回家，妈妈相当于独自抚养孩子，一方面觉得孤苦，一方面觉得劳累。孩子的老师经常因为孩子的问

题批评她,她觉得没面子,很丢脸。由于长时间疲于抚养孩子,自己没有朋友,也没有自己的活动,因此日积月累,每天都感觉到很压抑,觉得生活没法变好起来,孩子没法变好起来,不如一走了之。

其实这位母亲是典型的抑郁情绪,导致她觉得人生、孩子都没有希望了。但好在她听从了我的建议,她为孩子请了一位兼职家教和一位保姆,每天负责帮她接孩子放学,督促孩子作业,这一长段时间,母亲不再过问孩子学习的事情,专心调整自己的情绪。比如恢复自己的朋友圈,尝试做点自己的兴趣活动,规律接受心理治疗等,1个月后,妈妈的情绪明显好转了不少。然后妈妈再开始一点点接管孩子的学习作业问题。

这一次,再牵着孩子回到门诊,妈妈虽然仍然显得略有些疲惫,但却可以面露微笑地说:"现在孩子在家教的帮助下,每天还是能完成大部分作业的,至少80%吧,比以前还是有进步的。"

因此,请先戴好自己的"氧气面罩",保证自己的情绪是安稳的,这样你才能真正地、更好地帮助孩子。

但是这里并不是说,可以忽略孩子的问题不去处理。毕竟如果孩子确实存在一些心理行为相关问题的话,比如ADHD,不经治疗的话,会给家庭生活带来更多的麻烦和困扰。孩子和家长之间的关系持续恶劣,且相互恶化影响,会陷入一团乱麻的恶性循环。相反,如果孩子积极治疗ADHD,可能亲子关系仍不一定一帆风顺,但至少孩子具备了改善的基础。只是家长在抚养监督孩子之外,也要不时反省监督自己的状态。首先要保持好自己的状态。那么如何能更好地观察认识到自己的情绪呢?下面提供两个简单易行的评价方法,帮助家长自行初步判断下。准备一支笔就可以开始了。

第一组题目,回忆下最近两周的状况,根据每道题目描述的情形:
如果完全不会出现,记0分;
如果出现了好几天,记1分;
如果一半以上的天数都出现了,记2分;
如果几乎每天都出现,记3分。

1. 做事时提不起劲或没有兴趣

2. 感到心情低落、沮丧或绝望
3. 入睡困难、睡不安稳或睡眠过多
4. 感觉疲倦或没有活力
5. 食欲不振或吃太多
6. 觉得自己很糟,或觉得自己很失败,或让自己或家人失望
7. 对事物专注有困难,如阅读报纸或看电视时
8. 动作或说话速度缓慢到别人已经察觉?或正好相反,烦躁或坐立不安、动来动去的情况更胜于平常
9. 有不如死掉或用某种方式伤害自己的念头

将所得的分数相加,看看总分:

如果在 4 分以内,那么你的情绪没问题;

如果是 5～9 分,那么你可能存在一定的抑郁情绪,注意适当减轻压力,加强与人交流沟通,采用恰当的方式疏导抑郁情绪;

如果得分 10 分及以上,那么强烈建议到专业机构就诊获得帮助。

第二组题目,回忆下最近两周的状况,根据每道题目描述的情形:
如果完全不会出现,记 0 分;
如果出现了好几天,记 1 分;
如果一半以上的天数都出现了,记 2 分;
如果几乎每天都出现,记 3 分。

1. 感觉紧张,焦虑或急切
2. 不能够停止或控制担忧
3. 对各种各样的事情担忧过多
4. 很难放松下来
5. 由于不安而无法静坐
6. 变得容易烦恼或急躁

> 7. 总感觉似乎将有可怕的事情会发生并感到害怕
>
> 将所得的分数相加,看看总分:
> 如果在 4 分以内,那么你的情绪没问题;
> 如果是 5~9 分,那么你可能存在一定的焦虑情绪,注意适当减轻压力,加强与人交流沟通,采用恰当的方式疏导焦虑情绪;
> 如果得分 10 分及以上,那么强烈建议到专业机构就诊获得帮助。

通过上面的简单自我评定可以对自己的情绪有个大概的了解,如果到达了建议去专业机构的程度,那么别讳疾忌医,早点调整好自己的状态,戴好自己的氧气面罩,再去帮助孩子时也会具备更多的帮助孩子的能力。

如果存在一些焦虑或者抑郁情绪,但还没达到建议去专业机构的程度,自己可以做些什么来调整呢?实际上,在本书第四章里所有教导儿童调整情绪的方法,对大人都是同样适用的,包括深呼吸、肌肉放松、调整情绪等,陪同孩子一起练习,大人也同样受益。

话虽如此,无论家长多么努力地爱孩子,以及如何努力地学习恰当地给予孩子爱的方式,但人无完人,孩子总有他不尽如人意的小问题和小困难,家长也总有自己的坏情绪和坏脾气。因此,或多或少,家长总会在某些时候产生愤怒感、沮丧感、无助感,甚至绝望感。我会经常听到家长说:"实在受不了了,崩溃了。"

实际上,当家长情绪崩溃的时候,无论对自己还是对孩子,其实都是一种伤,对于解决问题而言,则没有什么帮助。情绪崩溃并非一种恰当的情绪宣泄方式,因此崩溃当时虽然觉得箭在弦上不得不发,hold 不住了非得崩溃不可,实际上崩溃当中,自己是非常伤的,崩溃之后也是后悔的。

而当着孩子面崩溃的话,要知道,家长之于孩子,有种镜像效应,也就是说,孩子在观察大人时,会经常像照镜子一样,将大人的表现模式临摹复制到自己身上。常言道,"以身作则""言传不如身教"就是这个道理。家长如果希望孩子情绪稳定,不要动辄就爆发折腾,那么自己就需要保持情绪稳定,不要因为生气失望等原因轻易崩溃。

举个例子。我曾经在团体治疗中遇到两位很相似的妈妈,在面临孩子的学业问题时,很容易焦虑不安。孩子作业没写完,或者字迹不够整齐,或者被老师差评了,家长在管理孩子作业的时候,就各种焦躁不安,轻的话就一直责备训斥,严重的时候会撕掉孩子的作业,怒吼咆哮或者自己哭泣喊叫,用她们自己的话,就是经常崩溃。

我交代说:"为了孩子好,家长也得努力别崩掉啊。"然后给予了家长一些稳定情绪的指导。其中一位家长采纳了建议,先将孩子交给父亲管理,无论孩子表现如何,暂时睁一只眼闭一只眼,自己努力调整稳定自己的情绪,避免崩溃。有一次,她的孩子甚至在团体情绪爆发,各种闹腾,这位妈妈和我一起,陪着孩子在一个单独的角落里,坚持示范深呼吸,直至孩子情绪平复下来。后来,随着治疗的进展,孩子的表现逐渐好转,当然中间也偶有波动,但每次我见到这位妈妈时,她都情绪比较淡定,未再出现最初时的焦躁崩溃,从而每一次,无论孩子出现怎样的新问题,在妈妈情绪稳定的努力下,似乎都能迎刃而解。

相比之下,另一位家长,每次情绪崩溃后,虽然自己也难过,但总有各种理由来解释和支持自己崩溃。有一次,甚至当着孩子面绝望到崩溃,哭着控诉孩子:"你为什么要这样?!当初为什么要生了你,我实在太后悔了!"我建议她先调整好自己,管理孩子的任务暂时托付给其他家长。然而,这位家长没能采纳这个建议,也没有坚持治疗。于是情况便每况愈下。逐渐地,孩子的情绪问题也很突出,遇到一点小事不如意,就情绪失控,有一次在学校,别的同学将他的文具盒碰到地上没道歉,孩子就哭闹崩溃,最后爬上窗户要跳楼。出于安全考虑,孩子没办法继续上学,只能休学在家。

由此可以看到,无论是为了让自己更舒服,还是为了让孩子从自己身上习得更稳定的情绪模式,家长都要努力调整好负性情绪,避免堆积到崩溃的程度。

但事实是,孩子的表现会时好时坏,有的孩子,他们行为的波动则更可能像过山车一样,一下子好得晴空万里,一下子又糟糕得一落千丈。家长的心情便会随着孩子的表现,以及自己的生活状况起伏不定,有时候会对自己的抚养充满信心,对孩子的未来充满期待和憧憬;有时候则会觉得什么方法都不管用,自己做什么都解决不了问题;严重的时候甚至会觉得周围任何人都不对,都帮不了自己,帮不了自己的孩子,进而就觉得这问题没法解决,死胡同一条,通常在这个时候,沮丧抑郁甚至绝望,懊恼生气甚至愤怒的情绪就如同星星之火开始燎原。

解决的根本方法,当然是平时注意管理好负性情绪,及时疏导,这个在下一节还会重提。当然,情绪自我管理是需要一个过程的,如果眼下已经遭遇负性情绪堆积到濒临崩溃的家长,可以按照以下方法,逐步走出困境,避免崩溃。

第1步:离开。

如果状况还在掌控之中,只不过你已经开始察觉到自己的情绪处于失控的边缘时，那么找一件别的事情，转移注意力。

比如，当你发现孩子开始提高音量跟你争执了，你已经火冒三丈，即将怒发冲冠，濒临爆发了，可以尝试提议："这事需要我俩好好谈谈，我去倒果汁，你去拿饼干，待会在沙发边碰头，我们边吃美食边讨论。"也可以尝试提议："我俩心情现在都很不好，不如我去拿秘密花园，你去把彩笔找出来，我们一边填色一边再继续讨论。"

这个策略相当于使用了停止信号，一方面，停下当前争执的事情，去拿别的东西，可以帮助缓解负性情绪的进一步蓄积；另一方面，你和孩子分头去做不同的事情，短时的空间上的隔离，也有助于情绪的平稳。

如果是在户外，你又喜欢体育的话，不妨尝试立即做俯卧撑。你可以说："我觉得快要爆发了，需要做10个俯卧撑发泄一下，你要不也跟我一起吧。"当你开始做俯卧撑后，孩子会被惊到的，以至于就忘了继续挑衅你。这都是防止不良情绪堆积以致爆发的策略。

如果已经濒临崩溃边缘，根本无力实施上述策略，那么就脱离当下的场景。坏情绪就像一个泥沼，一旦陷入之后，很容易陷进去难以自拔，任由自己面对、回想或者处理这件事，情绪就越差，于是事情越不容易处理好，进而情绪就更差，陷入恶性循环。这时候要想想，何苦为难自己？既然这件事让自己这么感觉这么差，何不如暂时离开一会儿？俗话说，眼不见为净，我们第一步就是做到眼不见。

比如，若是因为孩子作业完成不够理想而濒临崩溃，那么暂时把监督孩子完成作业的事情交给另一位家长，自己到另一个房间里去，或者出去到小区里散个步。

第2步：平静。

尝试找到一些方法让自己情绪平复下来。有句话如是说，当你的情绪越高，你的智商就降得越低。这里的情绪不仅指坏情绪，也指好情绪。正因为如此，才有乐极生悲的说法，同理，悲极也生悲，怒极还是生悲。情绪和理性虽说不是不共戴天，但也是分庭抗礼。因此，如果希望自己做出正确的、理性的、有帮助的决定，那么这个决定不要在自己情绪爆发的时候去做。

可是，是人就有情绪，更何况，你还如此辛苦地抚养着孩子，应对着各式各样的小难题，当然会有情绪。你需要做的是，当情绪爆发的时候，学会如何平复下来。这个技巧如果掌握熟练了，不仅可以帮助家长自己，还可以教给孩子，也可以通过自己当着孩子面亲自做到从而树立示范榜样作用。

具体的一些平复情绪的小技巧,其实可能都是陈腔滥调,但恰恰就是因为这些方法是正确有效的,所以才是陈腔滥调,但请不要停留在耳朵听到而已,请一定要尝试去做,好吗? 需要平时多加练习,关键的时刻才能派上用场。

— 深呼吸和肌肉放松。还记得在教孩子保持情绪平稳时的黄金方法么? 深呼吸和肌肉放松,无论对于孩子还是大人,都是同样适用有效的。如果不记得怎么做,那么往回翻,温故而练习。

— 快乐冥想。试着去回想一些快乐的往事,或者幻想一些会令你开心的场景也行。比如想想自己在海边度假晒太阳,在游乐园给孩子买气球,和配偶孩子一起在公园草坪上野餐,将来某一天孩子大学毕业扔学士帽时你帮他照相……场景的细节越具体越有利于你感受到正性的愉悦的放松的情绪。

— 理性思考。当情绪慢慢平复后,开始让自己的理性思维掌握自己,比如:"孩子和自己已有表现好的时候,也会有不好的时候。""只要坚持正确的方法,尽管会有波折,但最终是会达到目标的。"即我们之前教孩子的,用好想法替代坏想法,然后产生新的行为策略。

建议家长记录到底具体发生了什么引发了这次情绪爆发,比如:"孩子今天作业中有一篇作文,他向来不喜欢写作文,因此从放学回来,他的态度就很差,我鼓励先完成其他的作业,他也不愿意;我奖励他如果完成作业了可以看半小时电视,他也不愿意;我开始吼他,他便跟我吵;他父亲跑过来说我应该多点耐心;这时候已经8点多了,他作业一个字都没写,肯定写不完了,我就崩溃了。"这样的记录能够帮助自己总结引发情绪崩溃的触发点,从而在以后更好地避免类似情况发生。

第3步:回归。

让上面的理性思维掌控自己,回归到现实中,该干嘛干嘛。家长一定要记得的是,你沮丧绝望也好,你生气怒吼也罢,其实都不能让事情变得更好,如果不能变好,为什么还要继续这么做呢?

比如上面的例子,左右作业已经是写不完了,你放弃了,也是写不完;你怒吼了,还是写不完。那么,为什么不多写一个字是一个字,多算一道题是一道题呢? 暂时放弃大目标,回归眼下的小目标,平时如何督促提醒孩子写作业就如何督促提醒,继续鼓励孩子完成一点是一点,只要完成一点,就给其情绪饱满的赞扬。如果孩子不完成,请平静地不带情绪地提醒督促孩子。也许家长听到这里也许会反驳:可是提醒了也不管用! 问题是:如果你发脾气了,情绪崩溃了,会管用吗? 有可能这一次管用,但以后会一直管用吗?

玻璃盾牌技术也许可以帮助家长在面对不如愿的孩子时更好地保持情绪平静。假想你戴着一个玻璃面罩或者手握一个玻璃盾牌,孩子所有不如你愿的行为表现,你虽然看在眼里,但却影响不到你,假想这些行为都在盾牌上嗖嗖地反弹回去了。我经常形容说,就好比你看《蜡笔小新》,你不会因为小新那些行为感到生气,你反而会感到搞笑,但如果现实生活中你去照顾小新这样的孩子,真的是极有可能被气得跳脚。

最后,即使我们都做对了,在我们前往目标的道路上也不会一马平川一帆风顺,我们会前进一阵子就跌到谷底,好不容易爬起来又会再一次跌倒,如果有家长现在正身处深谷底部,感觉叫天不应叫地不灵,还头顶乌云阴雨连绵时,请一定记得,如果不爬起来,则会一直待在谷底,而如果爬起来继续按照正确的方法前行,终有一天会达到目标。

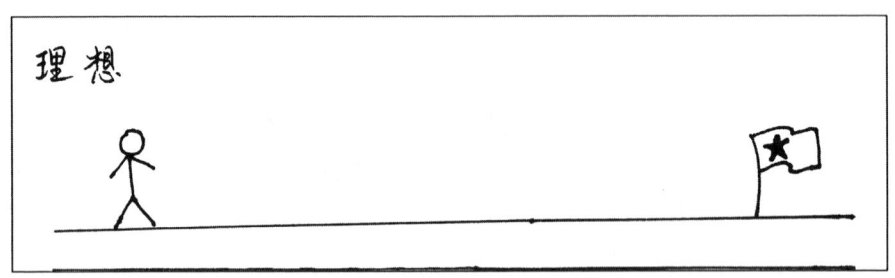

最后还想说一点,尽管一直在说要疏导负性情绪,但实际上负性情绪是再正常不过的现象了,不要害怕自己或者孩子有负性情绪,我们需要避免的是,总是回避负性情绪视而不见,或者一味压抑负性情绪不敢表露,到一定程度却火山爆发,相互伤害了。勇敢承认和面对那些负性情绪,疏泄它、处理它,避免压抑或者放纵它,对生活中的不如意保持一些钝感力。最后,以这句话与君共勉:情深不寿,慧极必伤。世间破事,知足常乐。

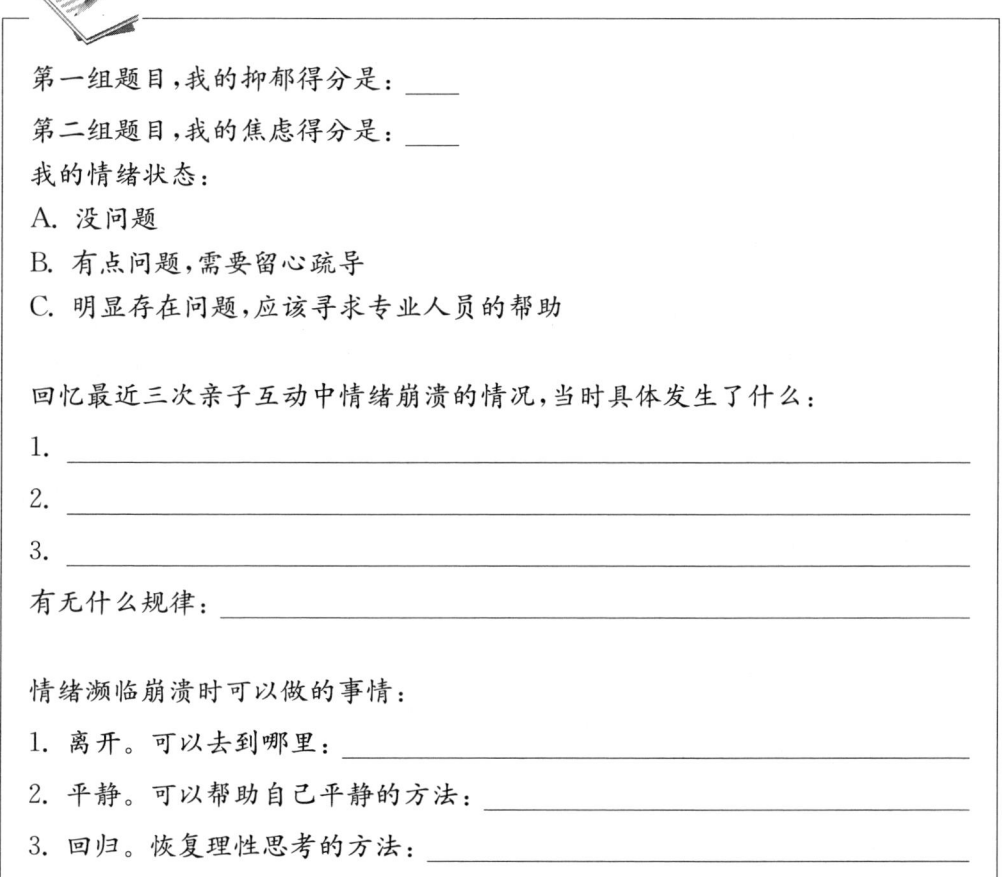

第一组题目,我的抑郁得分是:____

第二组题目,我的焦虑得分是:____

我的情绪状态:

A. 没问题

B. 有点问题,需要留心疏导

C. 明显存在问题,应该寻求专业人员的帮助

回忆最近三次亲子互动中情绪崩溃的情况,当时具体发生了什么:

1. _____
2. _____
3. _____

有无什么规律:_____

情绪濒临崩溃时可以做的事情:

1. 离开。可以去到哪里:_____
2. 平静。可以帮助自己平静的方法:_____
3. 回归。恢复理性思考的方法:_____

第八节　家长示范正面行为,以身作则

上一节提到了,家长在抚养过程中,需要及时疏导负性情绪。一个原因是,家长自身情绪状态越稳定越正性,抚养效能越高,越能更有效地传递实施帮助孩子的技巧策略,另一个原因是,及时排解负性情绪能避免积累爆发,避免因情绪崩溃而两败俱伤。除此之外,其实还有一个原因就是家长在管理负性情绪的过程中,也以身作则示范了如何调整管理情绪,不仅言传还有身教,孩子耳濡目染,对于情绪管理的技巧自然习得更快。

除了调整负性情绪之外，书中前文中提及的一些技巧策略，其实也同样适用于大人。家长自己练习这些技巧，不仅有利于帮助调整好自己的状态，解决和配偶或其他大人之间的矛盾冲突，营造更和谐的家庭氛围，同时还能以身作则，向孩子亲身示范如何使用更合适的方法来化解困难。一箭数雕，何乐而不为。具体有哪些抚养过程中适合大人自己练习的技巧策略呢？如数家珍一下。

一、管理负性想法

在儿童调整情绪四步骤里提到过，如果想从根本上改善负性想法，那么需要将其调整为一个新想法，一个不让自己感觉到那么多负性感受的想法。需要记住的是，导致我们情绪的，并非事件本身，而是我们如何看待这个事件。有时候，事件本身是无法改变的，比如："我的孩子患有ADHD。"但是，如何看待这个事件却是可以改变的。可能是由此会导致愤怒生气的否认抵触，如："不可能！医生瞎说，老师瞎说，这帮人什么都不懂，给我家孩子瞎扣帽子，老师不负责任，医生就知道用药，他们沆瀣一气。"也可能是由此导致难过低落的消极崩溃，如："天哪！我怎么这么倒霉，摊上一个多动症孩子，他这辈子完了，我这辈子也完了。"还有可能是理性客观的："真不凑巧孩子赶上了多动症这个问题，人生总归有或这或那的麻烦，赶紧问问医生和老师有什么解决办法，尽量帮助孩子解决问题。"不难发现，最后一种情绪相对平静许多，采取的行为也更有执行力。

强调一点，导致负性情绪的想法通常是一闪而过的，大家感受到更明显的是排山倒海而来的负性情绪，记得喊停，让自己充分感受一下，到底是什么念头和想法让自己体验到了这种情绪。学会区分想法和情绪，这很重要。因为只有抓到了想法，才能去挑战自己，这个想法到底是否够客观够真实够理性，也才能够缓解负性情绪，否则就会一直埋在负性情绪里不能自拔。

比如当你下班回来，孩子的作业却几乎没有动笔时，你可能会勃然大怒。停下来，问问自己这时候想到了什么让你这么生气？也许主要是："孩子太不自觉了，自己的作业不知道抓紧时间写。"可这是孩子的事儿，怎么会让你这么生气呢？所以也许还有："我上班这么累了，待会还要监督他写作业，太不省心了，简直故意跟我作对，是要累死我么？"兴许还会有："作业完不成老师说不定喊我谈话，太丢人了。"或者还会有："孩子爸爸早下班怎么就不督促写作业呢？对孩子一点责任心都没有，什么都扔给我做，根本不体恤我。"等等。抓到了这些念头，你就有机会去检验这些想法的合理性，也就有机会尝试去更换一种想法，从而避免激发太多的负性情绪。

调整想法很难，之前也说过，但是难不等于做不到，毕竟做到了，感受更好的不是别人，而是自己。可以假装在演戏，将自己和其他人都设计为电视剧的角色，自己跳出来，给每个人物都安排一段内心戏。这种方法能更好地帮助你换位思考，从而调整自己的想法。

还有个策略叫频道转换。比如我喜欢看《摩登家庭》，轻松搞笑的剧情让我忍俊不禁，心情愉悦，可是某次看到万圣节那一集时，镜头里总是蹦出来吓人的怪物，让我一惊一乍的特别紧张，于是我关掉了《摩登家庭》，转到了《生活大爆炸》这个节目，很快又重新回到了愉悦轻松的心情。我相信你也一样，无论看电视还是收听广播，你都会选择自己喜欢的内容。假如这个频道的内容充满了消极、愤怒、恐慌、不安，你会选择更换频道，重新找到让自己放松、平静、开心、享受的内容。想法也一样，下次当你发现某种想法打破了你的平静状态时，就想象自己在转换频道。

转换想法

现在请拿出一张正反面都是空白的纸。

请回想一件给你带来积极情绪的事情，如某次美好的经历，或某个美好的愿望等，任何让你感觉美好的事都可以，写在白纸的这一面。

翻过这张白纸，请回想一件发生在自己身上的感受不太好的小事情，如某个尴尬的时候、某次受惊吓的经历等，任何让你感受有点糟糕的事都可以，写在白纸的一面。

请看着不好的经历，把思绪集中在这些经历上，感受那种糟糕的情绪。大约30秒后，把纸翻过去，请看着美好的经历，转换自己的想法，充分感受那些美好。

可能需要一些耐心才能体会到要领，通过反复练习，慢慢你就会掌握了从消极思想转到积极思想的诀窍。任何时刻，当不好的经历带来的消极感受笼罩你时，你都有力量把纸翻过来，找回那些积极的、让自己平静的感受。

二、深呼吸和冥想

深呼吸和肌肉放松是改善情绪的黄金方法，平时要陪孩子一起，勤加练习。实际上,这并不会花费太多的时间,每次5~10分钟就足够了,可以在你们的生活中,见缝插针地进行。

作为大人而言,还可以尝试下冥想,这也是个相当经典有效的保持情绪平稳的方法。所谓冥想,也许不同治疗方式中对冥想有着不同的细节要求,但在这里,希望大家自己尝试冥想的要求很简单:把注意力放在自己的呼吸上,其他什么都别做,专心吸气然后呼气。

听起来很简单对不对?试了才知道不是那么回事。一开始,会很容易分心,各种杂念开始入侵。随着练习,你会越来越耐心,坚持越来越久,越来越集中,那些原本烦恼到你的想法也就渐行渐远。达到这个境界,冥想的好处就显露出来了。冥想好比是头脑的度假,冥想之后会很放松,头脑更清晰更敏锐,连体力都恢复了。

有两个小策略可以帮助自己更好地冥想,而不被杂念打扰。

一个策略是:曼特罗。你可以选择某个特定的词(如曼特罗)来帮助自己集中注意力,这个词对你来说有个人意义或宗教意义均可,总之是你感兴趣的一个词。然后在一呼一吸时,脑海里重复想着这个词,循环往复。关键在于,总归会有其他的想法来干扰你,这很正常,别灰心。但尽量让自己的注意力回到呼吸上、回到曼特罗上来,不要去留意那些分神的想法,每次都这样,直到你做不到为止。慢慢地练习,经过一段时间的训练,你会发现,坚持冥想的时间越来越长,从冥想中的获益越来越多。

另一个策略是:数数字。一呼一吸算一次,可以顺着数1—2—3,每次分神了,就回到1从头开始。例如"1—2—3—4—好像双十一抢购开始了,我应该买点什么东西—1—2—3—好像老板发的邮件我还没回—1—2—3—4—5……",慢慢地,你会发现,坚持数的数字会越来越多。当你能够坚持一段时间后,还可以倒数,给自己设定一个目标,例如30,然后坚持倒着数到1。有人喜欢挑战,那么数数字非常适合。有人对挫折比较敏感,那么也许不太适合数数字。究竟采取哪种策略,由你根据自身情况决定。

我们的大脑是不习惯没有想法的,世界发展,信息爆炸,我们生存这么多年,脑子里存了太多太多的信息,认识到这一点很重要。所以,最初冥想时坚持不了太久,不要急于批评自己,更不要急于批评这个方法,要知道,哪怕只有1~2分钟,或者哪怕只能坚持呼吸1~2次,都是有益的。只要坚持练习,你就会发现,能够凝神于自己呼吸的时间越来越长。

关于冥想还有一点:不要把冥想当作一个任务,或一个追求的目标,或帮助你解决所有问题的法宝,冥想只是可以纳入我们生活的一件事,或者只是一个掌握了之后能够帮助我们静下来的方法。

> **冥想**
>
> 　　第一：开始体验冥想。
> 　　一开始抱着体验的心态，一两分钟就够了。避免最初设定太高的目标，训练强度不要太大。如果太过努力，你会有一种受挫感，而最终不想再进行冥想练习。从一开始应该让冥想给你带来积极、有益的体验，不该是难以完成的挫败或痛苦。慢慢地，如果能够感受到冥想的益处，鼓励自己逐渐去延长到10分钟，15分钟，半小时，甚至更长。说句实话，我现在冥想也就只能坚持10来分钟，就会被各种杂念侵扰得败下阵来，但是，至少，我可以从10分钟的冥想中获益，感受到放松的功效。
>
> 　　第二：找到舒服姿势。
> 　　有些姿势可能一开始舒服，但是坚持久了会腰酸背痛。因此建议在平整的地板或瑜伽垫上坐着，采用可以长时间保持舒服的姿势，最好盘着腿。如果坐在椅子上，最好腰背部有东西支撑。要么闭着眼睛，要么凝视某个特定的东西。我有时会选择凝视我家那只正在打盹的猫（因为它睡觉保持不动的时间多半比我坚持冥想的时间长，有时会想象成一个"谁能保持不动"的游戏），但不用瞪大眼睛聚精会神地去观察，而是眼睛放松，有时几乎就只是眯着一条缝，视线落在那白色的一团毛上而已。
>
> 　　第三：留意你的呼吸。
> 　　全神贯注留意自己的呼吸，关注气体从鼻腔通过时，唑唑的声音；关注气体进出身体时，胸腔或腹部的起伏变化，把自己所有的注意力都放在一呼一吸上，这样其他的想法就不会来扰乱你。尝试下曼特罗或者数数字，看看哪种方法适合帮助自己更好地体验冥想。

三、学会处理压力

　　抚养压力，实际上只是成年人生活中诸多压力之一。学会一些应对压力的方法，四两拨千斤，避免任由压力堆积，最终被压迫得透不过气来。应对压力的方法很多，大多都是陈腔滥调，再次强调，之所以有些方法会让人觉得是陈腔滥调，是因为它正确，有效的方法才会广为流传。你要学会正确使用这些方法。

—— **适当锻炼**：有运动或者健身习惯的家长就不必多提了，如果不是的话，可以考虑些简单易行的锻炼方法，如晨跑/夜跑，跟着网上的视频做做有氧操或者瑜伽。运动可以促进大脑里有益神经递质的分泌，不仅有利于注意力，也有利于心情愉悦。

—— **健康饮食**：之前提过有益于注意力的健康食谱，其实这也是让心情更好的健康食谱，因为蔬菜、优质蛋白质、优质脂肪、杂粮五谷等相对都是低 GI 食物，所谓低 GI 就是进食后血糖波动不大。血糖越稳定，情绪也越稳定。因此全家老少一起健康饮食呗。还要留心注意饮水哦。

—— **规律作息**：当你体力不支的时候，脑力相应也很难调动起来，而保证体力的最基础条件就是休息好恢复体力。因此，越是遇到烦心事，辗转反侧，越要到点就躺下，不一定非得睡着，但该休息就休息，可以试试通过冥想放松下来。

—— **兴趣爱好**：不要让自己的生活，除了照顾孩子，还是照顾孩子，找到自己的兴趣爱好去实施一下，哪怕就是一个小小的兴趣活动也行啊，如集邮、养花、烘焙、油画、跳舞等。这也是向孩子示范，自己如何利用个人时间，去从事有益的活动，帮助舒缓情绪。

—— **找人帮忙**：不要什么事都自己全部揽下来，包括家务，包括照顾孩子。可以发动配偶，甚至孩子，帮你分担家务，也可以寻找一个可信赖的保姆或者家教，每周有那么几个小时，帮你完成家务或者管理孩子的学习。

—— **找人聊天**：除了孩子和配偶之外，你需要和你的好朋友们保持一定的联系，时不时约大家出来，一起喝茶吃饭，聚聚聊聊，将你在家里的压力跟大家说说，说不定大家有着和你类似的烦恼，说不定大家可以献计献策。

—— **阅读书籍**：任何时候，因为任何原因，选择读一本书，总归是错不了的选择。

—— **听听音乐**：闭上眼睛听一些喜欢的音乐，有冥想习惯的家长可以准备一些适合冥想的音乐，点上熏香或者精油，调暗灯光，专注于自己的呼吸，哪怕是短时间的冥想，也会帮助身心轻松许多。

—— **看看电视**：看一些喜欢的电视节目，尤其轻松幽默的节目，哈哈大笑几声，也是不错的放松选择。电子产品始终是双刃剑，要注意适度，尤其在和孩子互动的时候，陪伴孩子作业的时候，避免使用电子产品。

—— **专心投入**：反正烦着也是烦着，这时间还不如用来做件什么事呢，甚至大可以用来做一件原本不喜欢的事情，比如翻译一个资料、制作一个 PPT、草拟一份合同等。反正干活也会心情不好,那么就节约心情不好的时候吧。通常,这类有产出的工作,不管你情愿不情愿,在进行 10～20 分钟后,就能给自己带来正反馈,其调整情绪的效果,绝不比纯粹娱乐的玩游戏、看电视、刷朋友圈等来得差。

最后,建议每个人制作一张属于自己的情绪管理单或压力处理单。换言之,如果我现在问,当你心情不好的时候,有 5 分钟你可以做什么?有半小时你可以做什么?有偷得浮生半日闲你可以做什么?……来让自己缓解压力重获轻松。你得有个答案,内心中滚瓜烂熟能够秒答的答案。比如问我的话,我可以回答:"撸猫、画画、健身房撸铁。"为什么要能够秒答,因为当你负性情绪笼罩的时候,你的思路已经开始不清晰了,这些帮助排解负性情绪的方法,必须能自动启动,替你排忧解难,才可以发挥作用。

四、积极自我对话

假想自己是自己的心理治疗师,当自己被负性情绪缠绕时,可以自己对自己说些什么,来帮助自己重获平静的状态。找到最适合自己、最能够说服自己的一些句子,写下来。建议至少制作 3 张卡片,一面写劝慰自己的话,另一面写压力应对或情绪管理的方法。每当自己焦躁不安、低落消沉、愤怒生气时,翻开任意一张卡片,反复念这句话,然后开始实施那些有益于自己的方法。

我自己比较喜欢的 3 句话如下,供大家参考。

"山重水复疑无路,柳暗花明又一村。"

有时候,我们摔到了坑里,觉得周围漆黑一片,没有出路;有时候我们觉得困难和压力像大山一般,压得透不过气来,根本无法摆脱;有时候我们觉得前方没有希望,就是绝路一条。但实际上,爬出坑了,就可以继续走路;车子开到山前了,就发现其实有隧道;走到路的尽头了,拐个弯就是新的世界。要知道,很多绝望无助感,只是自己设定的氛围而已,并非客观事实。

"我要选择对自己有帮助的想法和做法。"

很多人即便寻求了专业人员的帮助,但还是始终囿于自己的负性情绪不可自拔,最常说的一句话是:"我做不到。"要知道,如果焦虑、纠结、恐慌、烦躁,能够帮助你解决眼前的问题,能够让你过得更舒服自在,那么,没人阻止你,甚至,鼓励你 24 小时焦虑烦躁。但事实是,那些能解决问题吗?能对你有帮助吗?如果答案是否定的,为什么还要继续下去?为什么不把我们的时间和精力放在能够对自己有帮助的想法和做法上?

"凡事都有解决办法，有时只是时候未到。"

有时候，暂时当下找不到解决办法，看不到希望，并不意味着这件事一直没有解决办法，永远会没有希望，很可能只是尚未出现而已。因此，虽然今日事今日毕，但今天解决不了的事情，不如明天再说。有时候，需要一定的耐心和时间，来寻找问题的解决方案，而在这个耐心等待的过程中，焦虑不安是帮不上忙的。

实际上，我最爱的一段话，已经忘了出处在哪里，但一直牢记于心。这句话是："愿我可以改变无法接受的，接受无法改变的。"太多人焦虑，就是因为既不愿意接受，又不愿意改变，这样就步履维艰。这句话还有后半句："也愿我能拥有分清这两者之间的区别的能力。"我们需要不断训练，从而能更智慧地判断，究竟哪些事真的无法改变，哪些事真的无力接受，然后平静地接受无法改变的事，勇敢地改变无力接受的事。

五、良好沟通方式

我们在帮助孩子应对负性情绪时，有提到过，当情绪能够恰当地表达出来，就不太会用过激的行为表现出来。这一点对大人同样尤为重要，不仅亲子之间，而且大人与大人之间交流时，也尽量就事论事，如果有情绪，那么可以先将情绪表达出来，而避免带着情绪去说事情。

比如说妈妈在督促孩子写作业时火烧火燎，爸爸在一旁说："你脾气好一点吧，总这么唠叨是个人就受不了，我听着都心烦。"妈妈很可能就炸起来："你怎么不管孩子作业？一点责任心都没有，回家就知道玩游戏！"本来只是孩子写作业一个困难，结果因为父母双方沟通不畅，导致了一场家庭战争。

还记得在教导孩子表达情绪时用的技巧吗？"我语句"。尝试用"我语句"，就事论事客观地说清楚，到底谁，说了什么，做了什么，什么事，让自己感到烦恼了。

还是刚才那个例子，爸爸可以说："我觉得心烦，可能孩子做作业慢了你也着急，但你一直催，可能会让听到的人心里发慌。"妈妈则可以说："我感觉很无奈，孩子作业写得慢，也许你上班很累，所以回家后没力气帮忙督促，但我也很累，心力交瘁，不知道该怎么办。"

六、及时停止休战

如果一时半刻做不到理性平静沟通，感觉战争一触即发，那么事先可以约定好一个停止信号,这可以是一个特别的词,或者一个特别的手势。当任何一方使用停止信号时,代表双方都要停下来,暂时休战,各自想办法平复情绪。在教导孩子处理愤怒情绪时,有个停止手势,代表第一步"停一停不要急",就是同样的策略。

停止词语尽量是日常交流中不太会出现的,比如"马都督""bzinga"等,有时候,单单说出或听到一个意料之外的词语,就会有分散怒火的作用。也可以尝试非言语信号,轻轻握住对方的手,轻轻抚摸一下对方的肩膀,这样具备安抚的动作,同样有迅速稳定情绪的作用。比如下次大人之间发生争执的时候,你尝试伸出手对对方说:"请握住我的手。"然后静观对方反应,十有八九,争执会消停下来。

为什么希望大人避免冲突升级,尤其当着孩子的面避免激烈争执呢?因为家长越一致,孩子会更好。孩子的对立违抗行为有一个显著相关的家庭因素,就是家长的管教方式不一致,且经常当着孩子面剧烈争吵。可以尝试提出:"我发现在面对孩子的问题时,我们两个人有不同的看法。我希望避开孩子心平气和地讨论一下,各自列出自己的理由和想法,尽量统一一种方式。"

休战不宜超过24小时,否则容易变成逃避问题。在双方情绪平复之后,仍需要心平气和地讨论问题的解决方式。

七、注重解决问题

我经常说,时间精力要用在刀刃上,何谓刀刃,思考解决方法就是刀刃。与之相对的,一直反复抱怨,就是刀背。避免一直抱怨责备,这只会让双方更对立,而非统一战线。

举个例子。我遇到过一位家长,她先跟我抱怨了三五分钟,"我孩子写作业特别慢,我盯着他也不写,或者写一个字就东张西望,有时候发呆,不知道他在想什么,还自己乐,我吼他,他有时候写一两个字,有时候反过来吼我,声音比我还大,这种孩子到底是怎么了?实在是太懒了,每天作业都做不完,做不完到学校怎么办?……"

等她抱怨第一遍后,我尝试引导"所以你觉得孩子当前最主要的困难是?"家长继续抱怨:"不仅作业慢,字也写得特别难看,字写得难看就会罚写,他是知道的,怎么就不能好好写呢?如果被罚了他又不高兴,但不写完老师又不高兴。本来作业就写得慢,如果再一罚根本就写不完,你说这孩子怎么了?简直太绝望了,根本没办法!……"

我试图再次引导她"抱怨问题再多,问题是不会消失的,我们需要定义问题是什么,然后去思考解决方法"。然而我是徒劳挣扎,家长顿了一会儿,启动了新一轮抱怨，翻来覆去还是之前那些内容。

如果抱怨能帮助解决问题，那么我也支持抱怨，但事实是，抱怨，并不能让问题消失，相反，抱怨是最消耗能量的且无作为的行为。一直讨论事情多么糟糕并没有意义，有意义的是讨论可以做些什么来尝试让事情发生改变。

当然，面对糟糕的事情，我们肯定会有糟糕的情绪，只是别被情绪控制住，而丧失了行动能力。经常囿于抱怨的人，可以尝试告诉自己这句话："今朝有酒今朝醉，明日再烦明日忧。"让那些困难导致的担忧、不安、惶恐、难过、愤怒等情绪先抛在脑后随风而去，如果明天还继续存在，那么明天再来抱怨，而眼前，能够做些什么，需要做些什么，就去行动。

八、问题解决方法

我们教过孩子，遇到问题时采用5个步骤的问题解决方案，我们自己在抚养过程中遇到了问题，同样可以采用这5个步骤，尤其当父母双方意见不统一时，更需要避开孩子，共同进行问题解决方案。为什么？因为前面说了，抱怨不能让问题烟消云散，要将精力用在探讨的问题解决方面。

问题解决方法的5个步骤还记得吗？实际上，我们大人在实施的过程中，也容易掉入一些陷阱。

第1步：定义问题。讨论当前的问题是什么，注意是描述清楚具体的问题。这一步很容易演变成相互找碴，比如妈妈认为问题是"父亲根本不花时间督促孩子学习"，而实际上困难是"孩子完成作业需要大人的时间和精力来督促，然而父亲比较忙，母亲比较累，有点难以协调"。记住这一步的目的是意识到抚养孩子的过程中，到底存在怎样的困难，而不是挑剔谁没做好，斥责谁导致了问题，相互攻击并不能解决问题，毕竟最终你需要的是齐心协力。

第2步：发散方法。两个人一起寻找各种解决方法，避免要求对方单方面做出改变，哪怕你觉得自己很有道理。尽量每次只讨论1～2个问题，每次讨论不超过半小时，否则很容易感到精疲力竭，也很容易因意见相左而导致争吵。

第3步：权衡利弊。不仅从自己的角度权衡利弊，也尽量从对方的角度去权衡利弊。最终双方总归需要有人妥协和迁就，达成统一。当然，你可以尽可能表达自己对某个解决方案喜欢和不喜欢的地方，以获得理解。

第4步：选择最优。当双方达成统一后决定下来的方案，尽量明确白纸黑字写下来，避免抵赖或者忘了不执行。如果双方很难达成统一，那么可以先尝试A方法,再尝试 B 方法,各 2～3 个月的时间,定期评价方法的效果如何。

第 5 步:评价结果。定期评价解决方案的效果,尽量客观。需要强调的是,除了评价短期效果外,还要讨论长期效果,因为有时候,有的方法短期很有效,但是以损害长期结局作为代价的,然而长期后果可能当前不可见。最常见的例子,体罚。孩子字迹总是很潦草,爸爸认为多鼓励好好写,一旦写好了积分兑奖,妈妈认为但凡写不好就用戒尺狠狠打手掌。孩子害怕被打,因此确实一被打了在接下来的一段时间,字迹会工整一些。因此短期评价体罚是有效果的,但是长期后果呢?孩子会害怕被打,害怕家长,恶化了亲子关系,害怕写字,厌恶工整,损毁了学习动力。

最后,希望大人明白:

对自己的想法负责,因为这些想法会变成你的行动;

对自己的行动负责,因为这些行动会造就你的习惯;

对自己的习惯负责,因为这些习惯会影响你的孩子。

1. 转换想法

事情(情景)	情绪及线索	停—深呼吸	当时想法—调整想法	新行为—新结局

2. 情绪管理单/压力应对单

当我有 5～10 分钟	当我有半小时	当我有半天空闲	当我有整天空闲

3. 积极自我对话

   (1) _____

   (2) _____

   (3) _____

4. 我家的停战词语:_____,停战手势:_____。

第九节　隔代抚养避开陷阱，成功教育

首先不可否认的是，隔代教育是国内十分普遍的现象，无论是源于中国的"几代同堂，其乐融融"的传统家庭文化，还是迫于年轻父母就业挣钱、求学深造等现实无奈，很多祖父母都需要承担起辅助父母，甚至代替父母抚养孩子的责任。因此，现在经常我在做一些早教、亲子讲座时，会场上经常一半都是祖父母。这样的场面也已是司空见惯的了。

有句话是，存在即合理。隔代抚养作为国内格外普遍的一个现象，除了可以替父母分担一部分抚养压力外，也是存在一定好处的。

1. 老人时间相对更充裕

祖父母一般都退休在家，相对需要工作的父母而言，时间要空闲许多，也有相对更多的精力来陪伴孩子。在时间和精力相对充裕的情况下，可能陪伴孩子学习和生活时，耐心也会更多一些。比如有的孩子放学回家才4～5点，而父母下班后回到家很可能得7～8点了，这个放学后的时间空当，恰好是完成家庭作业的最佳时间，然而孩子往往大人的督促才能更好地进入写作业的状态，这时候就需要祖父母在家帮忙督促了。如果一直等到7～8点父母回家后，再管理孩子写作业，大人疲惫，时间紧迫，很容易引发亲子矛盾冲突。

2. 老人压力相对更平缓

祖辈不像父母同时还承担赚钱养家、工作竞争等压力，而且相对脱离了激烈竞争的社会环境，因此不用承担工作当中的一些压力和应激，要知道，父母完成工作任务、处理和领导同事之间的关系、应对同行竞争，这些事情并不轻松，不顺心的时候，往往会带着很多负性情绪回到家里，这时候如果还要费心思去辅导孩子功课，很有可能火上浇油，难以保持宽松、平和的心态。并且祖辈对于孙辈的学业、升学等考虑，通常不会像父母一样期望较高，这也能促使他们在管理孩子学业时，更少急功近利，更多平和宽松。

3. 老人照顾相对更放心

祖辈对于孙辈的爱是任何再高大上的育儿机构都不可比拟的，因此他们会给孩子提供最投入最贴心的照顾，更注意孩子的健康和人身安全。杭州保姆事件也是再一次将对保姆的信任推到了风口浪尖，确实知人知面不知心，即便再好的育儿机构、口碑再佳的保姆，对于孩子的照顾，也都是出于责任心，外加一些对孩子的爱心。然而老人对于孩子的悉心照顾，则会出自血脉相连的爱。

4. 老人经验相对更丰富

俗话说,祖辈们走过的桥,比年轻人走过的路还多,他们已经成功抚养过父母这一代人了,因此无论是养育经验,还是一般生活经验,都能传递给孩子。并且,老人抚养子女后,其与子女的生活方式、抚养理念更容易求同存异,因此在抚养孙辈的时候,在很多层面上,可能也更容易达成统一。

5. 传承优秀的传统美德

祖辈们通常保持有更多的传统中华文化和优秀美德,这些会在潜移默化中影响着孩子的道德品质和心理素质发展,如勤奋刻苦、不畏困难等。

尽管隔代抚养存在上述利处,但不可否认也存在诸多令人堪忧的弊端,可以说,七成的隔代抚养相对并不成功。究竟祖辈抚养孙辈,容易出现哪些误区?为什么容易导致抚养失误呢?

1. 隔代宠爱

"隔代亲"是个很常见的现象。也许祖辈在自己年轻时,抚养子女比较严格,或者因生活工作条件的限制,觉得在照顾子女时存在一些遗憾,出于补偿心理,将全部的爱都倾倒在了孙辈身上。加上,祖辈与孙辈年龄相差悬殊太大,孙辈永远就像在襁褓中一样,无时无刻都激发着祖辈宠溺、爱护的本能。

问题在于,过分宠溺,处处迁就的抚养态度,容易养成孩子傲娇自我、自我中心、骄纵任性的个性特点,不仅影响孩子和父母之间的相处,将来也会影响孩子与老师、伙伴的相处,毕竟,不可能世界上每一个人都能如同祖父母一样去宠爱这个孩子。

隔代宠爱是个让父母们很头痛的现象,很可能家长费劲做了3个月的规矩,祖辈宠溺3个小时就全毁了。曾有一名家长如是说:"再会做规矩的父母,也抵挡不住溺爱孩子的祖辈。"得到了很多父母的共鸣。

2. 重养轻教

一方面,祖辈们对于孙辈的要求,已经不太像当时对于自己子女的要求那样,会考虑成材、自立,这时会更多考虑只要把孙辈养得身体健康就好。毕竟小孩子吃好喝好、白白胖胖、活蹦乱跳,是对父母交代的最可见的标准。

另一方面,关于亲子抚养的信息在日新月异地更新,整个社会在飞速发展,别说祖辈了,有的年轻父母,对于应该如何抚养孩子,也比较懵圈。因此老人只好参照自己作为过来人的经验,去尝试教养。而当这种教养策略与当前社会发展、儿童心理发展脱节了时,就更加容易出现"重养育、轻教养"的现象了。

3. 亲子隔阂

祖父母虽然也是孩子的血亲,但终究不是父母,如果孩子小时候长时间脱离父母的抚养,那么很可能重新回到父母身边时,重新建立良好的依恋关系就有点困难。

在父母和祖辈一起合作抚养孩子的时候,有种情况很容易出现,就是父母想教育管理孩子的某个不良行为,但老人心疼,舍不得,会无视正在做规矩的父母,而去安抚、迁就孩子。长此以往,孩子会越来越疏远抵触管教自己的父母,而青睐宠溺骄纵自己的老人,出现"老子"管不了"儿子"的尴尬局面。

更有甚者,有的祖辈比较强势,会直接在孩子面前阻挡父母的管教。中国"以孝为先"的文化氛围中,父母即便管教自己的孩子,有时也很难"以下犯上"去挑衅祖辈。如果恰好父母本身也没断奶,性格比较依赖祖辈的话,就更加难以建立起正确的家长权威感,从而直接影响孩子良好行为习惯的建立,和将来在学校生活的适应和表现。

4. 观念陈旧

祖辈有他们一代人成长的特点,因此形成了他们的知识体系和认知特点。老人看待理解事物的方式、处理解决问题的方法,可能不一定适应当前的社会环境或儿童心理发展特点。

加之祖辈年龄的关系,到老年阶段,学习接受新事物的能力相对也下降了。就算是父母,作为年轻人,在面对泛滥的信息潮中,有时也很难有能力甄别真伪,经常会听信糟粕。更何况老年人,他们可能无意识会灌输给孩子一些僵化固守的思维模式,从而影响孩子创造性、发散性思维的培养,而这恰巧是儿童期最关键、最需要发展的能力。

5. 自身压力

尽管祖辈对于孙辈拥有无限的爱意,但孙辈是初升的朝阳,拥有无限的潜能与活力,而祖辈是夕阳垂暮,体力上、精力上很可能在跟进孙辈的需求时,会有些力不从心。更何况,抚养不仅仅只是纯粹的照顾,还要在心智上去注意正确恰当的引导,而这需要大量的精力和知识。

因此,有的祖辈在照顾孙辈时,经常处于诚恐诚惶的状态,担心一个不慎,没照顾周全,没法给父母交代。久而久之,给自己的情绪带来了极大的压力,经常处于忧心忡忡或疲惫不堪的状态中,因为对孩子可能失去耐心,从而也会影响孩子心理和行为的发展。我碰到过一些老人,一旦需要帮助自己的孩子照顾孙辈,就非常焦虑,茶饭不思、夜不能寐。或者在孩子出现了一些问题之后格外担忧,总觉得是自己没照顾好,对父母无法交差,但与此同时又不能很清楚地了解掌握应对问题的方法策略,于是就对自己生气,对孩子生气,对父母交给自己这个重任而生气。

话说回来,无论隔代抚养存在怎样的弊端,这个现象毋庸置疑地存在了,就有存在的道理。因此我们需要讨论的不是要不要隔代抚养,而是如何做一个成功的隔代抚养者。究竟如何避免这5个陷阱,成为成功的隔代抚养者呢?

我见过一位奶奶,她的孙子因为行为问题太多,父母及其他老人都放弃不管了,学校也劝退了。她实在心疼,自己领回家,承担起了隔代抚养的重任。她来寻求我帮助的时候,其实就正掉入了隔代抚养的陷阱中。

她觉得家里一个孙子,从小模样也可爱,因此好吃的好玩的堆成了山,要什么给什么,在家里可谓是呼风唤雨,唯恐哪个要求不能满足。很长一段时间,奶奶觉得,孙子只要长得结实,又高又白又壮,就成功了。而对于孙子好动、挑衅、不服管教、不守规则等行为,视而不见。总觉得孩子慢慢长大就懂事了,会听话了。由于老人们对于孩子太宠爱,父母每次尝试管教孩子,老人都会给予阻止和训斥,逐渐地,孩子对父母越来越不尊重,越来越抗拒。最后,父母也对孩子失望之极,干脆就放在老人家,不管了。而随着孩子逐渐长大,进入学校,其混乱的行为导致在学校不能很好地适应教室要求,经常和老师同学起冲突,结果其他学生的家长联名要求开除这个孩子。这时,其他的老人也觉得孩子在家里太闹腾,翻着花样地提各种要求,稍不满足就大吵大闹,于是就踢给了奶奶一个人抚养。

由于孩子问题诸多,奶奶年龄又大了,每次我给的应对方法和策略,这些内容的信息量,对奶奶来说太大了,前说后忘,根本无力消化,来不及理解和实施。后来她想了个方法,学会了用录音笔。每次交流结束后,她重新听一遍录音,把我说的内容一字一句地用笔抄下来。然后再一条条地对应着去做。一开始真的很难,我教的,奶奶理解的,到最终执行的,以及孩子能配合的,都是打了折扣又打折扣。因此效果非常微弱,但是我很钦佩的一点是,每次奶奶急得泪湿眼眶,但从未放弃过,一直在坚持。后来慢慢地,她摸着一点门道了。

坚持一年后,学校已经允许在她陪伴的情况下,孙子返回学校每天上半天课。这距离最初,已经有了长足的进步。因此,在我看来,这位奶奶是一位成功的隔代抚养者。

如何成为成功的隔代抚养者呢? 以下是给祖辈们的一点小建议,可以参考下。

1. 避免溺爱

时刻需要记住的是,无论孙辈多么可爱,讨您欢心,也要理智地控制自己的感情,分清爱与溺爱的界限。爱要适度,正确的爱有利于孩子健康成长,错误的爱却是在伤害孩子。

可是,每次当我提出不要溺爱时,老人们又立即摆出严肃的面孔,开始对孩子的各种细节训斥起来，仿佛要证明自己是个严厉不宠溺的家长。实际上并非如此，爱，只要爱对了时候，爱对了地方，就没问题。

在这里，教个简单的原则，当孩子表现出好行为时，如果您很难判断什么是好行为，就这么想，孩子的这个行为，大多数其他人都会喜欢，都会愿意看到，那请你放肆大胆地爱，去满脸笑容，去夸奖孩子，去给孩子好吃的好玩的；相反，当孩子表现出其他人可能不喜欢甚至反感的坏行为时，请hold住，这一刻，暂时别爱。不一定要厉声训斥，但至少请严肃一点，告诉孩子，不喜欢这个具体的行为。

2. 培养独立

给孩子最好的爱，其实是给他将来能够适应立足于社会的能力。别总觉得孩子小，就凡事包办代替。每个能力都有其发展的黄金时期，错过了就落后于其他孩子了，每天落后一点点，日积月累，等落后太多就难以追赶了。因此，即便是穿衣穿鞋、端碗吃饭这等小事，也尽情让孩子们自己去尝试吧，你就站在旁边，夸孩子"你真棒"就好了。

3. 尊重父母

虽然父母是祖辈的子女，但是在抚养孙辈这件事上，他们才是孩子的父母，是最有话语权的人。祖辈尊重父母行使家长的权利，配合他们对于孩子的管教，有利于培养父母的权威感，孩子才能更好地尊重父母，尊重老人，尊重其他大人，从而在将来的生活中适应得更加良好，不至于发展出逆反、对抗的不良行为。

4. 统一家规

祖辈和父母毕竟是两代人，在抚养孩子方面肯定会有意见不一致的地方，有时候可能谁也很难说服谁。这时候我的建议就是，无论如何，避开孩子去争执，然后无论你们投票也好，吵架也罢，最终所有的大人必须统一一个方案，去面对孩子。不要这个大人说："吃饭时不许看电视。"另一个大人却为了多吃点饭而故意给孩子开着电视。记住，孩子身边的大人们，管教方式不一致时，孩子反而最容易出现问题行为。

5. 积极学习

就像前面例子中的奶奶一样，为了更正确、更恰当地爱孩子，引导孩子，有时需要耐心、虚心地继续学习关于亲子教育的内容。我遇到一些祖辈，可能因为比较固执，或者可能因为面子问题，总觉得听子女的育儿技巧，是件很不可思议的事情。他们会说："我就是这样把你养大的，还需要你来教我怎么养小孩吗？"可是道理真的不是这样的，现在儿童心理发展的内容日新月异，孩子面临的环境和挑战也在不断更新，更何况，学习点更新的知识，帮助孩子技能、认知、行为、心理发展得更好，将来能更好地适应环境,发展出潜能,何乐而不为呢?

6. 充实自己

虽然自己的孙儿都很重要,但是您自己同样很重要。因此在替自己的孩子照顾他们的孩子之前,请先照顾好自己的身体和情绪,保证自己是健康的,情绪是平静愉悦的,再去照顾孙辈。否则,在身体欠安、情绪欠佳的时候,勉为其难照顾孙辈,很容易累垮自己,照顾的效果也事倍功半。

除了给祖辈们一些小建议,也想给隔代抚养中夹在中间的父母们一点小建议。父母对于祖辈们的帮助除了心存感恩之外,也可以尝试多做一些努力,帮助自己的父母们,成为成功的隔代抚养者。

1. 保持沟通

作为父母,您对孩子立的规矩,需要祖辈如何配合,都尽量清晰清楚地告诉祖辈,必要时可以白纸黑字写下来。比如:"放学后必须完成作业了才能打开电视。"如果明知祖辈容易溺爱,那么可以严肃认真地提出这个要求。退而求其次,你可能需要安装电源盒,从而帮助老人执行这个规矩。

2. 不要抱怨

抱怨是没有建设性的,却又消耗能量的做法。因此无论祖辈在抚养过程中出现了怎样不尽如人意的问题,他们的初衷都是在为你们分忧解难。因此作为父母,要分析问题,提出解决问题的方案,然后陪伴老人一起解决。如果父母经常抱怨祖辈的抚养效果的话,只会让祖辈诚恐诚惶,图增抚养压力。

3. 多陪孩子

无论祖辈付出多少的爱和努力,孩子天性还是渴望父母的陪伴的,父母对孩子的爱与陪伴,是无可取代的礼物。因此,父母也请安排好自己的工作和学习,尽量抽出时间与孩子一起活动,陪伴、引导和管理孩子的成长,而不要一味把教养的重担都全权移交给老人。之前已经提过,如果父母工作特别忙碌,那么可以尝试高质量地陪伴孩子,抓住可教导的时光。

曾经有一位父亲与我探讨亲子管理技巧时,他很头痛的一个问题就是,孩子的祖父母观念比较故步自封,给他的教养效果带来了不少阻碍。这位父亲并未与祖辈争吵抱怨,而是不厌其烦一次又一次劝祖辈陪他一起来与我沟通,逐渐地聆听新信息、接受新观念、采取新策略。可以说,最后这个孩子的祖父母之所以能成为成功的隔代抚养者,孩子的父亲功不可没。

总结一下,祖辈也能教出好孩子,想做一个成功的隔代抚养者,记住以下十个秘诀。

自己身心健康先保证；
自己生活也要多充实；
爱要适度溺爱不可取；
培养孩子生活独立性；
少让孩子用电子产品；
鼓励孩子运动和社交；
当着孩子面尊重父母；
凡事加强与父母沟通；
家规全家人一起制定；
虚心学习新抚养知识。

TASKS

目前孩子身边主要相处的大人有：_____

祖父母们：

是否明白当前孩子的行为目标：_____

达到目标后可以给予的奖赏是：_____

什么情况下可以给予的惩罚是：_____

如果和父母的意见出现了矛盾：_____

父母们：

如果老人不明白当前孩子的行为目标,该做什么：_____

如果老人无法配合你采取的教养方案,该做什么：_____

记住！孩子身边的大人们保持一致很重要！

第九章
总结日记　有益资源

一、定期总结

定期自我检查自己各个技巧使用的情况如何。要知道,每个人都习惯于趋利避害,这是可以理解的。我们通常习惯于逃避那些让自己觉得困难的、费劲的、不擅长的事情。一开始这样是没问题的,我们可以从自己擅长的、觉得容易的技巧练手,但是长此以往,我们仍然要学会去挑战那些棘手的、但可能对孩子有利的技巧策略。

避免囫囵吞枣"阅读"完整本书,请耐心地回到每一章、每一节、每一个小技巧,在生活中反复去练习,并且观察自己练习使用的情况。必要的时候可以和配偶一起合作,相互观察对方对某个技巧的使用情况,以及讨论各自对那些技巧策略的感受。有可能自己觉得困难的地方,对方会觉得很容易。

时不时回顾下每一节的课后练习题,这几乎是每一节的关键内容考核,如果发现自己忘记了答案,那么就提醒自己需要再次阅读和练习这一节的内容,直至熟能生巧,直至了然于心,直至变成自己的亲子教养互动中的习惯。

二、记录日记

将自己和孩子的互动情况做简单的记录,至少每周记录两次。每周在固定的、自己肯定有空的时间(如周日晚上 7 点),回忆一下这一周和孩子相处的情况,挑出那个印象中最美好的时光和最艰难的时光,按照下方表格的要素记录下来。

长此以往,通过这样的记录,可以帮助家长总结发现,哪些情况能够帮助孩子表现得更好,哪些情况容易导致孩子表现较差,以及哪些情况下自己的情绪更容易失控。从而慢慢总结最适合自己孩子的引导支持方法。

美好时光日记

日期	
时间	
哪方面表现不错?	
你做了什么?	
做法有帮助么?	
你现在感觉如何?	

困难时光日记

日期	
时间	
导火线	
发生了什么?	
你做了什么?	
做法有帮助么?	
你现在感觉如何?	
你会有其他的处理方法吗?	

三、参考资源

以下是本书的一些参考来源,这些书籍及网站也是建议家长获得有关儿童专注力/自控力科学消息的有力来源。

1. 书籍

Peg Dawson 和 Richard Guare 著. Executive Skills in Children and Adolescents: A Practical Guide to Assessment and Intervention. 第 2 版.

Carolyn Webster-Stratton. The Incredible Years: A Trouble-Shooting Guide for Parents of Children Aged 3 – 8 years.

Russell Barkley, Arthur Robin. Your Defiant Teen: 10 Steps to Resolve

Conflict and Rebuild your Relationship.

Cathy Laver-Bradbury. Step by Step Help for Children with ADHD: A self-help manual for Pareuts.

Raymond Miltenberger. Behavior Modification. 第3版. (中文译本《行为矫正——原理与方法》中国轻工业出版社,2004)

Russell Barkley. Taking charge of ADHD. 第3版. (中文译本《如何养育多动症孩子》中国轻工业出版社,2016.)

2. 网站

www.chadd.org

www.add.org

www.adders.org

www.additudemag.com

3. 公众号

上海新华临床心理

Focalm 专静时代

祝贺您！完成了这本书的阅读。

为了帮助孩子培养注意力,感谢您付出了时间和精力阅读本书！

希望您铭记在心的是,变化不会像"忽如一夜春风来,千树万树梨花开"那样一夜之间天翻地覆,变化是在您坚持不懈的努力之下,悄无声息地出现的。

因此,耐心坚持,静待收获。

后记
来自一位家长的话

　　我的孩子与大多数家庭的孩子一样,童年活泼好动、调皮捣蛋。幼儿园里经常偷偷睁眼不睡午觉。欣慰的是,他从小明事理,幼儿园里打闹欺负别人的小朋友里不会有他的名字。大班放学后隔三岔五牵着我们的手去隔壁小学门口张望,羡慕背上书包的小哥哥小姐姐们。

　　很快,小家伙如愿以偿地从幼儿园踏入了小学的校门。

　　这是一所沪上知名的公办小学,老师们拥有丰富的经验和深厚的功底。一年级,小家伙在校内学习不错,班主任反映较多的是整理书包和换季时节穿/脱衣物动作慢。比方说放学时,全班都已经列队完毕向校门出发了,小家伙还在整理书包。比方说体育课上,满头大汗的要脱衣服时却无从下手。天黑放学了,好不容易扒拉下来的衣服,无论如何也穿不上了,只能受冻回家。有时候还会有上课上到一半,突然站起来找水杯喝水等情况。回家后写作业速度也是奇慢无比,几个字写了擦、擦了写,磨磨蹭蹭到半夜,凌晨睡觉成了常态。

　　二年级,正副班主任约谈我,委婉暗示小家伙可能存在的状况。两位班主任措辞谨慎,我们忧心忡忡。一年级的情况非但没有随着年龄增长而减轻,出乎意料的还在逐渐加重。

　　心急如焚搭配上无孔不入的商业广告,一路上让我们经历了不少社会培训机构的坑蒙拐骗,尝试过各种各样所谓的疗法,事后被证实全是坑。到头来只能是孩子吃了苦头、家长跌了跟头。

　　最终有幸在上海交通大学医学院附属新华医院遇到了帅澜博士。

　　回想最初跟 Dr. 澜打照面时,我还是抱着十分怀疑的心态。男生本来就比女生好动;上课小动作多,下课更像脱了缰的野马,拴不住更叫不回来。但不能因为女生坐得住,就说男生有多动症吧?这顶多就是调皮捣蛋过了头而已。至于开头说的书包整理慢、衣服穿不上、写字反复擦,等以后长大了自然就好了嘛。于是,即便是看到了评估报告,我也跟很多家长一样,虽然心底是虚的,但表面上绝不承认。甚至还对 Dr. 澜发起了质问,仿佛无辜的孩子被贴上了标签是医生的错。

这段不愿相信甚至心存抵触的心路历程,相信很多家长都曾有过。那么我们可以从第一章和第六章找到答案。有些孩子在课堂里明明坐得住,但上课依然听不进老师在讲什么;回家写作业可能没有小动作,却也是擦了又擦;校内跟同学交谈常常会闹出不愉快的误会等。其实这些都是孩子的专注力和注意力不足造成的。

孩子需要提高专注力、改善注意力不足,能认识到这一点家长们就已经迈出了正确帮助孩子的第一步。但是怎么帮?严父慈母加棍棒的豪华套餐明显不管用了;在注意力不足的孩子面前,这份豪华套餐真的就跟吃饭一模一样,家长刚打了午饭那顿,还没到晚饭呢,花式繁多的各种讨打行为又统统给你上齐了。崩溃的家长总不能一日三打吧,孩子岂不成白骨精了,我也不是美猴王啊。

那怎么办?灵丹妙药是没有的,没什么东西吃了能直接脱胎换骨。但通过调整饮食结构、开展有针对性的健身健脑运动、调整写作业的环境、控制电子游戏的时间和内容,还是能够得到出乎意料的收获。第二章会从一份健康的益脑食谱开始,让孩子在萌宠的陪伴下,通过简单家务轻松愉快的提升专注力、锻炼自控力。按照 Dr. 澜分享的健脑益脑食谱,我家开始注意控制高糖零食,调整早餐中粗纤维和蛋白质比例、随餐补充欧米伽-3。让猫咪陪伴孩子成长,作业完成、时间允许的情况下帮做一些简单家务。这些方法听上去稀松平常,但实际上反而是生活中可行,并且有效的。相反,社会上有一些听上去高大上的方法,很可能是在坑孩子,书中这一章中也提示了大家警惕的陷阱。

有了健康的食谱、益脑的运动、舒适的环境,良好的基础就有了。接下来就可以针对具体行为予以规范了。很多家长抱怨跟孩子说什么都不听,非得大声吼起来或者打他一顿才听。于是乎别说写作业、吃饭,就连早上起床刷牙、晚上睡前洗漱都需要一阵咆哮,结果是双方都耗得筋疲力尽。有抱怨孩子根本不怕家长,家长说的话就是耳旁风。还有很多家长抱怨孩子不在乎惩罚,甚至打骂齐下都不管用等。我们可以从第三章找到什么是有效的方法。比方说惩罚不等于打,对孩子合适的惩罚一般是剥夺奖赏物,如喜欢的玩具、零食以及玩乐的机会等。还有惩罚应该在孩子犯错后立即执行,而不要等到秋后算账。因为时间一长,孩子只知道自己被惩罚了,但很可能记不住具体是因为哪个行为而被罚的。要用好有效的方法,家长必须统一意见、制定合理的规则,制定规则的过程中需要跟孩子有良好的沟通;设定一个孩子能够达到的目标,明确什么样的行为会有奖赏、什么样的行为会有扣除奖励物的惩罚。当孩子做好了,家长一定要及时给出夸奖鼓励。我个人一贯持以下观点:"家长把这一章节执行好了,孩子才能把家长和老师的指令执行好。"

即使是一般的小朋友，他们的表现也会时好时坏。而专注力不足的孩子，行为波动堪称过山车，从乖巧懂事的小天使模式切换到毁天灭地的小恶魔模式简直就不需要换挡。有时候家长会觉得孤独无助，谁都帮不了自己，自己也帮不了自己的孩子，沮丧、抑郁甚至绝望，懊恼、生气甚至愤怒；进而陷入恶性循环。没关系，我们先换一个房间，平静下来；短暂隔离对孩子和家长都有效。然后第四章和第八章会帮助家长和孩子应对负面情绪，建立良好的关系。

如果家长能把这几章的内容看明白、运用好，相信足以让大多数小朋友拥有良好的生活能力和行为习惯，大幅度减少各种调皮捣蛋的行为。实在有情况严重的小朋友，通过家庭行为干预没有显著改善的，请一定正视客观存在的问题，不要逃避或指望长大了会好的，也不要听信民间偏方，及时带孩子请专业医生诊断，需要用药治疗的要遵医嘱。不要担心无法面对孩子，不带孩子去诊断评估，以后才真的会无法面对他/她。

第六章告诉我们怎么跟孩子沟通症状以及如何配合医生进行药物治疗和非药物治疗。作为家长，我能告诉你的是孩子未来的成就好比精美的瓷器，儿童时期的及时干预就是在调平摆放这些精美瓷器的桌子腿。随着犹豫和纠结，拖到最后一旦桌子腿没能调平，精美的瓷器就会滑落地上，到时候再追悔莫及就晚了。

在刚进小学的头两年里，我们经常跟小家伙折腾到半夜三更，作业是各种擦了写、写了擦；作业簿没有一本是清清爽爽的，满页都是橡皮擦拭后的痕迹。凌晨睡觉是常态，早上起不了床是必然。白天听课效率低，晚上回家作业加上订正，连续不断的恶性循环折腾得大人小孩眼里布满血丝、心里充满怨恨。亲子关系犹如战场上的仇敌，写作业的房间乌云密布，双方如临大敌。Dr. 澜曾经教过我一套连环步步为营，个个困难击破的写作业大法。在决胜篇第七章中很详细的教会我们如何科学地使用计时器，如何改变提醒的方式不引起孩子的抵触和反感，如何发现作业里的问题等等。随着时间的推移，相信现在书中优化后方法更科学、更高效。

书里的很多抚养知识、行为管理技能和亲子沟通技巧其实是通用的。一般的孩子用好了可以鲤鱼跃龙门，而我们专注力不足、注意力缺陷的孩子更需要家长掌握这些科学的知识和技巧来帮助咸鱼翻身。在运用这些科学知识和技巧的过程中，我们会遇到很多坎，迈过去了孩子和家长都会拥有成就感，还会总结出经验和心得。

相信这本由儿童心理学女神、国内执行功能第一人 Dr. 澜从国内三甲医院近年来上千位儿童和青少年临床案例中精心提炼、整理出来的宝贵知识，能够帮助到更多跟我有相同困扰的家长们，提高儿童和青少年的情绪管理能力与学习效率。

跟大家有着相同困扰的孩子家长　陆伟

2020 年 4 月于上海市

图书在版编目(CIP)数据

培养注意力的心理学 / 帅澜著 .— 上海：上海社会科学院出版社，2020
 ISBN 978-7-5520-3246-8

Ⅰ.①培… Ⅱ.①帅… Ⅲ.①儿童—注意—能力培养 Ⅳ.①B842.3

中国版本图书馆 CIP 数据核字(2020)第 186867 号

培养注意力的心理学

著　　者：帅　澜
责任编辑：杜颖颖
封面设计：黄婧昉
出版发行：上海社会科学院出版社
　　　　　上海顺昌路 622 号　邮编 200025
　　　　　电话总机 021-63315947　销售热线 021-53063735
　　　　　https://cbs.sass.org.cn　E-mail：sassp@sassp.cn
排　　版：南京展望文化发展有限公司
印　　刷：上海新文印刷厂有限公司
开　　本：710 毫米×1010 毫米　1/16
印　　张：28.5
字　　数：510 千
版　　次：2020 年 11 月第 1 版　2025 年 8 月第 19 次印刷

ISBN 978-7-5520-3246-8/B·289　　　　定价：99.80 元

版权所有　翻印必究